História da matemática

Tatiana Roque

História da matemática

Uma visão crítica, desfazendo mitos e lendas

8ª reimpressão

Obra publicada com o apoio do Ministério da Cultura do Brasil –
Fundação Biblioteca Nacional – Coordenadoria Geral do Livro e da Leitura

Grafia atualizada segundo o Acordo Ortográfico da Língua Portuguesa de 1990, que entrou em vigor no Brasil em 2009.

Capa
Sérgio Campante

Revisão didática e elaboração de ilustrações
Aline Bernardes

Revisão
Eduardo Monteiro
Eduardo Farias

CIP-Brasil. Catalogação na fonte
Sindicato Nacional dos Editores de Livros, RJ

R69h Roque, Tatiana
História da matemática: uma visão crítica, desfazendo mitos e lendas / Tatiana Roque. – 1ª ed – Rio de Janeiro: Zahar, 2012.

Inclui bibliografia
ISBN 978-85-378-0888-7

1. Matemática – História. I. Título.

12-4008 CDD: 510
CDU: 51

EDITORA SCHWARCZ S.A.
Praça Floriano, 19, sala 3001 – Cinelândia
20031-050 – Rio de Janeiro – RJ
Telefone: (21) 3993-7510
www.companhiadasletras.com.br
www.blogdacompanhia.com.br
facebook.com/editorazahar
instagram.com/editorazahar
twitter.com/editorazahar

Para Matias

Sumário

Prefácio, por Gert Schubring 13

Apresentação 15
Introdução 20

1. Matemáticas na Mesopotâmia e no antigo Egito 34
Escrita e números 40
O sistema sexagesimal posicional 49
A "álgebra" babilônica e novas traduções 63
Números e operações no antigo Egito 73
Um anacronismo recorrente 83
O conceito de número é concreto ou abstrato? 86
Problemas matemáticos não são fáceis nem difíceis em si mesmos... 89

2. Lendas sobre o início da matemática na Grécia 92
Os pitagóricos lidavam com números? 102
Matemática e filosofia pitagórica 108
Não há um teorema "de Pitágoras", e sim triplas pitagóricas 112
A noção de razão na matemática grega antes de Euclides 115
O método da *antifairese* 119
Hipóteses sobre a descoberta da incomensurabilidade 124
Os eleatas e os paradoxos de Zenão 132
Cálculos e demonstrações, números e grandezas 137
Formas geométricas e espaço abstrato 147

3. Problemas, teoremas e demonstrações na geometria grega 150
Problemas clássicos antes de Euclides 155
Por que a régua e o compasso? 160

Organização dos livros que compõem os *Elementos* 163
O encadeamento das proposições e o método dedutivo 166
Demonstração e papel do teorema "de Pitágoras" 171
Cálculo de áreas e problemas de "quadratura" 179
A suposta álgebra geométrica dos gregos 185
O tratamento dos números 188
Teoria das proporções de Eudoxo 192
Arquimedes, outros métodos 197
A *neusis* e a espiral de Arquimedes 199
Processos infinitos e área do círculo 203
Panorama da transição do século III a.E.C. para o século II a.E.C. 208

4. Revisitando a separação entre teoria e prática: Antiguidade e Idade Média 212
Matemática e mecânica na Antiguidade tardia 219
A *Aritmética* de Diofanto 231
Bhaskara e os problemas de segundo grau 237
Singularidade árabe 243
A álgebra de Al-Khwarizmi 248
Omar Khayam e os problemas de terceiro grau 257
Difusão da álgebra no Ocidente e uso do simbolismo 261
A "grande arte" 269
Quem inventou a fórmula para resolver equações? 275

5. A Revolução Científica e a nova geometria do século XVII 278
Universidades entre os séculos XI e XV 282
A síntese do século XVI 288
Problemas geométricos no final do século XVI 297
Galileu e a nova ciência 303
Descartes e a revolução matemática do século XVII 313
As coordenadas cartesianas 321
A transformação da geometria e o trabalho de Fermat 332
Cálculo de tangentes 337

6. Um rigor ou vários? A análise matemática nos séculos XVII e XVIII 342
Cálculo de áreas e a *arte da invenção* 346
Os novos problemas tratados por Leibniz 354
Discussões sobre a legitimidade dos métodos infinitesimais 359
Recepção de Leibniz e Newton 364
Ideias que podem ser associadas à noção de função 369
Das séries infinitas ao estudo das funções por Euler 373
Revolução Francesa e algebrização da análise 382
Fourier e a propagação do calor 389
A análise matemática e o papel da física 397

7. O século XIX inventa a matemática "pura" 404
O contexto francês e a nova arquitetura da análise por Cauchy 410
Declínio da França e ascensão da Alemanha 416
Surdos, negativos e imaginários na resolução de equações 422
Números reais e curvas nos séculos XVII e XVIII 434
Negativos e imaginários no século XVIII 438
Representação geométrica das quantidades negativas e imaginárias 442
Gauss e a defesa da matemática abstrata 448
A definição de função de Dirichlet 454
Caracterização dos números reais e a noção de conjunto 460
A abordagem dos conjuntos e a definição atual de função 470

Anexo: A história da matemática e sua própria história 477

Notas 485
Bibliografia 493
Créditos das imagens 509
Agradecimentos 511

"O contato e o hábito de Tlön desintegraram este mundo. Encantada com seu rigor, a humanidade esquece e torna a esquecer que é um rigor de enxadristas, não de anjos. Já penetrou nas escolas o (conjetural) 'idioma primitivo' de Tlön; o estudo de sua história harmoniosa (e cheia de episódios comoventes) já obliterou a que presidiu minha infância; nas memórias um passado fictício já ocupa o lugar de outro, do qual nada sabemos com certeza – nem mesmo que é falso. Foram reformadas a numismática, a farmacologia e a arqueologia. Entendo que a biologia e a matemática aguardam também seu avatar."

("Tlön, Uqbar e Orbis Tertius", *Ficções*, Jorge Luis Borges)

Prefácio

Este é o primeiro livro de história geral da matemática propriamente brasileiro e resultado de pesquisa original. Até o momento, as publicações em uso no Brasil sobre o tema têm sido traduções de obras lançadas nos Estados Unidos, em geral reedições de títulos de décadas atrás que seguem padrões atualmente considerados ultrapassados pela historiografia.

Resultado de pesquisas e experiências em sala de aula realizadas por Tatiana Roque, este *História da matemática* já exprime bem o seu objetivo no subtítulo: *Uma visão crítica, desfazendo mitos e lendas*. Isso significa distanciar-se do enfoque historiográfico tradicional, que se restringe à exposição das ideias dos matemáticos célebres como se elas levassem diretamente à matemática de hoje. Enfoque que se caracteriza ainda por uma descontextualização que por vezes se faz acompanhar de anedotas de caráter duvidoso, como uma tentativa de dizer que os gênios da matemática podem até agir como pessoas mortais.

A partir das reflexões e dos progressos permitidos pela metodologia de pesquisa na área desenvolvida nas últimas décadas, este livro apresenta uma história da matemática profundamente contextualizada nas *práticas* que caracterizam o fazer matemático. Focalizando nessa nova abordagem, parte de tais práticas para revelar o significado dos conceitos matemáticos apresentados e consegue desconstruir diversos mitos e lendas tradicionalmente divulgados pela historiografia.

Nessa empreitada, abrange os períodos-chave do desenvolvimento da matemática, desde a Mesopotâmia e o antigo Egito, a Antiguidade clássica, a Idade Média, com as contribuições dos árabes, e a Revolução Científica até o estabelecimento do rigor nas matemáticas nos séculos XVII e XVIII e na matemática pura no século XIX.

Além do próprio objetivo de reescrever a história tradicional da matemática, este estudo distingue-se como convite para uma leitura enriquecedora devido ao estilo vivo adotado pela autora, que explica o tema proposto em cada capítulo de modo agradável e inteligível, sem trivializá-los nem torná-los mais complexos do que são. Explicações cuidadosamente elaboradas e sustentadas em exemplos facilitam o entendimento. Há de servir como valioso recurso didático para professores e estudantes do ensino médio, em particular, atingindo também um público mais amplo.

Gert Schubring

Gert Schubring, doutor em matemática com livre-docência em história da matemática, é pesquisador no Institut für Didaktik der Mathematik, Universidade de Bielefeld, Alemanha. Autor de vários livros, entre os quais *Conflicts between Generalization, Rigor and Intuition: Number Concepts Underlying the Development of Analysis in 17th-19th Century France and Germany* (Springer, 2005), é editor-chefe da revista *International Journal for the History of Mathematics Education* e membro do Advisory Board of the International Study Group for the Relations between Pedagogy and History of Mathematics.

Apresentação

Este livro se dirige aos leitores que desejam conhecer um pouco mais a história da matemática, mas também a todos aqueles que têm, ou já tiveram, vontade de aprender matemática. Muitas vezes, o contato com seus conceitos e ferramentas torna-se difícil, pois a imagem que se tem dessa disciplina é marcada por seu caráter mecânico, abstrato e formal, o que produz uma sensação de distância na maioria das pessoas. Um de nossos principais objetivos aqui é mostrar que o modo tradicional de contar a história da matemática ajudou a construir esta visão: a de que a matemática seria um saber unificado envolvendo quantidades, números ou grandezas geométricas.

Quase todos os livros disponíveis em português que narram sua história seguem uma abordagem retrospectiva, que parte dos conceitos tais como os conhecemos hoje para investigar sua origem. Assim, surgem afirmações como "o primeiro a descobrir esta fórmula foi o matemático X"; ou "este resultado *já* estava presente na obra de Y, ou na época de Z". Esse tipo de informação, além de ter pouca relevância, oferece uma imagem deturpada da matemática, como se ela fosse uma ciência de conceitos prontos, dados *a priori*, que os povos antigos "ainda" não tinham descoberto ou não tinham possibilidade de conhecer. Seus resultados e ferramentas possuiriam, assim, antecedentes e precursores, personagens visionários, capazes de vislumbrar ideias que só seriam entendidas de modo preciso muito depois de seu tempo.

Pode-se fazer história da matemática, essencialmente, por duas razões: para mostrar como ela se tornou o que é; ou para indicar que ela não é apenas o que nos fazem crer que é. No primeiro caso, deseja-se contar como foi construído o que se acredita ser o edifício ordenado e rigoroso que hoje chamamos de "matemática". No segundo, ao contrário, pretende-se exibir um conjunto de práticas, muitas vezes desordenadas, que, apesar de distintas das atuais, também podem ser ditas "matemáticas". Quando encarado como uma prática múltipla e diversa, esse conhecimento se apresenta composto por ferramentas, técnicas e resultados desenvolvidos por pessoas em momentos e contextos específicos, com suas próprias razões para *fazer matemática* e com ideias singulares sobre o que isso significa.

Neste livro analisamos, de um modo novo, alguns temas tratados pela história da matemática tradicional que, embora tenham ajudado a compor a visão dominante sobre essa disciplina, são questionados pelos historiadores atuais. Listamos e criticamos, a seguir, três aspectos-chave dessa visão tradicional, indicando como foram criados ou ratificados, ainda que de modo fragmentado e inconsciente, pelos relatos históricos usuais:

A matemática é um saber operacional, de tipo algébrico, e tem como um de seus principais objetivos a aplicação de fórmulas prontas a problemas (muitas vezes enumerados como uma lista de problemas parecidos).
Desde tempos muito antigos, povos como os babilônicos *já* saberiam resolver equações de segundo grau. Em seguida, cada época teria acrescentado uma pequena contribuição, até que, por volta do século XVI, a álgebra começaria a se desenvolver na Europa, tendo adquirido os contornos definitivos da disciplina que chamamos por este nome.

A matemática é uma disciplina formal e abstrata, por natureza, que ajuda a desenvolver o raciocínio, mas é destinada a poucos gênios, a quem agradecemos por nos terem legado um saber unificado e rigoroso.
A sistematização da matemática em teoremas e demonstrações teria se iniciado na Grécia antiga. Desde então, destaca-se a importância do método lógico-dedutivo, que seria desconhecido de outros povos antigos e relegado a segundo plano por pensadores medievais e mesmo renascentistas. Esse ideal teria sido retomado, ainda que de modo insuficiente, nos séculos XVII e XVIII, porém, recolocado no centro da atividade matemática a partir do

século XIX. Só então, com a explicitação de seus fundamentos, o edifício matemático teria adquirido uma consistência interna.

Ainda que possua aplicações a problemas concretos, a matemática é um saber eminentemente teórico. Parte-se, algumas vezes, de dados da experiência, mas para elaborar enunciados que os purifiquem e traduzam sua essência.

Em contraposição aos tempos áureos da Grécia, o saber teórico teria começado a decair desde a Antiguidade tardia, atingindo seu nível mais baixo na Idade Média, quando a matemática teria sido exercida somente para fins práticos. Seu caráter teórico voltaria a ser valorizado com o Renascimento e, apesar de alguns percalços, teria triunfado em diferentes épocas, segundo uma narrativa que destaca seu antagonismo em relação ao conhecimento prático.

Nosso objetivo não é discutir até que ponto são falsos ou verdadeiros os três aspectos que acabamos de listar e que moldam a imagem corrente da matemática. Pretendemos mostrar, todavia, que os relatos históricos que contribuíram para a constituição dessa imagem são bastante aproximativos e devem ser discutidos com base em novas pesquisas e em um modo mais atual de fazer história.

Abordaremos, portanto, épocas, personagens e localidades já tratados pela narrativa tradicional. Mas não para reproduzi-la, e sim para mostrar o que se pode dizer hoje que permita desconstruir essa narrativa e começar a construir uma nova. Muitos relatos que caíram no senso comum, reproduzindo anedotas sobre a vida dos matemáticos, além de mitos e lendas, vêm sendo desmentidos, desconstruídos ou problematizados por diversos historiadores nas últimas décadas. Basta um exemplo, tomado da matemática grega: o "horror" que os gregos supostamente teriam pelo infinito, demonstrado pelo escândalo que a descoberta dos números irracionais teria gerado no seio dos pitagóricos, levando um de seus integrantes a ser perseguido e assassinado. Um livro popular no Brasil, *Introdução à história da matemática*, de Howard Eves, endossa a lenda: "A descoberta da irracionalidade de $\sqrt{2}$ provocou alguma consternação nos meios pitagóricos … .

Tão grande foi o 'escândalo lógico' que por algum tempo se fizeram esforços para manter a questão em sigilo."[1] Tal mito, apesar de desmentido, ainda é amplamente reproduzido, entre outras razões, pela escassez de bibliografia no Brasil que leve em conta os trabalhos recentes sobre história da matemática grega,[2] que analisam de perto o pensamento dos pitagóricos e sua suposta relação com matemática.

Nossa proposta é, justamente, desfazer clichês desse tipo. Para tanto, escolhemos momentos de evidente mitificação relativa a certas áreas ou conceitos e os exibimos de modo cronológico. A ideia não é reconstruir uma visão global, sintética, do desenvolvimento da matemática, vista como um saber unitário composto pela acumulação de resultados que iriam se encaixando para constituir uma arquitetura ordenada e sistemática. Ou seja, nosso objetivo principal é, partindo dos modos como a história da matemática foi escrita, recontar essa história. Por isso cada capítulo deste livro se inicia com a apresentação de um *Relato Tradicional* que reproduz a visão convencional sobre tal período ou tal conceito, sendo seguido de uma contextualização mais ampla que leve em conta fatores culturais ou filosóficos. Investigar o contexto não significa, porém, traçar um panorama histórico de caráter geral que funcionaria como um pano de fundo para o desenvolvimento da matemática.[3] Ao contrário, na medida do possível, serão explicitadas aqui as relações intrínsecas entre as práticas matemáticas e seu contexto.

Alguns capítulos abordam conceitos matemáticos conhecidos, como os números na Mesopotâmia, a geometria na Grécia, a álgebra na Idade Média e no Renascimento. Em particular, quando se fala em "álgebra" hoje tem-se em mente uma subdisciplina da matemática que lida com equações e símbolos. Mas essa não era a maneira como os árabes, por exemplo, tratavam problemas que podem ser, atualmente, escritos em forma de equação. Como eles enunciavam seus métodos? Em que ambiente eles se inseriam? Que visão tinham sobre a própria prática matemática? Perguntas desse tipo nos guiarão, situando as realizações dos atores em sua cultura.

Tal abordagem evidencia a dificuldade de se falar em "evolução" de um conceito, como o de número, ou de um domínio, como a álgebra, pois isso implica percorrer diferentes momentos nos quais essas noções mudaram de sentido. Logo, convém nos livrarmos de classificações muito arraigadas em nossa cultura, caso da divisão da matemática em subdisciplinas como álgebra, geometria etc. Esses nomes designam práticas distintas ao longo da história.

Estudar a matemática do passado apenas com a matemática de hoje em mente é uma postura que os historiadores atuais têm tido o cuidado de evitar. Para vencer os anacronismos, deve-se tentar mergulhar nos problemas que caracterizavam o pensamento de certa época em toda a sua complexidade, considerando os fatores científicos, mas também culturais, sociais e filosóficos. Só assim será possível vislumbrar os problemas e, portanto, o ambiente em que se definiram objetos, se inventaram métodos e se estabeleceram resultados.

Desejamos contribuir para transformar o modo transcendente de se abordar a matemática, o que pode ser útil não apenas para professores, mas para qualquer um que se interesse pelo assunto. Procuramos expor os conteúdos do modo mais claro possível, e o conhecimento de matemática que se requer para acompanhar a exposição é, em sua maior parte, o correspondente à grade curricular do ensino básico. Os capítulos podem ser lidos de duas maneiras: examinando-se com atenção cada desenvolvimento matemático, de modo linear; ou concentrando-se nas análises históricas – nesse caso, as explicações matemáticas seriam deixadas para uma eventual segunda leitura.

Convém observar que este livro se dedica muito pouco à matemática recente. Interrompemos nossa análise no final do século XIX, com as discussões sobre os fundamentos da matemática e a consistência de seus conceitos básicos, como os de número e de função. A prioridade será dada à investigação da história das ideias elementares, ainda que seja necessário, algumas vezes, analisar outros aspectos da matemática que explicam a maneira como esses conceitos são definidos hoje.

Apostamos na possibilidade de que um novo olhar ajude a fazer com que as pessoas não se sintam pertencentes a um mundo distante daquele que os matemáticos produziram. O intuito é tornar disponível, para os leitores brasileiros, uma parte das discussões sobre um novo modo de ver a matemática do passado, desfazendo a imagem romantizada e heroica que a envolve e que tem sido reproduzida pela mitificação de sua história. Talvez assim se possam romper certas barreiras psicológicas, tornando possível até mesmo que um público mais amplo venha a gostar mais dessa disciplina.

Introdução

A formação de um mito: matemática grega – nossa matemática[1]

De acordo com as narrativas convencionais, a matemática europeia, considerada a matemática *tout court*, originou-se com os gregos entre as épocas de Tales e de Euclides, foi preservada e traduzida pelos árabes no início da Idade Média e depois levada de volta para seu lugar de origem, a Europa, entre os séculos XIII e XV, quando chegou à Itália pelas mãos de fugitivos vindos de Constantinopla. Esse relato parte do princípio de que a matemática é um saber único, que teve nos mesopotâmicos e egípcios seus longínquos precursores, mas que se originou com os gregos. Ora, com base nas evidências, não é possível sequer estabelecer uma continuidade entre as matemáticas mesopotâmica e grega. Com raras exceções, a matemática mesopotâmica parece ter desaparecido por volta da mesma época dos primeiros registros da matemática grega que chegaram até nós, logo, não podemos relacionar essas duas tradições. Isso indica que talvez não possamos falar de evolução de uma única matemática ao longo da história, mas da presença de diferentes práticas que podemos chamar de "matemáticas" segundo critérios que também variam.

A partir do século XVI, a história foi escrita, muitas vezes, com o intuito de mostrar que os europeus são herdeiros de uma tradição já europeia, desde a Antiguidade. Nesse momento, construiu-se o mito da herança grega, que serviu também para responder a demandas identitárias dos europeus. Entender o como e o porquê de sua construção nos ajuda a compreender que o papel da história não é acessório na formação de uma imagem da matemática: sua função é também social e política.

O mito de que somos herdeiros dos gregos, reforçado por inúmeras histórias da matemática escritas até hoje, teve sua origem no Renascimento. Tal ideia já existia um pouco antes, no século XIV, no seio do movimento dos humanistas italianos, inspirado no enaltecimento do saber dos antigos. Petrarca, poeta italiano, um dos pais do movimento, escreveu biografias de Arquimedes, apesar de compreender muito pouco o conteúdo de seus trabalhos, a fim de incentivar a reverência aos heróis da Antiguidade. A matemática foi incorporada, então, como um elemento vital da cultura humanista.

Um humanista com vasto conhecimento matemático foi, por exemplo, Regiomontanus. Para ele, essa disciplina se dividia em dois ramos: a geometria e a aritmética. O principal nome relacionado à geometria era o de Euclides, mas Arquimedes e Apolônio também eram mencionados. No que tange à aritmética, o papel de Euclides era igualmente sublinhado como responsável por uma abordagem mais legítima que a de Pitágoras. Regiomontanus reconhecia que outros autores brilhantes escreveram sobre esses assuntos "em diversas línguas", mas seus nomes não são citados por "falta de tempo". Ele chega a lembrar a contribuição árabe para a álgebra, mas a precedência do grego Diofanto é rapidamente invocada. Em domínios mais práticos – como a astronomia, a música ou a perspectiva –, os trabalhos árabes eram reconhecidos, mas a matemática, segundo Regiomontanus, só teria sido cultivada de modo adequado pelos gregos e latinos.

O Humanismo era um movimento conectado com o desenvolvimento de uma cultura urbana. Logo, tratava de dar valor à utilidade do conhecimento para a vida comum, embora a legitimidade do saber estivesse associada a argumentos teóricos. Alguns escritos de meados do século XVI reconhecem a proximidade da álgebra com a cultura islâmica. Outros domínios, como a óptica e a astronomia, também eram praticados a partir de contribuições islâmicas, e ainda não era possível falar de matemática europeia, uma vez que, fora da Itália e de partes da Alemanha, salvo raras exceções, ela não estava desenvolvida. Portanto, não podemos localizar nesse momento a construção do mito sobre a origem greco-ocidental da matemática, e sim na segunda metade do século XVI, por razões que ultrapassam o trabalho matemático.

Em primeiro lugar, cabe lembrar que o século XVI é o período da expansão colonial, obviamente associada ao desejo de se construir uma identidade europeia, com características intelectuais que pudessem ser demarcadas dos "outros" povos com os quais os europeus estavam entrando em contato. Mas essa não é a única razão. Na segunda metade desse século, à depreciação colonialista do que não é europeu veio se somar a necessidade de controlar e domesticar as classes populares.

No início do século XVI, a cultura europeia não distinguia um saber de alto nível da cultura popular. As manifestações culturais eram híbridas, com influências recíprocas entre as diferentes classes sociais. A necessidade de demarcar um saber de alto nível teve início com as ameaças impostas pelo clima de revolta que se seguiu à Reforma protestante. O princípio de autoridade passou a ser questionado, tanto no âmbito religioso quanto no político e no social. Surgiram, então, alguns movimentos mais radicais, como o dos anabatistas, que pregavam a simplicidade da palavra de Deus. Eles afirmavam que todos os homens são iguais, pois o espírito de Deus está em todos e nem mesmo o batismo seria necessário para diferenciar os indivíduos. Negavam-se, assim, as pompas da Igreja, as cerimônias e as imagens sacras. A percepção de que os padres enriqueciam e a Igreja se construía a partir da exploração dos pobres tornava a época propícia a reações.

A uma fase inicial de tolerância seguiu-se a repressão, de cunho físico, mas também ideológico. A perseguição a grupos marginais, como os ciganos, faz parte desses esforços, bem como a evangelização jesuítica dos camponeses. Na segunda metade do século XVI, as diferenças sociais se intensificaram e era preciso reconquistar culturalmente as classes populares, que ameaçavam romper com o controle exercido pelas classes dominantes. Depois de um período de trocas entre cultura superior e popular, era preciso separar fortemente esses dois modos de pensamento.[2] Uma parte da população converteu-se, assim, em alta burguesia, ao passo que o artesanato foi relegado às classes trabalhadoras, sem autonomia cultural. Nesse contexto, era útil desabonar não somente a matemática estrangeira, mas ainda a usada em problemas práticos, tidos como um fim menor da ciência. Nessa época, tentou-se transformar a álgebra em um saber nos moldes gregos. Mas, após Descartes, com a união da álgebra à geometria, as consequências dessa mudança serão ainda mais fortes, culminando na constituição de uma matemática europeia. A partir daí, o mito, preparado pelos humanistas com outro objetivo, ficava convenientemente à disposição, tendo sido adotado praticamente até os dias de hoje.

A imagem da matemática como um saber superior, acessível a poucos, ainda é usada para distinguir as classes dominantes das subalternas, o saber teórico do prático.* Os europeus foram erigidos em herdeiros privilegiados dos milagres gregos e a ciência passou a ser vista como uma criação específica do mundo greco-ocidental. Essa reconstrução tem dois componentes: a exaltação do caráter teórico da matemática grega, cuja face perfeita é expressa pelo método axiomático empregado por Euclides; e a depreciação das matemáticas da Antiguidade tardia e da Idade Média, associadas a problemas menores, ligados a demandas da vida comum dos homens. Nos Capítulos 2 e 3 mostraremos que a matemática grega, porém, era muito diferente da nossa, mesmo em seu aspecto formal. E no Capítulo 4 veremos que a matemática da Idade Média, período considerado obscuro, era uma manifestação singular, dentro da qual a separação entre teoria e prática não se aplica sem a mutilação de suas características peculiares.

Em *Science Awakening* (Despertar da ciência) – livro sobre as matemáticas egípcia, babilônica e grega publicado nos anos 1950 mas que permanece servindo de referência em diversos textos históricos –, o matemático Bartel Leendert van der Waerden inclui um capítulo sobre a decadência da matemática grega. Essa fase teria começado depois de Apolônio, na virada do século III a.E.C.** para o século II a.E.C. e se estendido pelo im-

---

* Essa separação corresponde a uma divisão social do trabalho que tem por função desqualificar o saber prático em prol do saber teórico. Os filósofos G. Deleuze e F. Guattari mostram, em *Mil platôs*, que a constituição de uma ciência de Estado que se contrapõe às ciências nômades estabelece uma dicotomia entre teoria e prática como forma de distinguir socialmente seus praticantes.

** Atualmente, tem-se usado "antes da Era Comum" no lugar de "antes de Cristo" com o fim de neutralizar conotações religiosas.

pério romano até o fim da Idade Média. Ao tentar explicar o porquê dessa decadência, o autor levanta a hipótese de que, por não verem utilidade na matemática pura, os romanos teriam relegado os matemáticos a segundo plano. Mas tal argumento não é suficiente, pois, embora a seus olhos, esse motivo explique a estagnação, não dá conta do "verdadeiro retrocesso" da matemática, evidenciado pelo fato de os árabes evitarem a erudição grega, almejando somente escrever obras de matemática prática.

O mito da ciência como um saber tipicamente greco-ocidental serve, nesse caso, para exaltar a matemática pura, com seu caráter teórico e formal, e para desmerecer os trabalhos da Idade Média, em particular os dos árabes. Depois de elogiar Newton, B.L. van der Waerden resume quase 2 mil anos de história em uma única frase: "Em suma, todos os desenvolvimentos que convergem no trabalho de Newton, os da matemática, da mecânica e da astronomia, começam na Grécia."[3] Vemos, assim, que a separação entre teoria e prática pode ser uma projeção, na história, das crenças modernas sobre o que é – e o que deve ser – matemática.

É claro que desconstruir a história, idealizada, sobre a origem grega de nossa matemática não se impõe somente como uma obrigação moral, movida pelo dever de substituir uma verdade por outra, mais "verdadeira" historicamente. A necessidade de desconstruir o mito nasce de incômodos mais profundos, como demonstra J. Høyrup, um dos principais historiadores da matemática da atualidade, ao investigar a especificidade da matemática islâmica:

> Em tempos mais serenos que os nossos, esses pontos podem parecer imateriais. Se a Europa quer descender da Grécia antiga, e ser sua herdeira por excelência, por que não deixá-la acreditar nisso? Nossos tempos, contudo, não são serenos. A particularidade "Greco-Ocidental" sempre serviu (e serve mais uma vez em diversos lugares) como uma justificativa moral para o comportamento efetivo do "Ocidente" em relação ao resto do mundo, caminhando junto com o antissemitismo, o imperialismo e a diplomacia das canhoneiras. … Não é inútil lembrar a observação de Sartre de que a "prática intelectual terrorista" de liquidar "na teoria" pode acabar, facilmente, exprimindo-se como uma liquidação física daqueles que não se encaixam na teoria.[4]

A maçã de Newton: as transformações na história da ciência

A lenda de que Newton descobriu a lei da gravidade quando uma maçã caiu em sua cabeça é bastante conhecida, e, apesar da evidente caricatura que representa, não é uma invenção recente. Traduz a visão de que a ciência é uma produção individual de gênios que, num rompante de iluminação, têm ideias inovadoras, difíceis de serem compreendidas pelos homens comuns. O historiador R. Martins mostrou as origens, os usos e abusos dessa lenda.[5]

FIGURA 1 "Descoberta da lei de gravidade por Isaac Newton": caricatura feita por John Leech e publicada em meados do século XIX.

A história da ciência foi marcada por preconceitos semelhantes aos que moldaram a história da matemática, sobretudo no que concerne ao desprezo pela Idade Média. Esse período foi visto como uma época estacionária, a "idade das trevas", marcada pelo dogmatismo religioso, pelo misticismo e pelo abandono do raciocínio físico. Não se trata de saber em que medida isso é verdade, mas os adjetivos escolhidos indicam que o Renascimento inventou o mito das trevas para se autodefinir, por contraste, como a "idade da razão". Cada época acaba elaborando, sobre o passado, as histórias que se adaptam, de alguma forma, à visão que possui sobre si mesma. Em seguida, com a Revolução Científica, a ciência teria se desenvolvido até atingir seus mais altos patamares com a descrição newtoniana do Universo. A ideia de que houve uma Revolução Científica é questionada, hoje, justamente por pressupor uma concepção moderna de ciência, como mostraremos no Capítulo 5.

Durante o Segundo Congresso Internacional de História da Ciência, realizado em Londres em 1931, o físico russo Boris Hessen defendeu a tese de que as ideias científicas de Newton, a respeito da mecânica e da gravitação universal, decorreram das necessidades da sociedade mercantil inglesa. Logo, o conteúdo da ciência seria determinado por estruturas sociais e econômicas, e não pela genialidade de seus atores. O trabalho de Hessen foi bem-recebido na época, sobretudo pelos marxistas ingleses, mas não chegou a ter grande repercussão no modo de praticar história da ciência. Ainda nos anos 1930, Robert K. Merton, sociólogo americano, escreveu uma tese famosa sobre a relação entre a religião protestante e o advento da ciência experimental. Seu livro *Science, Technology and Society in 17th-Century England* (Ciência, tecnologia e sociedade na Inglaterra do século XVII) levantou questões que se tornaram cruciais para o surgimento da sociologia da ciência. Os dois exemplos não chegam a constituir, contudo, um movimento coordenado de reflexão sobre como fazer história da ciência. A iniciativa de Merton procurava, inclusive, se dissociar dos princípios materialistas defendidos por Hessen. Para sermos breves, a história da ciência começou a se desenvolver nessa época, mas somente a partir dos anos 1960 iniciaram-se as discussões sobre a identidade dessa disciplina, que ganharam um novo impulso com as questões suscitadas pelo livro *A estrutura das revoluções científicas*, de Thomas Kuhn, publicado em 1962.[6] Já estava claro, nessa ocasião, que havia opiniões divergentes sobre a relação entre ciência e sociedade, mas um debate inovador foi introduzido por Kuhn, questionando o pressuposto "continuísta".[7] Ou seja: os desenvolvimentos científicos possuem uma continuidade ou são marcados por rupturas?

O mito da origem greco-ocidental da ciência reflete o modelo continuísta, como se os avanços científicos viessem completar lacunas existentes na concepção predominante da fase precedente. Essa visão começou a ser criticada nos anos da Segunda Guerra Mundial, quando já se fazia uma distinção entre uma história dita "internalista", que descreve os avanços científicos a partir de necessidades internas, e outra "externalista", que se fortaleceu nesse momento enfatizando os aspectos sociais e culturais que motivam o desenvolvimento da ciência. No entanto, a ruptura definitiva com a tese continuísta veio com a ideia de que a ciência avança passando por múltiplas revoluções científicas, defendida por Kuhn.

Para justificar sua concepção de que a história de um domínio científico passa por diferentes mudanças de paradigmas, Kuhn se apoiou na evolução das ciências físicas, porém sua crítica logo se expandiu para a análise de outras áreas da ciência. Em busca do equilíbrio, com o fim de realizar uma análise não continuísta sem cair na armadilha de estudar períodos longos por meio de concepções descontinuístas, a história da ciência passou a se concentrar em análises mais locais, como estudos de casos, de personagens e de documentos, para só depois investigar suas relações com o contexto mais amplo. Uma consequência dessas transformações é que os pesquisadores puderam se livrar da busca de precursores. Tal busca é, por si só, artificial, pois quando um autor cria precursores de uma determinada ideia ele não só modifica nossa concepção sobre o passado, como também aponta uma direção que a história teria seguido, de modo evolutivo.

A partir dos anos 1970, a história da ciência inicia uma nova fase.[8] Percebe-se, cada vez mais, a ciência como configurada por dados culturais, vinculada a agentes específicos e práticas locais. Encerra-se, assim, o período das grandes narrativas históricas. O abandono do eurocentrismo e do continuísmo diminuiu o interesse pelas histórias que pretendiam abarcar imensos períodos de tempo e enormes regiões geográficas, como era o caso do clássico de René Taton, *Histoire générale des sciences* (História geral das ciências), obra em quatro volumes, com mais de 3 mil páginas, publicada entre 1957 e 1964.

Depois da metade do século XX, traumatizados por duas guerras mundiais, muitos pensadores começaram a questionar o papel da ciência, mostrando-se céticos em relação à crença, que parecia inabalável, no desenvolvimento técnico e científico como um elemento fundamental para o progresso e o bem-estar da humanidade. As teses de Kuhn, bem como a transformação dos propósitos da história da ciência, podem ser vistas como uma tentativa de reconquistar alguma credibilidade para a ciência. Os relatos históricos que tendem a enxergar uma evolução da ciência, a partir dos seus resultados, eram desqualificados como história "whig". Esse termo foi cunhado pelo historiador britânico Herbert Butterfield,[9] em sua análise da história política do Reino Unido, que, no século XVIII, assistiu à vitória dos whigs contra os tories, mais conservadores. O termo foi aplicado para caracterizar as histórias que celebravam o progresso, a partir do triunfo das instituições representativas e das liberdades constitucionais. Tais histórias eram criticadas por seu anacronismo, ou seja, por assumir uma continuidade na tradição inglesa, que teria culminado com a forma atual de governo parlamentar. Narrativas desse tipo costumam se concentrar nas semelhanças, mais do que nas diferenças, entre o passado e o presente, o que as leva a não dar a devida importância ao trabalho histórico sobre as fontes. Por este motivo, a alcunha de "whig" foi usada para além desse contexto, na história da ciência, com o fim de designar a história escrita pelos vencedores, ou seja, as tentativas de apresentar o presente como uma progressão inevitável que culmina com as formas contemporâneas de se fazer ciência. No campo da história da ciência, a "história whig" vem sendo intensamente questionada desde as reformulações dos anos 1960 e 70.

As abordagens mais "externalistas" se multiplicaram a partir da década de 1970, radicalizando-se em meados dos anos 1990. Nesse momento, diversos cientistas ligados às ciências naturais desencadearam um movimento público de contestação à história internalista da ciência e fundaram a sociologia da ciência, questionando até mesmo a objetividade dos objetos científicos. Obviamente, essa reformulação acabou por gerar certos exageros no sentido oposto. Atualmente foi alcançado um maior equilíbrio. Os pressupostos de objetividade continuam em franco declínio no meio dos historiadores da ciência e, cada vez mais, reconhece-se como relevante a investigação do que as pessoas pensavam que estava acontecendo, e de que modo suas percepções e narrativas sobre os fatos influenciaram ou foram influenciados pela realidade que viviam. De modo geral, a perspectiva histórica permite reconhecer que qualquer interpretação é provisória e pode tomar por objeto de reflexão os próprios atos interpretativos por meio dos quais as tradições se constituíram e os sentidos foram produzidos.

Tornou-se também importante diferenciar a história da historiografia, que é a produção dos historiadores. Diferente da história, que pode ser definida como o conjunto do acontecer humano, objeto de estudo dos historiadores, a historiografia é a escrita sobre esse acontecer, que pode incluir uma atividade crítica, procurando mostrar as bases epistemológicas e políticas sobre as quais os discursos históricos são construídos, exibindo suas pressuposições tácitas. Um dos principais objetivos deste livro é justamente incorporar algumas mudanças historiográficas recentes à história tradicional da matemática.

As transformações por que passou a história da ciência nas últimas décadas não foram sentidas do mesmo modo, nem com a mesma cronologia, na história da matemática. Os livros de história da matemática mais conhecidos no Brasil, como *História da matemática*, de Carl Boyer, e *Introdução à história da matemática*, de Howard Eves, apresentam uma visão ultrapassada, contendo relatos já questionados pela pesquisa na área. Quando, aqui, mencionarmos, sem maiores precisões, "história da matemática tradicional" ou "historiografia tradicional", estaremos nos referindo a obras como essas. Propomos, no *Anexo: A história da matemática e sua própria história*, um panorama das transformações recentes no modo de praticar história da matemática.

História da matemática e ensino

O modo de escrever o encadeamento das definições, dos teoremas e das demonstrações é, desde muitos séculos, uma preocupação fundamental da matemática. No entanto, não podemos deixar de perceber uma diferença crucial entre a ordem lógica da exposição, o modo como um texto matemático é organizado para ser apresentado, e a ordem da invenção, que diz respeito ao modo como os resultados matemáticos se desenvolveram. O filósofo francês Léon Brunschvicg mencionava essa diferença e a necessidade de reverter a ordem da exposição, se quisermos compreender o sentido amplo das noções matemáticas.[10]

Ao analisar a estrutura das revoluções científicas, T. Kuhn sinalizou que os cientistas, em seu trabalho sistemático, estão continuamente reescrevendo (e escondendo) a história real do que os levou até ali.[11] Isso é natural, pois o objetivo desses pesquisadores é fazer a ciência avançar e não refletir sobre seus resultados. A diferença entre o modo de fazer e de escrever está também muito presente na matemática, que parece ser escrita de trás para a frente. As definições que precedem as conclusões sobre os objetos de que se está tratando explicitam, na verdade, os requisitos para que um enunciado seja verdadeiro, requisitos que foram descobertos por último, em geral, no trabalho efetivo do matemático. E esse encadeamento lógico na apresentação dos enunciados torna a matemática transcendente e desconectada de seu contexto de descoberta.

Um dos fatores que contribuem para que a matemática seja considerada abstrata reside na forma como a disciplina é ensinada, fazendo-se uso, muitas vezes, da mesma ordem de exposição presente nos textos matemáticos. Ou seja, em vez de partirmos do modo como um conceito matemático foi desenvolvido, mostrando as perguntas às quais ele responde, tomamos esse conceito como algo pronto. Vejamos como a ordem lógica sugere apresentar o teorema de Pitágoras.

Definição 1: Um triângulo é retângulo se contém um ângulo reto.

Definição 2: Em um triângulo retângulo o maior lado é chamado "hipotenusa" e os outros dois são chamados "catetos".

Teorema: Em todo triângulo retângulo o quadrado da medida da hipotenusa é igual à soma dos quadrados das medidas dos catetos.

Problema: Desenho um triângulo retângulo de catetos 3 e 4 e pergunto o valor da hipotenusa.

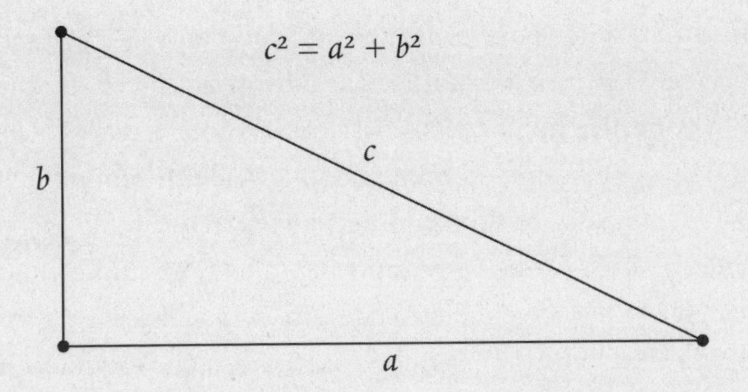

Temos primeiro as definições, depois os teoremas e as demonstrações que usam essas definições e, finalmente, as aplicações dos teoremas a alguma situação particular, considerada um problema. A partir dessa apresentação, podemos demonstrar e aplicar o teorema de modo convincente. Ainda assim, diversas perguntas permanecem sem resposta, como: por que um triângulo retângulo merece uma definição especial? Por que esses nomes? O que é medir? Por que é interessante medir os lados de um triângulo? Por que devemos conhecer a relação entre as medidas dos lados de um triângulo retângulo? As respostas a essas perguntas permanecem escondidas por trás do modo coerente como enunciamos o teorema e, sobretudo, do modo como utilizamos operacionalmente o resultado que ele exprime.

A matemática que lemos nos livros já foi produzida há muito tempo e reorganizada inúmeras vezes. Entretanto, não se trata de um saber pronto e acabado. Fala-se muito, hoje, em inserir o ensino de um conceito matemático em um contexto. E justamente porque a maioria das pessoas acha que a matemática é muito abstrata, ouvem-se pedidos para que ela se torne mais "concreta", ligada ao "cotidiano". Mas a matemática também é vista como um saber abstrato por excelência. Como torná-la mais concreta? Essas questões aparecem frequentemente na experiência de ensinar matemática, bem como nas discussões sobre as dificuldades de seu ensino e de sua aprendizagem.

Costuma-se dizer que o aprendizado de matemática é importante porque ajuda a desenvolver a capacidade de raciocínio e, portanto, o pensamento lógico coerente, que é um tipo de pensamento abstrato. É verdade que a matemática lida com conceitos que não parecem corresponder à experiência sensível, caso dos números negativos, irracionais ou complexos. Mesmo os conceitos geométricos básicos de ponto e reta são abstratos, uma vez que não existem, no mundo real, grandezas sem dimensão, ou com somente uma dimensão. Todos os objetos de que temos experiência são tridimensionais. Como se verá no Capítulo 1, mesmo o conceito de *número*, apesar de ter sido definido a partir de necessidades concretas, pode ser encarado como abstrato. Sendo assim, parece que estamos diante de um paradoxo: como tornar a matemática mais "concreta" sem abdicar da capacidade de abstração que o seu aprendizado proporciona? Tal pergunta nos parece malfeita.

Possivelmente, quando as pessoas pedem que a matemática se torne mais "concreta", elas podem não querer dizer, somente, que desejam ver esse conhecimento aplicado às necessidades práticas, mas também que almejam compreender seus conceitos em relação a algo que lhes dê sentido. E a matemática pode ser ensinada desse modo, mais "concreto", desde que seus conceitos sejam tratados a partir de um contexto. Isso não significa necessariamente partir de um problema cotidiano, e sim saber com o que esses conceitos se relacionam, ou seja, como podem ser inseridos em uma rede de relações.

A matemática se desenvolveu, e continua a se desenvolver, a partir de problemas. O papel da história da matemática pode ser justamente exibir esses problemas, muitas vezes ocultos no modo como os resultados se formalizaram. Para além da reprodução estéril de anedotas visando "motivar" o interesse dos estudantes, é possível reinventar o ambiente "problemático" no qual os conceitos foram criados. A noção de "problema" usada aqui, bem como de "problemático", não remete a um sentido negativo, ligado a uma falta de conhecimento que deve ser suplantada pelo saber. Tal vocábulo não tem o mesmo sentido dos tradicionais "problemas" que passamos aos alunos após a exposição de uma teoria (como no exemplo dado anteriormente acerca do teorema de Pitágoras) e que equivalem a exercícios de fixação.

Os problemas que motivaram os matemáticos podem ter sido de natureza cotidiana (contar, fazer contas); relativos à descrição dos fenômenos naturais (por que um corpo cai?; por que as estrelas se movem?); filosóficos (o que é conhecer?; como a matemática ajuda a alcançar o conhecimento verdadeiro?); ou, ainda, matemáticos (como legitimar certa técnica ou certo conceito?). No desenvolvimento da matemática, encontramos motivações que misturam todos esses tipos de problemas. Até o século XIX, situações físicas e/ou de engenharia, bem como questões filosóficas, possuíam um papel muito mais importante no desenvolvimento da matemática do que hoje. Já entre os séculos XIX e XX, discussões relativas à formalização e à sistematização da matemática tornaram-se preponderantes.

Entender os problemas que alimentam a matemática de hoje é praticamente impossível, tendo em vista a sua complexidade e a especificidade da linguagem e do simbolismo por meio do qual se exprimem. Mas os conteúdos que ensinamos, desde o ensino fundamental até o superior, já foram desenvolvidos há muitos séculos. Podemos, então, analisar o momento no qual os conceitos foram criados e como os resultados, que hoje consideramos clássicos, foram demonstrados, contrabalançando a concepção tradicional que se tem da matemática como um saber operacional, técnico ou abstrato. A história da matemática pode perfeitamente tirar do esconderijo os problemas que constituem o campo de experiência do matemático, ou seja, o lado concreto do seu fazer, a fim de que possamos entender melhor o sentido de seus conceitos.

RELATO TRADICIONAL

A MATEMÁTICA ANTIGA, em particular a mesopotâmica e a egípcia, sempre foi tratada como parte da tradição ocidental, como se tivesse evoluído de modo linear desde quatro mil anos antes da Era Comum até a matemática grega do século III a.E.C. Ou seja, haveria somente uma matemática e, consequentemente, uma única história de sua evolução até os nossos dias. Essa evolução teria sido marcada pela transformação de uma matemática concreta em uma outra, mais abstrata, da qual seríamos herdeiros.

Esse ponto de vista foi expresso em narrativas dos mais variados tipos, muitas influenciadas pela citação de Heródoto (século V a.E.C.), que creditou aos egípcios a invenção da geometria. Suas construções sofisticadas, como pirâmides e templos, favoreceram a imagem do Egito como o ancestral da cultura moderna. Assim, durante a maior parte do século XX, a Mesopotâmia e o Egito foram vistos como o berço da matemática, com lugar garantido nos primeiros capítulos dos livros gerais sobre a história desse saber. Esses capítulos tentavam enumerar raízes esparsas de conceitos pertencentes ao domínio da matemática, como o tratamento de equações, na álgebra, e o conhecimento do número π para o cálculo de áreas, na geometria.

Em trabalhos renomados, como os de O. Neugebauer, nos anos 1930 e 40, e de B.L. van der Waerden, nas décadas de 1950 a 1980, chegou-se a postular que as receitas aritméticas usadas pelos mesopotâmicos eram uma álgebra e podiam ser facilmente traduzidas por equações. Tal interpretação se baseia em uma tradução anacrônica de seus procedimentos, anacronismo que também se verifica em relação aos egípcios. A exaltação dessas técnicas "avançadas" contrasta com a depreciação de outras partes da matemática desses povos antigos, como a representação egípcia de frações. Seguindo esses mesmos historiadores, a aritmética baseada em frações unitárias (com numerador 1) teria tido uma influência negativa no desenvolvimento da matemática dos egípcios, impedindo-os de evoluir em direção a resultados mais avançados, o que também teria ocorrido com a astronomia dos mesopotâmicos.

1. Matemáticas na Mesopotâmia e no antigo Egito

Em uma história dos números, é difícil escolher um ponto de partida. Por onde começar? Em que época? Em que local? Em que civilização específica? Não é difícil imaginar que as sociedades muito antigas tenham tido noção de quantidade. Normalmente, associa-se a história dos números à necessidade de contagem, relacionada a problemas de subsistência, e o exemplo mais frequente é o de pastores de ovelhas que teriam sentido a necessidade de controlar o rebanho por meio da associação de cada animal a uma pedra. Em seguida, em vez de pedras, teria se tornado mais prático associar marcas escritas na argila, e essas marcas estariam na origem dos números. Usamos aqui o futuro do pretérito – "teria", "estariam" – para indicar que essa versão não é comprovada. As fontes para o estudo das civilizações antigas são escassas e fragmentadas. Historiadores e antropólogos discutem, há tempos, como construir um conhecimento sobre essas culturas com base nas evidências disponíveis.

Obviamente, seria muito difícil estudar culturas cuja prática numérica fosse somente oral. Como nosso objetivo é relacionar a história dos números com a história de seus registros, é preciso abordar o nascimento da escrita, que data aproximadamente do quarto milênio antes da Era Comum. Os primeiros registros que podem ser concebidos como um tipo de escrita são provenientes da Baixa Mesopotâmia, onde atualmente se situa o Iraque. O surgimento da escrita e o da matemática nessa região estão intimamente relacionados. As primeiras formas de escrita decorreram da necessidade de se registrar quantidades, não apenas de rebanhos, mas também de insumos relacionados à sobrevivência e, sobretudo, à organização da sociedade.

Nessa época, houve um crescimento populacional considerável, particularmente no sul do Iraque, o que levou ao desenvolvimento de cidades e ao aperfeiçoamento das técnicas de administração da vida comum. O aparecimento de registros de quantidades no final desse milênio associados às primeiras formas de escrita é uma consequência dessa nova conjuntura.

A palavra "Mesopotâmia", que em grego quer dizer "entre rios", designa mais uma extensão geográfica do que um povo ou uma unidade política. Entre os rios Tigre e Eufrates, destacavam-se várias cidades que se constituíam em pequenos centros de poder, mas também passavam por ali povos nômades, que, devido à proximidade dos rios, acabavam por se estabelecer. Dentre os que habitaram a Mesopotâmia estão os sumérios e os acadianos, hegemônicos até o segundo milênio antes da Era Comum. As primeiras evidências de escrita são do período sumério, por volta do quarto milênio a.E.C. Em seguida, a região foi dominada por um império cujo centro administrativo era a cidade da Babilônia, habitada pelos semitas, que criaram o Primeiro Império Babilônico. Os semitas são conhecidos como "antigos babilônios", e não se confundem com os fundadores do Segundo Império Babilônico, denominados "neobabilônios". Data do período babilônico antigo (2000-1600 a.E.C.) a maioria dos tabletes de argila mencionados na história da matemática.

Outro momento importante é o Selêucida, nome do império que se estabeleceu na Babilônia por volta de 312 a.E.C., depois da morte de Alexandre, o Grande, que incluía grande parte da região oriental. Alguns traços das práticas matemáticas desde o terceiro milênio até o período selêucida guardam muitas semelhanças entre si. Assim, quando mencionarmos os tabletes e a matemática do período babilônico antigo, estaremos nos referindo aos "tabletes babilônicos" e à "matemática babilônica", e quando quisermos enfatizar uma certa estabilidade das práticas matemáticas na região da Mesopotâmia, usaremos o adjetivo "mesopotâmico".

Os tabletes que nos permitem conhecer a matemática mesopotâmica encontram-se em museus e universidades de todo o mundo. Eles são designados por seu número de catálogo em uma determinada coleção. Por exemplo, o tablete YBC 7289 diz respeito ao tablete catalogado sob o número 7289 da coleção da Universidade Yale (Yale Babilonian Collection). Outras coleções são: AO (Antiquités Orientales, do Museu do Louvre); BM (British Museum); NBC (Nies Babylonian Collection); Plimpton (George A. Plimpton Collection, Universidade Columbia); VAT (Vorderasiatische Abteilung, Tontafeln, Staatliche Museen, Berlim).[1]

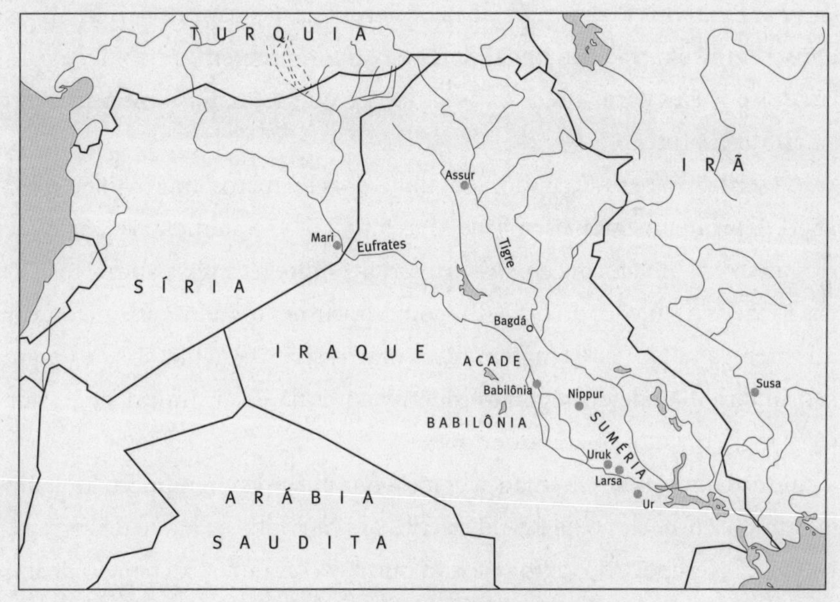

FIGURA 1 Mapa da Mesopotâmia.

Nossa análise se restringirá às duas civilizações antigas mais conhecidas que possuíam registros escritos: a da Mesopotâmia e a do antigo Egito. Por volta do final do quarto milênio a.E.C., os egípcios registravam nomes de pessoas, de lugares, de bens materiais e de quantidades. Provavelmente, nesse momento, havia algum contato entre as duas culturas, o que não quer dizer que o surgimento da escrita e do sistema de numeração egípcio, já usado então, não tenha sido um fato original. Os registros disponíveis são mais numerosos para a matemática mesopotâmica do que para a egípcia, provavelmente devido à maior facilidade na preservação da argila usada pelos mesopotâmicos do que do papiro, usado pelos egípcios.

As fontes indicam que quando a matemática começou a ser praticada no antigo Egito, ela estava associada sobretudo a necessidades administrativas. A quantificação e o registro de bens levaram ao desenvolvimento de sistemas de medida, empregados e aperfeiçoados pelos escribas, ou seja, pelos responsáveis pela administração do Egito. Esses profissionais eram importantes para assegurar a coleta e a distribuição dos insumos, mas também para garantir a formação de novos escribas. Os papiros matemáticos se inserem nessa tradição pedagógica e contêm problemas e soluções preparados por eles para antecipar as situações que os mais jovens poderiam encontrar no futuro.

A escrita, no período faraônico, tinha dois formatos: hieroglífico e hierático. O primeiro era mais utilizado nas inscrições monumentais em pedra; o segundo era uma forma cursiva de escrita, empregada nos papiros e vasos relacionados a funções do dia a dia, como documentos administrativos, cartas e literatura. Os textos matemáticos eram escritos em hierático e datam da primeira metade do segundo milênio antes da Era Comum, apesar de haver registros numéricos anteriores.

Temos notícia da matemática egípcia por meio de um número limitado de papiros, entre eles o de Rhind, escrito em hierático e datado de cerca de 1650 a.E.C., embora no texto seja dito que seu conteúdo foi copiado de um manuscrito mais antigo ainda. O nome do papiro homenageia o escocês Alexander Henry Rhind, que o comprou, por volta de 1850, em Luxor, no Egito. Esse documento também é designado papiro de Ahmes, o escriba egípcio que o copiou, e encontra-se no British Museum.

Os tabletes e papiros indicam que o modo como os cálculos eram realizados em cada cultura dependia intimamente da natureza dos sistemas de numeração utilizados. Por isso, cálculos considerados difíceis em um sistema podem ser considerados mais fáceis em outro. Isso mostra que as noções de "fácil" e de "difícil" não são absolutas e dependem das técnicas empregadas. Logo, a referência às necessidades práticas de cada um desses povos não basta para explicar a criação de diferentes sistemas de numeração, com regras próprias. É preciso relativizar, portanto, a interpretação frequente de que a matemática nessa época se constituía somente de procedimentos de cálculos voltados para a resolução de problemas cotidianos.

O desenvolvimento do conceito de número, apesar de ter sido impulsionado por necessidades concretas, implica um tipo de abstração. Quando dizemos "abstrato" é necessário tornar preciso o significado desse termo, pois a dicotomia entre concreto e abstrato, evocada frequentemente em relação à ideia de número, dificulta a compreensão do que está em jogo. Contar é concreto, mas usar um mesmo número para expressar quantidades iguais de coisas distintas é um procedimento abstrato. A matemática antiga não era puramente empírica nem envolvia somente problemas práticos. Ela evoluiu pelo aprimoramento de suas técnicas, que permitem ou não que certos problemas sejam expressos. Afinal, uma sociedade só se põe as questões que ela tem meios para resolver, ou ao menos enunciar. As técnicas, no entanto, estão intimamente relacionadas ao desenvolvimento da matemática e não podem ser consideradas nem concretas nem abstratas.

Pode-se falar de "matemática" babilônica ou egípcia tendo em mente que se trata de uma prática muito distinta daquela atualmente designada por esse nome. Houve um período no qual tal atividade envolvia sobretudo o registro de quantidades e operações. Em seguida, ao mesmo tempo em que uma parcela da sociedade começou a se dedicar especificamente à matemática, as práticas que podem ser designadas por esse nome teriam passado a incluir também procedimentos para resolução de problemas numéricos, tratados como "algébricos" pela historiografia tradicional. Essa versão começou a ser desconstruída pelo historiador da matemática J. Høyrup, nos anos 1990, com base em novas traduções dos termos que aparecem nos registros. Ele mostrou que a "álgebra" dos babilônicos estava intimamente relacionada a um procedimento geométrico de "cortar e colar". Logo, tal prática não poderia ser descrita como álgebra, sendo mais adequado falar de "cálculos com grandezas". Tanto os mesopotâmicos quanto os egípcios realizavam uma espécie de cálculo de grandezas, ou seja, efetuavam procedimentos de cálculo sobre coisas que podem ser medidas (grandezas). E essa é uma das principais características de sua matemática.

Escrita e números

A invenção da escrita não seguiu um percurso linear. Além disso, diferentemente do que se costuma acreditar, não foi criada para aprimorar ou substituir a comunicação oral nem para representar a linguagem em um meio durável. Essa crença pressupõe, de certa forma, que a escrita tenha emergido como uma decisão racional de um grupo de indivíduos iluminados que teriam entrado em acordo, de forma consciente, sobre como produzir registros inteligíveis para seus contemporâneos e sucessores. Contudo, assim como outras invenções humanas, a escrita não surgiu do nada.

As primeiras formas de que temos registro são oriundas da Mesopotâmia e datam do final do quarto milênio a.E.C. A versão histórica tradicional, desde o Iluminismo, era a de que sua prática se iniciou com o registro de figuras que buscavam representar objetos do cotidiano, ou seja, sua origem estaria em uma fase pictográfica, e a escrita cuneiforme mesopotâmica teria sido desenvolvida a partir daí. Contudo, em alguns tabletes mesopotâmicos já eram notadas discrepâncias entre as representações e os objetos simbolizados, mas elas eram atribuídas às limitações da cultura primitiva. A história praticada até os anos 1980 não usava tais discrepâncias como evidência para questionar a tese hegemônica sobre a evolução da escrita. Quando os estudiosos se viam diante da impossibilidade de distinguir, na imagem desenhada, o que estava sendo representado, essa dificuldade era atribuída a falhas humanas: cada indivíduo teria feito as imagens de seu jeito, incorrendo em erros.

Por volta dos anos 1930, descobriram-se novos tabletes, provenientes da região de Uruk, no Iraque, com datas próximas ao ano 3000 a.E.C. Centenas de tabletes arcaicos indicavam que a escrita já existia no quarto milênio, pois continham sinais traçados ou impressos com um determinado tipo de estilete. O material contradizia a tese pictográfica, pois nessa fase inicial da escrita as figuras que representavam algum objeto concreto eram exceção. Diversos tabletes traziam sinais comuns que eram abstratos, isto é, não procuravam representar um objeto. Assim, o sinal para designar uma ovelha não era o desenho de uma ovelha, mas um círculo com uma cruz.

A continuação das escavações revelou tabletes ainda mais enigmáticos, mostrando que essa forma arcaica de escrita consistia de figuras como cunhas, círculos, ovais e triângulos impressos em argila. Além disso, os pesquisadores constataram que os primeiros tabletes de Uruk surgiram bem depois da formação das cidades-Estado, e que funcionavam, de alguma forma, sem a necessidade de registros. Nos anos 1990, a pesquisadora Denise Schmandt-Besserat, especialista em arte e arqueologia do antigo Oriente Próximo, propôs a tese inovadora de que a forma mais antiga de escrita teria origem em um dispositivo de contagem. Ela observou que as escavações traziam à tona, de modo regular, pequenos *tokens* – objetos de argila que apresentavam diversos formatos: cones, esferas, discos, cilindros etc. (Figura 2). Esses objetos serviam às necessidades da economia, pois permitiam manter o controle sobre produtos da agricultura, e foram expandidos, na fase urbana, para controlar também os bens manufaturados.

FIGURA 2 Cones, esferas e discos representando medidas.

Com o desenvolvimento da sociedade, aperfeiçoaram-se métodos para armazenar esses *tokens*. Um deles empregava invólucros de argila, como uma bola vazada, dentro dos quais eles eram guardados e fechados. Os invólucros escondiam os *tokens* e, por isso, em sua superfície, eram impressas as formas contidas em seu interior (Figura 3). O número de unidades de um produto era expresso pelo número correspondente de marcas na superfície. Uma bola contendo sete ovoides, por exemplo, possuía sete marcas ovais na superfície, às vezes produzidas por meio da pressão dos próprios *tokens* contra a argila ainda molhada.

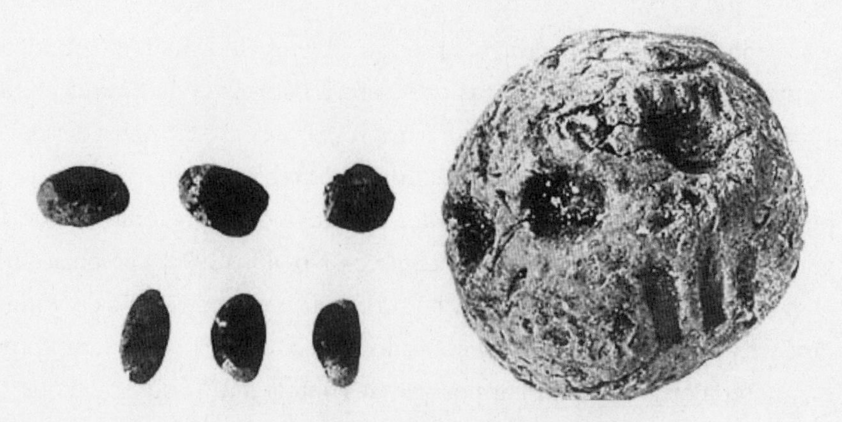

FIGURA 3 Os *tokens* começam a ser inseridos nos invólucros e marcados na superfície.

A substituição de *tokens* por sinais foi o primeiro passo para a escrita. Os contadores do quarto milênio a.E.C. devem ter percebido que o conteúdo dos invólucros se tornava desnecessário em vista das marcas superficiais, e essas marcas passaram a incluir sinais traçados com estilete. Ambos os tipos de sinais eram derivados dos *tokens* e não consistiam de figuras representando os produtos em si, mas os *tokens* usados para contá-los.

Trata-se de uma maneira de contar bem diferente da nossa. Eles não representavam números, como 1 ou 10, mas eram instrumentos particulares que serviam para contar cada tipo de insumo: jarras de óleo eram contadas com ovoides; pequenas quantidades de grãos, com esferas. Os *tokens* eram usados em correspondência um a um com o que contavam: uma jarra de óleo era representada por um ovoide; duas jarras, por dois ovoides; e assim por diante.

Schmandt-Besserat afirma que esse procedimento traduz um modo de contar concreto, anterior à invenção dos números abstratos. Isso quer dizer que o fato de associarmos um mesmo símbolo, no caso 1, ou um cone, a objetos de tipos distintos, como ovelhas e jarras de óleo, consiste em uma abstração que não estava presente no processo de contagem descrito anteriormente. A pesquisadora acrescenta que, aos poucos, formas de arte, como a fabricação de potes e pinturas, também se transformaram para incluir narrativas, constituindo um terreno fértil para a emancipação da escrita em relação à contagem. A associação da escrita com a arte permitiu que ela caminhasse de um dispositivo de administração para um meio de comunicação. A evolução dessa prática, no entanto, não será investigada aqui porque nosso interesse é mostrar como esse sistema deu origem à representação cuneiforme dos números.

Já vimos que as marcas impressas nos invólucros passaram a incluir impressões com estiletes que, aos poucos, foram sendo transpostas para tabletes. Uma vez que o registro na superfície tornava desnecessária a manipulação dos *tokens*, os invólucros não precisavam ser usados enquanto tais e as impressões passaram a ser feitas sobre tabletes planos de argila (Figura 4).

Os primeiros numerais não eram símbolos criados para representar números abstratos, mas sinais impressos indicando medidas de grãos. Em um segundo momento, as marcas representando as quantidades passaram a ser acompanhadas de ideogramas que se referiam aos objetos que estavam sendo contados. Esse foi um passo em direção à abstração, pois o registro das quantidades podia servir para coisas de naturezas distintas, tanto que surgiu a necessidade de se indicar o que estava sendo contado. Na verdade, há registros de que essas sociedades possuíam uma

FIGURA 4 Impressões em tabletes de argila planos, contendo, neste caso, a descrição da quantidade de ovelhas.

vida econômica ativa e a variedade de objetos com os quais tinham de lidar podia ser muito grande. Nesse caso, o modo de representação que emprega símbolos distintos para quantidades (iguais) de objetos distintos pode se tornar muito restritivo.

A descoberta dos tabletes de Uruk levou ao desenvolvimento de um projeto dedicado à sua interpretação, que começou por volta dos anos 1960, em Berlim. A iniciativa foi fundamental para a compreensão dos símbolos encontrados e deu origem à obra que esclareceu o contexto desses registros: *Archaic Bookkeeping: Early Writing and Techniques of Economic Administration in the Ancient Near East* (Contabilidade arcaica: escrita antiga e técnicas de administração econômica no antigo Oriente Próximo), de H.J. Nissen, P. Damerow e R.K. Englund. Ficou claro, a partir daí, que os registros serviam para documentar atividades administrativas e exibiam um sistema complexo para controlar as riquezas, apresentando balanços de produtos e contas.

Os tabletes mostram que eram utilizados diferentes sistemas de medidas e bases, em função do assunto tratado nos balanços. Havia, por exemplo, mais de seis sistemas de capacidade usados para diferentes tipos de grãos e de líquidos[2] (as Figuras 5a e 5b fornecem dois exemplos). Ao passo que os objetos discretos eram contados em base 60, a contagem de outros produtos empregava a base 120. Além disso, havia métodos distintos para contar tempo e áreas.

Marcas em forma de cunha e figuras circulares eram unidades que serviam especificamente para contar grãos. Uma cunha pequena representava uma unidade de grãos, a unidade básica do sistema de medidas dos sumérios. Uma quantidade seis vezes maior era representada pela marca circular, e outra dez vezes maior que esta última, por um círculo maior (Figura 5a). Esses sinais podem ter se originado dos *tokens* em forma de cones e esferas, pois o cone pequeno representava, provavelmente, uma unidade de grãos, e a esfera, uma segunda medida básica, de tamanho maior.

Os sistemas de numeração dependiam do contexto, logo, era possível usar sinais visualmente idênticos em relações numéricas diferentes. Uma marca circular pequena podia representar 10 marcas cônicas pequenas no sistema sexagesimal discreto, ou apenas 6 no sistema de capacidade de cevada (diferença exibida nas Figuras 5a e 5b).

10 3 10 6 5

FIGURA 5a Sistema usado para medir capacidade de grãos, em particular cevada.

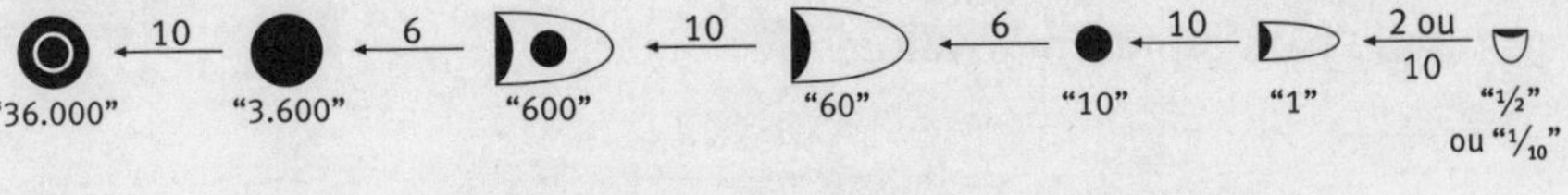

10 6 10 6 10 2 ou 10

"36.000" "3.600" "600" "60" "10" "1" "½" ou "1/10"

FIGURA 5b Sistema usado para contar a maior parte dos objetos discretos: homens, animais, coisas feitas de pedra etc.

Os símbolos não eram números absolutos, no sentido abstrato, mas significavam diferentes relações numéricas dependentes do que estava sendo contado. O tipo de registro que vemos na Figura 5 é chamado "protocuneiforme", pois antecedeu a escrita cuneiforme, "em forma de cunha", que se desenvolveu ao longo do terceiro milênio. Presume-se que o sistema de contagem que agrupava animais, ou outros objetos discretos, em grupos de 10, 60, 600, 3.600 ou 36.000 foi o primeiro a ser traduzido para a representação cuneiforme.

Os estudos sobre a matemática mesopotâmica sugerem que essa mudança se deu gradualmente. O estágio inicial, ainda protocuneiforme, contava com os seguintes sinais:

Valor	1	10	60	600	3.600	36.000
Sinal						

Sinais com os mesmos valores apareceram em meados do terceiro milênio, já dentro do sistema cuneiforme, mas guardando alguma relação visual com os sinais iniciais:

Valor	1	10	60	600	3.600	36.000
Sinal						

Finalmente, o sistema teria se estabilizado no fim do terceiro milênio.

Nesse momento, duas mudanças importantes ocorreram. Em primeiro lugar, a função de contagem de objetos discretos que os sinais tinham no sistema protocuneiforme foi transformada e eles passaram a ser usados para fazer cálculos. A segunda mudança é que um mesmo sinal passou a ser usado para representar valores diferentes.

Valor	1	10	60	600	3.600	36.000
Sinal	𒁹	𒌋	𒁹	𒌋	𒁹	𒌋

Apesar de as evidências não permitirem um conhecimento linear dos registros numéricos, pode-se conjecturar que o sistema evoluiu de um estágio no qual um único contador era impresso várias vezes até uma fase mais econômica, em que era possível diminuir a quantidade de impressões dos contadores de tamanhos e formas diferentes. Esta é a essência do sistema posicional: um mesmo símbolo serve para representar diferentes números, dependendo da posição que ocupa na escrita. Esse é o caso do símbolo em forma de cunha, que serve para 1, 60 e 3.600. O mesmo acontece em nosso sistema com o símbolo 1, que pode representar também os números 10 e 100.

O sistema sexagesimal posicional usado no período babilônico, deve ter surgido da padronização desse sistema numérico, antes do final do terceiro milênio a.E.C. Ainda que a representação numérica continuasse a ser dependente do contexto e a usar diferentes bases ao mesmo tempo, aos poucos começaram a ser registradas listas que resumiam as relações entre diferentes sistemas de medida. Nesses procedimentos de conversão, realizados em um âmbito administrativo e não matemático, foi introduzido o sistema sexagesimal posicional.

Conforme a metrologia foi sendo racionalizada pelo poder administrativo, também foram se multiplicando as funções da representação dos números, que passaram a incluir objetivos pedagógicos. Há evidências de que, mais ou menos em meados do terceiro milênio a.E.C., as propriedades dos números começaram a ser investigadas por si mesmas, transformação que pode ser associada ao início de uma matemática mais abstrata, ou seja, praticada sem relação direta com uma finalidade de contagem.

Nesse contexto surgiram os escribas, que tinham funções ligadas à administração e eram responsáveis pelos registros. O domínio da escrita não era universal, ou seja, nem todos manejavam suas técnicas, e aos poucos essa elite intelectual foi adquirindo outras atribuições ligadas ao ensino. Na verdade, presume-se que muitos dos tabletes que nos fornecem um conhecimento sobre a matemática babilônica tinham funções pedagógicas. Tem sido considerada com muita frequência na historiografia a função dos tabletes matemáticos, pois esses textos, em sua maioria, eram escolares e nos dão informações valiosas sobre as práticas educacionais mesopotâmicas.[3]

Obter conclusões sobre a finalidade dos registros numéricos envolve inúmeros desafios, uma vez que o seu contexto deve ser reconstruído com base em diversos tipos de informação. As funções pedagógicas dos textos matemáticos podem ser inferidas a partir de seu conteúdo, mas também de suas características materiais. No artigo "Textos matemáticos cuneiformes e a questão da materialidade", C.H.B. Gonçalves observa que, cada vez mais, o estudo das características materiais e arqueológicas de tabletes cuneiformes (formato, disposição do texto, lócus no sítio arqueológico) fornece indicações sobre o ambiente em que foram criados e sua finalidade. Tradicionalmente, as investigações em história da matemática tendiam a ignorar essas informações, mas elas são imprescindíveis no caso da matemática mesopotâmica e egípcia, cujos registros estão somente em tabletes de argila e papiros. A própria tradução dos textos matemáticos cuneiformes envolve diversas mediações que incluem os traços materiais desses textos.[4]

Para afirmar que certos tabletes matemáticos foram produzidos em locais de ensino da tradição de escribas da Mesopotâmia é preciso reunir um conjunto de informações de tipos muito distintos, inseridos em uma rede de argumentos dependentes das mediações que nos permitem enunciá-los. Sendo assim, muitas das afirmações que faremos nas próximas páginas não podem ser averiguadas diretamente, pois dependem de múltiplas camadas de interpretações e reconstruções.

Crítica a dois livros

G. Ifrah, *Os números: A história de uma grande invenção*. Rio de Janeiro, Globo, 1995.

G. Ifrah, *História universal dos algarismos, vol. 1: A inteligência dos homens contada pelo número e pelo cálculo*. Rio de Janeiro, Nova Fronteira, 1997.

As duas obras citadas acima, publicadas originalmente em francês, tornaram-se referências constantes na história dos números nos últimos anos, e não apenas no Brasil. Talvez porque, como os títulos indicam, sobretudo no segundo caso, pretendam apresentar uma história "universal" dos números e dos cálculos numéricos. Em 1995, logo após terem sido vertidas para o inglês, tornando-se populares, foram bastante criticadas por um grupo de historiadores dedicados à matemática da Mesopotâmia, China, Índia e Meso-América devido ao fato de Ifrah relacionar a emergência do sistema de numeração decimal posicional a tais civilizações.[1] Esses pesquisadores apontam a leviandade das afirmações que procuram dar a impressão de que o conhecimento sobre a história dos números permite uma narrativa unificadora e universal, o que contradiz a fragmentação do material disponível sobre o período.

Tais críticas foram renovadas em uma resenha escrita pelo historiador J. Dauben[2] que mostra que a pretensão do autor não corresponde aos resultados apresentados, os quais multiplicam as falsas impressões sobre a evolução dos números. Uma das inconsistências concerne justamente às origens da base 60, usada pelos mesopotâmicos. Ifrah conjectura que ela teria decorrido de uma combinação entre um sistema sumério de base 5 e um outro, criado por outro povo, de base 12. A união de ambos os sistemas teria dado origem à base 60 porque esse número é o mínimo múltiplo comum de 5 e 12. No entanto, essa afirmação não possui base histórica, já que no início do terceiro milênio a.E.C. não havia apenas um sistema numérico (o que Ifrah observa apenas de relance), mas vários. Eles foram convergindo no decorrer do milênio, conforme a centralização administrativa foi exigindo uma maior racionalização e uma simplificação na representação dos números.

1. Os artigos desses estudiosos estão disponíveis na revista francesa *Bulletin de l'Association des Professeurs de Mathématiques de l'Enseignement Publique*, 398, 1995.
2. J. Dauben, "Book Review: *The Universal History of Numbers* and *The Universal History of Computing*", *Notices of the American Mathematical Society*, 49 (1), 2002, p.32-8.

O sistema sexagesimal posicional

A maioria dos tabletes cuneiformes de que temos notícia são do período em torno do ano 1700 a.E.C., quando a matemática já parecia bastante desenvolvida. O sistema sexagesimal era usado de modo sistemático em textos matemáticos ou astronômicos, mas, ao se referirem a medidas de volume ou de áreas, mesclavam vários sistemas distintos.

O sinal usado para designar a unidade era 𒁹. Esse sinal era repetido para formar os números maiores que 1, como 𒈫 (2), 𒐈 (3), e assim por diante, até chegar a 10, representado por um sinal diferente: 𒌋. Em seguida, continuava-se a acrescentar 𒁹 a 𒌋, até chegar a 20, representado então por 𒎙. Esse processo aditivo prosseguia apenas até o número 60, quando se voltava a empregar o sinal 𒁹, o mesmo usado para o número 1. Mostramos, a seguir, como os sinais cuneiformes representavam os números:

𒁹	1	𒈫	2	𒐈	3	𒐉	4	𒐊	5
𒐋	6	𒐌	7	𒐍	8	𒐎	9	𒌋	10
𒌋 𒁹	11	𒌋 𒈫	12	𒌋 𒐈	13	𒌋 𒐉	14	𒌋 𒐊	15
𒌋 𒐋	16	𒌋 𒐌	17	𒌋 𒐍	18	𒌋 𒐎	19	𒎙	20
𒎙 𒁹	21	𒎙 𒈫	22	𒎙 𒐈	23	𒎙 𒐉	24	𒎙 𒐊	25
𒎙 𒐋	26	𒎙 𒐌	27	𒎙 𒐍	28	𒎙 𒐎	29	𒌍	30
𒌍 𒁹	31	𒌍 𒈫	32	𒌍 𒐈	33	𒌍 𒐉	34	𒌍 𒐊	35
𒌍 𒐋	36	𒌍 𒐌	37	𒌍 𒐍	38	𒌍 𒐎	39	𒐏	40
𒐏 𒁹	41	𒐏 𒈫	42	𒐏 𒐈	43	𒐏 𒐉	44	𒐏 𒐊	45
𒐏 𒐋	46	𒐏 𒐌	47	𒐏 𒐍	48	𒐏 𒐎	49	𒐐	50
𒐐 𒁹	51	𒐐 𒈫	52	𒐐 𒐈	53	𒐐 𒐉	54	𒐐 𒐊	55
𒐐 𒐋	56	𒐐 𒐌	57	𒐐 𒐍	58	𒐐 𒐎	59	𒁹	60

Vemos que, nesse sistema, um mesmo sinal pode ser usado para indicar quantidades diferentes, e dessa maneira os antigos babilônios representavam qualquer número usando apenas dois sinais. Como isso é possível? Esse sistema de numeração é posicional – cada algarismo vale não pelo seu valor absoluto, mas pela "posição" que ocupa na escrita de um número, ou seja, pelo seu valor relativo. Podemos constatar que o número 60 era representado pelo mesmo sinal usado para simbolizar o número 1. Sendo assim, pode-se dizer que o sistema dos antigos babilônios usa uma notação posicional de base 60, isto é, um sistema sexagesimal, ao passo que o nosso é decimal. Na verdade, eles usavam uma combinação de base 60 e de base 10, pois os sinais até 59 mudam de 10 em 10. O sistema que usamos para representar as horas, os minutos e os segundos é um sistema sexagesimal. Por exemplo, para chegar ao valor decimal de 1h4min23s, temos de calcular o resultado ($1 \times 3.600 + 4 \times 60 + 23 = 6.023$s).

Nosso sistema de numeração de base 10 também é posicional. Há símbolos diferentes para os números de 1 a 9, e o 10 é representado pelo próprio 1, mas em uma posição diferente. Por isso se diz que nosso sistema é um sistema posicional de numeração de base 10, o que significa que a posição ocupada por cada algarismo em um número altera seu valor de uma potência de 10 para cada casa à esquerda.

Uma diferença entre o nosso sistema e o dos babilônios é que estes empregavam um sistema aditivo para formar combinações distintas de símbolos que representam os números de 1 a 59, enquanto o nosso utiliza símbolos diferentes para os números de 1 a 9 e, em seguida, passa a fazer uso de um sistema posicional. Em nosso sistema de numeração, no número decimal 125 o algarismo 1 representa 100; o 2 representa 20; e o 5 representa 5 mesmo. Assim, pode-se escrever que $125 = 1 \times 10^2 + 2 \times 10^1 + 5 \times 10^0$.

O raciocínio é válido para um número que, além de uma parte inteira, contenha também uma parte fracionária. Por exemplo, no número 125,38, os algarismos 3 e 8 representam $3 \times 10^{-1} + 8 \times 10^{-2}$. Se considerarmos 125 escrito na base 60, estaremos representando $1 \times 60^2 + 2 \times 60^1 + 5 \times 60^0$, que é igual a 3.725 na base 10. Generalizando, podemos representar um número N qualquer na base 10 escrevendo:

$$N = a_n 10^n + a_{n-1} 10^{n-1} + \ldots + a_0 10^0 + a_{-1} 10^{-1} + \ldots + a_{-m} 10^{-m} + \ldots .$$

Isso significa que $a_n 10^n + a_{n-1} 10^{n-1} + \ldots + a_0 10^0$ é a parte inteira e $a_{-1} 10^{-1} + \ldots + a_{-m} 10^{-m} + \ldots$ é a parte fracionária desse número (as reticências finais indicam que ele pode não ter representação finita, como em uma dízima periódica).

Suponhamos agora que, em vez de usar a base 10, queiramos escrever um número em um sistema de numeração posicional cuja base genérica é b. Para representar um número N qualquer nessa base b, escrevemos:

$$N = a_n b^n + a_{n-1} b^{n-1} + \ldots + a_0 b^0 + a_{-1} b^{-1} + \ldots + a_{-m} b^{-m} + \ldots .$$

Isso significa que $a_n b^n + a_{n-1} b^{n-1} + \ldots + a_0 b^0$ é a parte inteira e temos que $a_{-1} b^{-1} + \ldots + a_{-m} b^{-m} + \ldots$ é a parte fracionária desse número. O número será escrito com a parte inteira separada da parte fracionária por uma vírgula como: $a_n\, a_{n-1} \ldots a_0, a_{-1} \ldots a_{-m} \ldots$.

Como na base 60 podemos ter, em cada casa, algarismos de 1 a 59, empregaremos o símbolo ";" como separador de algarismos dentro da parte inteira ou dentro da parte fracionária de um número. Para separar a parte inteira da fracionária, utilizaremos a vírgula (",").* Por exemplo, no número 12;11,6;31 a parte inteira é constituída por dois algarismos (12 e 11); e a parte fracionária por outros dois (6 e 31).

Na notação posicional babilônica podemos observar que o símbolo 𒁹 podia ser lido de diferentes maneiras, representando os números decimais 1, 60, 3.600 (60 × 60) etc. Isso acontecia justamente porque o valor real representado por esse símbolo era dado pela sua "posição".

Que mecanismo utilizamos em nosso sistema de numeração para indicar a posição de um símbolo? Por exemplo, como fazemos para que o "1" do número "1" tenha um valor distinto do "1" do número "10"?

No caso babilônico, os números 1, 60, 3.600 e todas as potências de 60 eram representados pelo mesmo símbolo, escrito em colunas diferentes. Cada coluna multiplica o número por um fator 60. Alguns exemplos:

---

* Muitos historiadores fazem o contrário, ou seja, usam o ponto e vírgula para separar a parte inteira da fracionária, e a vírgula para separar os algarismos dentro da parte inteira ou da fracionária. Decidimos inverter essa representação, uma vez que no Brasil a vírgula é usada normalmente para separar a parte inteira da fracionária, e já estamos habituados a essa utilização do símbolo ",".

TABELA 1

Cuneiforme	Leitura dos símbolos em nosso sistema	Valor decimal
𒁹 𒌋 𒐊	1;15 = 1 × 60 + 15	75
𒁹 𒐏	1;40 = 1 × 60 + 40	100
𒌋 𒐋 𒐏 𒐈	16;43 = 16 × 60 + 43	1.003
𒐏 𒐉 𒎙 𒐋 𒐏	44;26;40 = 44 × 3.600 + 26 × 60 + 40	160.000
𒁹 𒎙 𒐉 𒐐 𒁹 𒌋	1;24;51;10 = 1 × 216.000 + 24 × 3.600 + 51 × 60 + 10	305.470

Observe-se na Tabela 1 que esse sistema dá margem a algumas ambiguidades. Por exemplo, o símbolo 𒁹 𒁹 pode ser lido como (1 + 1) ou como (1;1), podendo ter o valor decimal 2 ou 61. No primeiro caso, o resultado é obtido de modo aditivo; no segundo, é propriamente posicional. Em nosso sistema decimal, tal problema não ocorre pelo fato de usarmos algarismos diferentes para o 1 e o 2, logo, 11 representa o "11", mas não o "2", que é representado por 2. Essa ambiguidade se deve, portanto, ao fato de o sistema babilônico só possuir dois símbolos. Mas na representação do número 2, o problema é resolvido unindo-se os dois símbolos para se obter 𒈫.

E como diferenciar 1 de 60? Nesse caso, houve uma época em que se usava o símbolo 𒁹 com tamanhos diferentes para representar o 60 e o 1, hábito que talvez esteja na origem do sistema posicional. Mas quando os símbolos se tornaram padronizados para facilitar os registros, gerou-se outra ambiguidade. Sem símbolos com tamanhos diferentes e sem símbolos para representar uma casa vazia, não podemos diferenciar 1 de 60, a não ser pelo contexto dos problemas em que esses números apareciam.

E como escrever os números decimais 3.601 e 7.200? No sistema babilônico esses números seriam escritos também como 𒈫. Algumas vezes era deixado um espaço entre os dois símbolos para marcar uma coluna vazia. Mas essa solução não resolve o problema de expressar uma coluna vazia no fim do número, logo, não permite diferenciar 7.200 de 2 e de 120.

Operações em base 60

Alguns exemplos de cálculos em base 60, empregando os algarismos indo-arábicos a que estamos acostumados: 0, 1, 2, 3, ..., 9.

(a) 1;30,27;40 + 29,15;13

$$\begin{array}{r} 1\ 30\ 27\ 40 \\ +\ \ 29\ 15\ 13 \\ \hline 1\ 59\ 42\ 53 \end{array}$$

Logo, o resultado é 1;59,42;53.

(b) 1;59 + 1

$$\begin{array}{r} 1\ 59 \\ +\ \ \ 1 \\ \hline 2\ 00 \end{array}$$

Nesse exemplo, a conta passa a exigir o agrupamento das 60 unidades em uma "sessentena" a mais, perfazendo duas "sessentenas" no total. Essa conta seria equivalente, em base 10, a 19 + 1, na qual, adicionando o 9 ao 1, obtemos uma dezena a mais, perfazendo um total de duas dezenas.

O resultado é 2;00.

Outro exemplo de adição com reagrupamento, que chamamos em geral de "vai um", pode ser dado por:

(c) 1;30,27;50 + 0;29,38;13 = 2;00,06;03

Além das somas, podemos realizar multiplicações, subtrações e divisões em base 60:

(d) 4 × 20 = 1;20

(e) 2;30,4;38 – 40,5;15 = 1;49,59;23

(f) 1,30 ÷ 3 = 0,30

Para multiplicar por 60 um número sexagesimal, basta mudar a posição da vírgula: $60 \times a_1, b_1; b_2; b_3; ... = a_1; b_1, b_2; b_3; ...$.

Uma das vantagens do sistema sexagesimal é o fato de que o número 60 é divisível por todos os inteiros entre 1 e 6, o que facilita a inversão dos números expressos nessa base. A divisibilidade por inteiros pequenos é uma importante característica a ser levada em conta no momento da escolha de uma base para representar os números. A base 12 está presente até hoje no comércio, onde usamos a dúzia justamente pelo fato de o número 12 ser divisível por 2, 3 e 4 ao mesmo tempo. Não podemos dizer, no entanto, que esse tenha sido o motivo do emprego dessa base pelos mesopotâmicos.

Essa segunda ambiguidade era gerada pela ausência de um símbolo para representar o zero, ou uma casa vazia.

Os dois tipos de ambiguidade podem ser mais bem compreendidos na Tabela 2:

TABELA 2

Valor decimal	Conversão para base 60	Notação com algarismos indo-arábicos	Notação cuneiforme
2	2	2	𒁹 𒁹
61	1 × 60 + 1	1;1	
120	2 × 60 + 0	2;0	
3.601	1 × 3.600 + 0 × 60 + 1	1;0;1	
7.200	2 × 3.600 + 0 × 60 + 0	2;0;0	
216.001	1 × 216.000 + 0 × 3.600 + 0 × 60 + 1	1;0;0;1	

Sabe-se que o número decimal 3.601 pode ser convertido na base 60, tomando-se os coeficientes de 1×3.600 ($= 60 \times 60$) $+ 0 \times 60 + 1$, logo, teríamos 1;0;1. Sem o zero, ou seja, sem um símbolo especial para marcar uma coluna vazia, não há meio seguro de diferenciar uma coluna vazia de duas vazias, e não é possível diferenciar 3.601 ($= 1 \times 60 \times 60 + 0 \times 60 + 1$) de 216.001 ($= 1 \times 60 \times 60 \times 60 + 0 \times 60 \times 60 + 0 \times 60 + 1$). Essa diferença só poderia ser averiguada pelo contexto em que os problemas apareciam.

Observemos que, na base 60, a diferença entre os contextos em que utilizamos números da ordem de $\frac{1}{60}$ ou $\frac{1}{3.600}$ é bem mais nítida do que, em base 10, a diferença entre $\frac{1}{10}$ e $\frac{1}{100}$. Ou seja, nessa base, os zeros não aparecem com tanta frequência quanto em nosso sistema decimal. Sendo assim, o contexto deveria ser suficiente para identificar a ordem de grandeza de um número, não havendo ambiguidade na interpretação do registro numérico. Podemos relativizar, assim, a tendência de enxergar na ausência do zero uma limitação do sistema babilônico.

No sistema posicional, podem-se usar os mesmos símbolos para escrever números inteiros e números fracionários, o que não acontece no sistema egípcio, como veremos adiante. A representação dos números fracionários não introduzia nenhum símbolo especial, sendo análoga à representação que, em nosso sistema, chamamos de "decimal". Distinguimos os números 345 e 3,45 apenas colocando uma vírgula no meio do número, e, assim, as operações com números fracionários se tornam equivalentes às operações com números inteiros.

Tal equivalência também estava presente no sistema babilônico, ainda que não se usasse a vírgula. Por exemplo, o número 𒐊 podia representar o número decimal 5, o número decimal $5 \times 60^{-1} = 1/12$, ou o número decimal $5/3.600$. Isso aumentava a ocorrência dos casos em que a inexistência do zero poderia levar a uma ambiguidade. Mas, como dissemos, pode ser que essa ambiguidade não fosse sequer sentida, uma vez que o contexto permitia saber, antecipadamente, se o número em questão era inteiro ou fracionário.

Uma grande vantagem do sistema posicional é permitir a escrita de números muito grandes com poucos símbolos. Efetivamente, mais tarde, quando os babilônios iniciaram seus estudos astronômicos, tornou-se necessário escrever números maiores, fazendo com que as características posicionais se tornassem mais evidentes.

O segundo período babilônico de que temos evidências ocorreu por volta do ano 300 a.E.C., época do império selêucida, no qual a astronomia estava bastante desenvolvida e empregava técnicas matemáticas sofisticadas. Isso mostra que o conhecimento da matemática da antiga Babilônia não foi perdido desde o ano 1600 a.E.C. até perto do início da nossa era.

A observação dos corpos celestes, presente nos registros da matemática babilônica do primeiro milênio a.E.C., bem como a aritmética e o sistema posicional sexagesimal usados nesse contexto, pode ter tido influência sobre a tradição grega de Hiparco e Ptolomeu. A astronomia desenvolvida por eles no Egito, na virada do milênio, indica que os cálculos astronômicos e trigonométricos de então eram feitos por meio do sistema sexagesimal posicional, ainda que com uma simbologia distinta, e que este permaneceu sendo o principal sistema até a introdução do sistema decimal indo-arábico, muitos séculos depois. Apesar disso, a ideia de que teria havido uma continuidade entre as matemáticas mesopotâmica e grega foi construída com base em interpretações equivocadas e não há evidências nítidas da influência dos mesopotâmicos sobre a tradição grega.

Os astrônomos selêucidas, talvez pela necessidade de lidar com números grandes, chegaram a introduzir um símbolo para designar o zero, ou melhor, uma coluna vazia. No caso de 3.601, escrevia-se 1; separador; 1. O separador era simbolizado por dois traços inclinados:

1 ; 0 ; 45

$(1 \times 60^2 + 0 \times 60 + 45 = 3.645)$

O símbolo usado como separador pode ser considerado um tipo de "zero", dada a sua função no sistema posicional. No entanto, ele não era empregado para diferençar 1, 60 e 3.600, ou seja, não podia ser utilizado como último algarismo nem podia ser resultado de um cálculo. Esse separador não era, portanto, exatamente um zero, uma vez que não servia para designar ausência de quantidade.

Os astrônomos babilônios, que lançavam mão do símbolo separador, não chegavam a utilizá-lo para exprimir o resultado de operações. A noção de zero como número só surgirá quando ele começar a ser associado a operações, em particular, ao resultado de uma operação, como $1 - 1 = 0$. Escrever uma história do zero é tarefa bastante complexa, pois devem ser levados em conta, antes de tudo, os diversos contextos em que ele aparece e o que essa noção pode significar em cada contexto. Como vimos aqui, antes de se tornar um número como qualquer outro, o zero intervinha como separador (índice de uma casa vazia) em operações aritméticas.

Operações com o sistema sexagesimal posicional

Um dos mais famosos registros dos tabletes utilizados no período babilônico é a placa de argila Plimpton 322. Trata-se de uma placa da coleção G.A. Plimpton, da Universidade Columbia, catalogada sob o número 322, que foi escrita no período babilônico antigo (aproximadamente entre 1900 e 1600 a.E.C.). Há diversas hipóteses históricas sobre o significado dos números aí inscritos, como será visto mais adiante.

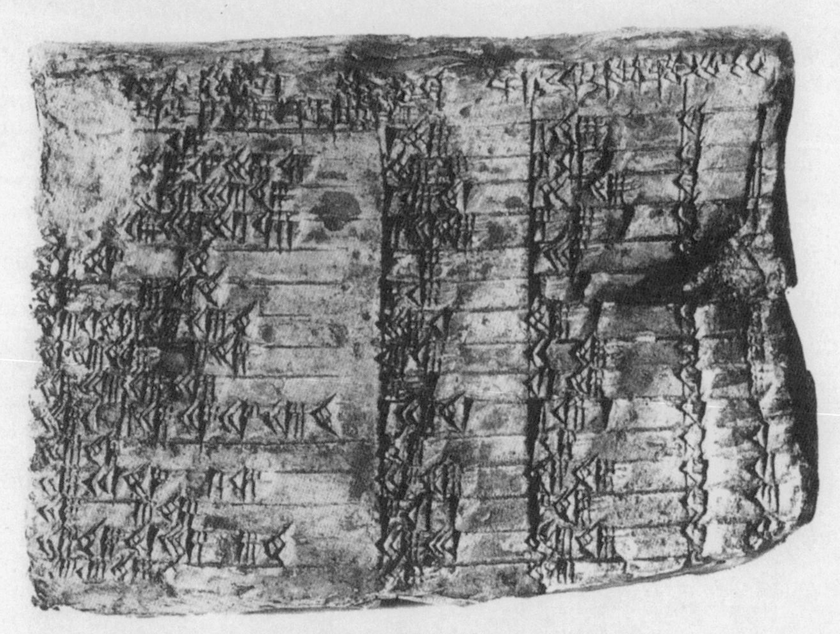

FIGURA 6 O tablete Plimpton 322.

Entre os babilônios, havia também tabletes equivalentes às nossas tabuadas. A maioria das operações realizadas relacionava-se diretamente com os tabletes, como multiplicação, quadrados, raízes quadradas, cubos, raízes cúbicas etc. No caso da multiplicação, seu uso era fundamental. Basta observar que os cálculos elementares, ou seja, aqueles que correspondem à nossa tabuada, incluem multiplicações até 59×59! Isso pode indicar a necessidade de tabletes mesmo para os cálculos mais elementares.

Um exemplo de tablete de multiplicação por 25:

1 (vezes 25 é igual a) 25
2 (vezes 25 é igual a) 50
3 (vezes 25 é igual a) 1;15
4 (vezes 25 é igual a) 1;40
5 (vezes 25 é igual a) 2;05
6 (vezes 25 é igual a) 2;30
7 (vezes 25 é igual a) 2;55 etc.

Lembremos que o símbolo ";" é usado como separador dentro da parte inteira ou dentro da parte fracionária. Usando os tabletes, os cálculos tornavam-se bastante simples. Uma vez que nosso objetivo é compreender o algoritmo, mostraremos, de modo didático, como fazer uma operação de multiplicação empregando algarismos indo-arábicos no lugar dos cuneiformes. Supondo que queremos calcular o produto de 37;28 por 19. Podemos desenhar quatro colunas indicando o multiplicando e a ordem de grandeza do resultado:

ordem de 60 × 60	ordem das sessentenas	unidades	multiplicando
			37;28

Em seguida, procuramos no tablete de multiplicação por 19 o correspondente à multiplicação por 28 (8 sessentenas e 52 unidades) e reproduzimos o valor encontrado nas colunas apropriadas:

ordem de 60 × 60	ordem das sessentenas	unidades	multiplicando
	8	52	37;28

Apagamos o 28 da coluna do multiplicando e procuramos novamente no tablete de multiplicação por 19 o valor correspondente a 37 (11;43).

Como 37 é de uma ordem superior à utilizada até esse ponto, escrevo 11 na coluna das ordens de 60^2 e 43 na coluna das sessentenas:

ordem de 60 × 60	ordem das sessentenas	unidades	multiplicando
	8	52	37
11	43		

Podemos, agora, apagar o 37, e só resta simplificar cada coluna para obter o resultado 11;51;52:

ordem de 60 × 60	ordem das sessentenas	unidades	multiplicando
11	51	52	

As divisões eram efetuadas com o auxílio dos tabletes de recíprocos. Trata-se de tabletes que contêm os recíprocos dos números *N*. Em linguagem atual, estamos falando das frações do tipo $1/N$, mas, no contexto babilônico, esse não era o inverso do número *N*, pois os recíprocos não estavam associados ao conceito de fração. A divisão de *M* por *N* era efetuada pela multiplicação de *M* pelo recíproco de *N*, correspondente a $1/N$. Traduzindo em linguagem atual, estamos falando da equivalência $M/N = M \times 1/N$.

Esse procedimento faz surgir um problema com os números cujos inversos não possuem representação finita em base 60, como 7 ou 11. Esses números equivalem, em nosso sistema decimal, ao 3, cujo inverso ($1/3$) não conta com representação finita em nossa base decimal (é uma dízima). Contudo, ainda que $1/3$ não tenha representação finita, $6 \times 1/3$ possui, pois é igual a 2. Da mesma forma, o fato de não podermos representar de modo finito os inversos de 7 e 11 em base 60 não significa que não podemos realizar multiplicações do tipo $22 \times 1/11$ (ou seja, dividir 22 por 11). Por essa razão, essas divisões eram escritas em tabletes, assim como a solução dos problemas análogos que apareciam na extração de raízes.

O procedimento de divisão empregado pelos babilônios nos leva a concluir que a utilização dos tabletes, nesse caso, não servia apenas à memorização de tabuadas, o que seria um papel acessório. Para que a técnica adotada na divisão fosse rigorosa, devia haver uma necessidade intrínseca de se representar em tabletes as divisões por números cujos inversos não possuem representação finita em base 60. Isso porque, no caso de $1/N$ não possuir representação finita, o resultado da divisão de M por N teria de estar registrado em um tablete. Se essa operação fosse realizada pelo procedimento usual, ou seja, multiplicando-se M por $1/N$, o resultado obtido não seria correto, da mesma forma que não seria correto fazer $6 \times 0{,}3333\ldots(= 1/3)$ para dividir 6 por 3.

Representação finita

Vamos mostrar que os inversos de 7 e de 11 não têm representação finita em base 60. Um número $\frac{1}{k}$ (entre 0 e 1) tem representação finita em base 60 se pode ser escrito como $\frac{1}{k} = 0, a_1 a_2 \ldots a_n = \frac{a_1}{60} + \frac{a_2}{60^2} + \ldots + \frac{a_n}{60^n}$. Multiplicando e dividindo todas as parcelas por 60^n, temos $\frac{1}{k} = \frac{(a_1 60^{n-1} + \ldots + a_n 60^0)}{60^n} = \frac{a}{60^n}$, onde o numerador é um inteiro. Decompondo o denominador 60^n em números primos, encontramos os fatores 2, 3 e 5. Logo, para que o inverso de um número tenha representação finita em base 60 é preciso que esse número contenha apenas esses fatores primos. No caso do 7, se o seu inverso tivesse representação finita em base 60 teríamos de ter $\frac{1}{7} = \frac{a}{60^n}$, ou seja, $7a = 60^n$. Mas isso não pode acontecer, uma vez que 7 não é fator de 60.

O raciocínio é análogo para o 11.

Além das operações de soma, subtração, multiplicação e divisão, os babilônios também resolviam potências e raízes quadradas e registravam os resultados em tabletes. O método usado nesse último caso era bastante interessante, uma vez que permitia obter valores aproximados para raízes que hoje sabemos serem irracionais. Escrito em notação atual, o cálculo da raiz de um número k se baseava, provavelmente, em um procedimento geométrico.

Na Ilustração 1, se o segmento AB é cortado em um ponto C, o quadrado ABED é igual ao quadrado HGFD, mais o quadrado CBKG, mais duas vezes o retângulo ACGH. Fazendo AC medir a e CB medir b, trata-se da versão geométrica da igualdade, que escrevemos hoje como $(a + b)^2 = a^2 + b^2 + 2ab$.

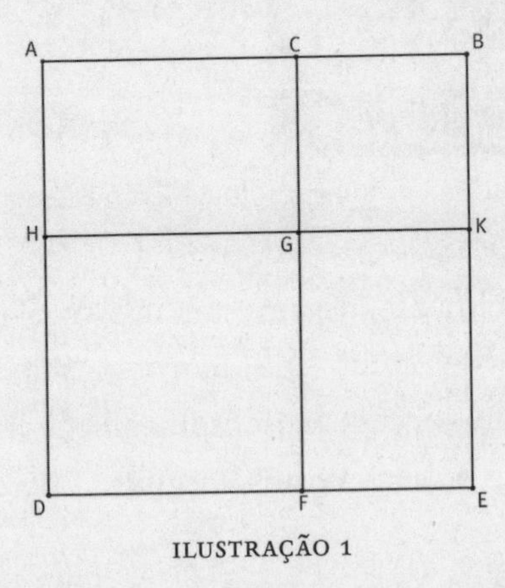

ILUSTRAÇÃO 1

Calcular a raiz de k é achar o lado de um quadrado de área k. Logo, podemos tentar colocar, nesse quadrado, um outro quadrado com lado conhecido e, em seguida, usar o resultado geométrico da Ilustração 1 para encontrar o resto. Ou seja, se a é o lado conhecido do quadrado, obtemos que a raiz de k é $a + b$. Para achar uma raiz melhor do que a, vamos procurar uma boa aproximação para b, o que pode ser feito observando a área da região poligonal ABEFGH.

A área de ABEFGH é igual a $k - a^2$. Por outro lado, ela pode ser decomposta em dois retângulos de lados a e b e um quadrado de lado b. Logo, $k - a^2 = 2ab + b^2$. Se b for bem pequeno (próximo de zero), b^2 será ainda menor, de modo que podemos desprezá-lo e obter uma boa aproximação para b: $b' = \frac{k - a^2}{2a}$.

Sendo assim, $a' = a + b' = a + \frac{k - a^2}{2a} = \frac{a}{2} + \frac{k}{2a}$ é uma aproximação para a raiz de k melhor do que a. Presume-se que esse tenha sido o procedimento para encontrar uma aproximação para a raiz do número 2, como registrada no tablete YBC 7289 (Figura 7).

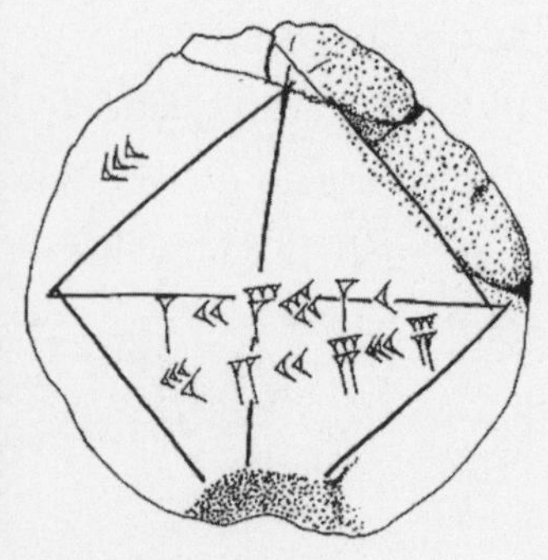

FIGURA 7 Imagens do tablete YBC 7289.

Trata-se, provavelmente, de um exercício escolar que emprega uma aproximação de $\sqrt{2}$. Mas como esse valor teria sido encontrado? Alguns historiadores, como D. Fowler e E. Robson,[5] afirmam que o procedimento pode ter sido conforme descrevemos a seguir:

Como desejamos determinar $\sqrt{2}$, então $k = 2$. Fazendo a escolha $a = 3/2$, podemos obter uma primeira aproximação $a' = 3/4 + 2/3 = 17/12$. Em números sexagesimais, que eram os efetivamente usados pelos babilônios, essa fração é equivalente a 1,25:

$$\frac{17}{12} = \frac{85}{60} = \frac{60 + 25}{60} = 1 + \frac{25}{60} = 1{,}25$$

Essa primeira aproximação é encontrada em alguns registros, mas para chegarmos ao valor que consta no tablete YBC 7289 precisamos fazer uma segunda aproximação.

Partimos agora do valor obtido na primeira aproximação, $a' = \frac{17}{12} = 1{,}25$, e fazemos $a'' = \frac{1{,}25}{2} + \frac{1}{1{,}25}$, que é a soma de 0,42;30 com o inverso de 1,25. No entanto, esse número não possui inverso com representação finita em base 60, e portanto uma aproximação desse valor era representada em um tablete como 0,42;21;10. Calculamos, assim, $a'' = 0{,}42;30 + 0{,}42;21;10 = 1{,}24;51;10$, que é o valor aproximado da raiz de 2 encontrado sobre a diagonal do quadrado desenhado no tablete YBC 7289 em escrita cuneiforme.

Expressando a'' na forma decimal com 10 casas decimais, temos uma aproximação conhecida para $\sqrt{2}$: 1,4142129629.

A “álgebra” babilônica e novas traduções

Além dos tabletes contendo o resultado de operações, os babilônios tinham um certo número de tabletes de procedimentos, como se fossem exercícios resolvidos. Correspondiam a problemas que trataríamos hoje por meio de equações. Analisaremos alguns deles em detalhes, com a finalidade de mostrar como seria anacrônico considerar que os babilônios soubessem resolver equações.

Eis algumas contas que serão úteis na compreensão dos procedimentos.

Resultados aritméticos usados:

(a) $1 \div 2 = 0{,}30$

(b) $0{,}30 \times 0{,}30 = 0{,}15$

(c) $0{,}40 \times 0{,}20 = 0{,}13;20$

(d) $0{,}10 \times 0{,}10 = 0{,}1;40$

(e) $1 \div 0{,}40 = 1{,}30$

(f) $1{,}30 \times 0{,}20 = 0{,}30$

Os dois exemplos citados a seguir encontram-se na coleção do British Museum, na placa BM 13901. O primeiro é o problema #1, traduzido usualmente assim:

Exemplo 1:

Procedimento: “Adicionei a área e o lado de um quadrado: obtive 0,45. Qual o lado?”

Solução:

(i) tome 1

(ii) fracione 1 tomando a metade (:0,30)

(iii) multiplique 0,30 por 0,30 (:0,15)

(iv) some 0,15 a 0,45 (:1)

(v) 1 é a raiz quadrada de 1

(vi) subtraia os 0,30 de 1

(vii) 0,30 é o lado do quadrado

Cada passo desse procedimento era executado com a ajuda de um tablete. Por exemplo, a etapa (iii) exigia a consulta a um tablete de multiplicação ou de quadrado, e a etapa (v), evidente nesse caso particular, era resolvida pela consulta a um tablete de raízes quadradas.

O outro exemplo contido na placa BM 13901 é um problema semelhante, o #3, traduzido assim:

Exemplo 2:
Procedimento: "Subtraí o terço da área e depois somei o terço do lado do quadrado à área restante: 0,20."

Solução:

(i) tome 1;0

(ii) subtraia o terço de 1;0, ou seja, 0,20, obtendo 0,40

(iii) multiplique 0,40 por 0,20, obtendo 0,13;20

(iv) encontre a metade de 0,20 (:0,10)

(v) multiplique 0,10 por 0,10 (:0,1;40)

(vi) adicione 0,1;40 a 0,13;20 (:0,15)

(vii) 0,30 é a raiz quadrada

(viii) subtraia 0,10 de 0,30 (:0,20)

(ix) tome o recíproco de 0,40 (1,30)

(x) multiplique 1,30 por 0,20 (:0,30)

(xi) 0,30 é o lado do quadrado

Observando os *Exemplos 1* e *2*, podemos constatar um tipo de generalidade nos algoritmos usados na solução. Atualmente, resolvemos dois problemas de mesma natureza por meio de regras gerais que podem ser especificadas para os exemplos particulares, os quais são vistos como "casos" de um problema genérico. A generalidade dos algoritmos babilônicos é distinta, pois eles constroem uma lista de exemplos típicos, interpolando-os, em seguida, para resolver novos problemas.

Os algoritmos eram enunciados para casos particulares, mas isso não significa que não houvesse um certo tipo de generalidade. Os passos (iv) a (viii) do *Exemplo 2* reproduzem exatamente o algoritmo do *Exemplo 1*, enquanto os passos (i) a (iii), (ix) e (x) servem para adaptar esse problema aos moldes do anterior. Podemos dizer, portanto,[8] que os problemas eram resolvidos pelo método de interpolação, incorporando-se subalgoritmos dados por certos exemplos previamente resolvidos. Havia alguns exemplos que serviam a uma vasta gama de problemas, resolvidos pela redução a um dos exemplos de base e posterior conversão do resultado para se adaptar ao caso específico.

Podemos tratar os dois problemas apresentados nos exemplos anteriores pelo nosso método de resolver equações. Se temos uma equação do tipo $Ax^2 + Bx = C$, o procedimento exposto a seguir equivale a um roteiro babilônico para encontrar:

$$L = \left(\sqrt{\left(\frac{B}{2}\right)^2 + AC} - \frac{B}{2}\right) \times \frac{1}{A}$$

1) multiplique A por C (obtendo AC)
2) encontre metade de B (obtendo $B/2$)
3) multiplique $B/2$ por $B/2$ (obtendo $(B/2)^2$)
4) adicione AC a $(B/2)^2$ (obtendo $(B/2)^2 + AC$)
5) a raiz quadrada é $(\sqrt{(B/2)^2 + AC})$
6) subtraia $B/2$ da raiz acima
7) tome o recíproco de A (obtendo $1/A$)
8) multiplique $1/A$ pelo resultado do passo (6) para obter o lado do quadrado
9) o lado do quadrado é $(\sqrt{(B/2)^2 + AC} - B/2) \times 1/A$

Esse modo de enunciar o procedimento babilônico para o caso geral de uma equação de tipo $Ax^2 + Bx = C$ levou os historiadores O. Neugebauer e B.L. van der Waerden a conjecturarem que a matemática babilônica seria de natureza algébrica.[6] O. Neugebauer foi um dos principais responsáveis pelas primeiras traduções dos textos matemáticos babilônicos, mas J. Høyrup mostrou, recentemente, que elas pressupunham, implicitamente, a natureza algébrica da matemática babilônica. A partir daí, foram feitas novas traduções que podem nos levar a conclusões bastante distintas. Traduzimos para o português, com algumas simplificações, a nova transcrição proposta por J. Høyrup para o *Exemplo 1*:[7]

Nova tradução do Exemplo 1:
Procedimento: "A superfície e a minha confrontação acumulei: obtive 0,45" (Estaria suposto que o objetivo era encontrar a confrontação: o lado da superfície, que é um quadrado.)

Solução:
(i) 1 é a projeção
(ii) quebre 1 na metade (obtendo 0,30) e retenha 0,30, obtendo 0,15
(iii) agregue 0,15 a 0,45
(iv) 1 é o lado igual
(v) retire do interior de 1 os 0,30 que você reteve
(vi) 0,30 é a confrontação

Essa versão motiva uma nova interpretação do procedimento, de natureza geométrica. Em primeiro lugar, faz-se uma projeção de 1, que permite interpretar a medida do lado procurado, suponhamos l, concretamente como um retângulo de lados 1 e l. Os babilônios transformavam, por meio de uma projeção, essa linha de comprimento l em um retângulo com um lado dado por l e o outro medindo 1. Ou seja, eles projetavam o lado l para que se tornasse o lado de um retângulo com área igual a l, como na Ilustração 2.

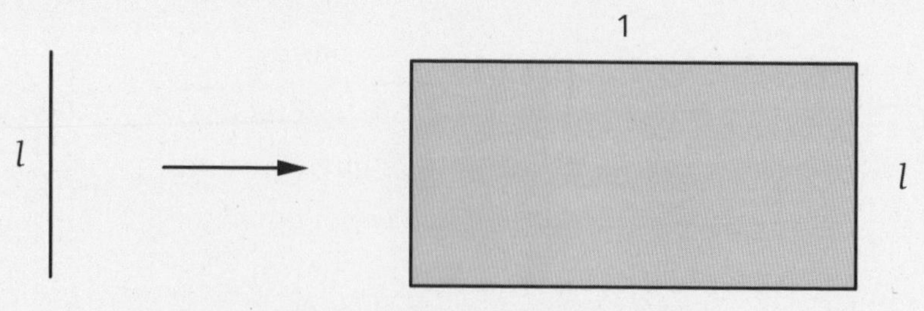

ILUSTRAÇÃO 2 Passo (i): projeção do lado l.

Na Ilustração 3, temos um retângulo de lados 1 e *l* e um quadrado de lado *l*, cuja soma deve dar 0,45 (valor dado no enunciado). Essa figura será "cortada e colada" com o fim de se estabelecer uma equivalência entre medidas de áreas que resolva o problema.

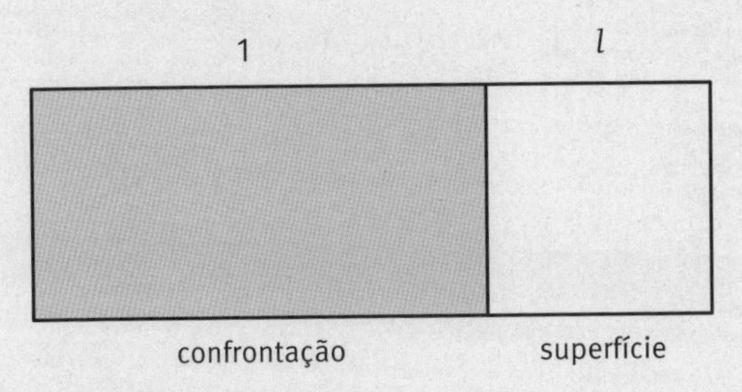

ILUSTRAÇÃO 3 Enunciado: "A superfície e a minha confrontação acumulei."

No passo (ii), quebramos 1 na metade, o que divide o retângulo inicial em duas partes. Rearrumando as duas metades do retângulo, obtemos a seguinte figura (Ilustração 4), cuja área é igual à dada inicialmente (0,45).

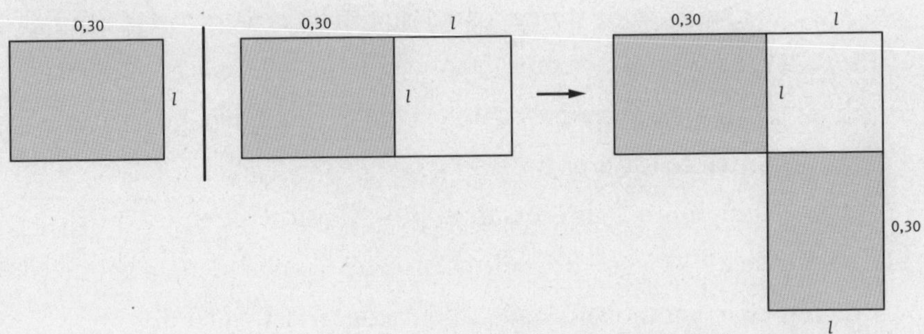

ILUSTRAÇÃO 4 Passo (ii): "Quebre 1 na metade."

Os lados quebrados, na figura final da Ilustração 4, delimitam um quadrado de lado 0,30 que "retenho", ou seja, multiplico por ele mesmo, obtendo a área de um novo quadrado (0,15). Essa área pode ser agregada ao conjunto, completando o quadrado e formando um quadrado maior de área 1.

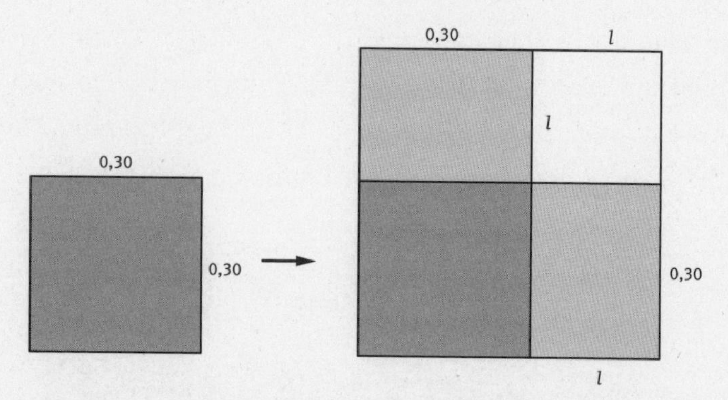

ILUSTRAÇÃO 5 Passos (iii) e (iv): "Retenha 0,30 e agregue o resultado a 0,45. O quadrado maior tem área 1 e lado 1."

Como 1 é o quadrado de 1, 1 é o lado igual. Desse lado, retiro o lado do quadrado menor (0,30). Obtenho, assim, o lado procurado, que é $1 - 0{,}30 = 0{,}30$.

É importante observar que esse lado é chamado de "confrontação", e o enunciado do problema pede que se acumule uma área e uma confrontação. Ou seja, queremos somar a área de um quadrado com o seu lado, que seria a confrontação da área. Para efetuar essa operação, vimos que os babilônios transformavam essa linha em um retângulo, por isso o lado é uma confrontação (da área).

Tal procedimento é interessante, pois, como comentaremos mais adiante, desde a época grega, e pelo menos até o século XVII, a geometria teve de respeitar a homogeneidade das grandezas. Isso quer dizer que não era permitido somar uma área com um segmento de reta. A operação utilizada pelos babilônios revela que eles não experimentavam nenhuma dificuldade nesse sentido, uma vez que possuíam um modo concreto de transformar um segmento de reta em um retângulo, operação traduzida aqui como "projeção". Høyrup explica que houve uma fase da matemática babilônica em que eram considerados segmentos com espessura, substituídos por retângulos como o da Ilustração 2 em escritos posteriores, pertencentes a uma tradição de formação de escribas.

Exemplos como esse, envolvendo operações de "cortar e colar" figuras geométricas parecem ter sido comuns na época. Høyrup caracteriza essas práticas como uma "geometria ingênua".

Transcrevemos, a seguir, outro problema bastante comum da matemática babilônica, que consta do tablete YBC 6967. O enunciado seria equivalente a um exercício escolar atual típico, envolvendo uma equação do segundo grau.

Exemplo 3:
Problema de *igum* e *igibum*: trata-se de um par de números cujo produto é 1 (que podem ser vistos como recíprocos). Veremos aqui um exemplo em que se pede o valor do *igibum* se este excede o *igum* de 7. São dadas duas condições:

(i) $xy = 1;0\ (= 60)$
(ii) $x - y = 7$
Solução:
(i) divida 7 por 2 e o resultado é 3,30
(ii) multiplique 3,30 por 3,30, obtendo 12,15
(iii) adicione 1;0 a 12,15, obtendo 1;12,15
(iv) qual a raiz quadrada de 1;12,15? Resposta: 8,30
(v) escreva 8,30 duas vezes
(vi) de um subtraia 3,30 e em outro adicione essa mesma quantidade
(vii) o *igibum* é 12 e o *igum* é 5

O procedimento do *Exemplo 3* também pode ser traduzido de outro modo e entendido por meio da técnica geométrica de "copiar e colar" para obter uma equivalência de áreas. Os números recíprocos seriam os comprimentos desconhecidos dos lados de um retângulo de área 60 (ou 1;0). Na Ilustração 6, vemos esse retângulo dividido em três partes. A primeira é um quadrado e a segunda, cujo comprimento da base mede 7, foi dividida em dois retângulos, cada um com um lado medindo 3 ½ (ou 3,30).

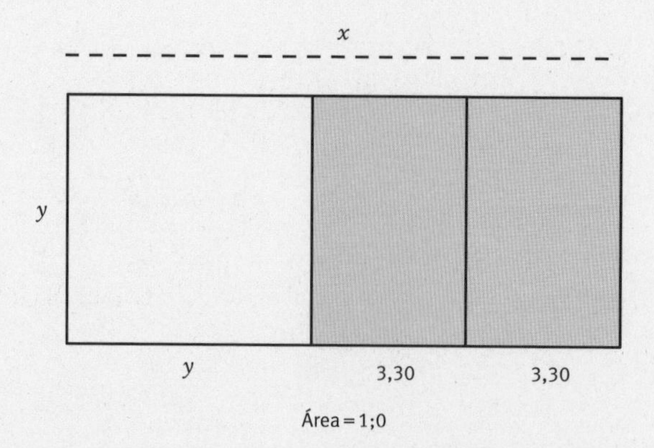

ILUSTRAÇÃO 6 Passo (i): dividir 7 por 2, obtendo 3,30.

O método emprega um procedimento geométrico para rearrumar essa figura da seguinte forma:

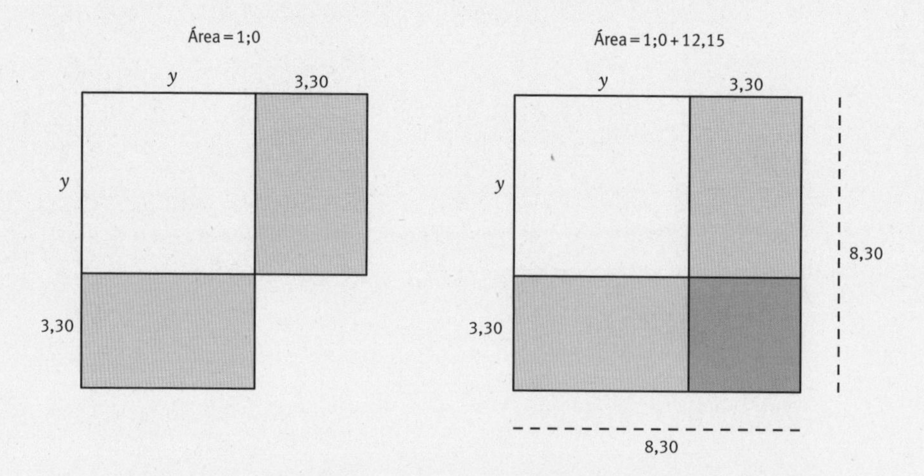

ILUSTRAÇÃO 7 Passos (ii), (iii) e (iv): multiplique 3,30 por 3,30 e adicione o resultado a 1;0, obtendo 1;12,15. A raiz quadrada de 1;12,15 é 8,30.

A figura em forma de L (contendo o quadrado branco e os dois retângulos cinza-claro da Ilustração 7) possui a mesma área do retângulo original, ou seja, 1;0 (ou 60). Vemos que, para que este L se torne um quadrado, falta um quadrado menor, de área $3{,}30 \times 3{,}30 = 12{,}15$ (passo ii). Somando a área do quadrado pequeno (em cinza-escuro na Ilustração 7) com a área do L, obtemos 1;0 + 12,15 = 1;12,15 (passo iii). Essa é a área de um novo quadrado. Encontramos, então, o lado desse novo quadrado calculando a raiz desse número e obtemos 8,30 (passo iv). Para encontrar o lado do quadrado pequeno (cinza-escuro), basta subtrair 3,30 desse número, obtendo 5. Esse é um dos lados do retângulo original, e como o outro lado excede este de 7, deve medir 12.

A hipótese mais convincente sobre o conteúdo da placa Plimpton 322[9] associa os resultados desse tablete ao procedimento de "cortar e colar" que acabamos de ver. Esse tablete conteria, na verdade, uma lista de pares de números recíprocos usados para encontrar triplas pitagóricas* por meio do método de completar quadrados.

Apesar de ser bastante plausível a hipótese de que as técnicas dos mesopotâmicos para resolver problemas aritméticos usassem procedimentos geométricos de cortar e colar, seria precipitado concluir que, ao invés de uma álgebra, esses povos tivessem uma geometria. Os enunciados sobre equivalência de áreas dos livros I e II dos *Elementos* de Euclides, dos quais trataremos no Capítulo 3, são vistos por alguns historiadores como tentativas de fundamentar os procedimentos antigos. Mas não sabemos se houve realmente uma continuidade entre a matemática mesopotâmica e a geometria grega da época de Euclides.

Atualmente, os problemas dos *Exemplos 1, 2* e *3* poderiam ser resolvidos por uma equação do segundo grau do tipo $Ax^2 + Bx + C = 0$. Contudo, essa associação exige o uso de símbolos que não faziam parte da matemática antiga. Logo, não haveria sentido em falar de algo próximo do que concebemos como "equação" se as quantidades desconhecidas não eram representadas por letras, mas designavam comprimentos, larguras e áreas dadas por números.

Se definíssemos álgebra como um conjunto de procedimentos que devem ser aplicados a entidades matemáticas abstratas, poderíamos até con-

* As triplas pitagóricas são triplas de números inteiros que podem ser obtidas pela regra de Pitágoras, ou seja, contêm dois números quadrados e um terceiro que é a soma dos dois primeiros. Apesar de estarem presentes na matemática babilônica, deixaremos a discussão sobre seu uso para o Capítulo 2, que tratará da matemática dita "pitagórica".

cluir que os babilônios realizavam uma álgebra de comprimentos, larguras e áreas. Mas, nesse caso, deveríamos ter o cuidado de definir a álgebra dos babilônios de um modo particular, e não por extensão do nosso conceito moderno de álgebra. Nos Capítulos 4 e 5 será abordado um longo período da história no qual, com a introdução da notação simbólica, o conceito de álgebra ganhará uma definição precisa.

Além dos problemas com o objetivo de encontrar quantidades desconhecidas pelo método de completar quadrados geometricamente, outros problemas matemáticos que constam dos tabletes babilônicos envolvem a investigação sobre formas, áreas e volumes. Esse grupo de problemas, considerados geométricos, é exemplificado no tablete BM 15285.[10] Este parece ser um texto escolar, um livro-texto contendo diferentes figuras planas inseridas em um quadrado, como na Figura 8, com o objetivo de ensinar o aluno a encontrar as áreas dessas figuras, uma vez que a área do quadrado é dada.

FIGURA 8 Quadrado de área determinada com outras figuras em seu interior.

Números e operações no antigo Egito

O sistema decimal egípcio já estava desenvolvido por volta do ano 3000 a.E.C., ou seja, antes da unificação do Egito sob o regime dos faraós. O número 1 era representado por uma barra vertical, e os números consecutivos de 2 a 9 eram obtidos pela soma de um número correspondente de barras. Em seguida, os números eram múltiplos de 10, por essa razão, diz-se que tal sistema é decimal. O número 10 é uma alça; 100, uma espiral; 1 mil, a flor de lótus; 10 mil, um dedo; 100 mil, um sapo; e 1 milhão, um deus com as mãos levantadas.

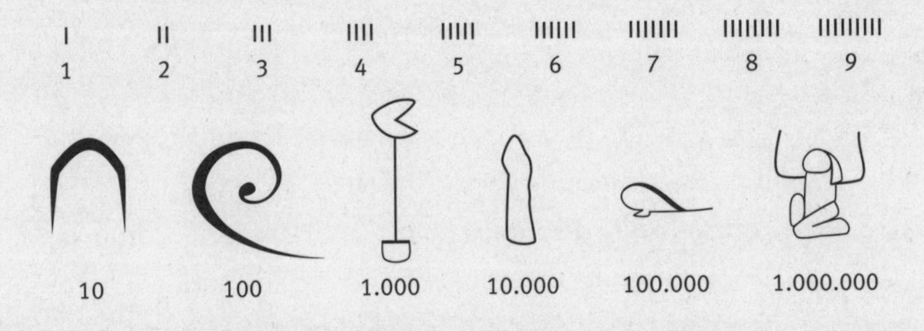

A convenção para escrever e ler os números é simples: os números maiores vêm escritos na frente dos menores, e se há mais de uma linha de números, devemos começar de cima. Sendo assim, para escrever um número, basta dispor todos os símbolos seguindo tal convenção, e a soma dará o número desejado. Por exemplo:

Que número é esse em nosso sistema de numeração? Como o sistema é aditivo, e os números são obtidos pela soma de todos os números representados pelos símbolos, basta escrever:

$$1.000 + 1.000 + 1.000 + 100 + 100 + 10 + 10 + 10 + 10 + 1 + 1 + 1 + 1 = 3.244$$

NÚMEROS GRANDES

Para escrever no sistema egípcio o número 1×10^{255}, precisaríamos de 10^{249} deuses com as mãos levantadas. Isso porque um deus é 10^6 e $\frac{10^{255}}{10^6} = 10^{249}$. Sendo assim, esse sistema não é adequado para representar números muito grandes, uma vez que o número final é obtido pela soma de todos os valores registrados. Obviamente, cada cultura produz o sistema mais conveniente para atender às suas necessidades, e o uso do sistema aditivo pode indicar que os egípcios não precisavam lidar com números muito grandes. Cabe notar que os romanos lidavam com números grandes usando um sistema aditivo, o que relativiza esta afirmação.

No sistema egípcio, os números fracionários eram representados com símbolos diferentes dos usados para os inteiros, o que não acontecia no sistema babilônico. Havia dois tipos de fração. As frações comuns eram representadas por símbolos próprios, escritos em hierático e hieróglifo, como $1/2$ (fração representada por ⊏, em hieróglifo); $2/3$ (representada por); além de $1/3$ e $1/4$. As outras eram escritas colocando-se um marcador em forma oval (em hieróglifo) em cima do que constituiria, hoje, o denominador. Ou seja, eram obtidas escrevendo os números inteiros com uma oval em cima. Por exemplo, $1/7$ seria escrito com a oval sobre sete barras verticais: . Esse tipo de fração corresponde às que escreveríamos hoje como $1/n$, ou seja, frações que diríamos ter "numerador 1".

Esse símbolo oval colocado acima do número não possui, porém, o mesmo sentido daquilo que chamamos hoje de "numerador". As frações egípcias não tinham numerador. Nosso numerador indica quantas partes estamos tomando de uma subdivisão em um dado número de partes. Na designação egípcia, o símbolo oval não possui um sentido cardinal, mas ordinal. Ou seja, indica que, em uma distribuição em n partes iguais, tomamos a n-ésima parte, aquela que conclui a subdivisão em n partes. É como se estivéssemos distribuindo algo por n pessoas e $1/n$ é quanto cada uma irá ganhar. Logo, configura-se um certo abuso de linguagem dizer que, na representação egípcia, as frações possuem "numerador 1". Seria mais adequado dizer que essas frações egípcias representam os inversos dos números.

Por que os egípcios podem ter representado frações desse modo? Será que seu sistema possui uma razão de ser que não seja encarada simplesmente como uma limitação? Um dos sentidos dessa representação pode estar relacionado à maneira de se efetuar uma divisão. Para entender o procedimento do qual essa representação deriva, vejamos:

Exemplo:
Suponhamos que uma pessoa deseje repartir a quantidade de grãos contida em cinco sacos de cevada por oito pessoas. Começamos por imaginar que, se tivéssemos quatro sacos, cada pessoa deveria receber a metade de cada saco. Sendo assim, como são cinco sacos, cada pessoa deve receber, no mínimo, a metade de cada saco, ou seja, ½. Fazendo isso, sobrará um saco, que pode ser dividido pelas oito pessoas, cada uma recebendo mais ⅛ desse saco, como na Ilustração 8. Podemos dizer, então, que o resultado da divisão de 5 por 8 é ½ + ⅛. Logo, esse resultado, enunciado como uma soma de frações de numerador 1, expressa o modo como a divisão foi realizada.

ILUSTRAÇÃO 8

Na nossa representação, essa soma equivaleria a ⅝. Isso significa que cada meio saco deve ser dividido em quatro, com o único objetivo de que a adição de frações seja homogênea, isto é, para que somemos frações de mesmo denominador. Poderíamos perguntar se essa divisão de cada meio saco por quatro não é artificial, e se ela não serve apenas para justificar a nossa técnica particular de somar frações.

A divisão egípcia consistia em um procedimento realizado em etapas. Por exemplo, se quisermos distribuir 58 coisas por 87 pessoas teremos de dividir primeiramente cada coisa em dois, obtendo 116 (= 58 × 2) metades.

Daremos, então, uma metade para cada pessoa, restando 29 (= 116 – 87) metades. Em seguida, dividiremos cada metade por três, obtendo 87 (= 29 × 3) metades divididas por três, ou seja, 87 sextos. O resultado é quanto cada um vai receber do todo, e esse raciocínio está expresso na representação egípcia de $^{58}/_{87}$ como $½ + ⅙$.

A vantagem do sistema egípcio em relação ao nosso é que podemos comparar frações mais facilmente. Por exemplo, se quisermos saber, em nossa representação, qual a maior de duas frações teremos de igualar os denominadores. Na representação egípcia, uma inspeção direta permite dizer qual a maior das duas frações, uma vez que cada uma é dada por uma soma de frações com numerador 1.

Convertendo nossas frações para frações egípcias

Vejamos como converter nossas frações em frações egípcias. Evidentemente, não se trata de um procedimento egípcio, uma vez que nossas frações não existiam para eles, e a palavra "converter" sequer teria sentido nesse caso. Queremos expressar $\frac{3}{7}$ como uma soma de frações com numerador 1. Em primeiro lugar, é preciso saber qual a maior fração com numerador 1 menor que $\frac{3}{7}$.

(i) inverto $\frac{3}{7}$ obtendo $\frac{7}{3}$

(ii) tomo o maior inteiro mais próximo da fração obtida (como $2 < \frac{7}{3} < 3$, o maior inteiro é 3)

(iii) $\frac{1}{3} < \frac{3}{7}$ é a maior fração com numerador 1 menor que $\frac{3}{7}$

(iv) faço $\frac{3}{7} - \frac{1}{3} = \frac{2}{21}$, logo, $\frac{3}{7} = \frac{1}{3} + \frac{2}{21}$

(v) repito o algoritmo para $\frac{2}{21}$

(i') inverto $\frac{2}{21}$, obtendo $\frac{21}{2}$

(ii') tomo o maior inteiro mais próximo da fração obtida (como $10 < \frac{21}{2} < 11$, o maior inteiro é 11)

(iii') $\frac{1}{11} < \frac{2}{21}$ é a maior fração com numerador 1 menor que $\frac{2}{21}$

(iv') faço $\frac{2}{21} - \frac{1}{11} = \frac{1}{231}$, logo, $\frac{2}{21} = \frac{1}{11} + \frac{1}{231}$

(vi) $\frac{3}{7} = \frac{1}{3} + \frac{1}{11} + \frac{1}{231}$

Vemos, assim, que é incorreto dizer que os egípcios não possuíam frações, que, na notação moderna, seriam escritas como m/n. Tais frações eram criadas selecionando-se e justapondo-se frações que, somadas, perfaziam esse valor. Deve-se então concluir que essa representação era uma "limitação" da aritmética dos egípcios que teria impedido o desenvolvimento de sua matemática? As frações egípcias parecem consistentes com o conjunto das técnicas que eles empregavam, o que ficará mais claro após a descrição do modo como realizavam operações.

Operações e problemas

A operação de adição era uma consequência direta do sistema de numeração, bastando, para obter a soma, agrupar dois números e fazer as simplificações necessárias. Por exemplo, para somar |||||| e ||||, bastava reunir os pauzinhos, o que somaria ||||||||||, que seria substituído por uma alça.

Já a multiplicação era sempre efetuada como uma sequência de multiplicações por 2, podendo ser empregadas também, para acelerar o processo, algumas multiplicações por 10. Observemos que a duplicação em um sistema aditivo é uma operação simples, pois para duplicar um número é necessário apenas repetir sua escrita. Por exemplo, supondo que cada pessoa tenha direito a doze sacos de grãos (convencionando-se um saco de tamanho fixo), a quantos sacos um grupo de sete pessoas teria direito?

Este é o símbolo egípcio representando os doze sacos a que cada pessoa tem direito: ∩||. O cálculo do número de sacos recebidos pelas sete pessoas seria:

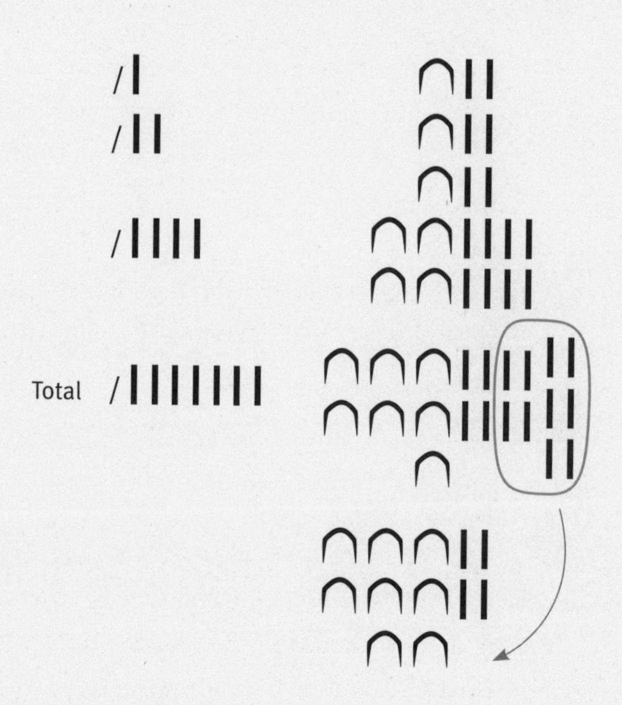

A primeira linha (/|) representa o número de sacos a que cada pessoa teria direito. Na linha seguinte (indicada por /||), essa quantidade é duplicada, e para isso basta escrever a mesma quantidade duas vezes, representando quantos sacos duas pessoas ganhariam. Na próxima linha (indicada por /||||), essa quantidade é duplicada novamente, para se obter quantos sacos de grãos quatro pessoas teriam. Em seguida, como o número 7 é a soma dos números 1, 2 e 4, cujas quantidades foram obtidas nas linhas anteriores, basta somar as quantidades dessas linhas e simplificar o resultado, substituindo as dez barras, envolvidas na figura, por uma alça. O algoritmo funciona porque $7 \times 12 = (1 + 2 + 4) \times 12 = 1 \times 12 + 2 \times 12 + 4 \times 12$.

Podemos observar, nesse procedimento, duas funções para os números: indicar a quantidade obtida em cada linha; e indicar por quantas pessoas estamos multiplicando os sacos (/| é multiplicação por 1, /|| é multiplicação por 2, e assim por diante). O papel da barra / é marcar as parcelas que devem ser somadas para se obter o resultado da multiplicação. Suponhamos que agora queiramos multiplicar 12 por 27. Podemos aplicar o mesmo procedimento? Sim, duplicamos 12 até que a soma das duplicações exceda 27. Usando nossos símbolos, o procedimento seria realizado como se segue:

	\1	12
	\2	24
	4	48
	\8	96
	\16	192
Total:	\27	324

Somando os termos barrados, obtemos $1 + 2 + 8 + 16 = 27$, logo, $12 \times 27 = 12 + 24 + 96 + 192 = 324$.

Da mesma forma que as multiplicações, as divisões eram efetuadas por uma sucessão de duplicações. Para dividir, por exemplo, 184 por 8, começamos por dobrar sucessivamente o divisor 8 até um passo antes que o número de duplicações exceda o dividendo 184:

	1	\8
	2	\16
	4	\32
	8	64
	16	\128
Total:	23	\184

Escolhemos, na coluna da direita, os termos que, somados, dão o resultado $184 = 128 + 32 + 16 + 8$. Tomamos os valores correspondentes na coluna da esquerda e somamos: $1 + 2 + 4 + 16 = 23$. Logo, o resultado da divisão de 184 por 8 é 23. E se fosse 185? O resultado seria 23 e $\frac{1}{8}$. E se fosse 189? Seria 23 mais $\frac{1}{2}$ mais $\frac{1}{8}$. Ou seja, a representação egípcia de frações faz com que a divisão não exata seja bastante simples.

Descreveremos agora o problema 25 do papiro de Rhind, que pertencia ao grupo de "problemas de aha", assim designados devido ao termo característico usado no título de cada um desses problemas, representado pelo símbolo a seguir:

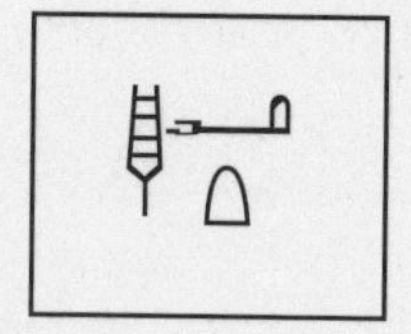

A palavra "aha" é traduzida por "número" ou "quantidade", e esses problemas eram procedimentos para encontrar uma quantidade desconhecida quando é dada uma relação com um resultado conhecido. A solução seria obtida, atualmente, pela resolução de uma equação linear, mas veremos que a técnica egípcia era bem distinta da nossa.

Problema 25: Uma quantidade e sua metade somadas fazem 16. Qual a quantidade?
Solução: Admitimos que a quantidade é 2 (damos um "chute" inicial).

	\1	2
	\½	1
Total:	\1 ½	3

Obtemos, nessa primeira etapa, que 2 somado com sua metade dá 3. Mas queremos, na verdade, um número que, somado com sua metade, dê 16. Logo, podemos procurar o número pelo qual 3 deve ser multiplicado para dar 16, e este será o número pelo qual 2 deve ser multiplicado para obtermos o número procurado. Assim, tanto o "chute" inicial quanto o resultado errado, obtido por meio dele, são usados para se chegar à resposta certa.

	\1	3
	2	6
	\4	12
	\⅓	1
Total :	\5 ⅓	16

O número pelo qual 3 deve ser multiplicado para dar 16 é $5\frac{1}{3}$. Em seguida, multiplico este número por 2:

	\1	5 ⅓
	\2	10 ⅔
Total:	\3	16

A quantidade procurada é 10 ⅔ (pois este número somado com sua metade dá 16).

O procedimento se baseia em um "chute" inicial que será corrigido ao longo do processo. Hoje, dizemos "método da falsa-posição", uma vez que ele começa por um palpite falso para chegar ao resultado correto. Ou seja, sugere-se que a solução seja 2, o que daria a soma 2 + 1 = 3. Depois, investiga-se por que número se deve multiplicar 3 para obter 16, que é $^{16}/_{3}$. Multiplica-se, então, a falsa solução 2 por esse número para se obter a solução verdadeira: $2 \times \frac{16}{2} = \frac{32}{3} = 10\frac{2}{3}$.

O MÉTODO DA FALSA POSIÇÃO

O método da falsa posição pode fornecer uma maneira de resolver equações aritmeticamente, ou seja, sem procedimentos algébricos, e foi usado em diversos momentos da história. Daremos a solução, por falsa-posição, para uma equação dada em simbolismo atual por $ax = b$. Escolhemos um valor arbitrário x_0 para x e calculamos o valor de ax_0, que chamaremos de b_0. Na prática, procuraremos escolher esse valor inicial de um modo que facilite as contas. Em seguida, investigamos por que número devemos multiplicar b_0 para obter b e chegamos a $\frac{b}{b_0}$. Para manter inalterada a igualdade $ax_0 = b$, devemos multiplicar esse mesmo número por x_0. Obtemos, assim, que $a \times (x_0 \times \frac{b}{b_0}) = b_0 \times \frac{b}{b_0} = b$. Logo, a solução de $ax = b$ deve ser $(x_0 \times \frac{b}{b_0})$.

A maioria dos relatos históricos sobre a matemática egípcia indica que se tratava de uma matemática essencialmente prática, baseada em métodos empíricos de tentativa e erro (como pode ser entendido o método da falsa-posição). No entanto, essa acusação de falta de espírito científico pode revelar um tipo de anacronismo. A busca de generalidade e universalidade que caracteriza a cientificidade das nossas práticas pode ser encontrada na matemática egípcia, mas de um modo distinto. O problema 25 do papiro de Rhind, que acabamos de analisar, integra uma lista contendo diversos problemas do mesmo tipo, resolvidos pela mesma técnica:

Problema 24: Uma quantidade e seu ⅐ somados fazem 19. Qual a quantidade?
Problema 26: Uma quantidade e seu ¼ somados fazem 15. Qual a quantidade?
Problema 27: Uma quantidade e seu ⅕ somados fazem 21. Qual a quantidade?

Ora, em nenhum desses problemas há referência a grandezas como volumes, quantidade de grãos ou áreas. Todos envolvem números abstratos. Mas o mais importante é que o escriba parece ter desejado indicar, por meio de uma lista de problemas similares, um procedimento geral de resolução. Usando nossa linguagem algébrica, essa generalidade é expressa em um único enunciado: encontre o valor de x na equação $x + \frac{x}{n} = c$, onde c pode assumir um valor qualquer. O método de resolução usado por nós é geral, pois basta resolver a equação e encontrar um valor para x. Essa generalidade é possibilitada pelo uso da linguagem algébrica. Não podemos negar, entretanto, que um outro tipo de generalidade estivesse presente no modo como os problemas egípcios eram organizados.

Nem todos os problemas de "aha" eram resolvidos pela técnica que chamamos hoje de "falsa posição". No papiro Rhind há diferentes grupos de problemas, cada um com uma estratégia específica de solução. A ordem dos problemas reflete a separação nesses grupos, dos quais apenas um usava o método da falsa-posição, que não pode ser visto como um traço distintivo de todos os problemas de "aha".

No antigo Egito, as operações de multiplicação e divisão envolvendo frações eram realizadas de modo análogo às operações correspondentes com números inteiros, ou seja, empregando-se sequências de duplicações e divisões por 2. Mas como duplicar uma fração, por exemplo ¼, se não podemos utilizar "numeradores" diferentes de 1? Nesse caso, é simples: basta dividir 4 por 2 e temos que $\frac{1}{4} \times 2 = \frac{1}{2}$. O mesmo vale para todas as frações que possuem o que chamamos hoje de "denominadores" pares, pois multiplicar uma fração por 2 equivale a dividir o denominador por 2. O mesmo procedimento não é tão simples, porém, para frações com denominador ímpar. Como os egípcios lidavam com esse problema?

Essa e outras questões complexas da matemática egípcia eram solucionadas com a ajuda de tabelas de cálculo. A representação egípcia tornava particularmente difícil a duplicação de frações com denominador ímpar. Por exemplo, $2 \times \frac{1}{9} = \frac{1}{5} + \frac{1}{45}$. Além de ser uma soma de frações com numerador 1, esse resultado não é único. O resultado das operações $2 \times \frac{1}{N}$ era disposto em uma tabela, e esse registro efetuava uma escolha dentre as possíveis representações. Dessa forma, a duplicação de frações de denominador ímpar, um cálculo "difícil", era realizada apenas uma vez, e sempre que se necessitasse do resultado recorria-se às tabelas. Pelo mesmo motivo, as somas de frações também traziam dificuldade e deviam ser representadas em tabelas.

Um anacronismo recorrente

Lembrando que não é conveniente empregar definições atuais para conceitos e subdisciplinas usados na Antiguidade, analisaremos dois exemplos de exercícios – um egípcio e outro babilônico – que pedem o cálculo do volume, em grãos, de um recipiente de forma cilíndrica. Esses exemplos são citados em diversos livros, muitas vezes com o objetivo de indicar que os povos babilônicos e egípcios possuíam aproximações para o valor de π. Nosso objetivo é entender em que contexto tais problemas se inserem e em que medida podem ser ou não considerados instâncias primitivas da utilização de π. Para abreviar, evitamos entrar em detalhes sobre as unidades de medida utilizadas.

Exemplo egípcio (Problema 41 do papiro de Rhind): "Fazer um celeiro redondo de 9 por 10."

O celeiro tem o formato de um cilindro e a primeira parte do problema consiste em calcular a área da base, em forma de circunferência, cujo diâmetro é 9. A segunda parte consiste em calcular o volume em grãos se a altura é 10. O procedimento para resolver a primeira parte é o seguinte: "Subtraia (⅑ de 9) de 9: 1. Resta: 8. Multiplique 8 por 8; obtendo 64."

A área da base, uma circunferência, seria, portanto, 64. Mas de onde veio essa subtração de ⅑ do diâmetro dado? Esse fato não se relaciona ao 9 mencionado no problema. O valor ⅑ é uma constante que devia ser aprendida e utilizada pelos egípcios sempre que quisessem calcular a área de uma circunferência (multiplicando essa constante pelo diâmetro). Para calcular a área dessa figura, o diâmetro deveria ser multiplicado por ⅑, o resultado subtraído desse diâmetro* e o novo resultado multiplicado por ele mesmo.

Se usarmos a fórmula da área que conhecemos atualmente e fizermos $A = \pi \times r^2 = (\frac{8}{9} d)^2 = (\frac{8}{9}.2)^2\, r^2$, em que d é o diâmetro dado, obteremos, aproximadamente, 3,16 para o valor de π. Daí a afirmação, apressada, contida em alguns livros de história, de que os egípcios já possuíam uma aproximação para π.

Um tópico popular na matemática babilônica era o cálculo da capacidade em grãos de um recipiente cilíndrico usado para armazenamento. Os primeiros seis problemas do tablete Haddad 104 tratam do assunto.

Exemplo babilônico (Haddad 104): "Procedimento para um tronco. Sua linha divisória é 0,05. Quanto ele pode armazenar?"

"Linha divisória" é o diâmetro da circunferência determinada por uma seção transversal. Em primeiro lugar, calculava-se a área de uma seção transversal, de forma circular: "Triplique a linha divisória 0,05 tal que 0,15 aparecerá. A circunferência do tronco é 0,15. Combine (faça o quadrado)

* Pode-se imaginar quanto a consideração de um dado diferente de 9 complicaria os cálculos.

de 0,15 tal que 0,03;45 aparecerá. Multiplique 0,03;45 por 0,5 (a constante de uma circunferência) tal que 0,00;18;45, a área, aparecerá." Em seguida, bastava multiplicar essa área da base circular pela altura. A altura era considerada implicitamente como igual ao diâmetro.

Nesse procedimento, devemos multiplicar o diâmetro dado (a linha divisória) por 3 para obter a circunferência (ou o perímetro) da base do tronco. Lembramos que a fórmula usada atualmente para o perímetro da circunferência é $2\pi r = \pi d$ (onde d é o diâmetro). Poderíamos dizer que o método dos babilônios não está muito longe do nosso, usando 3 como valor aproximado de π.

Mas o objetivo não é calcular o perímetro e sim a área da circunferência, que, em seguida, deverá ser multiplicada pela altura. Para calcular a área a partir do perímetro, temos de elevar ao quadrado e depois dividir o resultado por 4π (basta verificar na nossa fórmula que a área $\pi r^2 = \frac{\pi^2 d^2}{4\pi}$). Mas, considerando que os babilônios usavam 3 como constante, em base 60, dividir por 4π é equivalente a multiplicar por 0,5 (pois $1/4\pi = 1/12 = 5/60$ é o mesmo que 0,5 em base 60). Isso explica a multiplicação por essa constante no final do procedimento.

Aqui, o cálculo da área da circunferência também faz intervir uma constante, no caso, o sexagesimal 0,5, utilizado na última etapa. Essa é uma constante relativa ao círculo empregada em qualquer procedimento de cálculo de área de circunferência. No entanto, o 3 pelo qual devemos multiplicar o diâmetro não é exatamente uma constante e sim uma operação, indicada pelo verbo "triplique".

Seria um tremendo anacronismo dizer que os povos mesopotâmicos e egípcios já possuíam uma estimativa para π, pois esses valores estavam implícitos em operações que funcionavam, ao invés de serem expressos por números considerados constantes universais, como em nossa concepção atual sobre π. O valor de $1/9$ dos egípcios era uma constante multiplicativa que devia ser operada com o diâmetro, e não um número. O caso babilônico é ainda mais flagrante, pois o verbo "triplique" indica uma operação.

Os procedimentos descritos não caracterizam a existência de uma geometria no sentido da que nos foi legada pelos gregos. Chamar de "geometria" tais operações pressupõe esclarecer que ela é bastante distinta daquela que se desenvolveu posteriormente. Essas questões voltarão a ser debatidas no Capítulo 2, dedicado ao início da geometria grega.

O conceito de número é concreto ou abstrato?

Daremos aqui um exemplo de como a história pode auxiliar no aprendizado de matemática. Uma das noções mais importantes dessa disciplina, a de número, implica, já em suas origens, uma relação complexa entre pensamento concreto e abstrato. Tomemos por exemplo: um par de carneiros; um casal constituído por um homem e uma mulher; e os recipientes utilizados por esse homem e essa mulher em uma refeição (caso eles não desejem compartilhar o mesmo recipiente). O que os seres presentes em cada um desses exemplos possuem em comum? Dito em outras palavras: o que um carneiro, um homem e um prato teriam em comum? Nada, se considerarmos cada ser individualmente. No entanto, se levarmos em conta as reuniões de seres da mesma natureza, poderíamos responder, com base em nossos conhecimentos atuais, que o que esses grupos têm em comum é o fato de serem constituídos pelo mesmo número de seres, no caso, 2. Mas, uma vez que nosso objetivo é investigar o que é o número "2", tal resposta não parece adequada.

O procedimento utilizado desde as sociedades antigas, e que está na origem do conceito de número, é a correspondência entre dois grupos de coisas, ou duas coleções. No exemplo citado, temos duas coleções compostas de seres vivos – coleção de carneiros e coleção de homens – e podemos associar um carneiro ao homem e um carneiro à mulher. Da mesma forma, é possível associar cada recipiente a um ser humano, ou a um carneiro.

Tal correspondência é exatamente do mesmo tipo daquela que empregamos ao "contar nos dedos". Pode-se associar, por exemplo, cada carneiro a um dedo da mão e concluir que em uma dada coleção de carneiros há a mesma quantidade de carneiros do que de dedos nas mãos. Em seguida, podemos chamar essa quantidade de "10" e dizer que uma propriedade comum à coleção de carneiros e à coleção de dedos das mãos é a de que ambas possuem 10 seres. É lícito fazer a mesma coisa associando qualquer coleção de seres a uma outra coleção de seres determinada que possua uma quantidade fixa de elementos (como os dedos das mãos). Efetuar uma correspondência entre essas duas coleções de seres é "contar".

O procedimento de contagem dá origem a um "número" que designa a quantidade de seres em uma determinada coleção. Assim, a noção de número traduz o fato de que, dadas duas coleções com o mesmo número de seres, pode se chamar a quantidade de elementos em cada uma dessas coleções pelo mesmo nome: 2, 10 etc. A definição de número implica, portanto, uma "abstração" em relação à qualidade dos seres que estão em cada coleção, para que apenas a sua quantidade seja considerada.

Tal definição de número, baseada na ideia de correspondência um a um entre objetos diferentes, foi proposta durante o desenvolvimento da teoria dos conjuntos, no século XIX.[11] Mas isso não quer dizer que a noção de número praticada pelos mesopotâmicos fosse concreta, e que tenhamos tido que esperar quase seis mil anos para que uma formalização abstrata dessa noção fosse proposta. O exemplo histórico nos ajuda a compreender em que sentido o número pode ser entendido como uma abstração.

A palavra "abstrair" designa justamente que certas propriedades foram isoladas, separadas dos exemplos concretos em que estão presentes. É possível pensar em uma abstração também quando associamos cores a objetos, pois abstraímos todas as outras características do objeto para nos fixarmos somente em sua cor. No entanto, o número é um conceito abstrato diferente da cor, já que não é uma das propriedades do objeto e sim de uma coleção de objetos. Essa propriedade só pode ser identificada pela associação dessa coleção a outras.

O conceito de número é abstrato, mas não porque pode ser representado por um símbolo, e sim porque pressupõe abstrair a natureza particular dos seres em uma coleção. A abstração torna possível um conceito de número que poderá, então, receber um nome e ser representado por um símbolo. Assim, em diferentes processos de contagem, ainda que o estabelecimento de correspondências seja equivalente, os nomes dos números podem diferir.

Conforme dito no início deste capítulo, antes do fim do quarto milênio a.E.C., os povos da Mesopotâmia desenhavam símbolos em argila. No entanto, inicialmente, estes eram distintos para coisas distintas; e, para representar uma quantidade, bastava repeti-los um certo número de vezes. Sendo assim, cinco recipientes contendo grãos podiam ser representados por cinco marcas para grãos; e cinco jarros de água, por cinco marcas para jarros de água. Em resumo: os números escritos dependiam dos objetos contados.

Mas se estamos interessados em determinar a quantidade de algo, não é preciso indicar, necessariamente, a natureza desse objeto. Quando se fala, hoje, em cinco jarros de água, significa que se tem a mesma quantidade de jarros do que a quantidade de dedos de uma das mãos, e que essa propriedade comum é o número 5, representado em nosso sistema de numeração pelo símbolo "5". O conceito de número está, portanto, ligado a essa possibilidade de representar uma certa quantidade de jarros pelo mesmo nome usado para a quantidade de dedos.

Na virada do quarto para o terceiro milênio a.E.C., foram introduzidos símbolos para designar quantidades de coisas de naturezas diferentes. Esses sinais numéricos traduziam o conceito de "unidade", "doisidade", "tresidade", abstraídos de qualquer objeto particular. "Dois" não existe na natureza, mas somente conjuntos com dois objetos concretos, como dois dedos, duas pessoas, duas ovelhas, ou mesmo conjuntos compostos de elementos heterogêneos, como 1 fruta + 1 animal. "Dois" é a abstração da qualidade de "doisidade" compartilhada por esses conjuntos. Logo, os numerais escritos nos tabletes desse período são o primeiro indício da utilização de um sistema de numeração abstrato.

Antes disso, já eram empregados símbolos para designar a quantidade de coisas em uma coleção determinada, mas o número não era abstrato. Contar, e registrar quantidades, pode ser dita uma atividade concreta, pois implica um corpo a corpo com os objetos contados. Quando os *tokens* eram manipulados na contagem, e mesmo quando eram impressos na superfície dos invólucros, essa concretude estava em jogo. A abstração tem lugar a partir do momento em que o conteúdo dos invólucros podia ser esquecido, levando a um registro independente do que estava sendo contado, impresso em tabletes. O número assim obtido é abstrato porque expressa uma propriedade que foi abstraída, que foi separada da natureza dos objetos contados.

Problemas matemáticos não são fáceis nem difíceis em si mesmos...

Vimos que as técnicas para efetuar uma mesma operação, por exemplo a multiplicação, eram diferentes na Mesopotâmia e no Egito. Imaginamos, no entanto, que as necessidades práticas que motivaram o desenvolvimento dos números e a realização de cálculos eram semelhantes. Ao passo que os mesopotâmicos empregavam tabelas de produtos, de inversos, de raízes etc., os egípcios usavam sequências de duplicações, ou divisões por 2, e inversões. Em ambos os casos, as tabelas estavam presentes, não apenas para facilitar e memorizar os cálculos, mas sobretudo porque alguns deles, mais difíceis, demandavam intrinsecamente o uso de tabelas. Na matemática babilônica, um dos cálculos difíceis era a divisão por números cujos inversos não possuem representação finita em base 60, problema intimamente relacionado ao modo como representavam os números. Já no caso egípcio, era difícil a duplicação e a soma de frações, problemas relacionados ao modo como representavam frações. Sendo assim, essas contas não são fáceis ou difíceis em si mesmas. O que é considerado fácil ou difícil depende do que pode e do que não pode ser realizado por uma certa técnica. Dito de outro modo, a dificuldade de uma operação matemática é relativa aos métodos de que dispomos para executá-la.

O contexto prático, ligado à administração de bens, foi uma das motivações para a invenção da matemática, mas os sistemas de numeração, bem como as técnicas para realizar operações, se transformaram de acordo com questões diversas. Mesmo nas culturas antigas havia motivações técnicas para o desenvolvimento da matemática e cuidados com a exposição, a fim de que exprimisse certa regularidade e generalidade dos procedimentos usados. Aliás, é justamente por terem organizado suas práticas de modo sistemático, de forma a possibilitar sua transmissão, que se pode considerar que os mesopotâmicos e os egípcios criaram uma matemática, ou melhor, duas matemáticas.

Se as necessidades cotidianas que levaram à investigação das técnicas de cálculo e das propriedades dos números eram semelhantes nos dois contextos, por que métodos distintos foram criados? Vimos que uma mesma conta era realizada de modos diferentes, podendo ser considerada difícil em um caso sem que no outro o fosse. O uso de tabelas decorreu de características inerentes a cada uma dessas matemáticas, mas a maneira como elas foram utilizadas determinou, e foi determinada, por técnicas que constituem matemáticas distintas.

As ferramentas, as técnicas e os métodos desenvolvidos por aqueles que fazem matemática podem corresponder a necessidades cotidianas ou inerentes às próprias práticas matemáticas. A separação entre a neutralidade das técnicas e a importância do contexto, tido como motivação externa para o seu desenvolvimento, é um dos traços que permeiam até hoje nossa visão da matemática. Mas tal dicotomia é baseada em uma compreensão superficial do que seja um pensamento concreto ou abstrato, em que o concreto corresponde ao contexto externo, e o abstrato ao campo simbólico, interno à matemática.

O exemplo da matemática antiga pode nos ajudar a ultrapassar esses preconceitos. O caminho que vai dos problemas ditos "concretos" à matemática "abstrata" não é linear. Os mesmos problemas podem gerar técnicas distintas e sugerir diversas direções a serem exploradas, o que levará a matemáticas distintas. Separar o pensamento abstrato do concreto, ou seja, da experiência, parece ser um vício herdado do modo grego de enxergar a matemática. Como dizia Aristóteles,

> foi apenas quando todas essas invenções [das artes práticas] já estavam estabelecidas que foram descobertas as ciências que não visam à obtenção do prazer

> ou às necessidades da vida; e isso aconteceu em lugares onde o homem tinha tempo livre. Por isso as artes matemáticas foram inventadas primeiramente no Egito; lá, às castas abastadas era permitido o gozo do tempo livre.[12]

Veremos, nos próximos capítulos, que essa divisão entre as artes práticas e o conhecimento superior, desenvolvido como tendo um fim em si mesmo, foi incorporada como um traço grego da matemática. Talvez por essa influência nos preocupemos em classificar a matemática de outras culturas a partir de sua proximidade ou distância em relação a necessidades utilitárias.

RELATO TRADICIONAL

É MUITO COMUM LERMOS que a geometria surgiu às margens do Nilo, devido à necessidade de medir a área das terras a serem redistribuídas, após as enchentes, entre os que haviam sofrido prejuízos. Essa hipótese tem sua origem nos escritos de Heródoto, datados do século V a.E.C.: "Quando das inundações do Nilo, o rei Sesóstris enviava pessoas para inspecionar o terreno e medir a diminuição dos mesmos para atribuir ao homem uma redução proporcional de impostos. Aí está, creio eu, a origem da geometria, que migrou, mais tarde, para a Grécia", afirma o historiador.[1]

A história tradicional relata ainda que um dos primeiros matemáticos gregos foi Tales de Mileto, que teria vivido nos séculos VII e VI a.E.C. e sido influenciado pelos mesopotâmicos e egípcios. Um de seus feitos teria sido, justamente, o cálculo da altura de uma das pirâmides do Egito, a partir da semelhança entre, por um lado, a relação da altura desta e sua sombra e, por outro, a relação da própria altura e a própria sombra. A matemática pitagórica, desenvolvida na primeira metade do século V a.E.C., teria feito a transição entre as épocas de Tales e Euclides. Também influenciado pela matemática egípcia, Pitágoras teria introduzido um tipo de matemática abstrata na Grécia.

Essas narrativas enfatizam a passagem da matemática realizada pelos babilônios e egípcios, marcada por cálculos e algoritmos, para a matemática teórica, praticada pelos gregos, fundada em argumentações e demonstrações consistentes. Além disso, quase todos os livros de história da matemática a que temos acesso em português reproduzem a lenda de que a descoberta dos irracionais provocou uma crise nos fundamentos da matemática grega. Alguns chegam a afirmar que tal crise só foi resolvida com a definição rigorosa dos números reais, proposta por Cantor e Dedekind no século XIX (ou seja, mais de vinte séculos depois). Esse mito apontou direções importantes no modo como a história da geometria grega foi estruturada.

2. Lendas sobre o início da matemática na Grécia

Como visto no Capítulo 1, os mesopotâmicos e egípcios realizavam cálculos com medidas de comprimentos, áreas e volumes, e alguns de seus procedimentos aritméticos devem ter sido obtidos por métodos geométricos, envolvendo transformações de áreas. Isso não quer dizer, contudo, que possuíssem uma geometria. O testemunho de Heródoto, que viveu no século V a.E.C., apresentado no segundo dos nove livros de suas *Histórias*, se insere em uma descrição dos costumes e das instituições de povos diversos e é parte das investigações sobre as causas das guerras entre gregos e bárbaros (pertencentes ao império persa). Esse segundo livro é inteiramente consagrado ao Egito e nele se encontra a menção à palavra grega "geometria". Os egípcios teriam revelado que seu rei partilhava a terra igualmente entre todos, contanto que lhe fosse atribuído um imposto na base dessa repartição. Como o Nilo, às vezes, cobria parte de um lote, era preciso medir que pedaço de terra o proprietário tinha perdido, com o fim de recalcular o pagamento devido. Conforme Heródoto, essa prática de agrimensura teria dado origem à invenção da geometria, um conhecimento que teria sido importado pelos gregos.

A palavra "geometria" pode ser traduzida, portanto, como "medida da terra". Vem daí a ideia de que seu surgimento está ligado à agrimensura. "A correlação entre matemática, números, equilíbrio e justiça, entre direito e cálculo, era lugar-comum nas sociedades antigas", afirma o historiador da matemática grega Bernard Vitrac.[2] Mas que gregos teriam levado a geometria para a Grécia? Heródoto não diz nada sobre o assunto e estudiosos postularam, posteriormente, que teria sido Tales. Para tornar o relato mais consistente, afirmou-se que esse matemático teria calculado até mesmo a altura de uma das pirâmides do Egito. Tal anedota, que Eudemo e Proclus ajudaram a construir, combina a ideia de que a geometria prática, de origem egípcia, teria evoluído para a determinação indireta de medidas inacessíveis, caso da altura de uma pirâmide. Enfatiza-se, assim, a origem empírica da geometria, bem como sua utilidade no tratamento de questões mais especulativas.

Nas práticas de medida, os problemas geométricos são transformados em problemas numéricos. A escolha de uma unidade de medida basta para converter um comprimento, uma área ou um volume em um número. Sem dúvida, os primeiros matemáticos gregos praticavam uma geometria baseada em cálculos de medidas, como outros povos antigos. Não há, contudo, uma documentação confiável que possa estabelecer a transição da matemática mesopotâmica e egípcia para a grega. Essa é, na verdade, uma etapa na construção do mito de que existiria uma matemática geral da humanidade. A escassez de fontes que permitiriam unir as diferentes práticas dessas disciplinas na Antiguidade nos força a optar pela presença de várias manifestações matemáticas.

Há algumas semelhanças entre as culturas mesopotâmica e grega, sobretudo no período selêucida, que coincide com a época das conquistas de Alexandre, o Grande, que propiciaram alguma interação entre os povos orientais e ocidentais. Há evidências disso na gestão dos palácios e templos, que pode ter se refletido na atividade dos escribas. No campo da matemática, entretanto, não há indicações consistentes sobre a influência recíproca entre mesopotâmicos e gregos. Apesar de a ciência grega não parecer ter sido um fenômeno independente de outras culturas anteriores, não sabemos exatamente como pode ter se dado esse intercâmbio.

É verdade que, com Euclides, a matemática na Grécia parece ter adquirido uma configuração particular, passando a empregar enunciados geométricos gerais que não envolvem somente procedimentos de medida. Nosso objetivo aqui será entender o que aconteceu antes dessa transformação. Como veremos, é precipitado afirmar que as práticas de que temos notícia faziam parte de um esforço global para reconfigurar um corpo unificado de conhecimentos chamado "matemática grega".

Por volta do século VII a.E.C., registram-se traços da cultura oriental na Grécia, principalmente no que concerne aos tipos de cultivo, às tecnologias para a produção de bens e aos registros das atividades administrativas. O crescimento populacional e a dispersão dos gregos pela bacia do Mediterrâneo deram então origem à mais importante instituição desse povo, que foi determinante para a organização política, administrativa, religiosa e militar da Grécia durante os séculos V e IV a.E.C.: a *polis* – a cidade grega. Nessa época, desenvolveu-se uma oligarquia urbana, e a ausência de um poder centralizado contribuiu para o surgimento das cidades. A palavra *polis* relaciona-se à *política* (aquilo que concerne ao cidadão, aos negócios públicos). A *polis* surgiu ao mesmo tempo em que o cidadão passou a ter direito de reger sua cidade. Para isso, eram necessários parâmetros, o que alimentava o gosto pela discussão. A controvérsia movimentava a *polis* e a capacidade de persuasão, que contribuía para vencer o debate, tornou-se valorizada.

Em seus estudos sobre as origens históricas do ideal de razão grega, Jean-Pierre Vernant[3] mostra que esse universo é marcado pela ligação íntima entre razão e atividade política. Tratamos de um período no qual a vida pública adquiriu muita importância, o que se refletiu no debate político na ágora, nas trocas comerciais, na laicização, na expansão das formas de religiosidade ao espaço externo (até então assunto privado, restrito ao interior do templo) e na organização racional e geométrica do território. O pensamento racional ganhou impulso nesse novo tipo de organização. Os filósofos da Escola de Mileto e, posteriormente, os pitagóricos e os sofistas, formularam pensamentos para explicar a formação do Universo – não mais com base em mitos, nos quais o sobrenatural, o divino e a hierarquização entre homens e deuses definiam o mundo, mas a partir de elementos passíveis de racionalidade, como a água, o ar, o número. Ganharam relevância ainda as formas do discurso como instrumento de disputa política nas assembleias. A partir do momento em que, na vida comum, o debate e a argumentação se tornaram fundamentais, as técnicas de persuasão e a reflexão sobre a argumentação começaram a despertar interesse. Dentre as técnicas de persuasão, as regras da demonstração e o apelo a uma lógica que busca o verdadeiro, própria do saber teórico, passaram a ter especial destaque, e quem soubesse persuadir sempre poderia convencer os outros de que sua tese era verdadeira.

Em sentido oposto, no entanto, essa tentação ao ceticismo deu origem a um esforço para mostrar que verdade e verossimilhança são coisas diversas. A partir do final do século V a.E.C., Platão e Aristóteles buscaram propor maneiras de selecionar os tipos de afirmação possíveis, distinguindo os raciocínios falsos dos corretos e estabelecendo critérios de verdade. Em um mundo no qual as opiniões se multiplicavam, era necessário distinguir os argumentos, estabelecer critérios para decidir quem tinha razão. A partir daí, forjou-se um tipo de discurso, ou de diálogo, que foi a primeira forma do que se passou a chamar de filosofia. Esse novo tipo de pensamento, para Platão, devia se fundar em definições claras que distinguem os seres inteligíveis de suas cópias no mundo sensível. Nos discursos de Sócrates está presente esse modo de argumentação, chamado "dialética", que se serve das Ideias para ultrapassar as opiniões. A distinção entre retórica e dialética marcará a educação do cidadão livre. Mais tarde, Aristóteles desenvolverá uma lógica na qual os critérios de verdade estarão mais ligados à pura coerência, ao rigor da demonstração. Em outras palavras, em uma cadeia de conclusões tudo deve decorrer daquilo que foi dito anteriormente, sem que haja contradição no interior do raciocínio. Platão e Aristóteles se serviram da matemática para constituir esse novo ideal de pensamento. Mas que matemática era essa?

Nosso objetivo final é reconstituir o contexto em que, na Grécia, a matemática se tornou um saber teórico, que lida com entes abstratos. A designação de "abstrato" ganha, agora, um sentido diferente do exposto no Capítulo 1, já que aqui a expressão está associada à prática geométrica e não numérica. O registro grego é fragmentário e a escassez de fontes faz com que o trabalho do historiador pareça especulativo. Existem alguns tratados matemáticos concluídos, outros parcialmente finalizados e outros, ainda, com apenas trechos aleatórios preservados acidentalmente em obras derivadas, além de alguma literatura sobre a matemática em textos filosóficos. É preciso lembrar também que grande parte do conhecimento de que dispomos é indireto, proveniente de escritos como os de Platão, Aristóteles, Euclides e Proclus. Além dessas obras, há outras evidências em alguns poucos fragmentos atribuídos a Eudemo de Rodes, pupilo de Aristóteles que viveu no século IV a.E.C. Proclus escreveu um comentário sobre o primeiro livro dos *Elementos* de Euclides que continha um "Catálogo dos geômetras". Presume-se que esse catálogo seja derivado dos escritos de Eudemo, que mencionava proposições e construções que teriam sido realizadas por Tales.

No final do século VII a.E.C., diversas realizações tecnológicas podem ter contribuído para o desenvolvimento da matemática. Alguns termos de geometria já apareciam, por exemplo, na arquitetura. Há escritos técnicos do século VI a.E.C. abordando problemas relacionados à astronomia e ao calendário. Neles intervinham alguns conceitos geométricos, como círculos e ângulos. Ao menos um desses livros ainda estava em circulação na época de Eudemo, e os enunciados geométricos aí contidos podem ter sido atribuídos a Tales.

Um exemplo de instrumento técnico que parece ter sido comum a partir do século V a.E.C. é o *gnomon*, dispositivo do relógio solar destinado a produzir sombras no chão. A variação de tamanho da sombra nos dias mais curtos e mais longos do ano sugeria o estudo de solstícios e equinócios. O *gnomon* pode ter tido um importante papel no início da geometria grega, designando, de modo mais geral, o dispositivo em forma de esquadro que permite passar da observação das sombras à explicação dos fenômenos astronômicos. Presume-se que ele pode ter servido também, mais tarde, para o estudo da semelhança de figuras geométricas.

Segundo Proclus, Tales conhecia um teorema sobre congruência de triângulos que devia ser usado para calcular a distância de barcos no mar. Mas é difícil estabelecer as bases factuais desta e de outras afirmações sobre Tales atribuídas por Proclus a Eudemo. Na verdade, o papel de Tales foi objeto de algumas controvérsias históricas. Segundo W. Burkert,[4] parece ser fato que, por volta do século V a.E.C., seu nome era empregado em conexão com resultados geométricos. Além disso, Aristóteles menciona

Tales na *Metafísica* como o fundador da filosofia. Essa honra, somada a uma vaga circulação da referência a seu nome como geômetra, pode ter levado a que se creditasse ao filósofo de Mileto importantes descobertas geométricas.

A historiografia da matemática costuma analisar, entre as épocas de Tales e de Euclides, as contribuições da escola pitagórica do século V a.E.C. Os ensinamentos dessa escola teriam influenciado um outro matemático importante desse século, Hipócrates de Quios. Além disso, é frequente encontrarmos referências a Pitágoras como um dos primeiros matemáticos gregos. Mas ambas as afirmações são hoje largamente questionadas pelos historiadores.

O estudo crítico sobre a matemática dos pitagóricos deixou uma lacuna na história da matemática desse período. Se o matemático mais conhecido do século V a.E.C., Hipócrates de Quios, não era herdeiro de Pitágoras, de onde veio sua matemática? As evidências mostram que havia uma matemática grega antes dos pitagóricos. Em meados desse século, tal prática parecia estar no centro dos interesses dos principais pensadores, pois muitos deles se conectavam com questões matemáticas, caso de Anaxágoras, Hípias e Antifonte. Parece que era comum a construção de soluções para problemas geométricos e a comparação de grandezas geométricas por meio de razões. Em Atenas, a geometria era ensinada, apesar de não sabermos exatamente como. Nos diálogos de Platão, há algumas evidências da existência de um ambiente de discussão sobre os problemas geométricos que data de uma época anterior à sua obra. Um exemplo são os diálogos entre Sócrates e Teodoro, que era contemporâneo de Hipócrates e de quem Teeteto, importante personagem dos textos de Platão, deve ter sido aluno. Devia tratar-se, contudo, de um ensino em círculos privados e não institucional.

Os escritos de Platão são ficcionais, mas podemos deduzir, também a partir de outras fontes, uma intensa prática geométrica na primeira metade do século IV a.E.C. Diversos atenienses parecem ter participado de um debate sobre o papel da matemática na formação geral dos gregos, bem como em contextos mais específicos, nos quais podemos falar de praticantes da geometria. Nesse sentido, não sabemos exatamente se a Academia de Platão* contribuiu para o desenvolvimento efetivo da matemática, fornecendo novas técnicas e ferramentas, ou se teve um papel mais reflexivo, de cunho filosófico, investigando os fundamentos e a metodologia da matemática já existente. Os membros da Academia debatiam o modo de descrever as disciplinas matemáticas, o que pode ter tido um papel na legitimação desse saber em sua forma abstrata, fixando-o como uma disciplina do pensamento puro.

No século V a.E.C., o pensamento geométrico e técnico já estava desenvolvido, porém, não temos como saber se os pitagóricos contribuíram para isso. A geometria grega começou antes deles e continuou depois; como mostra W. Burkert, essa escola não parece ter tido um papel significativo na transformação da matemática de seu tempo. A convicção de que o pitagorismo está na fonte da matemática grega decorre da tradição educacional dos neopitagóricos e neoplatônicos da Antiguidade, durante os primeiros séculos da Era Comum. Além disso, a maior parte de nosso conhecimento sobre as contribuições da escola pitagórica vem de Aristóteles. Se analisarmos de perto a filosofia atribuída a essa escola, veremos que não é tão simples identificar aí as raízes do ideal platônico obtido por meio da abstração.

Neste capítulo e no próximo mostraremos que a visão de que a matemática abstrata, que faz uso de demonstrações, foi uma invenção dos gregos toma por base os *Elementos* de Euclides. Logo, seria anacrônico analisar o desenvolvimento da matemática antes de Euclides a partir de inferências lógicas. Não é certo que, nos primórdios da matemática grega, os argumentos respeitassem as pressuposições e derivassem suas conclusões a partir de algum tipo de regra. Começaremos por descrever a concepção particular

---

* Segundo a lenda, na entrada da Academia de Platão estava inscrita a seguinte frase: "Não deixe entrar quem não for versado em geometria." Apesar de haver evidências arqueológicas dessa inscrição, não se pode dizer que tenha sido escrita por Platão nem por nenhum de seus discípulos. Em *The Mathematics of Plato's Academy: A New Reconstruction*, D. Fowler mostra que essa associação foi feita por autores distantes da época da Academia.

de número da escola pitagórica, bem como alguns princípios básicos de sua filosofia. Nosso objetivo é mostrar que, se existiu uma "matemática pitagórica", tratava-se de uma prática bastante concreta, em um sentido que será precisado ao longo deste capítulo, e não deve estar relacionada ao pensamento abstrato que costumamos associar à matemática grega.

Mesmo o famoso teorema "de Pitágoras", em sua compreensão geométrica como relação entre medidas dos lados de um triângulo retângulo, não parece ter sido particularmente estudado por Pitágoras e sua escola. Veremos, ainda, que a descoberta das grandezas incomensuráveis, frequentemente atribuída a um pitagórico, deve ter tido outras origens. Tal descoberta contribuiu para a separação entre a geometria e a aritmética, a primeira devendo se dedicar às grandezas geométricas e a segunda, aos números – separação que é um dos traços marcantes da geometria grega, ao menos na maneira como ela se disseminou com Euclides.

Hoje dizemos que duas grandezas A e B são comensuráveis se a razão entre elas pode ser expressa por um número racional, pois isso significa que existe uma terceira grandeza C que cabe em A e B um número inteiro de vezes. Caso contrário, se a razão entre as grandezas não puder ser expressa por um número racional, dizemos que são incomensuráveis. O problema, no entanto, não era proposto desse modo na época e não envolvia números racionais. Um de nossos principais objetivos, aqui, é desconstruir os mitos envolvidos na chamada "crise dos incomensuráveis". Essa tese tem origem em obras já ultrapassadas que constituem um exemplo paradigmático de um modo de fazer história da matemática – hoje contestado – baseado em pressupostos modernos sobre a natureza dessa disciplina. As narrativas sobre o suposto escândalo provocado pela descoberta dos incomensuráveis citam também os paradoxos de Zenão, por isso descreveremos brevemente seus enunciados, mostrando que estes tinham um fim filosófico e não matemático.

Apesar de questionarmos a validade da tese historiográfica a respeito da crise dos incomensuráveis, é inegável que a descoberta de que duas grandezas podem não possuir uma medida comum teve consequências importantes. Uma delas ajuda a explicar o caráter formal e abstrato da geometria – tal como exposta nos *Elementos* de Euclides –, pois o fato de que duas grandezas possam ser incomensuráveis desafia o testemunho dos sentidos, o que talvez tenha motivado um novo modo de fazer geometria. Ao final, a partir de um diálogo de Platão, o *Mênon*, tentaremos entender como a possibilidade de existirem incomensuráveis se relaciona à necessidade de se trabalhar sobre um espaço abstrato em geometria.

O principal problema posto pela possibilidade de haver segmentos incomensuráveis é a contradição da ideia intuitiva de que dois deles sempre possuem uma unidade de medida comum (esse problema pode ser mais bem compreendido com a leitura do quadro a seguir). Ou seja, ainda que cada segmento admita ser dividido em partes muito pequenas, o fato de dois segmentos não serem comensuráveis significa que não é possível encontrar uma parte que caiba um número inteiro de vezes em ambos. Essa descoberta contradiz o senso comum, como indica Aristóteles: "Sobre a incomensurabilidade do diâmetro em relação à circunferência, nos parece admirável que uma coisa não seja mensurável por meio de outra que é divisível em partes muito pequenas."[5]

Procedimentos de medida e a incomensurabilidade

A medida é um procedimento que permite reduzir grandezas a números. Dado um segmento, podemos medir seu comprimento. Dada uma superfície bidimensional no plano, podemos obter a medida de sua área. Para medir, o primeiro passo é escolher uma unidade de medida. Duas medidas da mesma natureza devem possuir uma unidade de medida comum. Cada grandeza é identificada, assim, ao número inteiro de unidades de medida que a compõem. A medida torna possível, portanto, a correspondência entre qualquer grandeza e um número inteiro, ou uma relação entre inteiros.

Como "medir" significa, essencialmente, "comparar", precisamos, na maioria das vezes, subdividir uma das grandezas para obter uma unidade de medida que caiba um número inteiro de vezes em ambas as grandezas a serem comparadas. Suponhamos que queiramos comparar os segmentos A e B. Como B não cabe um número inteiro de vezes em A, podemos dividir B em 3 e tomar a unidade como sendo um terço de B. Como essa unidade cabe 4 vezes em A, a comparação de A com B nos fornece a razão 4:3. É desse tipo de comparação que surgem as medidas expressas por relações entre números inteiros, que chamamos, hoje, de "racionais" (justamente por serem associados a uma razão).

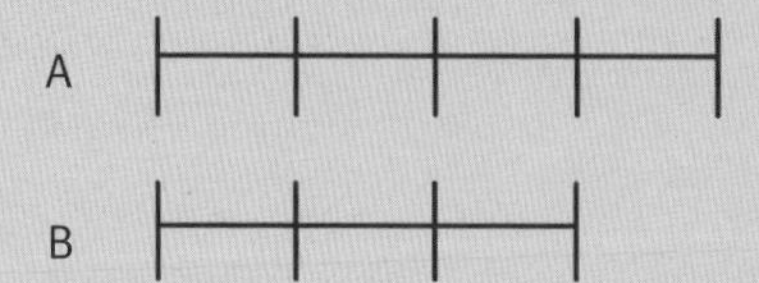

Mas será que é sempre possível expressar a relação entre grandezas por uma razão entre inteiros? Tal problema é equivalente à seguinte questão: dados dois segmentos A e B, é sempre possível subdividir um deles, por exemplo B, em um número finito de partes, de modo que uma dessas partes caiba um número inteiro de vezes em A? Intuitivamente, se pensamos em grandezas físicas, é lícito supor que sim. Ou seja, se as partes de B puderem ser tornadas muito pequenas, parece ser sempre possível encontrar um segmento que caiba em A um número inteiro de vezes, ainda que este seja um número muito grande. A descoberta das grandezas incomensuráveis mostra que isso não é verdade; logo, nossos sentidos nos enganam quando admitem essa possibilidade.

Os pitagóricos lidavam com números?

A Antiguidade tardia nos legou dois textos de pensadores neoplatônicos nos quais os feitos da matemática grega foram avaliados: um de Jâmblico, *De communi mathematica scientia* (Sobre o conhecimento matemático comum), e outro de Proclus, o primeiro prólogo ao seu *Comentário sobre o primeiro livro dos* Elementos *de Euclides*. Jâmblico viveu entre os séculos III e IV da Era Comum, quando o elogio era uma prática corrente entre os estudiosos. Sua obra não apresenta somente o que era o conhecimento matemático de então, visa também elogiar o tema e os pensadores abordados. *De communi mathematica scientia* é o terceiro volume de uma obra maior, dedicada ao pitagorismo, *De vita pytaghorica* (Sobre a vida pitagórica), na qual a matemática contribui para o elogio do homem Pitágoras. O texto de Proclus contém passagens inteiras extraídas dessa obra de Jâmblico. O testemunho mais citado sobre a existência de um matemático chamado Pitágoras é o "Catálogo dos geômetras", de Proclus. Afirma-se aí que Pitágoras transformou sua filosofia em uma forma de educação liberal, procurando derivar seus princípios de fontes superiores, de modo teórico. Esse catálogo, como vimos, pode ter sido inspirado em Eudemo, mas sobretudo em Jâmblico, uma vez que contém transcrições literais da obra deste último.

É interessante observar que Eudemo não menciona Pitágoras, mas somente os "pitagóricos". Ou seja, Proclus pode ter sido responsável por uma síntese que mistura as ideias de Eudemo sobre a pureza dos métodos pitagóricos com a atribuição desses feitos a um homem, Pitágoras. Era conveniente, para Proclus, reconhecer aí os fundamentos de seu próprio platonismo. A escassez das fontes, somada à convergência interessada dos únicos textos disponíveis, nos permite duvidar até mesmo da existência de um matemático de nome Pitágoras.

Há passagens de Aristóteles falando dos pitagóricos. Na *Metafísica*, atribui-se a eles o estudo da matemática a partir de seus princípios: a matemática não tinha relação com a filosofia e os pitagóricos teriam sido os primeiros a fazer essa conexão. Aristóteles e Eudemo estão na origem da crença de que o caráter teórico é a marca que distingue a matemática grega das receitas dos antigos. Além disso, Aristóteles também defende a tese de que a teoria pitagórica dos números é produto de sua matemática, o que, como veremos, parece ser falso. Essa mesma obra contém diversas associações não matemáticas na formação da cosmologia numérica dessa escola, que não pressupõe uma matemática.

A matemática atribuída a Pitágoras é a aritmética de pontinhos, que será detalhada adiante, mas não se sabe ao certo se ela é uma criação de um matemático chamado Pitágoras, de integrantes de uma escola antiga chamada pitagórica (mas não de Pitágoras), ou dos neoplatônicos e neopitagóricos da Antiguidade, como Jâmblico e Nicômaco. A concepção dos pitagóricos sobre a natureza parte da ideia de que há uma explicação global que permite simbolizar a totalidade do cosmos, e essa explicação é dada pelos números. O mundo é determinado, antes de tudo, por um arranjo bem-ordenado e tal ordem se baseia no fato de que as coisas são delimitadas e podem ser distinguidas umas das outras. Quando se diz que as coisas podem ser distinguidas não significa que elas não possam ser diferentes, e sim separadas umas das outras, logo, as coisas do mundo podem ser contadas.

Pensando nas gotas de água no mar, o que é preciso para que possam ser contadas? Que permitam ser delimitadas, distinguidas umas das outras. Se isso for viável, ainda que seja muito difícil contá-las, as gotas de água do mar serão passíveis de serem contadas. Para os pitagóricos todas as coisas que compõem o cosmos gozam dessa propriedade, o que os levou a considerar que as coisas consistem de números. Como uma das características principais das coisas reside no fato de poderem ser organizadas e distinguidas, as propriedades aritméticas das coisas, para eles, constituem o seu ser propriamente dito, e o ser de todas as coisas é o número.

Os pitagóricos, contudo, embora sejam vistos como os primeiros a considerar o número do ponto de vista teórico, e não apenas prático, não possuíam, de fato, uma noção de número puro. Diferentemente de Platão, os pitagóricos não admitiam nenhuma separação entre número e corporeidade, entre seres corpóreos e incorpóreos. Logo, não é lícito dizer que o conceito pitagórico de número fosse abstrato. De certo ponto de vista, dado seu caráter espacial e concreto, poderíamos afirmar que os números pitagóricos não eram os objetos matemáticos que conhecemos hoje, isto é, entes abstratos. Os números figurados dos pitagóricos eram constituídos de uma multiplicidade de pontos que não eram matemáticos e que remetiam a elementos discretos: pedrinhas organizadas segundo uma determinada configuração.

O ímpar e o par representavam o limitado e o ilimitado. A união do ímpar e do par, análoga a um casamento, teria sido responsável pela origem do mundo. O limitado, princípio positivo, macho, e o ilimitado, fêmea, existiam antes de qualquer coisa. De seu casamento, surgiu o Um, que não é um número. O Um é ao mesmo tempo par e ímpar, ser bissexuado a partir do qual os outros números se desenvolveram. O par e o ímpar são elementos dos números e na conjugação limitado-ilimitado está a oposição cósmica primordial por trás do mundo, expresso em números.

Todos os números, ou seres, teriam evoluído a partir do Um. Os números eram divididos em tipos associados aos diferentes tipos de coisas. Para cada tipo, havia um primeiro, ou menor número, considerado sua "raiz". As relações entre os números não representavam, portanto, uma cadeia linear na qual todas as relações internas eram semelhantes. Cada arranjo designava uma ordem distinta, com ligações próprias. Daí o papel dos *números figurados* na matemática pitagórica. Esses números eram, de fato, figuras formadas por pontos, como as que encontramos em um dado. Não é uma cifra, como 3, que serve de representação pictórica para um número, mas a delimitação de uma área constituída de pontos, como uma constelação.

O primeiro exemplo de número figurado é dado pelos números triangulares, nos quais os pontos formam figuras triangulares que são coleções de bolinhas indicando pedrinhas:

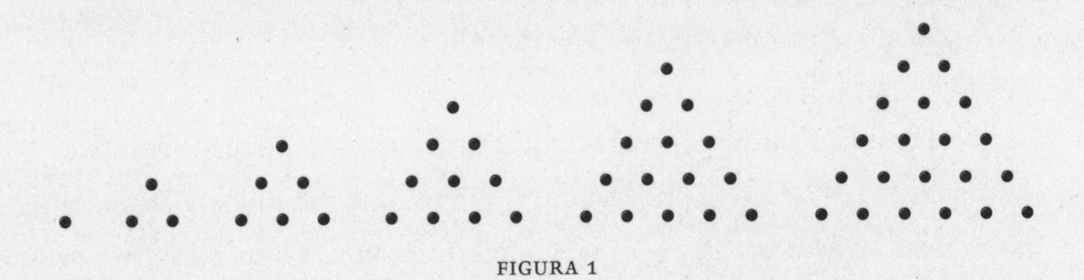

FIGURA 1

Os números triangulares representados na Figura 1 podem ser associados aos nossos números 1, 3, 6, 10, 15 e 21, que possuem, respectivamente, ordem $n = 1, 2, 3, 4, 5$ e 6. Em linguagem atual, o número triangular de ordem n é dado pela soma da progressão aritmética $1 + 2 + 3 + \ldots + n = \frac{n(n+1)}{2}$. Em seguida, temos os números quadrados, que, em nosso simbolismo, podem ser escritos como n^2:

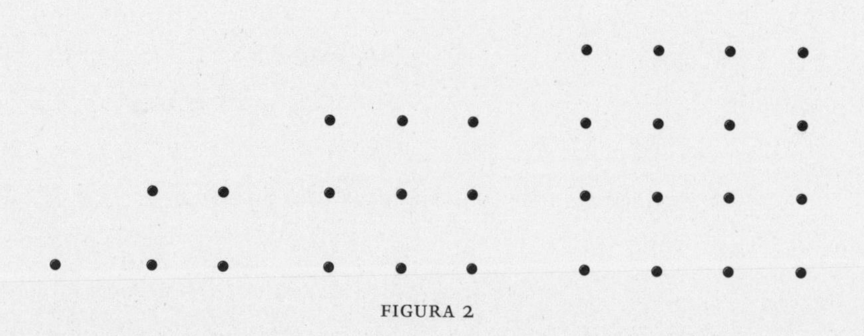

FIGURA 2

As configurações da Figura 2 podem ser associadas aos nossos números quadrados $1, 4, 9, 16 = 1^2, 2^2, 3^2, 4^2$. Para finalizar, segue o exemplo dos números pentagonais:

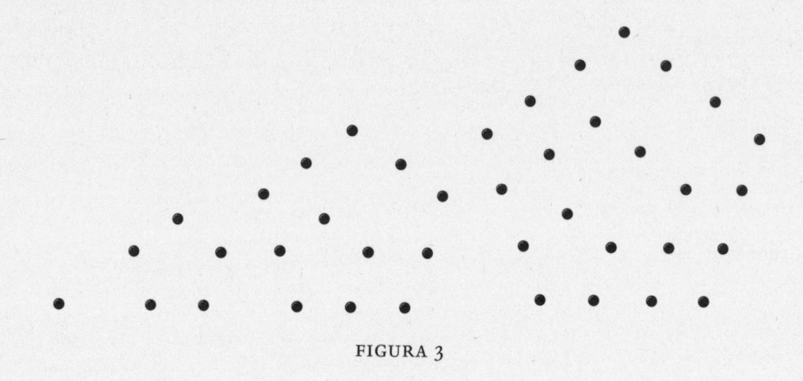

FIGURA 3

Na Figura 3, os arranjos corresponderiam, respectivamente, aos nossos números 1, 5, 12 e 22. É possível enxergar em tais exemplos a primeira ocorrência do estudo das sequências numéricas. No entanto, a concepção de sequências dos matemáticos pitagóricos partia da observação visual, sendo um tipo particular de aritmética figurada, distinta da praticada hoje. Os números eram considerados uma coleção discreta de unidades. Dessas configurações numéricas, os pitagóricos podiam obter, de forma visual, diversas conclusões aritméticas, como:

a) todo número quadrado é a soma de dois números triangulares sucessivos:

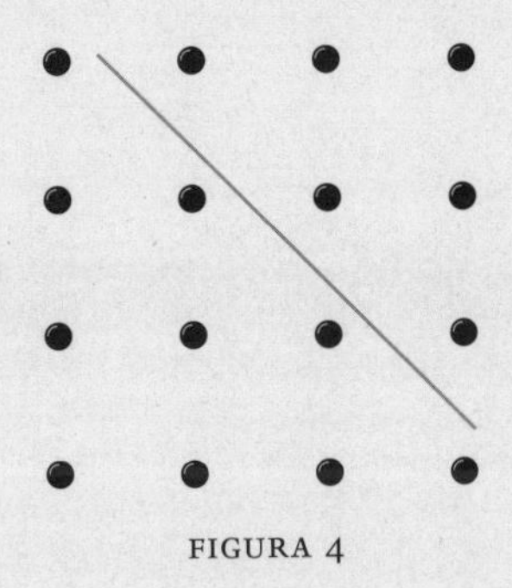

FIGURA 4

b) é possível passar de um número quadrado a um número quadrado imediatamente maior adicionando-se a sequência dos números ímpares. Na Figura 5, os números ímpares são dados pelos contornos em forma de L, os *gnomons* dos pitagóricos:

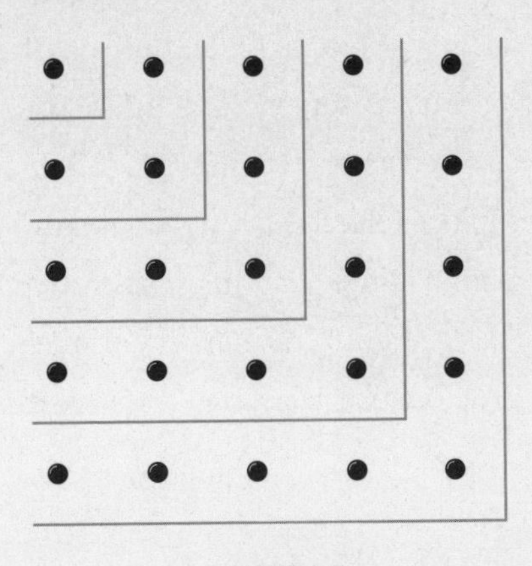

FIGURA 5

Apesar de os pitagóricos não atribuírem esse significado a tais conclusões, poderíamos traduzir os enunciados das Figuras 4 e 5 para a linguagem atual, e teríamos, respectivamente, as regras:

a) $n = \frac{n(n+1)}{2} + \frac{(n-1)n}{2}$

b) $1^2 + 3 = 2^2$

$2^2 + 5 = 3^2$

$3^2 + 7 = 4^2$

...

$n^2 + (2n + 1) = (n + 1)^2$

Até aqui, descrevemos como a matemática pitagórica concebia os números. É possível distinguir pelo menos três funções diferentes para essas entidades, sobre as quais as doutrinas pitagóricas foram construídas: designavam posição ou ordem; determinavam uma forma espacial (números figurados); e, finalmente, exprimiam razões que permitiam compreender as leis naturais. Trata-se de noções distintas, que podem ser associadas a matemáticas diferentes que conviviam no seio da escola.

Como vimos, para os pitagóricos, todas as propriedades das coisas, bem como seus modos e seus comportamentos, podiam ser reduzidas a propriedades que as coisas têm em virtude de serem contáveis. Em seguida, essas coisas eram comparadas por meio da razão (*logos*) entre seus números. O emprego do termo *logos* em seu sentido matemático, significando *razão*, é atribuído a Pitágoras e devia designar a comunicação de algo essencial sobre alguma coisa – por exemplo, a relação 3:4:5 determinava a forma do triângulo retângulo. Mas não apenas os seres matemáticos eram definidos por razões. A razão exprimia uma relação entre números que se encontrava escondida em alguma coisa e por meio dessa relação tal coisa podia ser descrita.

Matemática e filosofia pitagórica

Temos notícia de que a ciência matemática era dividida, primeiramente, em duas partes: uma que tratava dos números; outra, das grandezas. Cada uma era subdividida em duas outras partes: a aritmética estudava as quantidades em si mesmas; a música, as relações entre quantidades; a geometria, as grandezas em repouso; e a astronomia, as grandezas em movimento inerente. O conhecimento sobre esse aspecto da doutrina pitagórica vem da *Metafísica* de Aristóteles, que viveu aproximadamente dois séculos depois dos pitagóricos e pretendia usar suas teses para criticar Platão. Para Aristóteles, a filosofia pitagórica, que teria pontos em comum com o platonismo, parte de uma semelhança estrutural vaga entre coisas e números para afirmar que as coisas imitam os números.

Para compreender a verdadeira natureza das coisas existentes, explica Aristóteles, os pitagóricos se voltavam para os números e as razões das quais todas as coisas são feitas. Nada podia ser conhecido sem os números. Tanto as quantidades quanto as grandezas deviam ser finitas e limitadas a fim de servirem de objeto para a ciência, uma vez que o infinito e o ilimitado, segundo os pitagóricos, não convinham ao pensamento.

Ainda segundo Aristóteles,[6] deve-se a algum membro da escola pitagórica a doutrina das duas colunas, listadas a seguir:

Limitado – Ilimitado
Ímpar – Par
Um – Muitos
Esquerda – Direita
Macho – Fêmea
Repouso – Movimento
Reto – Curvo
Luz – Escuridão
Bom – Mau
Quadrado – Oblongo

A coluna da esquerda deve ser entendida como a do "melhor". A inclusão do Movimento na coluna da direita, a que se refere a tudo que é ilimitado, deve-se ao fato de que os princípios nessa coluna são negativos, ou indefinidos. Esse aspecto da filosofia pitagórica era destacado por Aristóteles para fundamentar sua conclusão de que há uma linha de continuidade entre pitagóricos e platônicos. De fato, ele usava essa tabela de opostos para criticar a separação binária platônica segundo a qual, de um lado, temos o igual, imóvel e harmônico e, de outro, o desigual, movente e desarmônico.

Os tipos de ângulo formados pelo encontro de duas retas podem ser classificados conforme os mesmos princípios enumerados na doutrina das duas colunas. Os pitagóricos separavam as três espécies de ângulo (reto, agudo e obtuso), e o primeiro tipo era superior aos demais, pois o ângulo reto é caracterizado pela igualdade e semelhança, ao passo que os outros dois são identificados de acordo com critérios de grandeza e pequenez relativos ao ângulo reto, definindo-se, portanto, por sua desigualdade e diferença. Tudo aquilo que pode ser definido a partir de limites claros é superior ao que depende de critérios relativos de mais e de menos, uma vez que o limite é a fonte da autoidentidade e da definibilidade de todas as coisas, ao menos na interpretação de Aristóteles da doutrina pitagórica.

O Ilimitado produz a progressão ao infinito, o crescimento e a diminuição, a desigualdade e toda a sorte de diferenças entre as coisas que gera. Apenas o ângulo reto é produto do limite, uma vez que é regulado pela igualdade e pela similitude com qualquer outro ângulo reto, enquanto os outros dois tipos de ângulo podem diferir dentro de uma mesma categoria (já que dois ângulos agudos nem sempre são iguais entre si, bem como dois ângulos obtusos). A perpendicular é também um símbolo de pureza e direção, pois por meio dela medimos a altura das figuras e é a partir dela que definimos o ângulo reto.

A crermos em Aristóteles poderemos conjecturar que os triângulos retângulos mereciam lugar de destaque na doutrina pitagórica, já que são os únicos a conter um ângulo reto. Mas existiam práticas matemáticas independentes da filosofia que usavam triângulos retângulos na soma de áreas, o que forneceria uma explicação mais empírica para o estudo dessas formas geométricas. Com o fim de aproximá-los da filosofia platônica, Aristóteles cita os pitagóricos como os primeiros a considerar a matemática a partir de princípios, ou seja, os primeiros a relacionar matemática e filosofia. A teoria dos números dessa escola seria produto de seus estudos matemáticos. No entanto, admite-se atualmente que essa teoria dos números tinha um grande componente não matemático e não seguia uma estrutura dedutiva.

Segundo W. Burkert, essa aproximação entre pitagóricos e platônicos foi uma construção de Aristóteles. A fim de contestar essa tese, Burkert explica que o núcleo da sabedoria para os pitagóricos derivava do *tetractys*, constituído pelos números figurados que podem se associar aos nossos 1, 2, 3 e 4, que somam 10, número representado pelo triângulo perfeito.

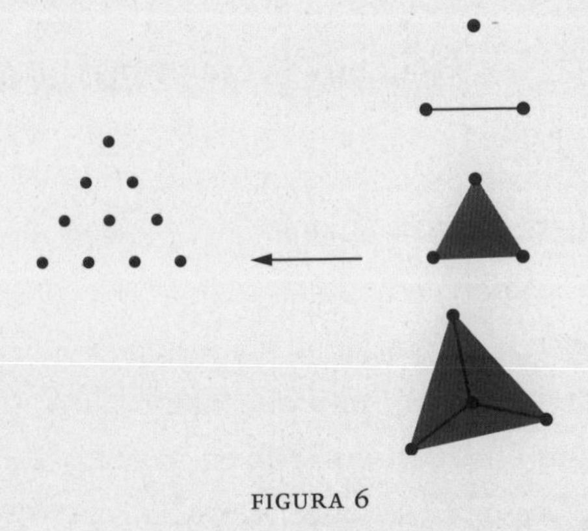

FIGURA 6

Para Aristóteles, isso indicaria a presença de seres abstratos. Por exemplo, a partir do *tetractys* os pitagóricos teriam obtido as entidades abstratas: ponto, reta, plano e sólido (como na Figura 6). No entanto, Burkert nota que essa tese está em franca contradição com outra afirmação do próprio Aristóteles, a saber, que não havia entre os pitagóricos a noção de ponto, no sentido geométrico do termo. As unidades, desenhadas como pontos nos números figurados, possuem espessura (são pedrinhas!).

Os pitagóricos não separavam os números do mundo físico, como fará Platão. Os números são a natureza profunda de tudo o que pode ser percebido e mostram o poder de tornar compreensível a ordem e a harmonia do mundo empírico. Os números, para os pitagóricos, apareciam mais no contexto de jogos, acompanhados de interpretação e reverência, do que no de uma pura teoria, de natureza abstrata, caracterizada por um tratamento dedutivo.

Ainda que diversos resultados geométricos encontrados nos *Elementos* de Euclides sejam atribuídos a Pitágoras, deve-se ter cuidado ao inferir que o conhecimento geométrico da escola pitagórica é semelhante ao descrito por Euclides. Ao que parece, a matemática pitagórica possuía um caráter bem mais concreto. Apesar de ser inseparável do ideal filosófico de explicar o mundo por meio de números, os números pitagóricos não eram entidades abstratas.

Não há um teorema "de Pitágoras", e sim triplas pitagóricas

O enunciado mais famoso associado ao nome de Pitágoras é o teorema que estabelece uma relação entre as medidas dos lados de um triângulo retângulo: "O quadrado da hipotenusa é igual à soma dos quadrados dos catetos." Hoje se sabe que essa relação era conhecida por diversos povos mais antigos do que os gregos e pode ter sido um saber comum na época de Pitágoras. No entanto, não é nosso objetivo mostrar que os pitagóricos não foram os primeiros na história a estabelecer tal relação. O objetivo é investigar de que modo esse resultado podia intervir na matemática praticada pelos pitagóricos, com as características anteriormente descritas. A demonstração desse teorema, encontrada nos *Elementos* de Euclides, faz uso de resultados que eram desconhecidos na época da escola pitagórica (ver Capítulo 3). Não se conhece nenhuma prova do teorema geométrico que tenha sido fornecida por um pitagórico e parece pouco provável que ela exista.

Burkert afirma que o teorema "de Pitágoras" era um resultado mais aritmético que geométrico. Quando falamos de aritmética nos referimos ao estudo de padrões numéricos que estavam no cerne da matemática pitagórica e que dizem respeito aos números figurados. Não deve ter havido um teorema geométrico sobre o triângulo retângulo demonstrado pelos pitagóricos, e sim um estudo das chamadas triplas pitagóricas. O problema das triplas pitagóricas é fornecer triplas constando de dois números quadrados e um terceiro número quadrado que seja a soma dos dois primeiros.* Essas triplas são constituídas por números inteiros que podem ser associados às medidas dos lados de um triângulo retângulo.

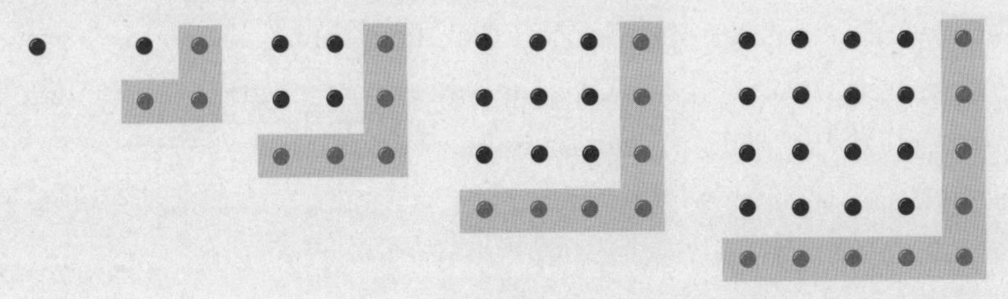

FIGURA 7

Provavelmente, os pitagóricos chegaram a essas triplas por meio do *gnomon*, que era sinônimo de números ímpares, formados pelas diferenças entre números quadrados sucessivos. Os *gnomons*, que podem ser vistos como esquadros, forneciam uma técnica para a realização de cálculos. Observando a Figura 7, podemos calcular a sequência dos quadrados com o deslocamento do esquadro, procedimento equivalente a somar a sequência dos números ímpares. Por exemplo, para obter o 4 a partir do 1, adicionamos o *gnomon* de três pontos; para obter o 9 a partir do 4, adicionamos o próximo *gnomon*, que é o próximo número ímpar, 5. Seguindo esse procedimento, chega-se a uma figura na qual o *gnomon* também é um número quadrado, constituído por nove pontinhos. Obtém-se, assim, a igualdade $16 + 9 = 25$, que dá origem à primeira tripla pitagórica: (3, 4, 5).

Esses seriam os procedimentos aritméticos usados para se obter as triplas pitagóricas. Ou seja, a fórmula de Pitágoras pertenceria ao contexto dos números figurados. Na tradição, poucas triplas são mencionadas e (3, 4, 5) tem um papel especial, pois 3 é o macho; 4, a fêmea; e 5, o casamento que os une no triângulo pitagórico. Segundo Proclus, havia dois mé-

* Alguns historiadores da matemática defendem que na placa Plimpton 322 há um indício de que os babilônios já estudavam as triplas pitagóricas, o que mostraria que a relação atribuída a Pitágoras seria conhecida na Babilônia pelo menos mil anos antes dele. Essa tese é questionada por E. Robson em "Neither Sherlock Holmes nor Babylon: a reassessment of Plimpton 322" e "Words and pictures: new light on Plimpton 322".

todos para se obter triplas pitagóricas: um de Pitágoras, outro de Platão. O primeiro começa pelos números ímpares. Associando um dado número ao menor dos lados do triângulo que formam o ângulo reto, tomamos o seu quadrado, subtraímos a unidade e dividimos por 2, obtendo o outro lado, que forma o ângulo reto. Para obter o lado oposto, somamos a unidade novamente ao resultado. Seja 3, por exemplo, o menor dos lados. Toma-se o seu quadrado e subtrai-se a unidade, obtendo 8, e extrai-se a metade de 8, que é 4. Adicionando a unidade novamente, obtemos 5, e o triângulo retângulo que procuramos é o de lados 3, 4 e 5.

O método platônico começa por um número par, considerado um dos lados que formam o ângulo reto. Primeiro dividimos esse número por 2 e fazemos o quadrado de sua metade. Subtraindo 1 desse quadrado, obtemos o outro lado que forma o ângulo reto e, adicionando 1, o lado restante. Por exemplo, seja 4 o lado. Dividimos por 2 e tomamos o quadrado da metade, obtendo 4. Subtraímos 1 e adicionamos 1, obtendo os lados restantes: 3 e 5.

MÉTODOS PARA ENCONTRAR TRIPLAS

Em linguagem atual, se a é um número ímpar, podemos traduzir o método de Pitágoras na obtenção dos números $\frac{a^2-1}{2}$ e $\frac{a^2+1}{2}$, que satisfazem a relação $a^2+\left(\frac{a^2-1}{2}\right)^2=\left(\frac{a^2+1}{2}\right)^2$. Já o método de Platão se refere à obtenção dos números $2a$, a^2-1 e a^2+1, que satisfazem a relação $(2a)^2+(a^2-1)^2=(a^2+1)^2$.

Chegamos à estranha conclusão de que o famoso teorema "de Pitágoras" era, para a escola pitagórica, um resultado aritmético e não geométrico, cujo significado ia além do estritamente matemático. O método usado para encontrar triplas pitagóricas não é suficiente para assegurar a validade geométrica do teorema "de Pitágoras" em todos os casos. Tal método permite gerar algumas triplas, como (3, 4, 5), mas não todas as triplas de números que podem medir os lados de um triângulo retângulo, sobretudo porque essas medidas não são necessariamente dadas por números naturais.

Ao que parece, os pitagóricos estavam interessados na relação "aritmética" expressa pelas triplas em um sentido particular. Logo, pelo contexto em que esse resultado intervém, não é possível dizer que o conhecimento aritmético das triplas pitagóricas seja o exato correlato do teorema geométrico atribuído a Pitágoras, daí as aspas empregadas aqui ao falarmos do teorema "de Pitágoras".

Não se sabe, contudo, se no meio grego da época de Pitágoras eram conhecidas outras provas a partir de uma teoria das razões e proporções simples. Os triângulos retângulos podiam ser usados para somar áreas e o resultado expresso pelo teorema "de Pitágoras" podia ser útil por possibilitar encontrar um quadrado cuja área fosse a soma das áreas de dois quadrados (como veremos no Capítulo 3).

A noção de razão na matemática grega antes de Euclides

Grande parte do que se conhece sobre a matemática na Grécia antiga parte de conclusões extraídas de um exame minucioso, por um lado, dos escritos de Platão e Aristóteles, e, por outro, dos *Elementos* de Euclides. A versão mais popular é a de que esse livro de Euclides resulta de uma compilação de conhecimentos matemáticos anteriores, ainda que a forma da exposição deva ser característica do tempo e do meio em que ele viveu. Não é possível confirmar essa tese, mas é fato que uma boa parte da matemática contida nessa obra associa-se a outros trabalhos gregos. Euclides apresenta dois tipos de teoria das razões e proporções. Há uma versão no livro VII que pode ser aplicada somente à razão entre inteiros e é atribuída aos pitagóricos. A definição contida aí é usada para razões entre grandezas comensuráveis. A segunda versão, presumidamente posterior à primeira, está no livro V e é atribuída ao matemático platônico Eudoxo. Essa última teoria das razões e proporções é bastante sofisticada e se aplica igualmente a grandezas comensuráveis e incomensuráveis.

O historiador americano W. Knorr contesta a tese de que a primeira versão da teoria das razões e proporções deva ser atribuída aos pitagóricos, ao menos no modo formal como ela é exposta nos *Elementos*. Segundo o autor, o desenvolvimento formal da matemática deve ter se iniciado com os trabalhos de Teeteto, no início do século IV a.E.C. O conceito de razão encerra a ideia de comparação de tamanhos. Portanto, qualquer tipo de comparação entre grandezas pode ser encarada como uma teoria sobre razões. Há diversos exemplos pré-euclidianos envolvendo a comparação de grandezas. Alguns relatos históricos, escritos por Aristóteles e seus seguidores, atestam a emergência, na segunda metade do século V a.E.C., de especialistas, como os geômetras. Ao contrário daqueles que são considerados, por esses mesmos comentadores, os pais fundadores da filosofia, como Tales e Pitágoras, surgem, nesse momento, pensadores que se dedicam a saberes mais específicos e não são filósofos universais. Seria o caso de Hipócrates de Quios.

Os poucos registros que temos da obra desse "geômetra" (talvez aqui já possamos designá-lo desse modo) trazem exemplos envolvendo razões entre medidas de figuras geométricas. Acredita-se que Hipócrates tenha sido o autor da primeira obra escrita em um livro de "elementos", ou seja, com a apresentação sistemática da geometria. Infelizmente, poucos fragmentos sobreviveram. Seu trabalho mais conhecido é o estudo das lúnulas, que são porções de círculo compreendidas entre duas circunferências, incluindo a investigação de quadraturas. Os escritos de Hipócrates constituem o único documento do século V a.E.C. contendo um estudo de razões e proporções entre figuras geométricas. Ele sabia que a razão entre as áreas de dois segmentos de círculo semelhantes é igual à razão entre os quadrados de seus diâmetros. Essa demonstração, de uma época bem anterior à de Eudoxo, exigia um conhecimento profundo de razões e proporções.

Sobre segmentos de círculos semelhantes

Denomina-se segmento de círculo a região plana limitada por uma corda (c) e por um arco (s), cujo ângulo correspondente θ deve ser menor que 180°.

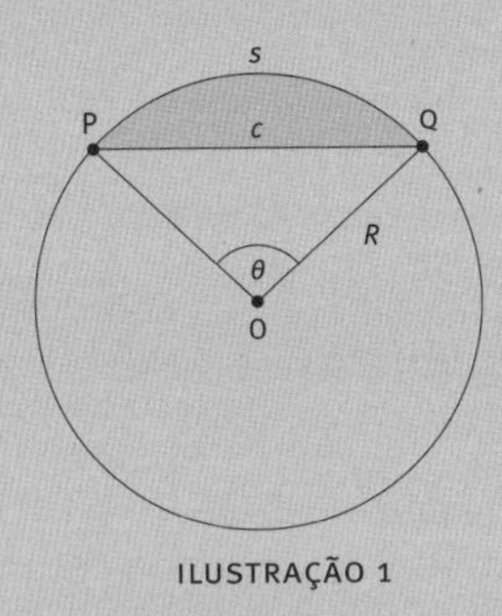

ILUSTRAÇÃO 1

Utilizando a linguagem atual, a área A de um segmento de círculo de raio R, corda c e ângulo θ pode ser obtida por meio da diferença entre a área do setor circular POQ e a área do triângulo POQ:

$$A = \frac{R^2}{2}(\theta - sen\theta)$$

Dois segmentos de círculo, definidos em círculos diferentes, são ditos "semelhantes" se possuem o mesmo ângulo correspondente. Consideremos, então, dois segmentos de círculo semelhantes, com raios R e r e diâmetros $D = 2R$ e $d = 2r$, então a razão entre suas áreas A_1 e A_2 é igual à razão entre seus diâmetros:

$$\frac{A_1}{A_2} = \frac{\frac{R^2}{2}(\theta - sen\theta)}{\frac{r^2}{2}(\theta - sen\theta)} = \frac{R^2}{r^2} = \frac{D^2}{d^2}$$

A noção de razão usada na época não equivalia a uma fração entre números. O resultado consistia em mostrar que "a área do primeiro círculo está para a área do segundo assim como o quadrado construído sobre o diâmetro do primeiro está para o quadrado construído sobre o diâmetro do segundo", ao invés de afirmar que $A_1/A_2 = D^2/d^2$. Não se trata somente de uma diferença de linguagem, pois os métodos empregados eram geométricos e lidavam com as grandezas envolvidas no problema, e não com suas medidas expressas por letras.

Esses resultados, expostos em linguagem geométrica, apareceram no estudo de Hipócrates sobre as lúnulas.

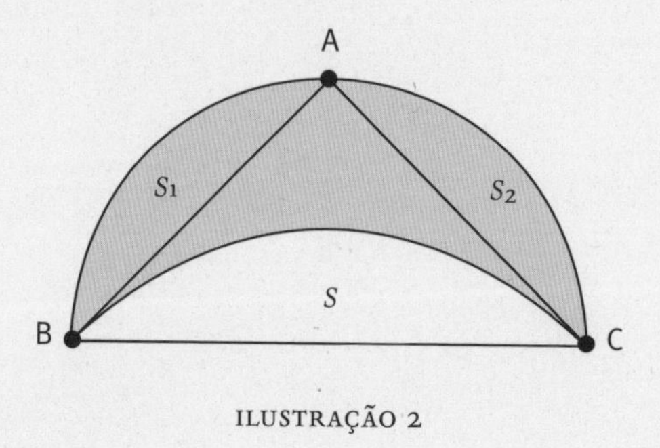

ILUSTRAÇÃO 2

Na Ilustração 2, ABC é um meio quadrado, inscrito no semicírculo ABC. Sobre BC constrói-se um segmento de círculo *S*, semelhante aos segmentos de círculo S_1 e S_2 descritos sobre AB e AC. Hipócrates usava o princípio de que dois segmentos de círculo equivalentes possuem a mesma razão que os quadrados descritos sobre suas bases. Usando o teorema de Pitágoras, ele concluiu que $S = S_1 + S_2$.[7]

Esse exemplo é o primeiro passo para o estudo mais geral sobre a quadratura de outros tipos de lúnulas, que parece estar em relação com os esforços para encontrar uma solução para o problema da quadratura do círculo. Pode estar em jogo, aqui, o método de "redução de um problema", descrito por Aristóteles como o procedimento que permite se aproximar da solução de um problema que, todavia, não se sabe resolver.

Voltando às duas teorias das razões presentes na geometria grega, a definição apresentada nos *Elementos* é abrangente o suficiente para que possa enquadrar-se em ambas: "Uma razão é um tipo de relação referente ao tamanho entre duas grandezas de mesmo tipo."[8] Comparando as duas teorias das razões expostas por Euclides, há motivos históricos para se acreditar que a inadequação da teoria numérica para tratar as grandezas incomensuráveis tenha levado à busca de uma técnica que pudesse ser aplicada a elas de modo confiável. Existia uma técnica, chamada *antifairese*, que já era usada para números. Os matemáticos da época teriam tentado estender, por meio desse procedimento, a teoria das razões para incluir a comparação entre duas grandezas incomensuráveis. Nesse contexto, surgiram questões técnicas difíceis com as quais os matemáticos tiveram de lidar, o que os teria levado a expressar a teoria das razões de um modo mais meticuloso e formal, de forma a evitar os erros e enganos oriundos de um modo intuitivo de comparar grandezas.

Uma das hipóteses mais confiáveis, defendida por historiadores como Freudenthal, Knorr e Fowler, é a de que o método da *antifairese* estava na base de uma teoria das razões que era praticada, pelo menos, durante o século IV a.E.C. e que teria sido desenvolvida por Teeteto, matemático contemporâneo de Platão e pertencente ao seu círculo.[9] Fowler argumenta que, antes de Euclides, era corrente uma teoria tratando somente de razões, baseada na *antifairese*, sem a investigação de proporções. Uma prova disso seria o uso natural que Euclides faz da palavra "razão" (*logos*), sem definir essa noção, em contextos que não envolvem a definição do livro V dos *Elementos*.

O método da *antifairese*

A palavra *antifairese* vem do grego e significa, literalmente, "subtração recíproca". Na álgebra moderna, o procedimento é semelhante ao conhecido como "algoritmo de Euclides" e sua função é encontrar o maior divisor comum entre dois números. O procedimento das "subtrações mútuas", ou "subtrações recíprocas", consiste em: dados dois números (ou duas grandezas), em cada passo subtrai-se, do maior, um múltiplo do menor, de modo que o resto seja menor do que o menor dos dois números considerados. O método da *antifairese* descreve uma série de comparações. Por exemplo, podemos pedir a um aluno que compare duas pilhas de pedras. Se a primeira tem 60 e a segunda, 26, concluímos que:

1) da primeira pilha com 60 pedras é possível subtrair *duas vezes* a pilha com 26 pedras, e ainda resta uma pilha com 8 pedras;

2) da pilha com 26 pedras é possível subtrair *três vezes* a pilha com 8 pedras, e ainda resta uma pilha com 2 pedras;
3) por fim, a pilha com 2 pedras cabe, exatamente, *quatro vezes* na pilha com 8 pedras.

A sequência "*duas vezes, três vezes e quatro vezes exatamente*" representa o número de subtrações que se pode fazer em cada passo. Podemos chamá-la de razão e usar a notação Ant (60, 26) = [2, 3, 4] para representar a razão *antifairética* 60:26. A escolha de grandezas que permitem uma representação finita por números inteiros nem sempre é possível.

Para Fowler, os gregos entendiam a razão 22:6, por exemplo, baseados no fato de que é possível subtrair 6 de 22 três vezes, restando 4; em seguida, subtrai-se 4 de 6, restando 2; finalmente, subtrai-se 2 de 4 exatamente duas vezes. Logo, a razão 22:6 seria definida pela sequência "três vezes, uma vez, duas vezes". Podemos estender a técnica para a comparação de dois segmentos de reta, por exemplo, A e B, sendo A > B. Se B não cabe um número inteiro de vezes em A, quando B é retirado continuamente de A sobra algum resto menor que B. Na Ilustração 3, retiramos duas vezes B de A, obtendo R_1. Em seguida, retiramos uma vez o resto R_1 de B, obtendo R_2. E depois, R_2 de R_1, e assim por diante.

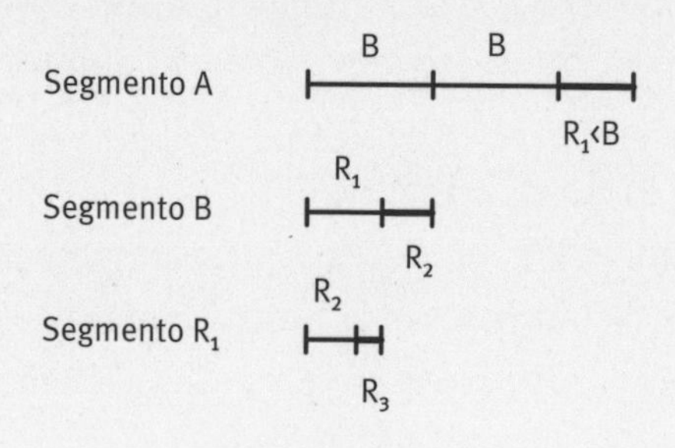

ILUSTRAÇÃO 3

Essa *antifairese* equivale a fazer $A = n_0B + R_1$, em seguida, $B = n_1R_1 + R_2$, depois, $R_2 = n_1R_2 + R_3$, e assim por diante. O procedimento pode ou não chegar ao fim. Quando ele termina, a medida comum aos dois segmentos fica associada a um terceiro segmento, R, que é o último resto não nulo encontrado e que mede os segmentos A e B. Isso permite achar a medida comum a dois segmentos e, assim, é possível reduzir a geometria à aritmética, pois cada segmento será representado por sua medida. Nesse caso, a verificação da semelhança entre figuras pode ser reduzida à verificação de uma proporção aritmética; e a proporção pode ser definida como uma igualdade de razões entre números.

Mas quando a *antifairese* não termina, tem-se um caso incomensurável. Nessa situação, as definições de proporção pela igualdade de razões não serão mais aceitáveis e passarão a ser válidas apenas para o caso particular de grandezas comensuráveis.

Diz-se que duas grandezas estão na mesma razão quando possuem a mesma *antifairese*. Se tentarmos encontrar a razão entre a diagonal e o lado do quadrado por tal procedimento, obteremos "uma vez, duas vezes, duas vezes, duas vezes..." (como será visto mais à frente). Essa sequência continua indefinidamente, o que atesta a incomensurabilidade das duas grandezas comparadas.

Não se sabe, ao certo, em que exemplo a incomensurabilidade entre duas grandezas foi verificada pela primeira vez e parece improvável que o método da *antifairese* tenha sido o responsável por essa descoberta. Proclus afirma que:

> A teoria das grandezas comensuráveis foi desenvolvida, primeiramente, pela aritmética e, depois, por imitação, pela geometria. Por essa razão, ambas as ciências definem grandezas comensuráveis como aquelas que estão uma para outra na razão de um número para outro número, o que implica que a comensurabilidade existiu primeiro entre os números.[10]

Isso indica que os matemáticos já possuíam uma noção de comensurabilidade para números, tendo a unidade como medida de todos os números. Em seguida, eles teriam estendido tal noção para as grandezas, mas não puderam encontrar uma medida comum para todas elas. A possibilidade de existirem duas grandezas incomensuráveis tornou necessário o uso da técnica da *antifairese* para que se fundasse uma nova teoria das razões, independente da igualdade entre os números. Como afirma Fowler, essa técnica teria sido usada para desenvolver uma teoria de razão independente da noção de proporção. Segundo o historiador, três noções distintas de razão estariam presentes na tradição grega: uma vinda da teoria musical; outra, da astronomia (que teria servido de base para as definições do livro V dos *Elementos*); e uma terceira, baseada na *antifairese*.

A possibilidade de existirem grandezas incomensuráveis não teria representado, assim, nenhum tipo de escândalo ou crise nos fundamentos da matemática grega. Ao contrário, sua existência seria uma circunstância positiva, pois teria sido responsável pelo desenvolvimento de novas técnicas matemáticas para lidar com razões e proporções. No período pré-euclidiano, conforme algumas fontes indicam, as grandezas eram classificadas como comensuráveis em comprimento ou em potência (mais especificamente, em quadrado). Isso queria dizer que duas grandezas incomensuráveis, como o lado e a diagonal do quadrado, apesar de não serem comensuráveis em comprimento, são comensuráveis em potência, pois seus quadrados são comensuráveis. Se temos, por exemplo, um quadrado de lado 1, esse lado não é comensurável em comprimento com a diagonal (que sabemos medir $\sqrt{2}$). No entanto, seu quadrado 1 é comensurável com o quadrado da diagonal, que é 2. É lícito dizer, então, que essas grandezas são comensuráveis em potência.*

Essa distinção permite reduzir uma situação em que aparecem duas grandezas incomensuráveis a uma outra na qual exista uma comensurabilidade potencial. Ou seja, para lidar com exemplos em que eram consideradas razões particulares, como aqueles tratados por Hipócrates, não era necessário desenvolver uma teoria geral das razões e proporções. Mas o problema de construir e classificar os incomensuráveis adquiriu importân-

* O mesmo procedimento era repetido para potências superiores, com o fim de driblar o problema dos incomensuráveis.

cia durante o século IV a.E.C.[11] Teeteto teria refinado a classificação das grandezas comensuráveis para incluir outras potências, além dos quadrados. Esse estudo, que consta no livro X dos *Elementos* de Euclides, incluía um tratamento mais detalhado dos incomensuráveis e teria demandado uma nova técnica para comparar grandezas desse tipo. A técnica da *antifairese*, que já era conhecida para números, servia a esse propósito e pode ter fornecido um meio para a constituição de uma primeira teoria geral das razões.

A partir da descoberta dos incomensuráveis, a identificação entre grandezas e números, de modo geral, se tornou problemática. No entanto, as teses atuais sugerem que houve um desenvolvimento contínuo da matemática, e não uma ruptura, antes e depois do momento em que se percebeu a possibilidade de duas grandezas serem incomensuráveis. Por outro lado, afirmarmos que não houve uma crise não significa diminuir a importância da descoberta. Nesse caso, duas consequências relevantes merecem ser investigadas. A primeira é que isso talvez tenha produzido um divórcio entre o universo das grandezas e o universo dos números. Conforme Aristóteles:

> Para provar alguma coisa não se pode passar de um gênero a outro, isto é, não se pode provar uma proposição geométrica pela aritmética … . Se o gênero é diferente, como na aritmética e na geometria, não é possível aplicar demonstrações aritméticas a propriedades de grandezas.[12]

Trataremos dessa primeira consequência no Capítulo 3, pois os *Elementos* de Euclides separam o tratamento das grandezas do tratamento dos números. A segunda consequência relaciona-se à necessidade de demonstração e ao desenvolvimento do método axiomático – no sentido grego do termo –, o que será discutido nas seções finais deste capítulo. Antes de nos debruçarmos sobre tais consequências, resumiremos a construção histórica do mito dos incomensuráveis.

Hipóteses sobre a descoberta da incomensurabilidade

Reza a lenda que a descoberta dos irracionais causou tanto escândalo entre os gregos que o pitagórico responsável por ela, Hípaso, foi expulso da escola e condenado à morte. Não se sabe de onde veio essa história, mas parece pouco provável que seja verídica. Em um artigo publicado em 1945, "The discovery of incommensurability by Hippasos of Metapontum" (A descoberta da incomensurabilidade por Hípaso de Metaponto), Von Fritz conjectura que a incomensurabilidade tenha sido descoberta durante o estudo do problema das diagonais do pentágono regular, que constituem o famoso pentagrama. A lenda da descoberta dos irracionais por Hípaso foi erigida a partir desse exemplo. Entretanto, os historiadores que seguimos aqui contestam tal reconstrução, uma vez que ela implica o uso de fatos geométricos elaborados que só se tornaram conhecidos depois dos *Elementos* de Euclides.

Burkert desconstruiu uma série de lendas sobre a matemática pitagórica.[13] Já vimos que a aritmética dos pitagóricos não era abstrata, baseando-se em números figurados descritos por uma configuração espacial de pedrinhas, consideradas unidades com magnitude e manuseadas e arrumadas em padrões visíveis. Esse tipo de aritmética e os números irracionais são mutuamente exclusivos e seria mais plausível considerar que a incomensurabilidade tenha sido descoberta no campo da geometria. Em tal contexto, o problema diz respeito à existência de grandezas incomensuráveis e à possibilidade, ou não, de expressar a relação entre elas por uma razão entre números inteiros.

Não sabemos exatamente qual a importância da geometria na escola pitagórica, mas acredita-se que não tenha sido tão relevante quanto a aritmética. Para os pitagóricos, que praticavam aritmética com números representados por pedrinhas e estavam preocupados com teorias sobre o cosmos, resumidas pelo enunciado "tudo é número", a descoberta da incomensurabilidade não deve ter tido nenhuma importância. A teoria dos números desenvolvida por eles e a matemática abstrata, associada à geometria, estavam em dois planos distintos: "tudo é número" não significava "todas as grandezas são comensuráveis". A tese de que "tudo é número" não se traduz na crença de que todas as grandezas podem ser comparadas por meio de números, uma vez que o problema geométrico da comparação de grandezas parecia não fazer parte do pensamento pitagórico.

Burkert elenca diversos argumentos em favor da tese de que a descoberta dos incomensuráveis não tenha representado um escândalo no meio pitagórico. Ninguém suficientemente instruído em matemática poderia ficar impressionado com a existência da incomensurabilidade. Além disso, a conexão entre esse problema e a filosofia pitagórica é duvidosa. Não se tem certeza nem mesmo da relação entre a descoberta dos incomensuráveis e a aplicação do teorema "de Pitágoras" (que nos permitiria concluir que há um lado de um triângulo retângulo cuja medida é $\sqrt{2}$), uma vez que os chineses já conheciam o teorema e nem por isso concluíram pela irracionalidade do lado.

A afirmação de que a descoberta da incomensurabilidade produziu uma crise nos fundamentos da matemática grega foi consolidada por trabalhos de historiadores da primeira metade do século XX. P. Tannery já havia afirmado que tal descoberta significou um escândalo lógico na escola pitagórica do século V a.E.C., sendo mantida em segredo inicialmente, até que, ao se tornar conhecida, teve como efeito desacreditar o uso das proporções na geometria. Um dos artigos mais influentes a propalar a ocorrência de uma crise foi "Die Grundlagenkrisis der griechischen Mathematik" (A crise dos fundamentos da matemática grega), de Hasse e Scholz, publicado em 1928, que fazia referência somente à possibilidade de ter havido uma crise dos fundamentos da matemática grega. Esses autores também são responsáveis por associar esse problema aos paradoxos de Zenão, relação desmentida há tempos.

O problema da incomensurabilidade parece ter surgido no seio da própria matemática, mais precisamente da geometria, sem a relevância filosófica que lhe é atribuída. Ao contrário da célebre lenda, os historiadores citados, como Burkert e Knorr, contestam até mesmo que essa descoberta tenha representado uma crise nos fundamentos da matemática grega. Não se encontra alusão a escândalo em nenhuma passagem dos escritos a que temos acesso e que citam o problema dos incomensuráveis, como os de Platão ou Aristóteles. Aristóteles, aliás, não cita o problema dos incomensuráveis nem mesmo em sua crítica aos pitagóricos.

Na verdade, a descoberta da incomensurabilidade representou uma nova situação que motivou novos desenvolvimentos matemáticos – apenas isso. Logo, não seriam exatamente as lacunas nos fundamentos da matemática que teriam sido resolvidas com a definição dos números irracionais, como se diz muitas vezes. Esse modo de ver as coisas é típico do século XIX e bem diferente do que movia o mundo grego.

Em "Impact of modern mathematics on ancient mathematics" (Impacto da matemática moderna sobre a matemática antiga), Knorr interpreta as diferentes versões da crise dos incomensuráveis que dominaram a historiografia em meados do século XX como um sinal da influência de pressupostos filosóficos. Os estudos metamatemáticos do período foram marcados pelo questionamento em relação aos fundamentos da matemática, associado aos trabalhos de Dedekind, Cantor e Hilbert. A tentação de ver nos gregos uma crise análoga era um modo de valorizar os trabalhos do início do século XX, encarados como soluções para dilemas não resolvidos por 2500 anos.

Mas, ainda que não seja confiável a tese de que um pitagórico tenha descoberto os incomensuráveis, e de que isso tenha provocado uma crise, tal problema existiu. Os matemáticos gregos que trabalhavam com aritmética no final do século V a.E.C. conheciam o procedimento da *antifairese*, bem como o modo de empregá-lo no tratamento de alguns segmentos incomensuráveis. No entanto, esses resultados não eram percebidos como uma prova da incomensurabilidade desses segmentos, uma vez que o objetivo da *antifairese* poderia ser somente o de aproximar razões entre segmentos incomensuráveis.

Uma opinião bastante difundida é a de que a incomensurabilidade tenha sido descoberta pela geometria grega antiga na segunda metade dos anos 400 a.E.C, mais precisamente entre 430 e 410, e tenha se difundido com os trabalhos de Teeteto. Um dos primeiros exemplos a apresentar a possibilidade de duas grandezas incomensuráveis teria sido o problema de se usar o lado para medir a diagonal de um quadrado, o que exige conhecimentos simples de geometria. Autores do século IV a.E.C., como Platão e Aristóteles, tratam da incomensurabilidade no contexto da comparação entre o lado e a diagonal de um quadrado, e citam Teodoro e Teeteto. Apesar de terem sido os primeiros matemáticos de que temos conhecimento a realizar um estudo sobre os incomensuráveis, é provável que já se pudesse conceber a possibilidade de duas grandezas serem incomensuráveis anteriormente.

O procedimento descrito a seguir, com algumas adaptações à linguagem atual, emprega a técnica da *antifairese* para mostrar que o lado e a diagonal do quadrado não são comensuráveis.[14]

A antifairese *entre a diagonal e o lado de um quadrado*

Seja o quadrado ABCD de lado AB e diagonal AC. Suponhamos que AB e AC sejam comensuráveis, logo, existe um segmento, AP, a unidade de medida, que mede AB e AC. Em primeiro lugar, queremos construir um quadrado menor que ABCD cujo lado esteja sobre a diagonal AC e cuja diagonal esteja sobre o lado AB.

Seja B_1 um ponto em AC tal que $B_1C = AB$. Marcando um ponto C_1 sobre AB (com B_1C_1 perpendicular a AC), podemos construir um quadrado $AB_1C_1D_1$ de lados $AB_1 = B_1C_1$ e diagonal AC_1 sobre AB. Isso é possível porque $C\hat{A}B = B_1\hat{A}C_1$ é a metade de um ângulo reto; e $A\hat{B}_1C_1$ é um ângulo reto. Logo, $A\hat{C}_1B_1$ é ½ reto; e o triângulo AB_1C_1 é isósceles, com $AB_1 = B_1C_1$.

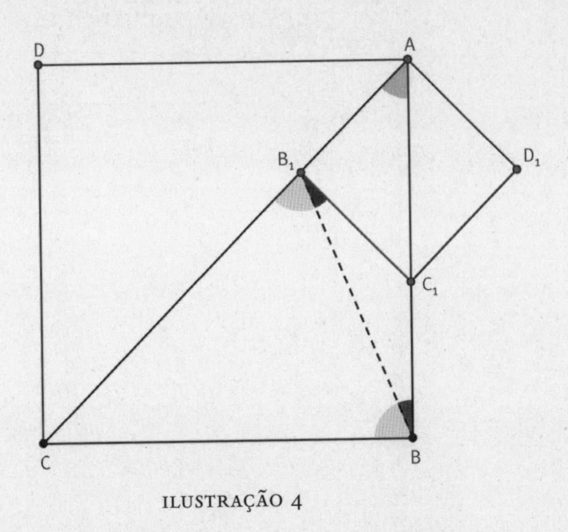

ILUSTRAÇÃO 4

Mas como, por construção, $BC = B_1C$, o triângulo BCB_1 é isósceles e temos que $B_1\hat{B}C = B\hat{B}_1C \Rightarrow B_1\hat{B}C_1 = B\hat{B}_1C_1$ (pois $C\hat{B}C_1$ e $C\hat{B}_1C_1$ são retos). Isso significa que o triângulo B_1C_1B também é isósceles e concluimos que $BC_1 = B_1C_1$. Podemos, assim, exprimir o lado e a diagonal do novo quadrado, AB_1 e AC_1, em função do lado e da diagonal do quadrado inicial, AB e AC:

$$AB_1 = AC - B_1C = AC - AB$$
$$AC_1 = AB - BC_1 = AB - B_1C_1 = AB - AB_1 = AB - AC + AB = 2AB - AC$$

Pela igualdade exposta acima, se AB e AC forem comensuráveis com relação à unidade de medida AP, o lado e a diagonal do quadrado menor, AB_1 e AC_1, também serão. Para concluir a demonstração, precisamos evidenciar que, do mesmo modo que construímos $AB_1C_1D_1$ sobre o lado e a diagonal de $ABCD$, podem-se construir novos quadrados, menores, dessa vez sobre o lado e a diagonal do quadrado pequeno $AB_1C_1D_1$.

Supondo que o lado e a diagonal do novo quadrado são, respectivamente, AB_2 e AC_2, como na Ilustração 5, temos de mostrar que esses segmentos podem ser tornados menores do que qualquer quantidade dada. Isto é, repetimos o procedimento anterior até obter um quadrado de lado AB_n e diagonal AC_n cujos comprimentos são menores do que a unidade AP (a quantidade dada), ainda que esta seja muito pequena.

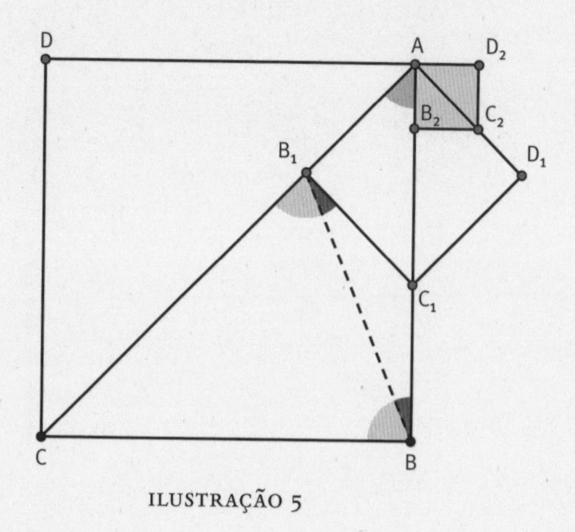

ILUSTRAÇÃO 5

Feito isso, continuando o processo indefinidamente, para qualquer que seja a escolha inicial do segmento AP, poderemos obter um quadrado de lado AB_n e diagonal AC_n, comensuráveis em relação a AP, tal que se chegue a $AB_n < AC_n < AP$, o que será uma contradição, uma vez que AP é unidade de medida. Se escolhermos AP menor do que a escolha inicial, teremos o mesmo resultado, logo, não será possível encontrar uma medida comum entre o lado e a diagonal: eles são incomensuráveis.

A CONTRADIÇÃO OBTIDA NO PROCEDIMENTO DA *ANTIFAIRESE*

A contradição no procedimento da *antifairese* pode ser interpretada em linguagem atual do modo como se segue. Caso escrevêssemos AB = pAP e AC = qAP, poderíamos afirmar que $AB_1 = qAP - pAP = (q - p)AP$ e $AC_1 = pAP - (q - p)AP = (2p - q)\ AP$. A conclusão da demonstração equivaleria a dizer que entre 0 e p (medida de AB), ou entre 0 e q (medida de AC), poderíamos encontrar infinitos inteiros que correspondem às medidas dos segmentos AB_i e AC_i, o que não é possível.

Demonstração de que o lado e a diagonal dos quadrados construídos podem ser tornados menores do que qualquer quantidade dada

Esta conclusão decorre do chamado lema de Euclides, que será descrito no Capítulo 3, mas deve ter sido conhecido antes de Euclides. O lema garante que, se duas quantidades são sempre menores do que a metade da quantidade inicial, elas podem ser tornadas menores do que qualquer quantidade dada. Nesse caso, será possível garantir a conclusão que nos interessa se mostrarmos que AB_1 e AC_1 podem ser tornados menores do que a metade do lado e da diagonal do quadrado original, AB e AC. Logo, resta mostrar que (i) $AB_1 < ½\ AB$ e (ii) $AC_1 < ½\ AC$.

Para obter a desigualdade (i), basta observar que $AC_1 > AB_1$, uma vez que AC_1 é a diagonal do quadrado com lado AB_1. Adicionando o segmento BC_1 a ambos, temos que $AC_1 + BC_1 > AB_1 + BC_1$. Mas $BC_1 = AB_1$ (lados do quadrado) e $AC_1 + BC_1 = AB$, logo, $AB > 2AB_1$.

A desigualdade (ii) pode ser obtida traçando-se uma perpendicular a AB por C_1 e uma circunferência com centro em A, passando por M, ponto médio de AC, como na Ilustração 6. Essa circunferência intercepta a perpendicular em um ponto N e, por construção, AM = AN = ½ AC. Mas AN é a hipotenusa do triângulo retângulo AC_1N, logo, temos $AC_1 < AN = ½AC$.

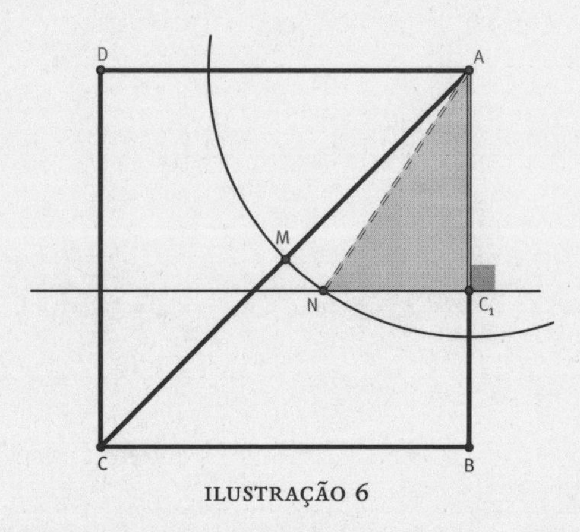

ILUSTRAÇÃO 6

O segmento AB_1 é o resto que permanece quando retiramos AB de AC. Podemos continuar esse procedimento subtraindo sempre o menor do maior o número de vezes que for possível, e repetindo a operação com os restos obtidos. Ou seja, retiramos AB (uma vez) de AC e obtemos o resto AB_1, que pode ser retirado duas vezes de AB, deixando um resto que pode ser retirado duas vezes de AB_1, e assim por diante. Esse procedimento não termina e permite concluir que a *antifairese* entre o lado e a diagonal do quadrado é (1,2,2,2…). Na concepção da época, o inconveniente residia no fato de o procedimento não terminar, o que caracterizaria uma "má *antifairese*".

Em termos modernos, poderíamos perguntar: "Como eles sabem que o procedimento não termina?" Ainda que não saibamos responder com precisão, é importante notar que tal pergunta é característica da matemática atual, na qual os resultados de impossibilidade necessitam ser demonstrados. Faz mais sentido, no contexto da época, observar que o argumento empregado não faz uso de uma demonstração por absurdo, o que indica sua anterioridade em relação a resultados geométricos que empregam essa técnica.

Na reconstrução que apresentamos foram feitas algumas adaptações à linguagem matemática moderna. É provável que a *antifairese* entre o lado e a diagonal do quadrado fosse conhecida de modo geométrico nos séculos V e IV a.E.C. sem que se atribuísse ao procedimento o valor de uma demonstração da incomensurabilidade. Outra hipótese sobre a descoberta da incomensurabilidade, dessa vez no contexto da aritmética, tem sua origem em um resultado atribuído a Euclides. No final do século IV a.E.C., Aristóteles se refere à prova da incomensurabilidade em sua exposição sobre a técnica de raciocínio por absurdo, dizendo que: se o lado e o diâmetro são considerados comensuráveis um em relação ao outro, pode-se deduzir que os números ímpares são iguais aos pares; essa contradição afirma, portanto, a incomensurabilidade das duas grandezas.[15]

Essa afirmação é interpretada, frequentemente, como uma evidência de que os gregos conheciam uma demonstração de que a suposição da comensurabilidade entre o lado e a diagonal do quadrado leva à contradição de que um número deve ser par e ímpar ao mesmo tempo. Mas a demonstração desse fato faz uso de uma linguagem algébrica que não poderia ter sido usada pelos gregos antigos.

Em um apêndice ao livro X dos *Elementos* de Euclides, provavelmente interpolado em uma época posterior, encontramos uma prova geométrica levando à contradição de que um número ímpar seria igual a um par. Mas tal demonstração possui características marcantes do estilo euclidiano, como a distinção entre grandeza e número. Na matemática grega anterior a Euclides, os problemas geométricos eram tratados como se fossem cálculos com números. Foi justamente a descoberta dos incomensuráveis que provocou uma separação entre os universos das grandezas e dos números. A demonstração pré-euclidiana da incomensurabilidade não pode ter se servido, portanto, dessa separação. Logo, a prova encontrada nesse apêndice deve ser tardia e com certeza não foi por meio dela que se descobriu a incomensurabilidade.

Do momento em que os gregos perceberam a possibilidade de duas grandezas serem incomensuráveis até a reestruturação da matemática operada pelos *Elementos* de Euclides muitos anos se passaram. A teoria das proporções de Eudoxo apresentou uma solução para a dificuldade de se definirem razões entre grandezas incomensuráveis. Tal teoria, contudo, se desenvolveu por volta do ano 350 a.E.C., e, antes disso a geometria grega permaneceu em atividade, empregando técnicas então consideradas legítimas.

Não há sinais de que a matemática desenvolvida na Grécia durante os séculos V e IV a.E.C. tivesse qualquer precaução quanto ao uso de procedimentos heurísticos e informais. Há evidências, todavia, de que, no meio dos filósofos, os métodos usados pelos matemáticos eram questionados. Por volta do ano 375 a.E.C., Platão criticou os geômetras por não empregarem critérios de rigor desejáveis para as práticas matemáticas. Não por acaso o trabalho de Eudoxo se desenvolveu no seio da academia platônica. Sendo assim, ainda que não possamos dizer que a transformação dos fundamentos da matemática grega é devida a Platão, este expressa o descontentamento dos filósofos com os métodos adotados pela matemática e articula o trabalho dos pensadores à sua volta para que se dediquem a formalizar as técnicas utilizadas indiscriminadamente.

Os *Elementos* de Euclides representam, nesse contexto, o resultado dos esforços de formalização da matemática para apresentar uma geometria consistente e unificada que se aplique a grandezas quaisquer, comensuráveis ou incomensuráveis. Ainda assim, não podemos afirmar que sua motivação seja platônica, como veremos adiante.

Os eleatas e os paradoxos de Zenão

Temos notícia dos paradoxos de Zenão por fontes indiretas, como a *Física* de Aristóteles, e seus objetivos estão expostos no diálogo *Parmênides*, escrito por Platão. Tais paradoxos são mencionados algumas vezes em conexão com o problema dos incomensuráveis. No entanto, os argumentos de Zenão se voltam contra pressupostos filosóficos. Além disso, a descoberta da incomensurabilidade deve ter se dado depois da época de Zenão, o que nos leva a concluir que seus paradoxos nada têm a ver com a questão. Em livros de história da matemática, é comum também relacionar esses paradoxos ao desenvolvimento do cálculo infinitesimal e do conceito de limite. Trata-se, no entanto, de uma interpretação *a posteriori*. É incerto afirmar que houvesse qualquer procedimento infinitesimal na época de Zenão e podemos questionar até mesmo se seus paradoxos, para além de seu papel filosófico, tiveram alguma relevância para o desenvolvimento da matemática propriamente dita.

Zenão de Eleia integrava a escola dos eleatas, que tinha em Parmênides um de seus expoentes. A filosofia de Parmênides é conhecida por ter inspirado Platão e, sobretudo, por conceber o mundo como imutável: não há movimento, não há mudança, não há nascimento nem morte, não há espaço nem tempo. Os eleatas defendiam, portanto, a unidade do espaço, que deveria ser indivisível, e a permanência do ser no tempo, que corresponde à ausência de mudança. Um dos procedimentos mais importantes que a matemática atual pode ter herdado dos eleatas é a demonstração indireta, ou raciocínio por absurdo. Platão foi bastante influenciado por esses pensadores e teria disseminado esse tipo de procedimento em seus esforços para fundar a matemática sobre as bases sólidas da demonstração.

Encontramos em alguns escritos a tese de que os pitagóricos foram ferrenhos opositores de Parmênides, e por isso Zenão teria enunciado seus paradoxos, para expor ao ridículo a doutrina pitagórica. Ainda que tal tese seja contestada por alguns historiadores, como A. Szabó, a noção pitagórica de número admitia, como vimos, uma unidade indivisível, concebida como um ponto, mas com espessura. As coisas do mundo seriam constituídas, portanto, como pluralidades. Além disso, para Pitágoras, as séries numéricas testemunham justamente a alteração, ou seja, a mudança, o que fornece um caráter "generativo" à matemática pitagórica: de um número obtemos outro e outro...

O pensamento dos eleatas busca ultrapassar a percepção e fundamentar a filosofia em bases não empíricas. A filosofia do Uno nega veementemente a possibilidade de que as coisas possam ser subdivididas, já que essa divisão implica a constituição de uma pluralidade. Zenão queria mostrar, com seus paradoxos, que é absurdo considerar não apenas que as coisas são infinitamente divisíveis, mas também que são compostas de infinitos indivisíveis. Os paradoxos dizem respeito à impossibilidade do movimento, no caso de admitirmos quaisquer dessas hipóteses.

Esses paradoxos contra o movimento só são conhecidos na forma exposta por Aristóteles, com o objetivo de refutá-los. Nenhum argumento matemático é usado em sua contestação. O que impressionava os antigos nesses paradoxos é que um movimento não possa passar por uma infinidade de etapas em um tempo finito.

Os dois primeiros paradoxos de Zenão mostram os impasses a que chegamos se consideramos que o espaço pode ser subdividido infinitamente. Os dois seguintes levam também a impasses, no caso de admitirmos a hipótese contrária, ou seja, a de que a subdivisão do espaço termina em elementos indivisíveis. Mesmo que não seja verdadeira a hipótese de que Zenão seria um opositor dos pitagóricos, podemos observar que, ao menos nesses últimos casos, seus paradoxos contestam a teoria pitagórica segundo a qual as coisas são números, pluralidades de pontos com espessura.

Aquiles e a tartaruga

Suponhamos que Aquiles e uma tartaruga precisem realizar o percurso que vai de um ponto A até um ponto B. A tartaruga parte do ponto A em direção ao ponto B e, quando ela passa pelo ponto P_1, ponto médio entre A e B, Aquiles parte em direção a esse ponto.

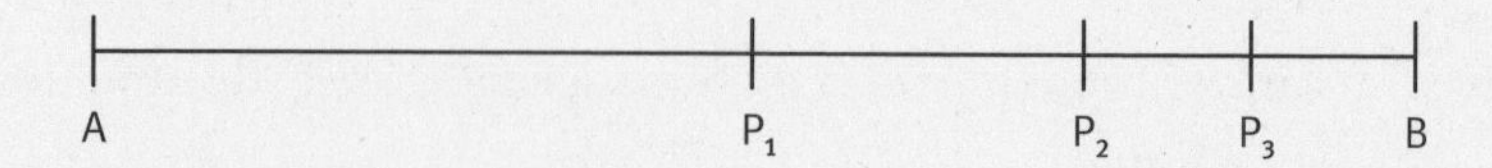

Mas quando Aquiles chega em P_1, a tartaruga já está passando por um ponto P_2, entre P_1 e B. Aquiles caminhará, em seguida, em direção a P_2. Entretanto, quando passar por P_2, a tartaruga já estará passando por um ponto P_3 entre P_2 e B. E assim por diante... Ou seja, se o espaço é infinitamente divisível, o percurso realizado pela tartaruga pode ser infinitamente dividido. Sendo assim, se Aquiles realizar o mesmo percurso da tartaruga subdividindo o percurso realizado por ela, ele jamais conseguirá alcançá-la.

Esse paradoxo de Zenão indica a dificuldade de se somar uma infinidade de quantidades cada vez menores e de se conceber que essa soma possa ser uma grandeza finita. Na matemática atual, temos um problema análogo ao somar séries. Um exemplo simples para indicar a dificuldade de conceber que a soma de infinitas parcelas pode ser uma grandeza finita é mostrar que 0,999999... é igual a 1. A série que pode ser usada para traduzir o problema de Zenão é $\frac{1}{2} + (\frac{1}{2})^2 + (\frac{1}{2})^3 + \ldots$, cuja soma deve ser igual a 1.

SOMA DE SÉRIES GEOMÉTRICAS

Uma série geométrica $a + ar + ar^2 + ar^3 + \ldots$ cuja razão satisfaz $|r| < 1$ é convergente e

$$a + ar + ar^2 + ar^3 + \ldots = \frac{a}{1-r}$$

Assim,

$$0{,}999999\ldots = 0{,}9 + 0{,}09 + 0{,}009 + \ldots = \frac{9}{10} + \frac{9}{100} + \frac{9}{1000} + \ldots = \frac{\frac{9}{10}}{1 - \frac{1}{10}} = 1$$

e também

$$\frac{1}{2} + \left(\frac{1}{2}\right)^2 + \left(\frac{1}{2}\right)^3 + \ldots = \frac{\frac{1}{2}}{1 - \frac{1}{2}} = 1.$$

Dicotomia

Para que possamos percorrer uma dada distância AB entre os pontos A e B, é preciso percorrer primeiro a metade de AB, ou seja, AP_1. Mas para percorrer AP_1 é necessário percorrer primeiro a metade desse segmento, ou seja, AP_2. Sendo assim, o paradoxo consiste em concluir que, se a distância AB pode ser infinitamente subdividida, para iniciar um movimento é preciso, em tempo finito, começar por percorrer infinitas subdivisões menores do espaço, o que é impossível. Esse exemplo é o contrário do anterior, pois teríamos de mostrar que o espaço que sobra, após essas subdivisões infinitas, é zero.

Flecha

Supõe-se que o espaço e o tempo são compostos de partes indivisíveis que podemos chamar, respectivamente, de "pontos" e "instantes". Uma flecha voando ocupa, em um dado instante do voo, um ponto no espaço. O ponto é, nesse caso, o espaço ocupado pela própria flecha. No instante em questão, a flecha ocupa, portanto, um espaço que é igual a ela mesma. Mas tudo aquilo que ocupa um lugar no espaço que é igual a si mesmo na verdade não se move, pois a velocidade é a variação do espaço com o tempo. Logo, temos um paradoxo, pois a flecha está em repouso a cada instante de seu voo, não podendo, assim, estar em movimento.

Em termos atuais, podemos dizer que aqui está em questão a noção de velocidade instantânea. Qual o valor da relação entre o espaço percorrido e o intervalo de tempo gasto para percorrê-lo quando esse intervalo de tempo torna-se próximo de zero? Como é impossível imaginar um mínimo não nulo, a velocidade deve ser zero, e o movimento, impossível.

Estádio

Obtemos aqui mais um paradoxo supondo que o tempo pode ser subdividido até um elemento indivisível chamado "instante". Dados A_i, B_i e C_i, com i podendo ser igual a 1, 2 ou 3, como na configuração a seguir, supomos que cada B chegue ao A (mais próximo) em um instante que é o menor intervalo de tempo possível; e que cada C chegue ao A (mais próximo) em um instante que é o menor intervalo de tempo possível. Sejam A_i, B_i e C_i corpos de mesmo tamanho, dispostos como se segue:

$$\begin{array}{ccccc} & C_1 & C_2 & C_3 & C_4 \\ A_1 & A_2 & A_3 & A_4 & \\ B_1 \quad B_2 & B_3 & B_4 & & \end{array}$$

Os B_i e os C_i movem-se de modo que, após um instante, ocupam as posições abaixo:

$$\begin{array}{cccc} C_1 & C_2 & C_3 & C_4 \\ A_1 & A_2 & A_3 & A_4 \\ B_1 & B_2 & B_3 & B_4 \end{array}$$

Mas, para chegar a essas posições, cada C_i passou por dois B_i e, portanto, o instante, considerado como o intervalo de tempo que cada B levou para chegar a um A, não era o menor possível nem era indivisível. Isso porque, a partir da posição que era ocupada por B_3, C_1 passou por B_2 e chegou a B_1 nesse mesmo intervalo de tempo, logo, poderíamos considerar o instante como sendo o tempo que C_1 leva para chegar a B_2, que é menor do que o intervalo considerado inicialmente, suposto o menor.

Cálculos e demonstrações, números e grandezas

Pitágoras é lembrado, usualmente, como o pai da matemática grega. Vimos, contudo, que sua teoria dos números era concreta, baseada em manipulações de números figurados; sua aritmética era indutiva e não continha provas. Por meio de sua teoria era possível obter, graficamente, generalizações sobre séries de números, mas as regras para a obtenção dessas séries, como as séries de quadrados, eram desenvolvidas de modo concreto. A abstração ficava por conta da reverência que os pitagóricos cultivavam pelos números, empregados não apenas para fins práticos. Associadas a forças cósmicas, as propriedades dos números não podiam ser consequências lógicas de sua estrutura, o que banalizaria suas propriedades.

Os pitagóricos sabiam que ímpar com ímpar dá par, e que ímpar com par dá ímpar, mas cada uma dessas propriedades era obtida a partir dos diagramas figurados e não deduzidas umas das outras, como nos livros aritméticos dos *Elementos* de Euclides. No meio pré-euclidiano o pensamento geométrico era sofisticado, mas ainda não contava com o caráter dedutivo expresso nos *Elementos*. Com Euclides, a matemática grega passou a se distinguir por sua estrutura teórica. Lembremos que os mesopotâmicos e egípcios também possuíam técnicas de cálculo elaboradas, entretanto seus métodos eram apresentados na forma de soluções para problemas específicos, ainda que válidas para casos mais gerais.

Há diversas teses sobre o desenvolvimento, no meio grego, da matemática formal, axiomática, característica dos *Elementos* de Euclides. A mais difundida é a de que a geometria grega adquiriu esse estilo no contexto da Academia, quando Platão passou a atribuir um valor elevado à matemática como uma disciplina de pensamento puro, para além da experiência sensível. Os eleatas, como Parmênides, já faziam uso do método de demonstração por absurdo e aplicavam formas lógicas na organização de suas críticas a outros filósofos. Encontramos em Parmênides as primeiras tentativas de introduzir uma argumentação lógica, na qual os pensamentos progridem sistematicamente de um a outro. Os eleatas, contudo, estavam preocupados com questões filosóficas, e não há motivos suficientes para acreditar que essa lógica da argumentação, também presente em Platão, tenha influenciado os matemáticos a ponto de provocar uma reformulação no modo de expor seu conhecimento. Por que então o método dedutivo teria sido empregado na matemática grega e quais as causas da adoção da noção de prova?

Problemas matemáticos complexos começaram a surgir por volta do quinto e quarto séculos a.E.C., como o de expressar o comprimento da diagonal em termos do lado de um quadrado. Esse não era somente um problema ainda não resolvido, era um problema que desafiava a percepção, além de não poder ser abordado somente por meio de cálculos. A lógica matemática e a prova dedutiva podem ir além do que é perceptível.

É verdade que os eleatas já propunham afirmações em franca contradição com as evidências apresentadas pelos sentidos, mas a tarefa de mostrar que o pensamento deve transcender a percepção sensível foi concluída por Platão.

No entanto, pode haver razões menos filosóficas para entendermos por que a matemática no período passou a ser organizada e sistematizada de modo formal. Por um lado, os matemáticos tinham de lidar com a complexidade e o caráter abstrato de alguns problemas que contradiziam a intuição e não eram acessíveis por meio de cálculos. Por outro, a organização em escolas, cujo objetivo era transmitir o conhecimento matemático da época, pode ter gerado uma demanda pela compilação e sistematização desse conhecimento. A necessidade de colocar em ordem a aritmética e a geometria herdadas das tradições mais antigas, bem como as descobertas recentes, deve ter levado, naturalmente, a um questionamento sobre a forma de expor o conteúdo matemático. Tudo isso, somado a um ambiente cultural marcado pelo espírito crítico, como o do século V a.E.C., incentivava a expressão e a busca de critérios claros para arbitrar e escolher em meio a opiniões conflitantes. Essa necessidade encorajava os pensadores a refletir sobre a coerência de seus pressupostos básicos com base em perguntas como: O que é a verdade? Como distinguir o verdadeiro do falso? Como comunicar o pensamento?

Há registros de que, muito antes de Euclides, existiram diversas outras obras organizadas como "elementos" de algum tipo de matemática, que procuravam apresentar um extenso conhecimento de modo coerente. O próprio Hipócrates escreveu "elementos" de matemática. Durante o século IV a.E.C., no contexto da Academia, os avanços da pesquisa matemática motivaram Platão e seus discípulos a propor que o pensamento é fundado em entidades abstratas, independentes da percepção sensível. Os esforços formalistas desse período podem ser produto de uma conjunção entre, por um lado, a sistematização já praticada pelos matemáticos, e, por outro, uma legitimação filosófica que pode ter influenciado o modo de *expor*, apesar de não alterar, necessariamente, o modo de fazer matemática. Dessa convergência de interesses surgiram, por volta do século III a.E.C., sistemas axiomatizados de filosofia e geometria, como as obras de Aristóteles e Euclides, que procuravam estabelecer critérios rígidos para a expressão do conhecimento. É provável que essa rigidez tenha sido até mesmo prejudicial para o desenvolvimento matemático subsequente, conforme será abordado no Capítulo 3.

Presume-se que a possibilidade de dois segmentos serem incomensuráveis esteja relacionada ao fato de a geometria passar a tratar de formas abstratas, o que remete à necessidade de demonstração. A descoberta dos incomensuráveis levou a que se desconfiasse dos sentidos, uma vez que estes não permitem "enxergar" que dois segmentos podem não ser comensuráveis. É necessário, portanto, mostrar que isso pode ocorrer, ou seja, praticar geometria sobre bases mais sólidas do que as fornecidas somente pela intuição. Não é possível precisar, no entanto, como e quando se deu tal associação entre a incomensurabilidade e a necessidade de demonstração.

Uma das primeiras evidências diretas e extensas sobre a geometria grega no período aqui considerado, para além de fragmentos ou reconstruções tardias, é o diálogo platônico intitulado *Mênon*, que se supõe tenha sido escrito por volta do ano 385 a.E.C. Após investigar com o escravo de Mênon o que é um quadrado e quais suas principais características, Sócrates propôs o problema de encontrar o lado de um quadrado cuja área fosse o dobro da área de um quadrado de lado 2, como o da imagem a seguir.

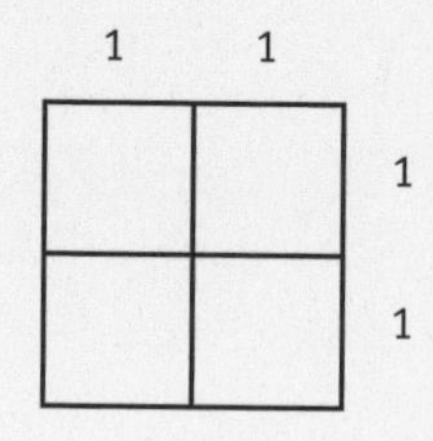

Sabemos que esse quadrado tem área quatro. Sócrates começa por perguntar ao escravo qual é a área da figura de área dupla; e ele responde: oito.[16]

SÓCRATES – Bem, experimenta agora responder ao seguinte: que comprimento terá cada lado da nova figura? Repara: o lado deste mede dois pés, quanto medirá, então, cada lado do quadrado de área dupla?

O escravo pensa que conhece a resposta e afirma que, para que a área seja duplicada, o lado do quadrado também deve ser duplicado.

SÓCRATES – Tu dizes que uma linha dupla dá origem a uma superfície duas vezes maior? Compreende-me bem: não falo de uma superfície longa de um lado e curta do outro. O que procuro é uma superfície como esta [um quadrado], igual em todos os sentidos, mas que possua uma extensão dupla ou, mais exatamente, uma área de oito pés. Repara agora se ela resultará da duplicação de uma linha.

ESCRAVO – Creio que sim.

SÓCRATES – Será, pois, sobre esta linha que se construirá a superfície de oito pés, se traçarmos quatro linhas semelhantes?

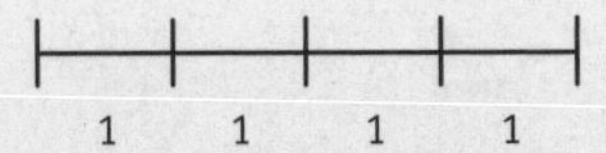

ESCRAVO – Sim.

SÓCRATES – Desenhemos, então, os quatro lados. Essa é a superfície de oito pés?

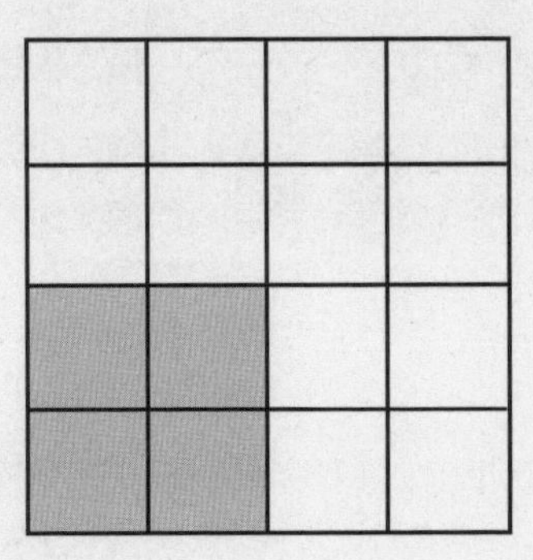

ESCRAVO – É.

SÓCRATES – E agora? Não se encontram, porventura, dentro dela essas quatro superfícies, das quais cada uma mede quatro pés [o quadrado escuro]?

ESCRAVO – É verdade!

SÓCRATES – Mas então? Qual é essa área? Não é o quádruplo?

Sócrates mostra ao escravo que a área do quadrado cujo lado mede quatro pés tem, na verdade, dezesseis pés e não oito (como pedido inicialmente). O escravo percebe que o lado deve ter uma medida entre dois e quatro, e dá o palpite de que o lado do quadrado de área dupla deve medir três pés.

SÓCRATES – Pois bem: se deve medir três pés devemos acrescentar a essa linha a metade. Não temos três agora? Dois pés aqui, e mais um aqui. E o mesmo faremos nesse lado. Vê! Agora temos o quadrado de que falaste.

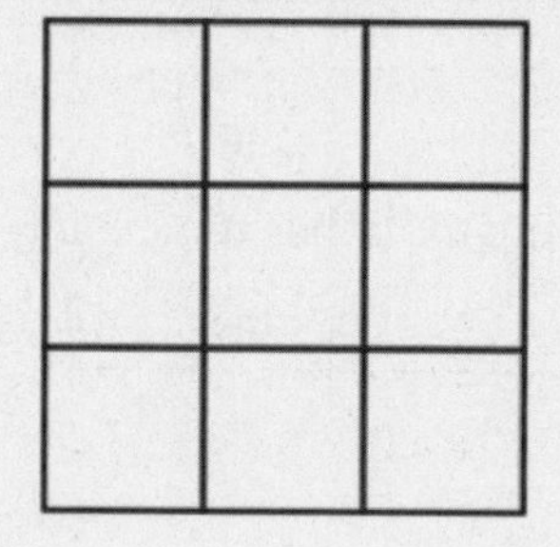

ESCRAVO – Ele mesmo.

SÓCRATES – Repara, entretanto: medindo este lado três pés e o outro também três pés, não se segue que a área deve ser três pés vezes três pés?

ESCRAVO – Assim penso.

SÓCRATES – E quanto é três vezes três?

ESCRAVO – Nove.

SÓCRATES – E quantos pés deveria medir a área dupla?

ESCRAVO – Oito.

SÓCRATES – Logo, a linha de três pés não é o lado do quadrado de oito pés, não é?

ESCRAVO – Não, não pode ser.

SÓCRATES – E então? Afinal, qual é o lado do quadrado sobre o qual estamos discutindo? Vê se podes responder a isso de modo correto! Se não queres fazê-lo por meio de contas, traça pelo menos na areia a sua linha.

ESCRAVO – Mas, por Zeus, Sócrates, não sei!

SÓCRATES – (*Voltando-se para Mênon*) – Reparaste, caro Mênon, os progressos que a tua recordação fez? Ele, de fato, nem sabia e nem sabe qual é o comprimento do lado de um quadrado de oito pés quadrados. Entretanto, no início da palestra, acreditava saber, e tratou de responder categoricamente, como se o soubesse; mas agora está em dúvida, e tem apenas a convicção de que não sabe!

MÊNON – Tens razão.

SÓCRATES – E agora não se encontra ele, não obstante, em melhores condições relativamente ao assunto?

MÊNON – Sem dúvida!

SÓCRATES – Despertando-lhe dúvidas e paralisando-o como a tremelga,* acaso lhe causamos algum prejuízo?

MÊNON – De nenhum modo!

SÓCRATES – Sim, parece-me que fizemos uma coisa que o ajudará a descobrir a verdade! Agora ele sentirá prazer em estudar esse assunto que não conhece, ao passo que há pouco tal não faria, pois estava firmemente convencido de que tinha toda a razão de dizer e repetir diante de todos que a área dupla deve ter o lado duplo!

MÊNON – É isso mesmo.

SÓCRATES – Crês que anteriormente a isso ele procurou estudar e descobrir o que não sabia, embora pensasse que o sabia? Agora, porém, está em dúvida, sabe que não sabe e deseja muito saber! [Fica claro aqui que, para Sócrates, o aprendizado pressupõe que o aprendiz "saiba que não sabe". Aquele que pensa que sabe, nada aprende.]

MÊNON – Com efeito.

SÓCRATES – Diremos, então, que lhe foi vantajosa a paralisação?

MÊNON – Como não!

SÓCRATES – Examina, agora, o que em seguida a estas dúvidas ele irá descobrir, procurando comigo. Só lhe farei perguntas; não lhe ensinarei

---

* Tipo de peixe que emana descargas elétricas capazes de paralisar a presa. Em grego, *narkê*, raiz da palavra "narcótico".

nada! Observa bem se o que faço é ensinar e transmitir conhecimentos, ou apenas perguntar-lhe o que sabe. (*E, ao escravo:*) Responda-me: não é esta a figura de nosso quadrado cuja área mede quatro pés quadrados? Vês?

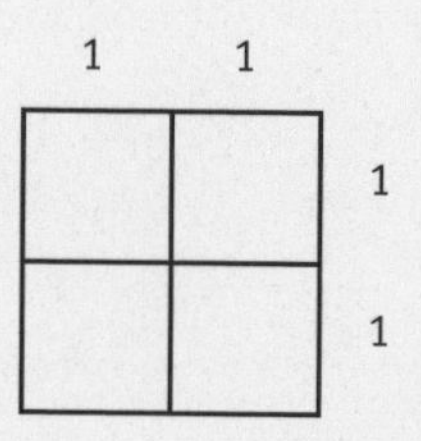

ESCRAVO – É.

SÓCRATES – A este quadrado não poderemos acrescentar este outro, igual?

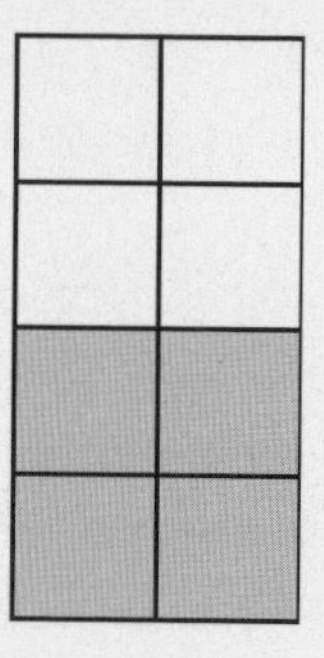

ESCRAVO – Podemos.

SÓCRATES – E este terceiro, igual aos dois?

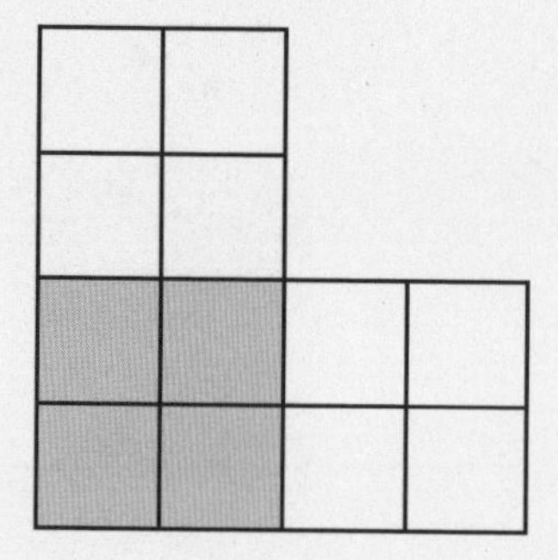

ESCRAVO – Podemos.

SÓCRATES – E não poderemos preencher o ângulo com outro quadrado, igual a esses três primeiros?

ESCRAVO – Podemos.

SÓCRATES – E não temos agora quatro áreas iguais?

ESCRAVO – Temos.

SÓCRATES – Que múltiplo do primeiro quadrado é a grande figura inteira?

ESCRAVO – O quádruplo.

SÓCRATES – E devíamos obter o dobro, recordaste?

ESCRAVO – Sim.

SÓCRATES – E essa linha traçada de um vértice a outro de cada um dos quadrados interiores não divide ao meio a área de cada um deles?

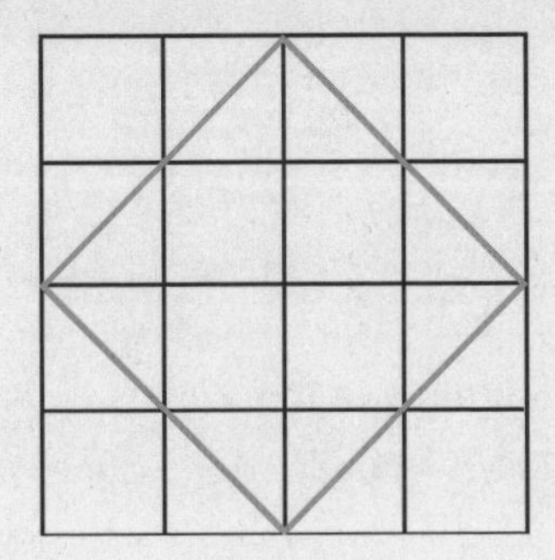

ESCRAVO – Divide.

SÓCRATES – E não temos, assim, quatro linhas que constituem uma figura interior?

ESCRAVO – Exatamente.

SÓCRATES – Repara, agora: qual é a área desta figura?

ESCRAVO – Não sei.

SÓCRATES – Vê: dissemos que cada linha nesses quatro quadrados dividia cada um pela metade, não dissemos?

ESCRAVO – Sim, dissemos.

SÓCRATES – Bem; então, quantas metades temos aqui [na figura anterior]?

ESCRAVO – Quatro.

SÓCRATES – E aqui?

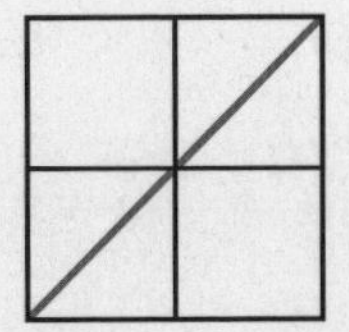

ESCRAVO – Duas.

SÓCRATES – E em que relação aquelas quatro estão para estas duas?

ESCRAVO – O dobro.

SÓCRATES – Logo, quantos pés quadrados mede essa superfície?

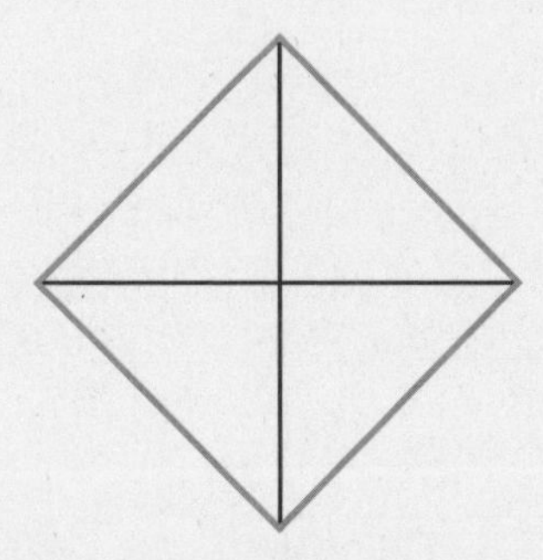

ESCRAVO – Oito.

SÓCRATES – E qual é o seu lado?

ESCRAVO – Esta linha [apontando a linha cinza da figura acima].

SÓCRATES – A linha traçada no quadrado de quatro pés quadrados, de um vértice a outro?

ESCRAVO – Sim.

SÓCRATES – Os sofistas dão a essa linha o nome de diagonal, e, por isso, usando esse nome podemos dizer que a diagonal é o lado de um quadrado de área dupla, exatamente como tu, ó escravo de Mênon, o afirmaste.

ESCRAVO – Exatamente, Sócrates!

Observamos, em primeiro lugar, que o escravo sabe realizar cálculos, uma vez que responde, prontamente, a todas as perguntas sobre o resultado de multiplicações, além de conhecer os quadrados de 3 e 4. Mas, para Sócrates, conhecer a resposta de modo satisfatório não é saber fazer os cálculos, e sim saber *mostrar* sobre que linha deve ser construído o lado do quadrado que duplica a área do primeiro. Passo a passo, é preciso ascender a um novo tipo de saber que não é calculatório nem algorítmico. É preciso mostrar a diagonal, e não importa nem mesmo que não seja possível calcular quanto ela mede.

Inicialmente, Sócrates havia perguntado *quanto* mede o lado do novo quadrado; o que importava era, ainda, uma quantidade. De repente, essa questão desaparece. A pergunta sobre quanto mede a diagonal não chega nem mesmo a ser evocada, talvez porque Sócrates saiba que essa medida não pode ser encontrada no universo dos números admitidos até então. Mas, além disso, talvez ele quisesse apresentar ao escravo um novo tipo de conhecimento, no qual basta exibir a linha sobre a qual o quadrado deve ser construído.

A geometria grega da época não era aritmetizada, e essa proposta pode ser um reflexo do pensamento corrente, que Platão pretende expor e sistematizar, expandindo o universo da matemática para incluir nele o espaço abstrato. O que os números não permitem conhecer – o tamanho da linha sobre a qual construir um quadrado de área dupla – pode ser explicado por figuras: mostrar a linha. Por meio da medida, as grandezas eram associadas a números, logo, entendidas por cálculos. Mas o universo dos números e dos cálculos já não dará conta das grandezas e o ser geométrico será considerado, daí em diante, parte de um espaço abstrato.

Servimo-nos desse exemplo para enfatizar que uma das consequências mais importantes da descoberta dos incomensuráveis é a separação do universo das grandezas do universo dos números. Se não sabemos calcular, resta-nos mostrar.

Formas geométricas e espaço abstrato

A geometria, tal como a conhecemos atualmente, lida com formas abstratas. Um quadrado não é o quadrado que desenhamos no papel; é uma forma abstrata, a forma "quadrado". Os objetos geométricos de base – como o ponto, a reta e o plano – também não são concretos. O ponto é algo sem dimensão, que não existe na realidade. Logo, esses objetos só podem ser concebidos por meio de uma abstração.

Descreveremos brevemente, para encerrar este capítulo, o destaque da noção de espaço abstrato no pensamento de Platão. Na visão platônica, os seres estão divididos entre o mundo inteligível, habitado pelas Ideias, transcendentes, e o mundo sensível, onde estão os seres que podem ser apreendidos pelos sentidos, cópias das Ideias. Para que possamos ver os objetos do mundo sensível precisamos da luz do Sol. O Sol reina sobre o mundo sensível, assim como o Bem reina sobre o mundo inteligível. Os mundos inteligível, e sensível variam no grau de iluminação: seja pelo Sol, seja pelo Bem. No livro VI da *República*, Platão os organiza em uma linha: o sensível, contendo as cópias e os simulacros; e o inteligível, o modelo.

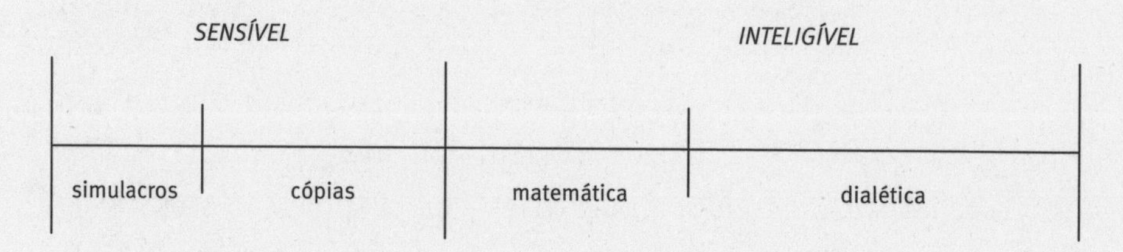

O inteligível é dividido entre as ciências matemáticas (juntamente com as ciências hipotéticas) e a dialética. A matemática parte sempre de primeiros princípios: um conjunto de hipóteses a partir das quais se poderá descer até as conclusões, que constituirão o conhecimento científico. Nesse processo, objetos sensíveis se fazem necessários, o que é muito claro na matemática: raciocinar sobre um quadrado hipotético exige o emprego do desenho de um quadrado no quadro-negro, ainda que saibamos que esse quadrado desenhado não é o verdadeiro quadrado. A dialética é um conhecimento de tipo distinto, que usa as hipóteses como ponto de partida para um mundo acima delas, no qual não há hipóteses.

No mundo sensível, os seres são divididos segundo a luminosidade do Sol, que pode aproximá-los dos objetos ideais que residem no inteligível. Mais próximas das Ideias estarão as cópias fiéis, aquelas que podem ser distinguidas perfeitamente sob a luz do Sol, ou seja, os corpos cujos limites e definição se percebem com clareza. Mal-iluminados e mais distantes das Ideias estão os simulacros, seres ilimitados como as imagens e sombras que se formam na água e nos corpos brilhantes. Podem ser imagens, objetos da imaginação. Estes últimos serão apenas cópias dos corpos, que já são cópias de Ideias.

Entre as ciências hipotéticas, a geometria é o principal exemplo usado por Platão. Essa ciência utiliza hipóteses e dados sensíveis para chegar a conclusões de modo consistente. Um de seus traços distintivos é o fato de utilizar formas visíveis com o fim, somente, de investigar o absoluto que encerram. Quando um geômetra pesquisa as propriedades de um quadrado desenhado no quadro-negro – cópia do quadrado ideal –, é o verdadeiro quadrado que ele pretende simular e não meramente a sua cópia. As verdades da Ideia só podem ser vistas com os olhos do pensamento, e em sua busca a alma é obrigada a usar os primeiros princípios, descendendo destes suas consequências.

Hoje, quando dizemos que um desenho não pode fornecer uma demonstração matemática, estamos empregando exatamente o mesmo princípio. A prova de uma verdade geométrica pode fazer uso de formas sensíveis, como desenhos, mas somente como auxiliares. O objetivo da geometria é enunciar verdades sobre seres abstratos. No capítulo a seguir será visto até que ponto os *Elementos* de Euclides podem ser compreendidos como a encarnação desse ideal.

RELATO TRADICIONAL

A OBRA *Elementos*, de Euclides, é vista como o ápice do esforço de organização da geometria grega desenvolvida até o século III a.E.C. Por um lado, afirma-se que seria somente uma compilação de resultados já existentes produzidos por outros, o que torna o seu autor um mero editor. Por outro, celebra-se que esses trabalhos tenham sido expostos de um modo novo, o que revelaria a predominância na Grécia, nessa época, de um pensamento lógico e dedutivo. A transição para o pensamento dedutivo, que teria sua expressão na sistematização operada por essa obra, é frequentemente associada à necessidade de fundar a geometria prática em bases mais sólidas. Tal transformação seria motivada, entre outras coisas, pela percepção de algumas inconsistências no modo precedente de se fazer geometria, como o problema dos incomensuráveis indica.

Também é comum nos livros de história da matemática ver o empreendimento de Euclides como uma resposta às exigências do platonismo. Uma vez que a matemática abstrata e universal era valorizada pelos filósofos ligados a Platão, era preciso estruturar a geometria segundo tais padrões, o que teria motivado a construção do método axiomático-dedutivo dos *Elementos*. Desse ponto de vista, a reestruturação da geometria grega decorreria de motivos de cunho filosófico, externos à matemática. Na mesma linha de pensamento, considera-se que as figuras geométricas aceitáveis, a partir de Euclides, deviam ser construídas com régua e compasso.

As narrativas sobre os *Elementos* reproduzem, assim, dois mitos, ambos de inspiração platônica: a necessidade de expor a matemática com base no método axiomático-dedutivo e a restrição das construções geométricas às que podem ser realizadas com régua e compasso. O primeiro teve origem, principalmente, com Proclus; e o segundo, com Pappus. Proclus era um filósofo neoplatônico do século V E.C.; Pappus, que viveu no século III E.C., foi um importante comentador dos trabalhos gregos. Ambos estão separados de Euclides por pelo menos quinhentos anos.

3. Problemas, teoremas e demonstrações na geometria grega

Sabe-se muito pouco sobre a vida de Euclides; nem mesmo é comprovado que tenha nascido em Alexandria, como se afirma com frequência. Há evidências, contudo, de que seja autor, além dos *Elementos*, de outras obras de matemática, sobre lugares geométricos, cônicas etc. Os *Elementos* de Euclides são um conjunto de treze livros publicados por volta do ano 300 a.E.C., mas não temos registros da obra original, somente versões e traduções tardias. Um dos fragmentos mais antigos de uma dessas versões, encontrado entre diversos papiros gregos em Oxyrhynque, cidade às margens do Nilo, data, provavelmente, dos anos 100 da Era Comum.

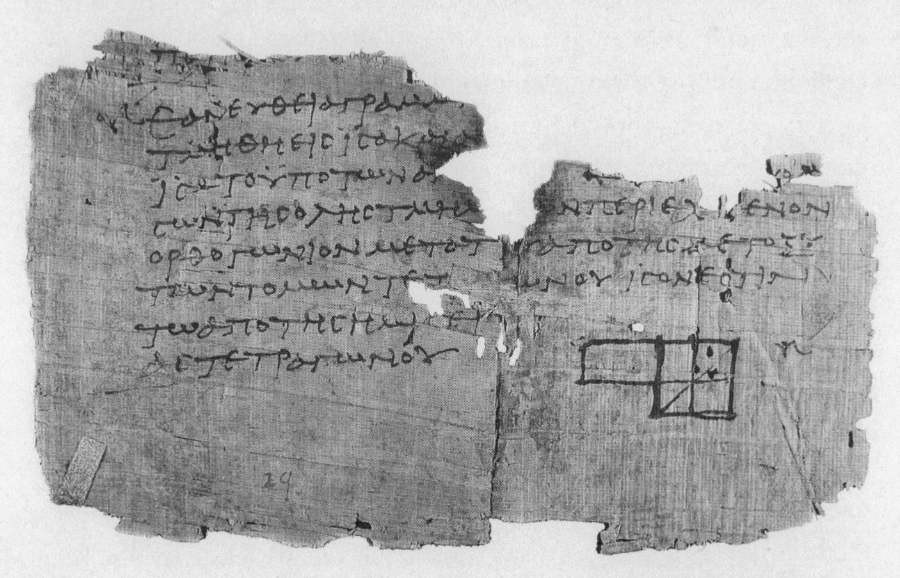

FIGURA 1 Fragmento dos *Elementos* de Euclides encontrado em Oxyrhynque, no Egito.

Nos *Elementos* são expostos resultados de tipos diversos, organizados de modo particular. Do ponto de vista histórico, cabe perguntar até que ponto o padrão que esse livro exprime era realmente preponderante na matemática que se desenvolveu antes e depois de Euclides. Além disso, é fato, as construções propostas nessa obra são efetuadas por meio da régua e do compasso. Mas seria essa restrição decorrente de uma proibição de outros métodos de construção? Teria essa determinação afetado toda a geometria depois de Euclides? Dizer que a restrição à régua e ao compasso vale para toda a geometria grega significa afirmar que o conjunto das práticas gregas segue um padrão de rigor e que tal padrão foi estabelecido por Euclides. Mas, nesse caso, por que um matemático do porte de Arquimedes, que viveu logo depois de Euclides, não seguiu a regra e empregou métodos de construção não euclidianos?

Um dos objetivos deste capítulo é relativizar a tese da influência platônica na reorganização da geometria, bem como o papel das técnicas de construção propostas nos *Elementos* no contexto das práticas gregas de resolução de problemas. Nas últimas décadas, diversos historiadores têm analisado as origens das crenças sobre as motivações de Euclides, e nos serviremos de alguns desses estudos. Na verdade, os relatos diretos sobre a matemática grega no período euclidiano são bastante escassos. Das fontes utilizadas, as mais antigas datam de uma época bem distante de Euclides, caso das obras de Proclus e Pappus. Além disso, os comentários do primeiro sobre os *Elementos* de Euclides tinham a clara motivação de defender alguns princípios do pensamento de Platão.

Proclus afirma, por exemplo, a superioridade dos teoremas em relação aos problemas. Estes diferem daqueles porque lidam com construções, ao passo que os teoremas procuram demonstrar propriedades inerentes aos seres geométricos. Segundo Proclus, os teoremas enunciam a parte ideal desses seres que pertence ao mundo das Ideias, e os problemas constituem apenas um modo pedagógico de se chegar aos teoremas. Se dissermos que os ângulos internos de um triângulo são iguais a dois ângulos retos, teremos um teorema, pois essa propriedade vale para *todo* triângulo (no universo da geometria euclidiana).

Todo enunciado universal sobre um objeto geométrico é um teorema geométrico. Os problemas são um primeiro passo para passarmos do mundo prático à geometria. Para Proclus, seguidor de Platão, quando a geometria toca o mundo prático opera por problemas e só ascende ao saber superior por meio dos teoremas. Grande parte da crença que temos na motivação platônica de Euclides decorre da utilização dos *Comentários* de Proclus. A *Coleção matemática* de Pappus é outra das principais fontes de conhecimento dos trabalhos matemáticos gregos, cujos registros originais se perderam. Pappus classificava os problemas geométricos do seguinte modo:

> Os antigos consideravam três classes de problemas geométricos, chamados "planos", "sólidos" e "lineares". Aqueles que podem ser resolvidos por meio de retas e circunferências de círculos são chamados "problemas planos", uma vez que as retas e curvas que os resolvem têm origem no plano. Mas problemas cujas soluções são obtidas por meio de uma ou mais seções cônicas são denominados "problemas sólidos", já que superfícies de figuras sólidas (superfícies cônicas) precisam ser utilizadas. Resta uma terceira classe, que é chamada "linear" porque outras "linhas", envolvendo origens diversas, além daquelas que acabei de descrever, são requeridas para a sua construção. Tais linhas são as espirais, a quadratriz, o conchoide, o cissoide, todas com muitas propriedades importantes.[1]

A resolução de problemas geométricos envolve sempre uma construção, e o critério usado nessa classificação baseia-se nos tipos de linhas necessárias para efetuá-la. Além da régua e do compasso, são listados métodos que usam cônicas e curvas mecânicas, como a quadratriz, a espiral e o conchoide de Nicomedes, conhecidos antes do fim do século III a.E.C. As construções com régua e compasso não permitem resolver todos os problemas propostos pelos matemáticos gregos antes e depois de Euclides, que não se furtavam, por isso, a utilizar outros métodos. Recorrendo-se a cônicas e curvas mecânicas foram resolvidos alguns dos problemas clássicos da geometria grega, como a quadratura do círculo, a duplicação do cubo e também a trissecção do ângulo, esta um pouco mais tardiamente.

Isso mostra que a limitação a construções com régua e compasso verificada nos *Elementos* de Euclides não é um dado da geometria grega e suas razões precisam ser compreendidas. A explicação de que se tratava de uma restrição imposta pela filosofia platônica já não é satisfatória, uma vez que a matemática antiga não parece ter sido parte de um exercício de filosofia. A visão de que os matemáticos gregos se aferravam aos fundamentos e a padrões rígidos tem origem na história da matemática desenvolvida na virada dos séculos XIX e XX, período marcado por pesquisas sobre o rigor da matemática dessa época. O objetivo dos trabalhos de Hilbert, por exemplo, era justamente fundamentar a geometria euclidiana. Mas será que os matemáticos da Antiguidade eram tão preocupados assim com questões de fundamento quanto os do final do século XIX?

As concepções formalistas sobre as motivações da matemática grega, mesmo que parcialmente verdadeiras, não devem, no entanto, desviar a atenção de um ponto primordial: a geometria tem suas bases em uma atividade essencialmente prática – ainda que abstrata – de resolver problemas. Veremos, neste capítulo, que problemas de construção envolvendo métodos diversificados atravessaram a época da publicação da obra maior de Euclides. Discutiremos, além disso, algumas hipóteses sobre a restrição às construções com régua e compasso. E para entender as razões do tipo de exposição encontrado nos *Elementos*, assim como o objetivo do encadeamento dedutivo de suas proposições, analisaremos seus enunciados iniciais. Uma das explicações possíveis para a organização didática dessa obra é seu provável cunho pedagógico: transmitir os principais resultados da geometria da época de uma forma simples e compreensível. Daí a demonstração dos vários resultados, a explicitação de todos os pressupostos usados nas demonstrações e a preferência pelo encadeamento lógico – era necessário convencer os leitores de sua validade.

Nos primeiros livros dos *Elementos*, muitos resultados parecem pertencer a uma tradição que podemos chamar de "cálculo de áreas", que inclui a transformação de uma área em outra equivalente, bem como a soma de áreas. Veremos que as proposições dos livros I e II podem ser entendidas a partir dessas práticas, incluindo o teorema sobre a hipotenusa do triângulo retângulo, dito "de Pitágoras". Evidentemente, quando se fala aqui de operações com áreas, é preciso entendê-las à luz da concepção euclidiana, na qual as grandezas não são expressas por números obtidos a partir de medidas. Avançando pelos livros subsequentes dos *Elementos*, descreveremos a singular teoria dos números aí proposta e o modo como são definidas as razões e proporções.

Ao final, utilizando o caso de Arquimedes, abordaremos alguns métodos que marcaram a geometria grega e que se distinguem dos procedimentos euclidianos. Arquimedes nasceu mais ou menos no momento em que Euclides morreu, em torno da segunda década do século III a.E.C. Era de esperar, portanto, que o trabalho de Euclides tivesse uma influência marcante em sua obra. Mas não foi bem assim. Arquimedes não pode ser visto como sucessor de Euclides; e seu trabalho não se inscreve, por assim dizer, em uma tradição euclidiana. Um exemplo disso é a utilização de métodos mecânicos de construção, caso da espiral de Arquimedes. Para tanto, discutiremos a tese de W. Knorr[2] de que Arquimedes exprimiria uma tradição alternativa aos *Elementos* de Euclides, ligada aos trabalhos desenvolvidos por Eudoxo.

Problemas clássicos antes de Euclides

Entre os diversos problemas matemáticos clássicos difundidos antes de Euclides estão o da duplicação do cubo e o da quadratura do círculo. O famoso problema da trissecção do ângulo será tratado por nós mais adiante, uma vez que deve ter se tornado um problema mais tardiamente que os outros no contexto das reflexões sobre as técnicas de construção. Com relação à duplicação do cubo, existe uma lenda segundo a qual em 427 a.E.C. Péricles teria morrido de peste juntamente com um quarto da população de Atenas. Consternados, os atenienses consultaram o oráculo de Apolo, em Delos, para saber como enfrentar a doença. A resposta foi que o altar de Apolo, que possuía o formato de um cubo, deveria ser duplicado. Prontamente, as dimensões do altar foram multiplicadas por 2, mas isso não afastou a peste. O volume havia sido multiplicado por 8, e não por 2. A partir dessa lenda, o problema que consiste em, dada a aresta de um cubo, construir só com régua e compasso a aresta de um segundo cubo tendo o dobro do volume do primeiro, ficou conhecido como *problema deliano*.

Com base no testemunho de Eratóstenes de Cirene, que viveu no século III a.E.C., e em escritos de matemáticos ligados a Platão pode-se conjecturar que essa história deve ter sido fabricada no contexto da Academia de Platão, por volta do século IV a.E.C. Nessa época, o problema da duplicação do cubo já tinha ganhado notoriedade com os avanços efetuados por Hipócrates. Na verdade, esse geômetra tinha mostrado, no século anterior, que o problema poderia ser reduzido ao das meias proporcionais.

Na época, alguns comentadores da obra matemática grega, como Eratóstenes, parecem não ter apreciado a solução de Hipócrates, uma vez que seu método não fornece de fato uma solução para o problema original, reduzindo-o a outro. Mas as meias proporcionais permitiam aplicar uma vasta gama de técnicas pertencentes à teoria das razões e proporções, que, supõe-se, era bastante desenvolvida então. A redução de um problema geométrico a outro, mais fácil ou em maior conformidade com as técnicas disponíveis, parecia ser um recurso usado pela geometria grega. Na verdade, esse é um método comum na matemática de hoje: dado um problema que não sabemos resolver, tentamos reduzi-lo a outro que sabemos resolver.

Há diversas construções para as meias proporcionais que datam de períodos posteriores e podem ser encontradas em *Três excursões pela história da matemática*, de J.B. Pitombeira. Entre elas está a de Menecmo, que viveu por volta de 350 a.E.C. e foi aluno de Eudoxo. O seu conhecimento da teoria das razões e proporções permitia concluir, sem usar equações, que o ponto que satisfaz o problema das meias proporcionais é a interseção de duas cônicas, uma parábola e uma hipérbole, que atualmente seriam dadas, respectivamente, pelas equações $y^2 = bx$ e $xy = ab$ (obtidas diretamente da proporção $a{:}x :: x{:}y :: y{:}b$).

Assim como a duplicação do cubo, o problema da quadratura do círculo provavelmente também era conhecido por volta do século V a.E.C. Aristóteles

MEIAS PROPORCIONAIS E DUPLICAÇÃO DO CUBO[1]

Escrito em notação atual, o problema das meias proporcionais consiste em, dados os segmentos a e b, encontrar x e y, tais que $\frac{a}{x} = \frac{x}{y} = \frac{y}{b}$. No caso particular em que $b = 2a$, a primeira das duas meias proporcionais x resolve o problema da duplicação do cubo, pois x é o lado de um cubo cujo volume é o dobro do volume de um cubo de lado a ($x^3 = 2a^3$). Logo, o problema da duplicação do cubo pode ser reduzido ao das meias proporcionais.

Em uma linguagem geométrica semelhante à da época, podemos descrever assim o problema da duplicação do cubo: na Ilustração 1, AK é o cubo descrito sobre o segmento AB, que possui diagonal AK. Da mesma forma, suponhamos que BD seja o cubo descrito sobre o segmento CD. É possível desenhar os paralelepípedos retângulos com diagonais KP e PN, de modo que AK : BD seja a razão triplicada da razão AB : CD. Em notação moderna, teríamos $\frac{AK}{BD} = \left(\frac{AB}{CD}\right)^3$.

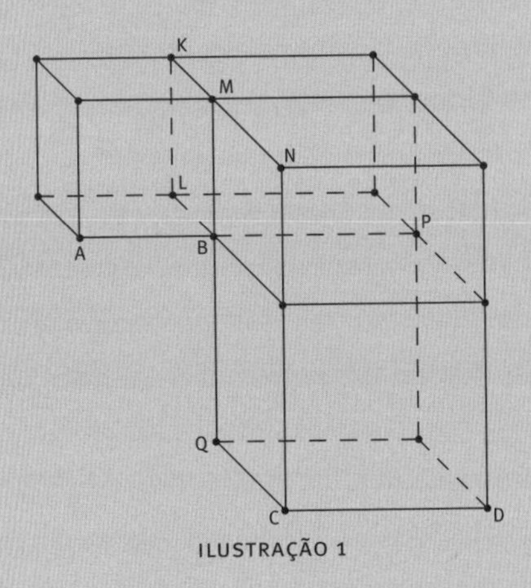

ILUSTRAÇÃO 1

Feito isso, inserindo duas meias proporcionais CD e EF entre o segmento AB e seu dobro, ou seja, construindo esses segmentos de modo que $\frac{AB}{CD} = \frac{CD}{EF} = \frac{EF}{GH = 2AB}$, seria possível deduzir que o cubo descrito sobre CD é o dobro do cubo sobre AB.

Não apresentamos a solução devido à sua complexidade e porque nossa intenção aqui é somente ressaltar o aspecto geométrico do problema.

1. B. Vitrac, “Dossier: les géomètres de la Grèce antique”.

afirma que Hipócrates teria fornecido uma prova falsa do problema em seu tratado sobre as lúnulas. Como mencionado no Capítulo 2, Hipócrates havia demonstrado que as áreas de dois círculos estão uma para a outra assim como os quadrados de seus diâmetros. Os métodos presentes nesse trabalho incluem o da *neusis* (ou intercalação), que será descrito mais à frente, e o da aproximação de círculos por polígonos com número de lados cada vez maior. Essa aproximação é encontrada no texto do filósofo Antifonte, mas deve ser atribuída a Hipócrates, como argumenta Knorr.[3]

A dificuldade da extensão desse método quando o número de lados aumenta indefinidamente só teria sido percebida por Eudoxo. Como Hipócrates acreditava no princípio da continuidade, não deve ter achado inconveniente utilizar o método de aproximação de áreas de círculos por áreas de polígonos com um número de lados crescendo indefinidamente.

Como aproximar a área do círculo por polígonos

A área de um círculo pode ser aproximada pelas áreas de polígonos regulares inscritos (ou circunscritos) aumentando-se indefinidamente o número de seus lados.

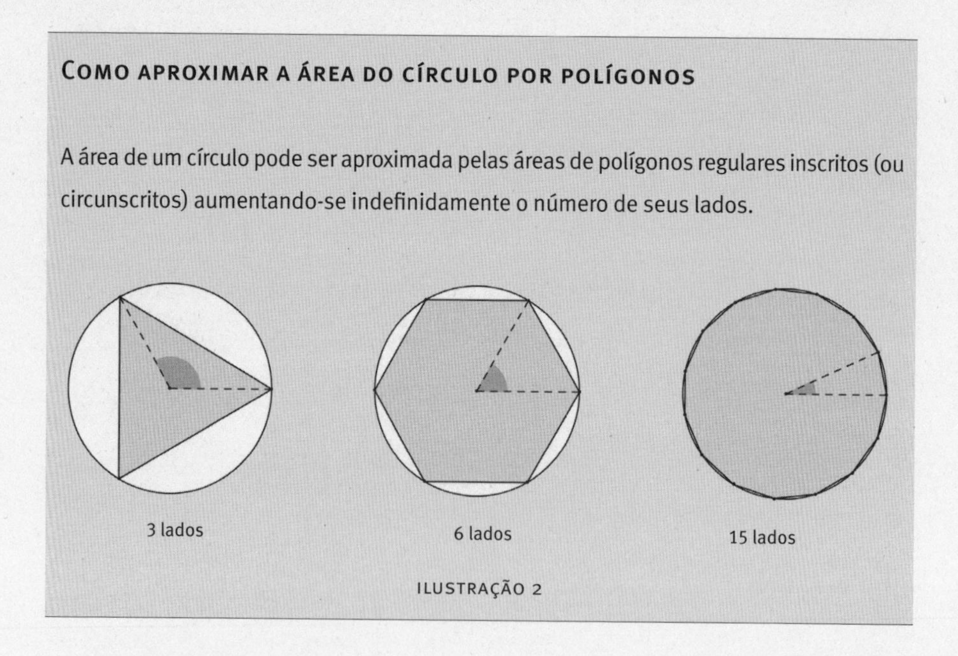

ILUSTRAÇÃO 2

Veremos que o método da *neusis* é uma técnica de construção que não pode ser classificada como construção com régua e compasso, uma vez que emprega uma régua graduada. Em seu tratado sobre as lúnulas, Hipócrates usa construções por *neusis* que podem ser reduzidas a construções com régua e compasso. Logo, o objetivo de seu trabalho não é fornecer construções com régua e compasso para os problemas geométricos, e sim encontrar qualquer construção possível, ou seja, resolver esses problemas.

O papel de Hipócrates foi central na história dos problemas clássicos. Nos fragmentos que restaram de sua obra observamos que, apesar de grande parte dos casos por ele apresentados poder ser resolvida com régua e compasso, ele optava por outros métodos. Conclui-se que, apesar de esses instrumentos serem populares, e de ser vasta a extensão dos problemas que eles permitiam construir, outros métodos eram amplamente utilizados, antes e depois de Euclides. Durante o século IV a.E.C. foram introduzidas novas técnicas, em particular as que empregavam curvas especiais geradas por seções de sólidos (como as cônicas) ou por movimentos mecânicos (como a espiral). As soluções para a duplicação do cubo exploravam uma vasta gama de métodos geométricos, característicos da prática de resolução de problemas nesse século. Arquitas, por exemplo, chegou a usar a curva formada pela interseção de um toro com um cilindro para duplicar o cubo, bem como a linha curva de Eudoxo e a quadratriz, para trissectar o ângulo. Outro método muito utilizado era o da aplicação de áreas, já conhecido no período pré-euclidiano.

Alguns dos matemáticos que aperfeiçoaram essas diferentes técnicas eram próximos de Platão, como Eudoxo, e integravam a Academia. Essa convergência entre interesses filosóficos e geométricos levou muitos intérpretes a postular posições inapropriadas sobre a motivação dos geômetras gregos pré-Euclides, como a de que Eudoxo teria sido impulsionado pelo desejo de resolver os paradoxos colocados por Zenão em relação ao infinito.

O objetivo desses trabalhos pode não ter tido, contudo, uma natureza formal. Foi a busca de técnicas de resolução para os problemas geométricos que manteve o campo matemático em movimento, gerando novas pesquisas. A tarefa de resolver problemas não deve ter sido constrangida pela imposição da régua e do compasso, ao menos em suas etapas mais remotas. O objetivo principal dos geômetras era encontrar construções por qualquer método disponível. A restrição a um certo método de construção é uma limitação formal, advinda da necessidade de dividir e classificar o corpo de resultados existentes. Mas até que o campo da geometria tivesse alcançado um tamanho considerável, com uma grande diversidade de resultados, não haveria necessidade de classificar seguindo critérios formais. Cabe perguntar, portanto, se esse nível já tinha sido atingido no tempo de Euclides.

A riqueza da investigação de problemas geométricos de construção levou a uma concepção mais clara sobre a natureza geral da arte de resolvê-los. Tal clareza, por sua vez, pode ter levado às primeiras demandas de sistematização e ordenação da geometria, expressas nos *Elementos*. Veremos, a seguir, algumas hipóteses sobre as razões dessa formalização, discutindo por que suas proposições são encadeadas de modo dedutivo e por que apenas construções com régua e compasso são empregadas.

Por que a régua e o compasso?

O fato de nos *Elementos* de Euclides as construções serem realizadas por meio da régua e do compasso deu origem à crença de que essa seria uma restrição da geometria imposta pelos cânones da época. Como já dito, para explicar o motivo dessa restrição é comum apelar para a filosofia platônica. Por valorizar a matemática teórica, Platão teria desprezo pelas construções mecânicas, realizadas com ferramentas de verdade. A régua e o compasso, apesar de serem instrumentos de construção, podem ser representados, respectivamente, pela linha reta e pelo círculo, figuras geométricas com alto grau de perfeição. Na realidade, nos *Elementos*, as construções realizáveis com régua e compasso são executadas por meio de retas e círculos definidos de modo abstrato.

Essas explicações são atravessadas, no entanto, por diversos pressupostos implícitos. Euclides não afirma explicitamente, em lugar nenhum de sua obra, que as construções tenham de ser efetuadas com retas e círculos. Simplesmente elas são, de fato, realizadas desse modo. No caso de Platão, é coerente dizer que sua filosofia encarava a reta e o círculo como figuras geométricas superiores, mas também não há, em seus escritos, indicações explícitas de imposição dessas figuras como protótipos para toda a geometria, nem de proibição do uso de outras construções.

O responsável por creditar a Platão a restrição à régua e ao compasso é o matemático alemão Hermann Hankel, que atuou na segunda metade do século XIX e trabalhou com matemáticos como Weierstrass e Kronecker, conhecidos pela preocupação com os fundamentos da matemática. Em 1874, Hankel publicou um texto histórico sobre a geometria euclidiana – *Zur Geschichte der Mathematik in Alterthum und Mittelalter* (Sobre a história da matemática na Idade Média e na Antiguidade) – contendo extrapolações com base em trechos da obra de Platão. Em uma tese meticulosa[4] sobre o papel da restrição à régua e ao compasso escrita em 1936, mas que continua uma referência sobre o nascimento desse mito, o alemão A.D. Steele analisa por que a tese de Hankel é falsa e fornece algumas hipóteses sobre as razões do uso exclusivo desses instrumentos nos *Elementos* de Euclides. Referimo-nos especificamente aos *Elementos*, pois a restrição à régua e ao compasso não parece ser importante nem mesmo em outros escritos de Euclides. Essas regras de construção são enunciadas nos postulados do livro I dos *Elementos* – que tratam das construções permitidas – e constituem uma particularidade dessa obra. Em outros escritos importantes da geometria grega, como os de Apolônio ou Arquimedes, além de serem usados outros meios de construção, a régua e o compasso não são enunciados explicitamente nos preâmbulos.

Veremos que, apesar do destaque desses postulados na organização dos *Elementos*, seu sentido seria de ordem prática, mais do que metafísica ou formalista. Como já dito, uma das explicações para o uso da régua e do compasso nessa obra pode ter sido de ordem pedagógica. As construções feitas desse modo são mais simples e não exigem nenhuma teoria adicional (como seria o caso das construções por meio de cônicas). Desse ponto de vista, a restrição não seria consequência de uma proibição, mas de uma otimização: deve-se usar a régua e o compasso sempre que possível para simplificar a solução dos problemas de construção.

Tal "simplicidade" pode ser esclarecida por meio do exemplo do procedimento para construir um ângulo igual a outro ângulo dado. A proposição

I-23* dos *Elementos* pede que se copie um ângulo (DCE, na Ilustração 3) sobre uma reta dada a partir de um ponto dado (A, na Ilustração 3). Para resolver o problema, Euclides forma o triângulo DCE, que será copiado sobre a reta. Logo, o problema de copiar um ângulo é reduzido ao problema de copiar um triângulo, o que já tinha sido abordado na proposição anterior, I-22.

Em resumo, o método para copiar ângulos pode ser obtido pelo traçado de duas circunferências, isto é, com o auxílio do compasso: seja o ângulo DCE dado. Sobre um segmento FH, marcamos AG igual a CE e GH igual a DE. Estendemos então AH até F de modo que AF seja igual a CD. Em seguida, traçamos duas circunferências: uma com centro A e raio AF; outra com centro G e raio GH. Marcamos K, um de seus pontos de interseção, e obtemos o triângulo KAG, igual a DCE. Sendo assim, o ângulo KAG é igual ao ângulo DCE.

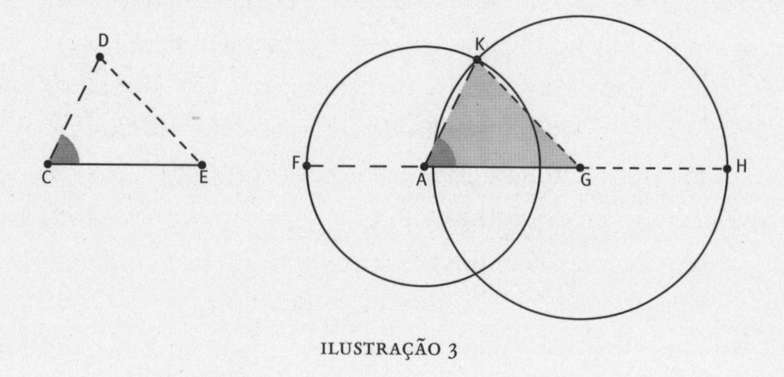

ILUSTRAÇÃO 3

O papel dos postulados 1, 2 e 3 do livro I dos *Elementos* – que consistem na proposição das construções realizadas com régua e compasso – decorreria da praticidade que esses meios permitem obter. Na verdade, essas não são as construções permitidas, mas as realmente utilizadas, quer dizer, as que bastam para fazer funcionar as outras construções necessárias.

* Referimo-nos às proposições dos *Elementos* de Euclides pelo número do livro em algarismos romanos, neste exemplo, "I", seguido do número da proposição em algarismos indo-arábicos, neste exemplo, "23".

Uma segunda explicação para o uso exclusivo da régua e do compasso seria a necessidade de uma ordenação e de uma sistematização da geometria com vistas a uma melhor arquitetura da matemática. Na época de Euclides, o conjunto dos conhecimentos dos geômetras já estava bastante desenvolvido e era necessário ordená-lo. Essa ordem implicaria uma gradação da matemática, do nível mais elementar em direção ao superior. E Euclides se teria proposto, nos *Elementos*, a expor a matemática elementar da época, aquela que demanda somente o emprego da régua e do compasso. Quer optemos pela motivação pedagógica ou por essa segunda razão, de cunho epistemológico, parece mais adequado entender a exclusividade da régua e do compasso nos *Elementos* como uma restrição pragmática cujo objetivo poderia ser apresentar um uso ótimo dos instrumentos mais simples possíveis. Nesse caso, a mensagem implícita nessa obra seria: eis tudo o que se pode fazer em geometria com o uso somente da régua e do compasso.

Organização dos livros que compõem os *Elementos*

Os *Elementos* de Euclides se compõem dos seguintes livros:

- Livro I: primeiros princípios e geometria plana de figuras retilíneas: construção e propriedades de triângulos, paralelismo, equivalência de áreas e teorema "de Pitágoras".
- Livro II: contém a chamada "álgebra geométrica", trata de igualdades de áreas de retângulos e quadrados.
- Livros III e IV: propriedades de círculos e adição de figuras, como inscrever e circunscrever polígonos em círculos.
- Livro V: teoria das proporções de Eudoxo, razões entre grandezas de mesma natureza.
- Livro VI: aplicações do livro V à geometria, semelhança de figuras planas, aplicação de áreas.
- Livros VII a IX: estudo dos números inteiros – proporções numéricas, números primos, maior divisor comum e progressões geométricas.

- Livro X: propriedades e classificação das linhas incomensuráveis.
- Livros XI a XIII: geometria sólida em três dimensões, cálculo de volumes e apresentação dos cinco poliedros regulares.

Além de expor uma parte da matemática contida em alguns desses livros, é nosso objetivo analisar historicamente suas proposições. É difícil identificar teoremas dos *Elementos* que tenham sido descobertos pelo próprio Euclides. Como já dito, discute-se mesmo até que ponto as demonstrações são de sua autoria. O teorema "de Pitágoras", por exemplo, era conhecido antes de Euclides, e seu conteúdo é objeto da proposição I-47. Proclus atribui a demonstração dessa proposição a Euclides, mas ela pode ser vista como uma modificação da demonstração encontrada no livro VI-31, atribuída a Hipócrates, pois é usada na quadratura das lúnulas.

O tipo de organização dos *Elementos* também é objeto de extensas pesquisas, pois os resultados dos primeiros livros não são necessariamente os mais antigos, ou seja, a obra não é organizada de modo cronológico. Acredita-se que os livros VII a IX – os livros aritméticos dos *Elementos*, atribuídos aos pitagóricos – sejam os mais antigos. Os livros II, III e IV não apresentam uma ordem sequencial tão nítida quanto a dos livros I, V e VI, o que pode indicar que aqueles sejam anteriores a esses. Além disso, nos livros I a IV, as construções e provas são realizadas por métodos de congruência e pelo cálculo de áreas e não empregam razões e proporções, que já eram conhecidas muito antes de Euclides. Isso poderia ser um indício de que eles teriam sido escritos depois da descoberta dos incomensuráveis, que demandou uma nova teoria das razões e proporções. A partir desse momento, parece ter havido uma reorganização do conhecimento geométrico. A exposição de resultados envolvendo semelhança de figuras, por exemplo, que já eram bastante antigos, foi adiada para depois do livro V, uma vez que necessitava de uma teoria geral das razões e proporções para grandezas (incluindo as incomensuráveis).

Veremos na seção dedicada à teoria euclidiana dos números que o critério para a proporcionalidade de dois números é muito similar ao usado atualmente. Na proposição VII-19 afirma-se explicitamente (sem empregar nossa notação simbólica) a condição de que a relação de proporcionalidade *a está para b assim como c está para d* é equivalente à igualdade $a.d = b.c$. Na proposição 16 do livro VI esse mesmo critério é enunciado para grandezas: quatro segmentos de reta são proporcionais se o retângulo formado pelos extremos for igual ao retângulo formado pelos meios. Poderíamos deduzir, assim, que a noção de proporcionalidade apresentada nos *Elementos* é equivalente à nossa. Mas o livro V propõe uma definição muito mais complexa. Qual seria a motivação dessa definição?

Um traço particular dos *Elementos* é que as grandezas são tratadas enquanto tais e jamais são associadas a números (ao contrário, nos livros sobre números, eles são tratados como segmentos de reta). Se tivermos duas grandezas incomensuráveis, não poderemos expressar a razão entre elas como uma razão entre números. Logo, as definições de proporção pela igualdade de razões entre números não podem ser aceitáveis em todos os casos. Daí a necessidade de uma definição geral de proporção que valha para grandezas quaisquer, como a do livro V. Como já visto, a possibilidade de existirem duas grandezas incomensuráveis tornou necessária uma nova teoria das razões e proporções e um novo conceito de proporcionalidade, independente da igualdade entre números. Alguns pesquisadores, como Fowler, afirmam que o livro V dos *Elementos*, que contém uma teoria das razões e proporções, trata de resultados mais recentes do que os outros livros.

Resumindo, podemos traçar a seguinte cronologia: os livros VII a IX, que seriam os mais antigos, empregam uma linguagem ingênua de razões e proporções que estaria presente desde épocas muito remotas, antes da descoberta dos incomensuráveis; os livros I a IV tratam de resultados sobre equivalência de áreas também antigos, mas as demonstrações evitam o uso de razões e proporções; no livro V é apresentada a nova teoria das razões e proporções, servindo de base para o estudo de equivalência de áreas e semelhança de figuras de um novo modo, o que é feito no livro VI. Além disso, o livro I teria sido escrito com o intuito de apresentar os princípios, por isso exibiria um cuidado especial com o encadeamento das proposições.

O encadeamento das proposições e o método dedutivo

Desde o início dos *Elementos* de Euclides, os enunciados são divididos em primeiros princípios (definições, postulados e noções comuns) e suas consequências (problemas e teoremas).* Os primeiros princípios encontram-se no livro I. Proclus enfatiza o papel desses princípios e explica a distinção entre eles por meio dos diferentes tipos de transmissão. Uma definição é um tipo de hipótese da qual o aprendiz não tem uma noção evidente, mas faz uma concessão àquele que as ensina e aceita-a sem demonstração. As definições que iniciam os *Elementos*[5] fazem referência aos objetos matemáticos que serão utilizados ao longo da obra e que possuem um conteúdo intuitivo. Alguns exemplos:

Livro I – Definições

1. Ponto é aquilo de que nada é parte
2. E linha é comprimento sem largura
3. E extremidades de uma linha são pontos
4. E linha reta é a que está posta por igual com os pontos sobre si mesma
5. E superfície é aquilo que tem somente comprimento e largura
6. E extremidades de uma superfície são retas

...

10. E quando uma reta, tendo sido alteada sobre uma reta, faça os ângulos adjacentes iguais, cada um dos ângulos é reto, e a reta que se alteou é chamada uma perpendicular àquela sobre a qual se alteou

...

15. Círculo é uma figura plana contida por uma linha (que é chamada circunferência), em relação à qual todas as retas que a encontram (até a circunferência do círculo), a partir de um ponto dos postos no interior da figura, são iguais entre si

...

---

* Não se tem certeza de que as definições contidas nas versões que conhecemos dessa obra tenham sido fornecidas por Euclides. Algumas podem ter sido interpoladas em publicações posteriores. Além disso, a origem da enumeração que utilizamos aqui também pode ser questionada.

Na definição 4, o termo "linha reta" designa o que hoje chamamos de "segmento de reta". À maneira de Euclides, usaremos aqui o termo "reta" com esse sentido. A definição 2 fornece um sentido mais geral para objetos com dimensão 1 (que podem não ser retas). A definição 15 está na origem da distinção entre círculo e circunferência encontrada em alguns livros-texto atuais. Após as definições, são enunciados os postulados e as noções comuns. Uma noção comum, segundo Proclus, é um enunciado de conteúdo óbvio, tido facilmente como válido pelo aprendiz. Se além de o enunciado ser desconhecido ele é proposto como verdadeiro por meio de alguma argumentação temos um postulado. Nesse caso, é necessário que aquele que ensina convença o aprendiz de sua validade.

Livro I – Postulados

1. Fique postulado traçar uma reta a partir de todo ponto até todo ponto
2. Também prolongar uma reta limitada, continuamente, sobre uma reta
3. E, com todo centro e distância, descrever um círculo
4. E serem iguais entre si todos os ângulos retos
5. E, caso uma reta, caindo sobre duas retas, faça os ângulos interiores e do mesmo lado menores do que dois retos, sendo prolongadas as duas retas, ilimitadamente, encontrarem-se no lado no qual estão os menores do que dois retos

Livro I – Noções comuns

1. As coisas iguais à mesma coisa são também iguais entre si
2. E, caso sejam adicionadas coisas iguais a coisas iguais, os todos são iguais
3. E, caso de iguais sejam subtraídas iguais, as restantes são iguais
4. E, caso iguais sejam adicionadas a desiguais, os todos são desiguais

...

8. E o todo é maior do que a parte
9. E duas retas não contêm uma área

Hoje, a distinção dos tipos de pressupostos não é utilizada, mas é imprescindível lembrar que a matemática se faz sempre a partir de primeiros princípios, admitidos como válidos sem demonstração. Os enunciados da matemática seguem-se, por demonstração, dos primeiros princípios. Essa é a definição do método axiomático-dedutivo. Mas por que Euclides usou esse método? Qual o objetivo dessa sistematização da geometria?

A tese mais reveladora a respeito do encadeamento das proposições nos *Elementos*, partindo de primeiros princípios, é a de que os resultados foram enunciados de trás para a frente. Entre os primeiros princípios, alguns teriam por função construir os objetos efetivamente utilizados nas demonstrações. Depois de ter estabelecido as proposições que queria demonstrar, ou as construções que queria efetuar, Euclides teria listado os princípios que permitiam deduzir essas proposições ou construir os objetos nela utilizados. Para I. Mueller,[6] os princípios e os resultados enunciados no livro I teriam como objetivo primordial permitir a construção abaixo:

Proposição I-45

Construir, no ângulo retilíneo dado, um paralelogramo igual à [figura] retilínea dada.

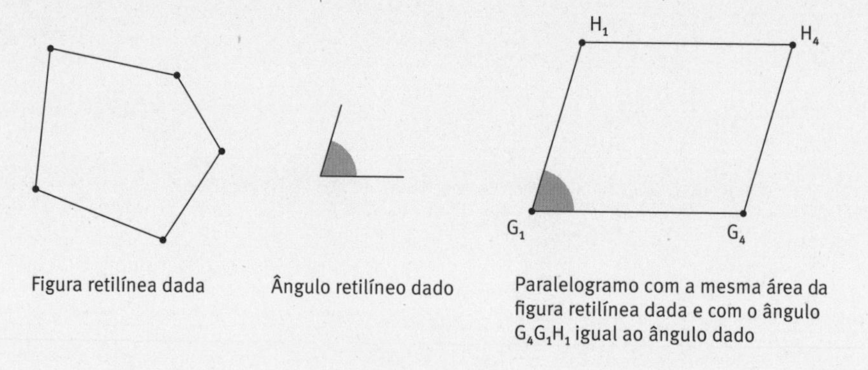

Figura retilínea dada

Ângulo retilíneo dado

Paralelogramo com a mesma área da figura retilínea dada e com o ângulo $G_4G_1H_1$ igual ao ângulo dado

ILUSTRAÇÃO 4

A figura retilínea dada é um polígono, mas sua área é transformada na área de um quadrilátero.* A ideia principal exibida na Ilustração 5 é dividir o polígono em triângulos, T_1, T_2, T_3, e construir paralelogramos, P_1, P_2, P_3, tal que a área de cada P_i seja igual à área de cada T_i. Além disso, cada ângulo $G_{i+1}G_i H_i$ (i = 1, 2, 3) deve ser igual ao ângulo dado. As ferramentas para realizar esse procedimento são fornecidas pelas proposições anteriores, como a I-42, que mostra como construir um paralelogramo com a mesma área de um triângulo, quando um ângulo do paralelogramo é prefixado.

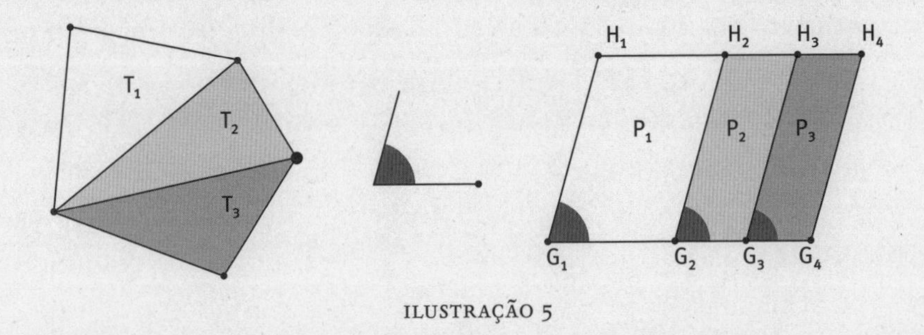

ILUSTRAÇÃO 5

Como vimos, o objetivo da proposição I-45 é mostrar como se pode construir um paralelogramo, com ângulo dado, cuja área seja igual à de um polígono qualquer. Observemos que essa construção torna possível representar a área de qualquer polígono como um retângulo, uma vez que o retângulo é um caso particular de paralelogramo, com ângulos retos. Para entender a importância dessa construção, é preciso saber como eram realizados os cálculos de áreas na geometria grega.

Atualmente, medir é associar uma grandeza a um número. Se quisermos somar as áreas de dois polígonos, teremos de calcular a área de cada um, por meio de uma fórmula, e somar os resultados (que são números). Mas nesse momento as grandezas não eram tratadas por meio de associação a números. E como operar com grandezas, como comprimentos

* Não mostraremos aqui como obter a construção pedida, que pode ser encontrada em J.B. Pitombeira, *Três excursões pela história da matemática*.

e áreas, a não ser por meio de suas medidas? Esse problema era resolvido pela busca de áreas equivalentes. Por exemplo, para "medir" a área de uma figura qualquer, deveríamos encontrar uma figura simples cuja área fosse igual à da figura dada. Essa figura simples era um quadrado. Logo, o problema de encontrar a *quadratura* de uma figura qualquer era equivalente ao problema de construir um quadrado cuja área fosse igual à da figura dada.

A proposição I-45 fornece uma construção clássica que é parte dos métodos de aplicação de áreas. Os passos para descobrir a quadratura de um polígono qualquer eram os seguintes: usar a proposição I-45 para encontrar um retângulo com a mesma área do polígono e, em seguida, usar a proposição II-14 para determinar o quadrado com a mesma área do retângulo (no livro II são fornecidos alguns procedimentos para transformar um retângulo em um quadrado). Feito isso, era possível somar as áreas dos quadrados por meio da proposição I-47, enunciada logo após a construção obtida em I-45, e que equivale ao resultado que conhecemos como teorema "de Pitágoras". O modo como esse teorema é demonstrado nos *Elementos* será descrito na próxima seção, mas destacamos, de imediato, a sua utilidade para somar áreas no contexto da geometria grega.

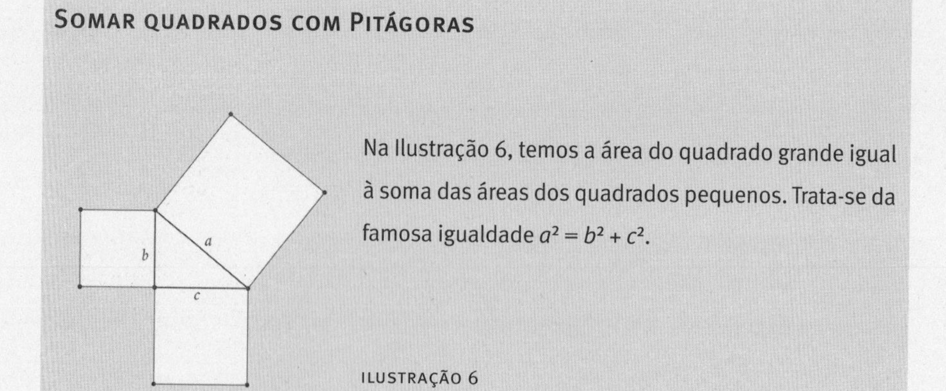

Somar quadrados com Pitágoras

Na Ilustração 6, temos a área do quadrado grande igual à soma das áreas dos quadrados pequenos. Trata-se da famosa igualdade $a^2 = b^2 + c^2$.

ILUSTRAÇÃO 6

É possível remontar retroativamente da proposição I-45 às construções dos postulados 1 e 2. Os procedimentos necessários para a construção demandada em I-45 são: ligar pontos a retas dadas, estender retas, cortar segmentos em partes iguais a segmentos dados, bissetar retas, erigir perpendiculares e, finalmente, copiar ângulos. Isso nos permite afirmar que muitas das proposições enunciadas antes da I-45 têm o papel de fornecer as ferramentas necessárias à construção pedida em seu enunciado.

O objetivo de diversos outros resultados do livro I seria, portanto, permitir a construção requerida em I-45 por meio de outras mais simples, o que caracteriza um procedimento típico dos *Elementos*. Se um postulado foi usado para demonstrar um teorema (ou para efetuar uma construção), esse teorema (ou essa construção) se torna uma verdade disponível para a demonstração de novos teoremas (ou para a realização de novas construções). Cada resultado constitui a base para o aprendizado de novos resultados. Os primeiros princípios servem, portanto, à demonstração dos primeiros resultados, que, em seguida, efetuarão o papel de premissas para novas demonstrações. O encadeamento dedutivo das proposições pode ser compreendido, assim, como a busca de uma espécie de economia na argumentação.

Demonstração e papel do teorema "de Pitágoras"

Daremos mais um exemplo de como as proposições do livro I são encadeadas para chegar a uma demonstração do teorema que conhecemos como sendo de Pitágoras. Euclides jamais emprega essa nomenclatura, nem atribui o teorema a Pitágoras ou a quem quer que seja. Se foi Euclides ou não o autor da prova que transcreveremos aqui, também é uma questão controversa. Proclus afirma que essa demonstração seria a única contribuição do próprio Euclides aos primeiros livros dos *Elementos*. Mas tal afirmação é discutível, pois a prova que encontramos aqui se encaixa perfeitamente na tradição geométrica que marcou o período anterior a Euclides e que continha o chamado "cálculo de áreas", ou seja, práticas geométricas que envolviam aplicação de áreas, busca de equivalências de áreas e operações com áreas.

Seguiremos o encadeamento de Euclides enumerando as proposições que serão usadas na demonstração da proposição I-47. Essa proposição, cujo conteúdo é exatamente o do teorema que chamamos "de Pitágoras", juntamente com sua recíproca, encerra o livro I dos *Elementos*. As outras proposições desse livro podem ser vistas como etapas para a demonstração da I-47. Sendo assim, temos mais uma evidência de que o objetivo do encadeamento dedutivo das proposições era enunciar, de modo ordenado, os resultados necessários à demonstração de outros enunciados importantes. As proposições já demonstradas servem como verdades intermediárias para a demonstração das posteriores, sem que seja necessário recorrer aos primeiros princípios.

Vamos começar por uma proposição que enuncia o caso de congruência de triângulos conhecido como LAL (lado-ângulo-lado). Ou seja, se dois triângulos têm dois lados iguais e os ângulos formados por eles também iguais, então os triângulos são congruentes. O uso do termo "congruente" é bem mais recente e tem como objetivo resolver uma inconsistência lógica colocada pela formalização posterior da geometria euclidiana. Na lógica, o princípio da identidade afirma que uma coisa só é igual a si mesma. Portanto, dois triângulos ou duas figuras geométricas quaisquer não podem ser iguais. Daí o emprego do termo "congruente", que significa, intuitivamente, que duas figuras podem ser colocadas uma em cima da outra. Usaremos a linguagem de Euclides, logo, diremos também que duas figuras geométricas são iguais quando são congruentes ou quando possuem somente áreas iguais.

Proposição I-4

Se dois triângulos tiverem, respectivamente, dois lados iguais a dois lados e se os ângulos compreendidos por esses lados forem também iguais, as bases serão iguais, os triângulos serão iguais e os demais ângulos que são opostos a lados iguais serão também iguais.

Traduzindo: se AB = DE, BC = EF e $\hat{B} = \hat{E}$, então ABC é igual a DEF, como vemos na Ilustração 7.

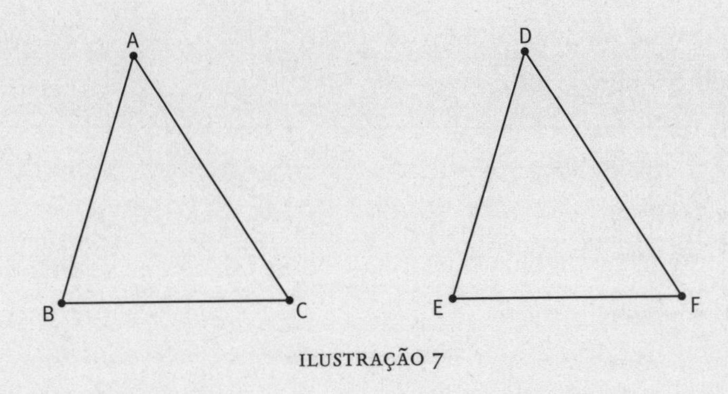

ILUSTRAÇÃO 7

Proposição I-38

Os triângulos que estão sobre bases iguais e nas mesmas paralelas são iguais entre si.

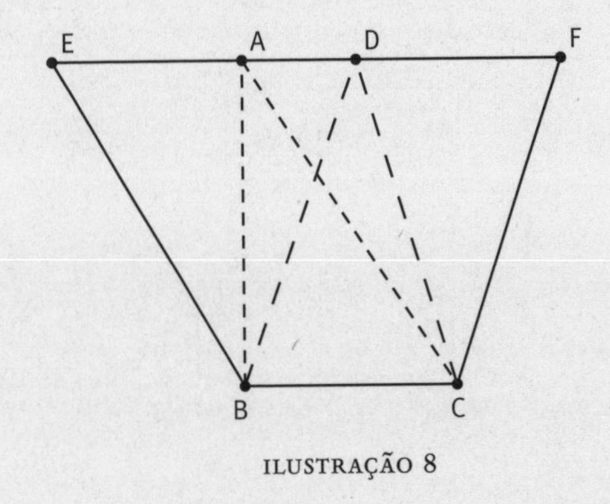

ILUSTRAÇÃO 8

Traduzindo: se dois triângulos ABC e DBC possuem a mesma base e o terceiro vértice em uma paralela à base, então eles têm áreas iguais. Atualmente, dizemos que dois triângulos têm áreas iguais se possuem a mesma base e a mesma altura, uma vez que a área é calculada pela fórmula (base × altura)/2.Como tratamos aqui de uma tradição geométrica que não associava grandezas a números, não se mediam a base e a altura para calcular a área. A proposição I-38 procura dizer em que casos duas áreas são equivalentes sem que seja preciso calculá-las. Ora, se o terceiro vértice de dois triângulos está em uma paralela à base, eles possuem as mesmas alturas. Como é dado que as bases são iguais, eles têm também a mesma área. As duas últimas proposições do livro I são justamente o resultado conhecido como teorema "de Pitágoras" e o seu recíproco.

Proposição I-47

Nos triângulos retângulos, o quadrado sobre o lado que se estende sob o ângulo reto é igual aos quadrados sobre os lados que contêm o ângulo reto.

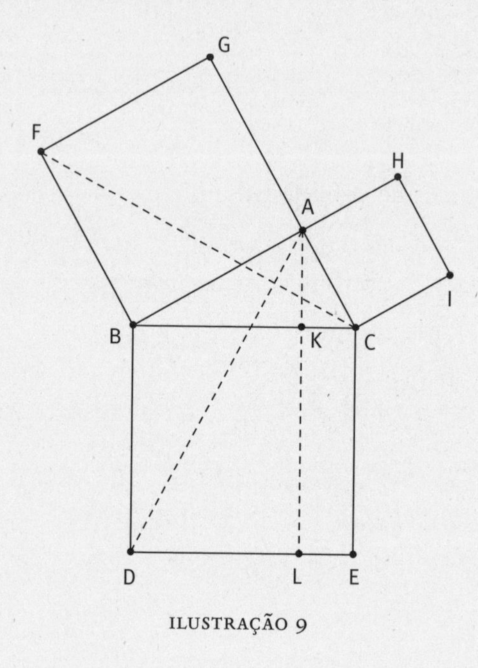

ILUSTRAÇÃO 9

Demonstração: Seja o triângulo retângulo ABC, com ângulo reto BAC. Queremos mostrar que a área do quadrado construído sobre o lado BC é igual à soma das áreas dos quadrados construídos sobre os lados AB e AC, que formam o ângulo reto BAC. Vamos ilustrar a demonstração com figuras que não foram usadas por Euclides, mas manteremos o espírito de sua prova. Descrevemos sobre cada lado um quadrado e vamos mostrar que a área do quadrado construído sobre o lado BC pode ser obtida pela soma de dois retângulos, um deles com área igual à do quadrado construído sobre AB (em cor branca na Ilustração 10) e o outro com área igual à do quadrado construído sobre AC (de cor cinza).

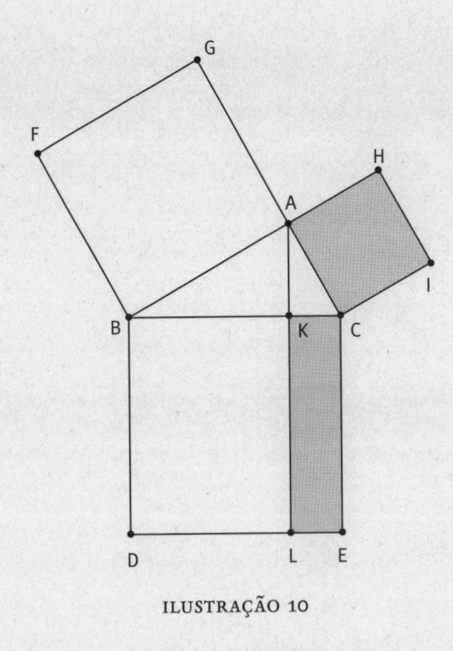

ILUSTRAÇÃO 10

O quadrado BDEC é construído sobre BC e os quadrados ABFG e ACIH, respectivamente, sobre AB e AC. Em seguida, traçamos a partir do ponto A uma reta AL, paralela a BD, e traçamos também duas retas AD e CF, formando novos triângulos ABD e CBF, como na Ilustração 11.

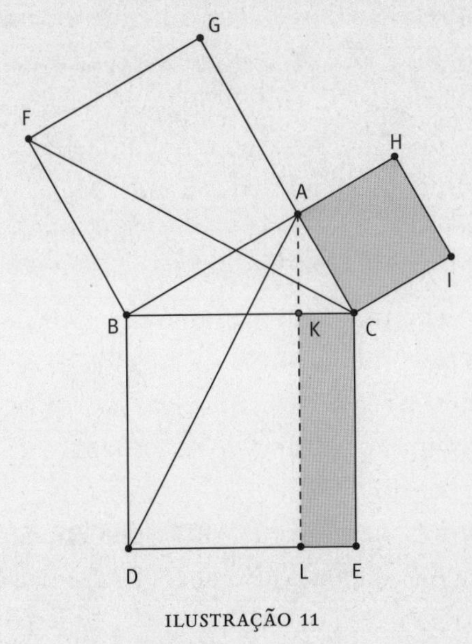

ILUSTRAÇÃO 11

Queremos mostrar que esses triângulos (em cinza-escuro na Ilustração 12) são iguais.

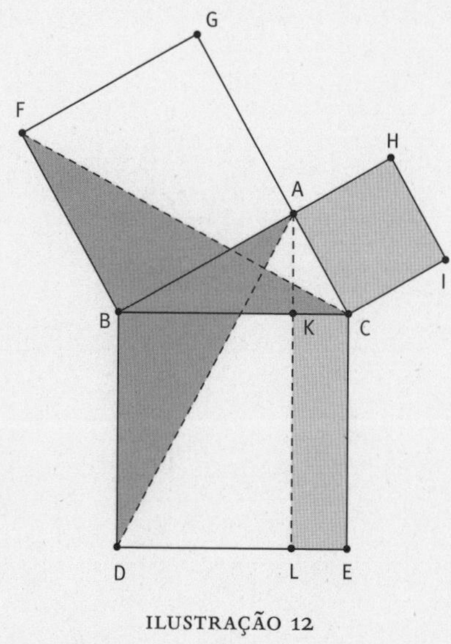

ILUSTRAÇÃO 12

O lado AB de ABD é igual ao lado FB de CBF, por construção. O mesmo vale para os lados BD e BC. Logo, para os triângulos serem congruentes, basta mostrar que os ângulos ABD e CBF são iguais, pois pela proposição I-4 basta os triângulos terem dois lados e o ângulo formado por esses lados iguais. Os ângulos DBC e FBA, por serem retos, são iguais. Adicionando o mesmo ângulo ABC a ambos, o total ABD será igual ao total CBF. Então, temos que o triângulo ABD é igual ao triângulo CBF.

Queremos mostrar que a área do quadrado ABFG é igual à do retângulo BDLK. Os próximos passos para concluir essa demonstração são os seguintes:

1. Mostrar que a área do triângulo ABF, que é metade do quadrado ABFG, é igual à área do triângulo DBK, que é metade da do retângulo BDLK (como vemos na Ilustração 13).
2. Para isso, mostraremos que a área de ABF é igual à de CBF e que a área de DBK é igual à de ABD.
3. Como já mostramos que a área de ABD e de CBF são iguais, concluiremos que a área de ABF é igual à área de DBK, assim, a área do quadrado ABFG será igual à do retângulo BDLK.

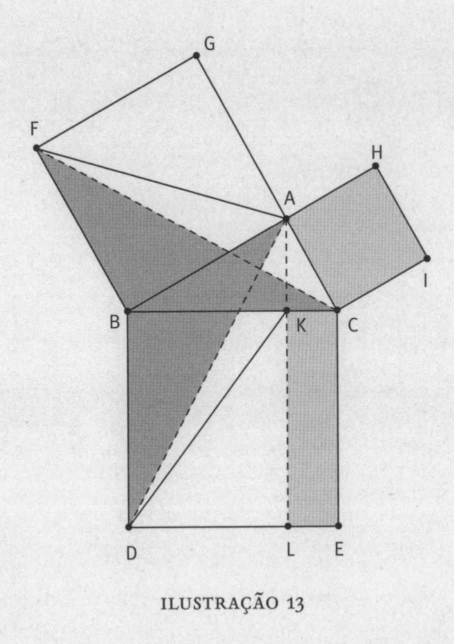

ILUSTRAÇÃO 13

Como os ângulos BAC e BAG são retos, os segmentos CA e AG estão sobre uma mesma reta. Como essa reta é paralela a BF, temos que CBF e ABF são triângulos de mesma base com o terceiro vértice em uma paralela a essa base. Logo, pela proposição I-38, eles possuem a mesma área. De modo análogo, como AL foi construída paralelamente a BD, temos que ABD e DBK são triângulos de mesma base com terceiro vértice em uma paralela à base, sendo assim, possuem a mesma área. Esse parágrafo, juntamente com o anterior, conclui a etapa 2.

Utilizando um raciocínio análogo, poderíamos demonstrar que o retângulo CKLE é igual ao quadrado ACIH. Dessa forma, o quadrado inteiro BDEC construído sobre o lado BC, oposto ao ângulo reto BAC, é igual à soma dos dois quadrados ABFG e ACIH, construídos, respectivamente, sobre os lados AB e AC, que formam o ângulo reto. Isso conclui a demonstração. Notamos, em primeiro lugar, que não foi usado aqui nenhum resultado de razões e proporções. Hoje, é comum encontrarmos demonstrações do teorema "de Pitágoras" que usam semelhanças de triângulos expressas por meio de proporções. Por que Euclides não empregou uma argumentação desse tipo? Poderíamos responder:

(i) *Porque não conhecia os resultados sobre semelhança de triângulos e não possuía as noções de razão e proporção.*
Essa explicação é historicamente inadequada, pois há registros anteriores a Euclides em que essas noções são usadas.

(ii) *Porque quis evitar esse uso, uma vez que as antigas noções de razão e proporção tinham sido colocadas em questão com a descoberta dos incomensuráveis.*
Essa é uma resposta plausível, mas poderíamos perguntar por que, nesse caso, Euclides não adiou a demonstração do teorema "de Pitágoras" para depois do livro V, quando é exposta uma teoria de razões e proporções que vale para quaisquer grandezas. Na verdade, encontramos uma nova demonstração, por meio de razões e proporções, na proposição 31 do livro VI.

(iii) *No contexto da geometria que Euclides quis expor nos primeiros livros dos* Elementos, *o teorema que chamamos "de Pitágoras" fazia parte de uma cultura matemática que tinha como prática o que podemos nomear de "cálculo de áreas". Isso envolve resultados sobre aplicação de áreas, equivalência de áreas e soma de áreas.*
A demonstração que acabamos de fornecer interpreta o teorema "de Pitágoras" como uma relação entre propriedades dos quadrados erigidos sobre os lados de um triângulo retângulo, e não como uma relação métrica entre esses lados. Sendo assim, a demonstração usa somente resultados envolvendo a equivalência de áreas e suas somas.

As operações com áreas na geometria grega datam do período pré-euclidiano. Os métodos de aplicação de áreas, por exemplo, já eram usados muito antes de Euclides e lembram os métodos babilônicos de cortar e colar áreas. Não podemos dizer, contudo, que tenha havido uma transmissão dessas técnicas da matemática mesopotâmica para a grega. Exporemos, brevemente, alguns outros resultados envolvendo o cálculo de áreas que constam do livro II e do livro VI dos *Elementos*.

Cálculo de áreas e problemas de "quadratura"

Nosso objetivo agora é dar uma ideia dos procedimentos envolvendo equivalências de áreas, que já eram empregados antes de Euclides. Acredita-se que alguns resultados do livro II sejam mais antigos que os do livro I, e essas técnicas participavam da mesma tradição do método da aplicação de áreas e do teorema "de Pitágoras". Apesar de exposto somente no livro VI, sabemos que o método da aplicação de áreas era bastante usado no século IV a.E.C. Nos *Elementos*, o tema foi deixado para o livro VI provavelmente pelo interesse de usar a teoria das razões e proporções de Eudoxo. Mas, antes disso, esse método pode ter sido usado com uma teoria simples das razões e proporções. A proposição a seguir fornece um exemplo do modo euclidiano de realizar aplicações de áreas:

Proposição VI-29
À reta dada aplicar, igual à [figura] retilínea dada, um paralelogramo excedente por uma figura paralelogrâmica semelhante à dada.

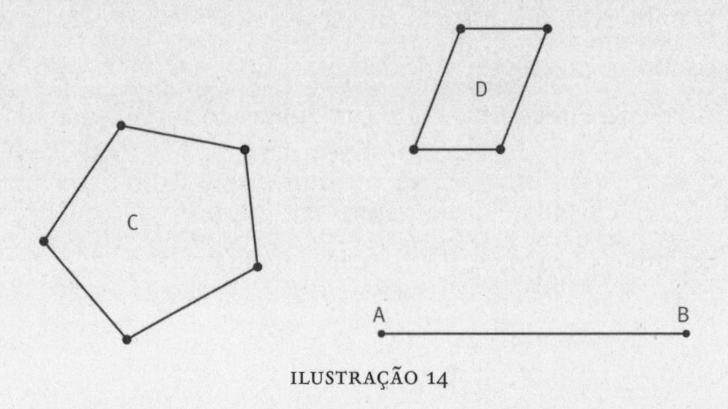

ILUSTRAÇÃO 14

São dadas a reta AB, uma figura C (com determinada área) e uma figura D (com determinada forma). O problema consiste em aplicar à reta AB a figura AEFH da Ilustração 15, com área igual à de C e com um excedente dado pela figura BEFG, similar à D. Ou seja, queremos construir um paralelogramo com área igual à de uma outra figura (C, no exemplo), mas a construção deve ser feita com algo sobrando em relação ao segmento dado inicialmente (AB).

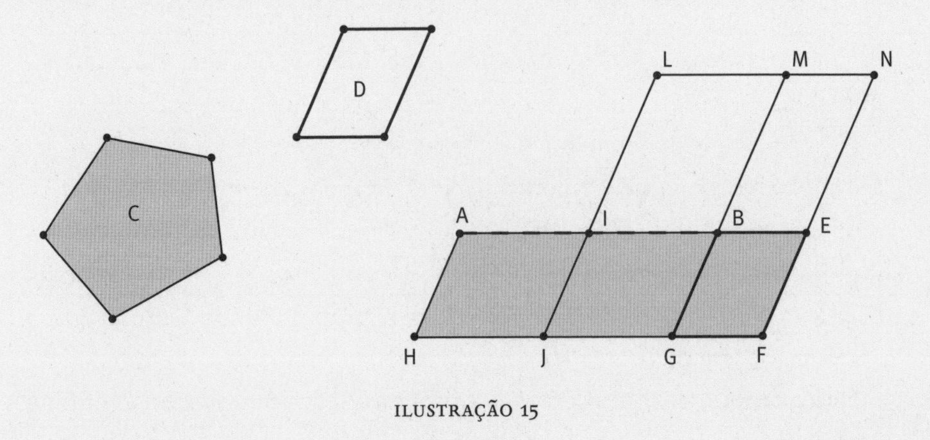

ILUSTRAÇÃO 15

Não exibiremos a construção da solução, mas veremos que essa proposição está relacionada a resultados do livro II.

Proposição II-5

Caso uma linha reta seja cortada em [segmentos] iguais e desiguais, o retângulo contido pelos segmentos desiguais da reta toda, com o quadrado sobre a [reta] entre as seções, é igual ao quadrado sobre a metade.

A reta AB é cortada em segmentos iguais por C (AC e CB) e em segmentos desiguais por D (AD e DB), como na figura abaixo:

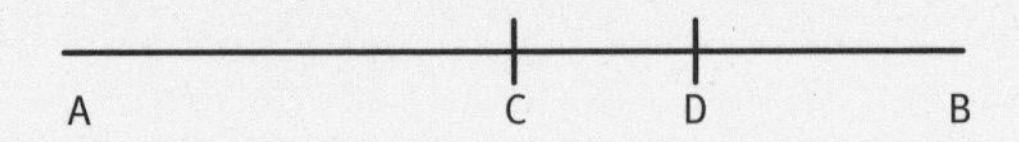

Demonstração: Queremos mostrar que o retângulo de lados AD e DB, mais o quadrado de lado CD, é igual ao quadrado de lado CB. Descrevemos o quadrado CEFB sobre CB como na Ilustração 16. Traçamos DG por D paralelo a CE e BF. Sobre o ponto D, abrimos um compasso até o ponto B e, mantendo essa abertura, marcamos um ponto H sobre DG. Traçamos um segmento KM por H que seja paralelo a AB e EF. Traçamos, agora, um segmento AK por A paralelo a CL e BM.

Na Ilustração 16, queremos mostrar que 1 + 2 + 4 = 2 + 3 + 4 + 5. Vamos dividir nossa demonstração nas seguintes etapas:

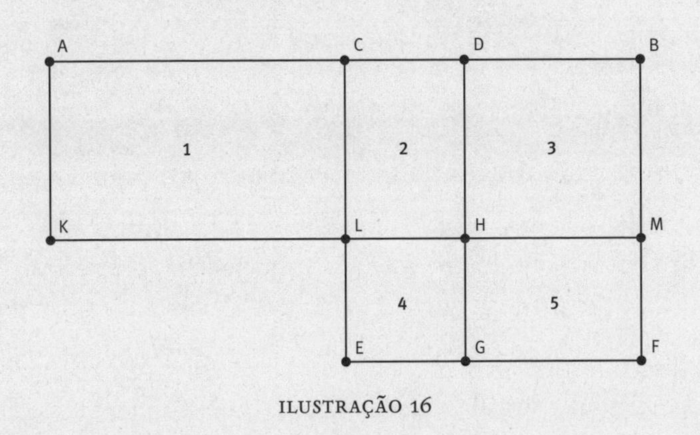

ILUSTRAÇÃO 16

i) O retângulo CDHL é igual ao retângulo HMFG (na figura, 2 = 5):
Por construção, CB é igual a BF e DB é igual a DH, que é igual a BM. Portanto, CD é igual a CB − DB, que é igual a BF − BM, que é igual a MF (retiramos partes iguais de quantidades iguais, logo, os restos são iguais). Como DH é igual a HM por construção (pois DBMH é um quadrado), os retângulos CDHL e HMFG são iguais, uma vez que suas bases e suas alturas são iguais.

ii) O retângulo CBML é igual ao retângulo DBFG (2 + 3 = 3 + 5):
Adicionamos, então, o quadrado DBMH a cada um dos retângulos CDHL e HMFG. Fazendo isso, temos que o retângulo CBML é igual ao retângulo DBFG.

iii) O retângulo ACLK é igual ao retângulo DBFG (1 = 3 + 5):
O retângulo CBML é igual ao retângulo ACLK, uma vez que AC é igual a CB, e CL é igual a BM. Logo, o retângulo ACLK é também igual ao retângulo DBFG (isso equivale a dizer que 1 = 3 + 5, na Ilustração 16, então,

resta-nos adicionar 2 e 4 a ambos os lados, o que será feito nos passos seguintes).

iv) O retângulo ADHK é igual ao *gnomon* CBFGHL ($1 + 2 = 2 + 3 + 5$):
Seguindo a demonstração de Euclides, adicionamos o retângulo CDHL a cada um dos retângulos ACLK e DBFG. Fazendo isso, o retângulo ADHK é igual ao *gnomon* CBFGHL (ou seja, $1 + 2 = 2 + 3 + 5$).

v) Somando o quadrado LHGE ($1 + 2 + 4 = 2 + 3 + 4 + 5$):
ADHK é o retângulo AD por DB, uma vez que DH é igual a DB e falta apenas acrescentar à figura CBFGHL (área $2 + 3 + 5$) o quadrado LHGE (área 4) para obter o quadrado CBFE do enunciado da proposição ($2 + 3 + 4 + 5$). Como LHGE é igual a um quadrado construído sobre CD, temos que o retângulo AD por DB (área $1 + 2$) mais o quadrado em CD (área 4) é igual ao quadrado em CB (área $2 + 3 + 4 + 5$).

Concluída a demonstração, veremos para que servia essa proposição.

Proposição II-14
Construir um quadrado igual à [figura] retilínea dada.

Construção (na verdade, vamos construir um quadrado de área igual à de um retângulo dado): O retângulo BEDC é a figura retilínea dada. Se BE é igual a ED, temos o quadrado proposto. Se não, um dos segmentos, BE ou ED, é maior. Suponhamos que seja BE, e prolongamos esse segmento até F, de modo que EF seja igual a ED, como na Ilustração 17. Bissetamos BF em G e descrevemos uma circunferência BFH com centro G, tendo como raio o segmento GB (ou GF). Prolongamos ED até H (um ponto na circunferência abaixo de D). O quadrado procurado é o de lado EH. Vamos mostrar isso usando a proposição II-5.

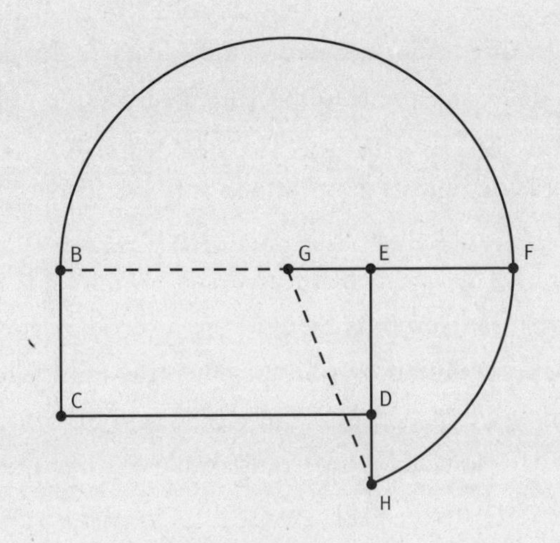

ILUSTRAÇÃO 17

Demonstração de que a construção é válida: Como a reta BF foi cortada em segmentos iguais em G e em segmentos desiguais em E, o retângulo BE por EF, mais o quadrado em GE, é igual ao quadrado em GF (pela proposição II-5). Mas GF é igual a GH, logo, o retângulo de lados BE e EF (que é BEDC), mais o quadrado de lado GE, é igual ao quadrado de lado GH. Por Pitágoras, a soma dos quadrados de lados EH e GE é igual ao quadrado de lado GH (em linguagem atual, $GH^2 = GE^2 + EH^2$), então, o retângulo BEDC, mais o quadrado de lado GE, é igual à soma dos quadrados de lados GE e EH. Subtraindo o quadrado de lado GE de cada, resta que a área do retângulo BEDC é igual à do quadrado de lado EH.

A proposição II-14 permite obter a quadratura de uma figura retilínea dada, ou seja, um quadrado com a mesma área de um retângulo dado. Encontrar a "quadratura" significava, no contexto grego, achar a área de uma figura dada. Usando essa proposição, como seria possível, portanto, comparar as áreas de dois retângulos sem calculá-las? Basta construir os quadrados com áreas iguais às dos retângulos e comparar os lados. E como podemos somar as áreas de dois retângulos? Basta construir os quadrados com áreas iguais às dos retângulos e somar as áreas desses quadrados por meio do teorema "de Pitágoras".

Esperamos ter mostrado, assim, que grande parte dos enunciados dos primeiros livros dos *Elementos* traduzia uma prática que pode ser denominada "cálculo de áreas", uma vez que consistia em comparar e operar diretamente com áreas de figuras geométricas sem associá-las a números. Na verdade, mencionamos resultados de livros diferentes como pertencendo a uma mesma tradição de operações com áreas: I-45, I-47, II-5, II-14 e VI-29, só para ficar em alguns exemplos. Se essas proposições participavam de um mesmo grupo de procedimentos, por que não estão encadeadas no texto de Euclides? A resposta a essa pergunta envolve longas discussões históricas e lógicas, mas, a partir do que foi mostrado, pode-se dizer que a sistematização efetuada nos *Elementos* tinha o encadeamento dedutivo como uma de suas principais preocupações, o que deve ter levado a um reordenamento artificial de enunciados que pertenciam a uma mesma cultura prática. Ao dizer "artificial", destaca-se o fato de essas proposições terem sido organizadas em função das técnicas de demonstração usadas para atestar sua validade, e não a partir dos problemas efetivos aos quais se aplicavam.

Dando um último exemplo, observamos que a proposição VI-29 devia integrar, antes de Euclides, a mesma tradição da I-45: a dos procedimentos de aplicação de áreas. Lembramos que na proposição VI-29 se pedia que se construísse um paralelogramo semelhante a uma dada figura com área igual a uma outra e que a construção era feita com algo sobrando em relação ao segmento dado inicialmente. Em grego, a palavra "hipérbole" refere-se ao fato de que a base do paralelogramo resultante excede o segmento dado, ou seja, a figura construída possui como excesso a figura semelhante ao paralelogramo dado. "Hiperbólico" remete a excessivo. Quando, inversamente, fica faltando uma figura para completar o segmento dado, tem-se uma situação associada a "elipse". O paralelogramo pedido é construído de modo que fique faltando uma figura semelhante à figura dada, e a palavra "elíptico" quer dizer que algo está faltando (essa construção foi executada na proposição VI-28).

O caso expresso pela proposição I-45 é similar ao da "parábola", no qual se deve construir, com um ângulo dado, um paralelogramo com área igual à de uma figura dada, ou seja, de modo exato, sem que nada esteja sobrando nem faltando. Nesse caso, em que não há nenhuma figura excedendo a construção pedida, o paralelogramo é construído exatamente sobre o segmento. A origem da palavra "parábola", em grego, remete ao fato de a figura ser construída de modo exato. As cônicas que conhecemos como parábola, hipérbole e elipse ganharam tais nomes no trabalho de Apolônio, justamente porque são usados métodos de aplicação de áreas em suas construções.

A suposta álgebra geométrica dos gregos

Vimos que enunciados dos *Elementos* de Euclides possuem um estilo geométrico. Seus problemas e teoremas têm um caráter essencialmente geométrico e devem ser demonstrados para as figuras empregadas consideradas do modo mais geral possível, ou seja, sem associar suas dimensões a medidas precisas. Apesar dessa evidência, entre o final do século XIX e meados do XX, matemáticos e historiadores, como H. Zeuthen e B.L. van der Waerden, postularam que as proposições do livro II dos *Elementos* seriam, na verdade, propriedades algébricas enunciadas sob uma roupagem geométrica. Por essa razão, os resultados desse livro são frequentemente denominados "álgebra geométrica". Esses pesquisadores se baseavam na hipótese de que as proposições do livro II são formulações geométricas de regras algébricas, como as que permitem resolver uma equação do segundo grau.

É verdade que alguns dos enunciados analisados aqui podem ser facilmente traduzidos em regras algébricas conhecidas. Mas as grandezas, na matemática grega, têm autonomia em relação aos números. Se igualdades algébricas fossem deduzidas e demonstradas a partir de construções geométricas, poderíamos concluir que as regras algébricas seriam consequência das verdades geométricas. Contudo, isso está longe de comprovar que as razões de Euclides tenham sido algébricas ao formular as proposições citadas. A hipótese expressa por Van der Waerden[7] era a de que as primeiras proposições do livro II não parecem ter outra razão a não ser enunciar uma equivalência algébrica. Ele chega a dizer que esse livro seria o começo de um livro-texto de álgebra escrito em forma geométrica e que nenhum problema geométrico interessante poderia ter motivado uma proposição como a seguinte:

Proposição II-4

Caso uma linha reta seja cortada, ao acaso, o quadrado sobre a reta toda é igual aos quadrados sobre os segmentos e também duas vezes o retângulo contido pelos segmentos.

Na Ilustração 18, isso quer dizer que, se o segmento AB é cortado em um ponto C, o quadrado em AB (ABED) é igual ao quadrado em AC (HGFD), mais o quadrado em CB (CBKG), mais duas vezes o retângulo formado por AC e CB (ACGH e GKEF).

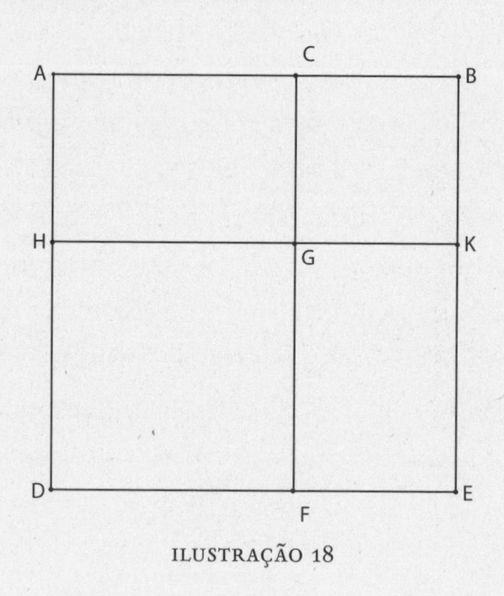

ILUSTRAÇÃO 18

Se AC mede a e CB mede b, tem-se aí a versão geométrica da igualdade $(a + b)^2 = a^2 + b^2 + 2ab$. Mas afirmar que era essa a motivação de Euclides é, no mínimo, uma conclusão apressada. De nosso ponto de vista, não é difícil entender a motivação da proposição II-4, e dos teoremas do livro II em geral, em um contexto no qual o estudo da equivalência de áreas era de fundamental importância. Na verdade, diversas proposições do livro II possuem uma interpretação algébrica. Mas será que isso indica que se trata de resultados algébricos sob uma roupagem geométrica? Essa seria, sem dúvida, uma conclusão bastante anacrônica.

Em 1975, o romeno Sabetai Unguru escreveu um artigo[8] atacando os defensores da tese da "álgebra geométrica" e ressaltando que ler os textos gregos com a matemática moderna em mente pode nos fazer esquecer que aqueles se baseavam em pressupostos próprios. A partir daí, instaurou-se uma querela acirrada em torno da álgebra geométrica e da natureza da matemática euclidiana. Matemáticos historiadores, como André Weil e Hans Freudenthal, uniram-se contra os argumentos de Unguru, que passou a ser marginalizado pelas revistas mais importantes da época. A discussão[9] teve consequências metodológicas importantes, ainda que não imediatamente, pois os historiadores se conscientizaram de que pode não ser conveniente traduzir os textos geométricos gregos em linguagem algébrica, como T. Heath havia feito com os *Elementos* de Euclides e O. Neugebauer com as *Cônicas* de Apolônio. Por essa razão, S. Unguru é reconhecido atualmente como um dos pioneiros nas transformações pelas quais a historiografia da matemática vem passando.

O ponto de vista algébrico mascara, por exemplo, uma singularidade essencial do tipo de argumentação usado na geometria grega: seu caráter sintético. Ou seja, a exposição analítica e algébrica que usamos hoje permite enunciar situações gerais, tratando os exemplos como casos particulares, no entanto, a geometria euclidiana não lidava com a generalidade de seus enunciados do mesmo modo. E, sobretudo, partia de premissas dadas e ia deduzindo os resultados passo a passo, a partir de consequências dedutíveis desses primeiros princípios.

Quando se menciona o caráter sintético da geometria grega, tem-se em mente o método sintético, que consiste em construir as soluções de um determinado problema, como na proposição II-14. Esse procedimento era dominante na geometria grega e é diferente do que fazemos hoje, quando atribuímos uma letra a uma quantidade desconhecida e operamos com ela como se fosse conhecida até chegar à solução. Essa segunda abordagem é denominada método analítico e será vista em detalhes no Capítulo 5.

A abordagem algébrica se caracteriza pela abstração de características comuns a objetos de diferentes naturezas, o que possibilita que sua estrutura comum seja representada por símbolos. Um suposto pensamento algébrico grego não poderia expressar o que há de comum entre as grandezas geométricas e algébricas, pois, para os gregos, não havia nada em comum entre grandezas contínuas (infinitamente divisíveis) e grandezas discretas (constituídas de unidades indivisíveis). Afora isso, as transformações de áreas operadas nos *Elementos* podem ser associadas às operações de adição, multiplicação e extração de raiz quadrada, mas nada indica que tais operações pudessem ser abstraídas das formas geométricas propriamente ditas. Já as operações algébricas enunciam relações entre coisas funcionalmente abstratas.

Ainda que as proposições do livro II dos *Elementos* possam ser interpretadas algebricamente, suas demonstrações são essencialmente geométricas e utilizam as propriedades geométricas particulares das figuras em questão. Nada sinaliza que Euclides estivesse usando relações abstratas entre quantidades, além disso suas demonstrações não utilizavam nenhuma das propriedades das operações algébricas. Logo, não há evidências, e parece improvável, que um "pensamento algébrico" estivesse em jogo nos argumentos apresentados por ele.

O tratamento dos números

Nos *Elementos*, o tratamento dos números (*arithmos*) é separado do tratamento das grandezas (*mégéthos*). Tanto as grandezas quanto os números são simbolizados por segmentos de reta. No entanto, os números são agrupamentos de unidades que não são divisíveis; já as grandezas geométricas são divisíveis em partes da mesma natureza (uma linha é dividida em linhas; uma superfície, em superfícies etc.). A medida está presente nos dois casos, mas mesmo quando uma proposição sobre medida possui enunciados semelhantes para números e grandezas, ela é demonstrada de modos distintos. As primeiras definições do livro VII apresentam a noção de número e o papel da medida:

Definição VII-1
Unidade é aquilo segundo o qual cada uma das coisas existentes é dita uma.

Definição VII-2
E número é a quantidade composta de unidades.

Definição VII-3
Um número é uma parte de um número, o menor, do maior, quando meça exatamente o maior.

Essa última definição postula que um número menor é uma parte de outro número maior quando pode medi-lo, ou seja, os números são considerados segmentos de reta com medida inteira. Por exemplo, um segmento de tamanho 2 não seria parte de um segmento de tamanho 3, mas sim de um segmento de tamanho 6. Os números servem para contar, mas antes de contar é preciso saber qual a unidade de contagem. No caso das grandezas, a unidade de medida deve ser também uma grandeza. Aqui, a unidade não é número nem grandeza. A "unidade", na definição de Euclides, é o que possibilita a medida, mas não é um número. Sendo assim, é inconcebível que a unidade possa ser subdividida. Esse ponto de vista, que afirmamos ser o de Euclides, foi explicitado por Aristóteles:

> O Uno não tem outro caráter do que servir de medida a alguma multiplicidade, e o número não tem outro caráter do que o de ser uma multiplicidade medida e uma multiplicidade de medidas. É também com razão que o Uno não é considerado um número, pois a unidade de medida não é uma pluralidade de medidas.[10]

Vemos, assim, que o Um não é um número, pois o número pressupõe uma multiplicidade, ou seja, uma diversidade que o Um não possui, uma vez que é caracterizado por sua identidade em relação a si mesmo. As técnicas de medida que ocupam um lugar preponderante nas práticas euclidianas sobre os números eram realizadas pelo método da *antifairese*, razão pela qual esse procedimento, no caso dos números, é conhecido hoje como "algoritmo de Euclides". Veremos como esse método era utilizado para encontrar a medida comum a dois números (ou seja, o *mdc* entre eles):

Proposição VII-1
Sendo expostos dois números desiguais, e sendo sempre subtraído de novo o menor do maior, caso o que restou nunca meça exatamente o antes dele mesmo, até que reste uma unidade, os números do princípio serão primos entre si.

Proposição VII-2
Sendo dados dois números não primos entre si, achar a maior medida comum deles.

A proposição VII-1 fornece um critério para decidir quando dois números A e B são primos entre si. Supondo $B < A$, retira-se B de A obtendo-se um resto, R_1. Se R_1 não for igual a B, retira-se R_1 de B tantas vezes quanto for possível até se obter outro resto, R_2. O procedimento continua enquanto nenhum dos restos sucessivos R_1, R_2, ... for igual ao anterior e nem igual a 1. Quando um resto coincidir com o anterior, a próxima subtração resultará em 0 e os números A e B terão uma medida comum. Então a proposição VII-2 se aplica. Caso contrário, o resto será igual a 1 em alguma iteração e poderemos dizer que A e B são primos entre si. Na verdade, ao enunciar essa proposição 2 do livro VII, Euclides emprega uma linguagem de grandezas. Os dois números dados são os segmentos A e B dos quais queremos encontrar a maior medida comum. Constrói-se geometricamente as diferenças entre restos sucessivos, como na Ilustração 3 do Capítulo 2.

Exemplo:
Como encontrar por este método o *mdc* de 119 e 85.

Solução:
Começo por retirar 85 uma vez de 119, obtendo $R_1 = 34$ como resto. Em seguida, retiro 34 duas vezes de 85, obtendo o segundo resto, $R_2 = 17$. Agora retiro 17 duas vezes de 34, obtendo 0. Logo, 17 é o maior divisor de 119 e 85. Note que, se fossem primos, esse procedimento chegaria ao resto 1, e não a 0.

Se os dois números não são primos entre si, o mesmo procedimento dará um resto diferente da unidade, que mede o precedente (logo, se retiramos esse resto do número precedente um certo número de vezes, obtemos 0, como ocorreu no exemplo anterior). Esse resto é a maior medida (divisor) comum entre os dois números. Assim, se um resto mede o precedente, o algoritmo termina e obtemos o *mdc* dos dois números.

Um número é primo quando não é medido por nenhum número, somente por 1, que não é considerado número. Quando o *mdc* de dois números é 1, ele não é considerado um *mdc* "verdadeiro" (o que faz com que os primos possuam natureza distinta dos outros números). Usando o método da *antifairese* (ou algoritmo de Euclides), pode-se dizer que o caso dos números que não são primos entre si é análogo ao dos segmentos comensuráveis, pois é possível obter uma maior medida comum entre eles. Mas, no caso de grandezas, para encontrar uma grandeza menor do que todas as outras devemos tomar uma grandeza e subdividi-la infinitamente, e tal procedimento não tem fim. Dessa forma, não existe uma grandeza menor do que todas as outras e pode ser que o algoritmo de Euclides não termine. Nesse caso, as grandezas são incomensuráveis, o que é objeto do livro X dos *Elementos*.

Muitas outras proposições do livro VII envolvendo a *antifairese* possuem correspondentes no livro X. Podemos observar, através dessas proposições, o paralelismo entre números que não são primos entre si e grandezas comensuráveis e, consequentemente, entre números primos entre si e grandezas incomensuráveis. É o caso, por exemplo, da proposição X-2, versão para grandezas da proposição VII-1, citada anteriormente:

Proposição X-2

Se quando a menor de duas grandezas é continuamente subtraída da maior a que resta nunca mede a precedente, as grandezas são incomensuráveis.

Há, portanto, uma analogia entre grandezas incomensuráveis e números primos entre si. Só que a *antifairese* para números termina dando 1, ao passo que o mesmo procedimento aplicado a grandezas não termina no caso incomensurável, conforme visto no Capítulo 2 ao mostrarmos a incomensurabilidade entre o lado e a diagonal do quadrado.

Teoria das proporções de Eudoxo

Nos *Elementos* de Euclides não há uma definição precisa de razão, ainda que a palavra *logos* seja usada com frequência. A definição 3, proposta no livro V, diz apenas que: "Uma razão (*logos*) é um tipo de relação que diz respeito ao tamanho de duas grandezas do mesmo tipo (dois comprimentos, duas áreas, dois volumes)." O sentido dessa definição só será compreendido com a leitura da definição 5, que veremos adiante, na qual é considerada a relação entre duas razões. O livro V dos *Elementos* estuda a proporcionalidade entre grandezas, que sabemos ser distinta da noção de razão. Dito de outro modo, os enunciados desse livro não fornecem nenhum significado às razões $a{:}b$ e $c{:}d$ separadamente, mas apenas ao fato de estarem em uma relação de proporcionalidade $a{:}b :: c{:}d$ (a está para b assim como c está para d).

Hoje, a noção de razão atribui um significado independente para $a{:}b$ que pode ser relacionado a uma fração, uma vez que as grandezas são associadas a números pela medida. Essa identificação é problemática no contexto dos *Elementos*, já que nem toda grandeza pode ser associada a um número. A noção de razão aritmética também não é definida explicitamente no livro VII, apesar de aparecer frequentemente do livro VII ao livro IX. A terminologia mais empregada é a de que duas coisas "estão uma para a outra assim como". Temos um exemplo disso na proposição 1 do livro VI: "Triângulos, e paralelogramos, com a mesma altura estão um para o outro assim como suas bases."

A teoria das proporções entre quatro grandezas, exposta no livro V, é creditada ao matemático grego Eudoxo, discípulo de Platão, nascido em torno de 400 a.E.C. Esse livro trata da teoria abstrata das razões e proporções, que servirá para o estudo das proposições geométricas do livro VI. Uma das motivações de Eudoxo pode ter sido aprimorar os procedimentos infinitos usados por Hipócrates em sua medida do círculo. O uso de processos que tendem ao infinito será efetuado por Arquimedes, usando sequências de aproximações finitas da área do círculo por polígonos. A teoria das proporções de Eudoxo teria como objetivo enunciar teoremas gerais sobre proporções que valessem também para grandezas incomensuráveis, ou seja, que generalizassem os resultados obtidos por matemáticos mais antigos, como Hipócrates, Arquitas e Teeteto. Logo no início do livro V, constam as seguintes definições:

Definição V-3
Uma razão é a relação de certo tipo concernente ao tamanho de duas magnitudes de mesmo gênero.

Definição V-4
Magnitudes são ditas ter uma razão entre si, aquelas que multiplicadas podem exceder uma à outra.

Definição V-5
Magnitudes são ditas estar na mesma razão, uma primeira para uma segunda e uma terceira para uma quarta, quando os mesmos múltiplos da primeira e da terceira ou, ao mesmo tempo, excedam, ou, ao mesmo tempo, sejam iguais, ou, ao mesmo tempo, sejam inferiores aos mesmos múltiplos da segunda e da quarta, relativamente a qualquer tipo que seja de multiplicação, cada um de cada um, tendo sido tomados correspondentes.

Definição V-6
E as magnitudes, tendo a mesma razão, sejam ditas em proporção.

A definição 3 deixa claro que o conceito de razão é aplicado a grandezas homogêneas. Assim, importa observar a natureza da grandeza, não podendo haver razão entre um comprimento e uma área. Ainda que a razão diga respeito à quantidade, ela não será sempre calculável como um número.

A definição 4 fornece um critério operatório para determinar se duas grandezas possuem uma razão: para que duas grandezas a e b possuam uma razão entre elas, é preciso que haja ao menos um par de inteiros, m e n, tal que $ma > b$ e $nb > a$. Isso significa que as grandezas podem ser comparadas se uma se tornar maior que a outra, ao ser multiplicada por um número inteiro. Tal situação só ocorre quando elas são homogêneas, ou seja, de mesmo tipo. Se multiplicarmos, por exemplo, um segmento de reta por um número, nunca obteremos uma área, e sim outro segmento de reta. Concluímos daí que não é possível estabelecer razões entre essas grandezas, uma vez que elas não são do mesmo tipo.

Em seguida, será necessário comparar duas razões distintas entre grandezas de mesmo tipo. O método atual para comparar duas razões identifica cada razão a uma fração, e a proporção a uma comparação entre números. Mas, para os gregos, $\frac{a}{b}$ não era um número. Sendo assim, nosso método não pode ser usado. Em outras palavras, para comparar $\frac{a}{b}$ a $\frac{c}{d}$ não é possível usar o argumento de que $\frac{a}{b} = \frac{c}{d}$ se somente se $ad = bc$. A definição 5 fornecerá justamente o critério de comparação de duas razões entre grandezas, que tentamos traduzir em uma linguagem mais familiar:

Adaptação da definição V-5 para a nossa linguagem

Concluímos que $a:b :: c:d$ se e somente se para todo par de inteiros positivos m e n tivermos um dos casos abaixo:

(i) se $ma < nb$ então $mc < nd$

(ii) se $ma = nb$ então $mc = nd$

(iii) se $ma > nb$ então $mc > nd$

O segundo caso só é possível se a e b, por um lado, e c e d, por outro, forem comensuráveis. Vamos tentar entender todos os casos dessa definição por meio de exemplos – que não foram dados nem por Euclides nem por Eudoxo, e sim inventados por nós com objetivo pedagógico.

Queremos saber quando quatro segmentos de reta podem ser ditos proporcionais. Tomemos a, b, c e d na Ilustração 19:

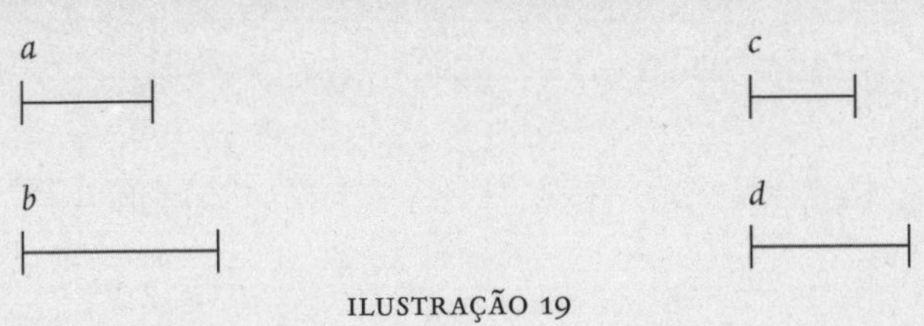

ILUSTRAÇÃO 19

Suponhamos, em um primeiro momento, que $a:b :: c:d :: 2:3$. Nesse caso, multiplicando a por 3 e b por 2 temos dois segmentos iguais, e o mesmo vale para c e d, como mostra a Ilustração 20.

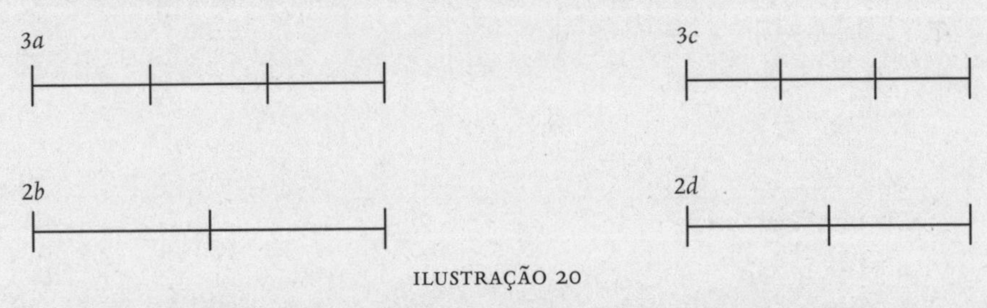

ILUSTRAÇÃO 20

Sabemos que se os segmentos a e b são comensuráveis sua razão pode ser identificada a uma razão entre inteiros. Logo, sempre conseguiremos multiplicar cada um desses segmentos por um número, de modo a que seus múltiplos se tornem iguais. Na definição atual, os segmentos a, b, c e d são proporcionais se a razão entre a e b é igual à razão entre c e d. Isso significa que, multiplicando a e b, respectivamente, pelos mesmos números inteiros que multiplicarem c e d, obteremos também dois segmentos iguais (entre si), como na Ilustração 20.

E o mesmo vale para dois segmentos de reta quaisquer? Vamos supor agora que a, b, c e d meçam, respectivamente, 1, $\sqrt{2}$, $\frac{1}{2}$, e $\frac{\sqrt{2}}{2}$. Isso é importante para entender o papel dos inteiros m e n na definição, apesar de sabermos que os gregos não associavam, nessa época, grandezas a números. Começaremos supondo, como anteriormente, que $m = 3$ e $n = 2$. Mas não obteremos o mesmo resultado, pois $3a$ e $2b$ não serão iguais. Esse fato é ilustrado em seguida.

Como multiplicamos a e c por 3 e b e d por 2, os quatro segmentos ma, nb, mc, e nd medirão, respectivamente: 3, $2\sqrt{2} = 2{,}82\ldots$, $\frac{3}{2} = 1{,}5$ e $\sqrt{2} = 1{,}41\ldots$.

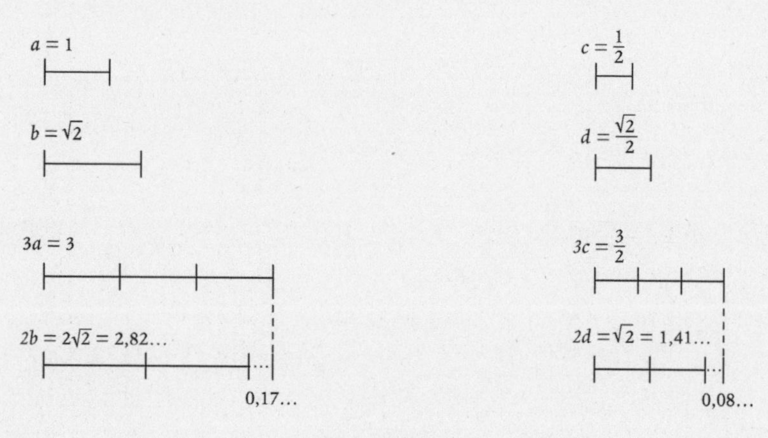

ILUSTRAÇÃO 21

Obtemos, assim, que $3a > 2b$ e $3c > 2d$. Podemos estimar que a diferença $3a - 2b = 3 - 2{,}82\ldots = 0{,}17\ldots$ seja o dobro da diferença $3c - 2d = 1{,}5 - 1{,}41\ldots = 0{,}08\ldots$.

Vamos mudar agora os valores de m e n, supondo que $m = 7$ e $n = 5$. Dessa forma, obtemos quatro segmentos medindo, respectivamente, 7, $5\sqrt{2} = 7{,}07\ldots$, $\frac{7}{2} = 3{,}5$ e $5\frac{\sqrt{2}}{2} = 3{,}53\ldots$. Temos agora que $7a < 5b$ e $7c < 5d$. A diferença entre os dois últimos é metade da diferença entre os dois primeiros.

ILUSTRAÇÃO 22

Observemos a diferença entre as Ilustrações 21 e 22. Na Ilustração 21, para $m = 3$ e $n = 2$, tivemos que $ma > nb$ e $mc > nd$. No exemplo da Ilustração 22, para $m = 7$ e $n = 5$, tivemos $ma < nb$ e $mc < nd$. A ideia por trás da afirmação de que os quatro segmentos *a*, *b*, *c* e *d* são proporcionais é a de que expandindo (ou contraindo) os dois primeiros de certa quantidade, os dois outros também serão expandidos (ou contraídos) da mesma quantidade. Ou seja, tudo que acontecer com os dois primeiros deve acontecer com os outros dois. Se multiplico o primeiro, *a*, por *m*, e o segundo, *b*, por *n*, tudo pode acontecer (os segmentos obtidos podem ser iguais, *ma* pode ser maior ou menor que *nb*). O que importa é que o mesmo aconteça para *mc* e *nd*. E isso para quaisquer números inteiros *m* e *n*.

Esse é o sentido da definição 5 do livro V, utilizada na resolução de diversos problemas na matemática grega, dos quais os mais célebres são os relativos ao cálculo de comprimentos e áreas de figuras curvilíneas. Com essa definição, a comparação de razões adquire um caráter geométrico. Os objetos matemáticos, na época, podiam ser números, grandezas, razões entre números e razões entre grandezas. A homogeneidade desses objetos só existirá quando a razão entre duas grandezas quaisquer puder ser identificada a um número, o que só será possível muitos séculos mais tarde, com a definição dos números reais, abordada no Capítulo 7.

Arquimedes, outros métodos

Arquimedes é um dos matemáticos mais conhecidos do período pós-euclidiano. Seus livros possuem uma estrutura bastante distinta daquela que caracteriza os *Elementos* de Euclides e seus métodos não reproduzem o padrão euclidiano. Não se percebe em seus trabalhos uma preocupação nem em usar nem em defender um método de tipo axiomático, e a forma como expõe seus resultados não parece ter sofrido influência do estilo dos *Elementos*. Sem se restringir a nenhuma determinação *a priori*, Arquimedes usa métodos não euclidianos, como a *neusis*, mesmo quando uma construção com régua e compasso é viável. Conforme sugere Knorr, ao invés de estender ou generalizar a estrutura axiomática da matemática, Arquimedes parecia estar mais preocupado em comunicar novas descobertas relativas à resolução de problemas geométricos. Em alguns prefácios, ele toma o cuidado de distinguir os procedimentos heurísticos de descoberta dos procedimentos de demonstração.

No início de sua obra intitulada *Quadratura da parábola*, em uma carta a Dositheus, Arquimedes afirma que pretende comunicar "um certo teorema geométrico que não foi investigado antes e que foi agora investigado por mim e que eu descobri, primeiramente, por meio da mecânica, e que foi exibido, em seguida, por meio da geometria". Esse tipo de procedimento fica ainda mais claro no livro *O método dos teoremas mecânicos*, encontrado apenas em 1899 e escrito para Eratóstenes, em que Arquimedes explica:

> Pensei que seria apropriado escrever-lhe neste livro sobre um certo método por meio do qual você poderá reconhecer certas questões matemáticas com a ajuda da mecânica. Estou convencido de que ele não é menos útil para encontrar provas para os mesmos teoremas. Algumas coisas, que se tornaram claras para mim, em primeiro lugar, pelo método mecânico, foram provadas geometricamente em seguida, uma vez que a investigação pelo referido método não fornece, de fato, uma demonstração. No entanto, é mais fácil encontrar a prova quando adquirimos previamente, pelo método, algum conhecimento das questões do que encontrá-la sem nenhum conhecimento prévio.[11]

Arquimedes empregava uma balança abstrata que deveria equilibrar figuras geométricas equivalentes. O objetivo era defender um método que permitisse entender certas realidades matemáticas por meio da mecânica, ainda que esse método possibilitasse apenas a descoberta de propriedades que deveriam ser, em seguida, demonstradas geometricamente. Sabemos, hoje, que alguns dos resultados demonstrados geometricamente por Arquimedes eram obtidos de modo puramente mecânico. Haveria, portanto, uma distinção entre métodos de descoberta, que poderiam ser mecânicos, e métodos de demonstração, que deveriam ser *puramente geométricos*.[12] Observamos, no entanto, no trecho acima transcrito, um gesto defensivo que parecia ter como objetivo proteger-se de possíveis críticas por parte do meio geométrico da época.

Em seus estudos sobre os trabalhos de Arquimedes, Knorr aventa a hipótese de que, no lugar de contribuir para o progresso da matemática, a ênfase no formalismo parecia distrair os geômetras do que realmente importava. A comunidade dos pensadores alexandrinos, que se formou no período pós-euclidiano, estava mais interessada em criticar detalhes das demonstrações do que em fornecer novos resultados, o que será abordado no Capítulo 4. Em diversas ocasiões, Arquimedes manifestou, de modo sutil, sua impaciência com esses formalistas que influenciaram a história da geometria grega. Analisaremos, agora, alguns resultados de Arquimedes tendo em vista expor a multiplicidade de métodos para resolver problemas geométricos presentes em sua obra.

A *neusis* e a espiral de Arquimedes

Uma das soluções para o problema da trissecção do ângulo emprega o método da "intercalação", ou *neusis*, que, literalmente, quer dizer "inclinação". Esse procedimento, amplamente usado por Arquimedes, não se encaixava nos padrões euclidianos, pois necessitava de uma reta graduada. O exemplo a seguir encontra-se na *Coleção matemática* de Pappus:[13]

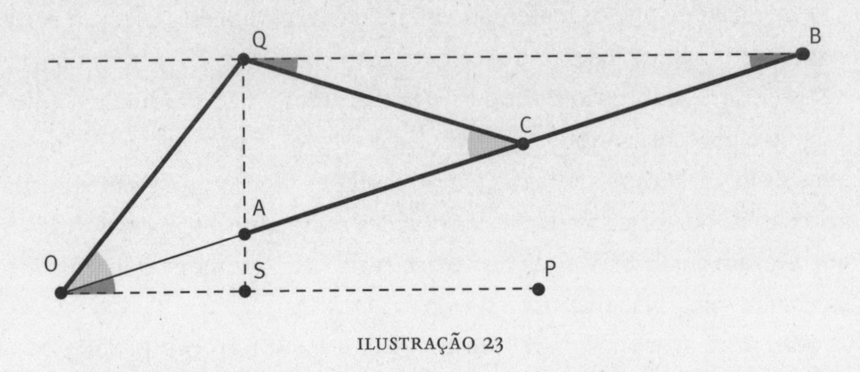

ILUSTRAÇÃO 23

Seja um ângulo PÔQ. Traçamos por Q uma paralela a OP e uma perpendicular que corta OP em S. Intercalamos em seguida, entre os dois segmentos que formam o ângulo PÔQ, um segmento que vai de O até um ponto na paralela traçada, de modo que a distância entre sua interseção A com a perpendicular e sua interseção B com a paralela seja o dobro de

OQ (ou seja, AB = 2OQ). O ângulo $P\hat{O}A$ divide o ângulo $P\hat{O}Q$ em três. Na Ilustração 23, os segmentos de mesma cor têm o mesmo comprimento; e os ângulos de mesma cor têm a mesma medida.

Demonstração: Unimos Q ao ponto médio C de AB. Observamos que o triângulo BQA é retângulo e, como C divide AB em duas partes iguais, QC é a mediana em relação à hipotenusa AB de um triângulo retângulo. Logo, QC é igual a AC. Temos assim que o triângulo OQC é isósceles e os ângulos $Q\hat{O}A$ e $Q\hat{C}A$ são iguais. Mas o triângulo QCB também é isósceles e, como o ângulo $Q\hat{C}B$ = 2 retos − $A\hat{C}Q$ = 2 retos − $Q\hat{B}C$ − $C\hat{Q}B$ = 2 retos − $2Q\hat{B}C$, uma vez que $Q\hat{B}C$ e $C\hat{Q}B$ são iguais. Podemos concluir, então, que $Q\hat{O}A = A\hat{C}Q = 2Q\hat{B}C$. Como o ângulo $Q\hat{B}C$ é igual ao ângulo $S\hat{O}A$, temos que $S\hat{O}A = \frac{P\hat{O}Q}{3}$. Conseguimos, desse modo, encontrar o ângulo que divide em três o ângulo original $P\hat{O}Q$.

O procedimento de *neusis* usado nessa construção permite intercalar um segmento de certo comprimento, no caso, AB, entre duas retas (ou, de modo geral, entre duas curvas), ajustando-o empiricamente às condições do problema. A única exigência é que essa construção "funcione". Não há evidências de que os matemáticos que empregavam esse método encarassem seus resultados como incorretos. Ao contrário, há mesmo alguns casos em que a solução pode ser feita com régua não graduada e compasso e o procedimento de intercalação é escolhido por tornar a solução mais simples. Foram muitas as tentativas de resolução que empregavam novos métodos na construção de soluções para os problemas clássicos e que usavam a *neusis*, cônicas ou outras curvas e instrumentos mecânicos inventados especificamente para esse fim.

Veremos, agora, a solução por meio da "espiral de Arquimedes":

Definição de espiral proposta por Arquimedes: Se uma linha reta traçada em um plano se move uniformemente em torno de uma extremidade fixa e retorna à sua posição de partida, e se ao mesmo tempo em que a reta se move (uniformemente) um ponto, partindo da origem, se move (uniformemente) sobre a reta, esse ponto irá descrever uma espiral no plano.

A partir dessa definição, temos que a espiral é uma curva gerada por um ponto que se move sobre um segmento de reta com velocidade constante ao mesmo tempo em que esse segmento de reta se move, também com velocidade constante, circularmente, com uma extremidade fixa e a outra sobre uma circunferência.

A principal propriedade da espiral, que é bastante útil para problemas de construção, reside em associar uma razão entre arcos (ou ângulos) a uma razão entre segmentos. A espiral estabelece uma proporcionalidade entre uma distância em linha reta e uma medida angular, o que permite reduzir o problema de seccionar um ângulo ao problema mais simples de seccionar um segmento de reta. A distância entre a origem e um ponto sobre a espiral é proporcional ao ângulo formado pela reta inicial e pela reta que compõe esse ângulo. Essa é exatamente a propriedade expressa, em linguagem atual, pela equação polar da espiral, que pode ser escrita na forma $r = a\theta, \theta \geqslant 0$.

Depois da definição mecânica, Arquimedes define a propriedade fundamental da espiral, considerando a espiral com extremidades em O e R e o círculo correspondente de raio OR (ver Ilustração 24). Se dois segmentos de reta, OO_2 e OO_1, são traçados da origem O até dois pontos na espiral, e se esses segmentos, prolongados, cortam o círculo, respectivamente, em R_2 e R_1, tem-se, segundo Arquimedes, que esses segmentos estarão entre eles na mesma razão dos arcos de circunferência correspondentes.

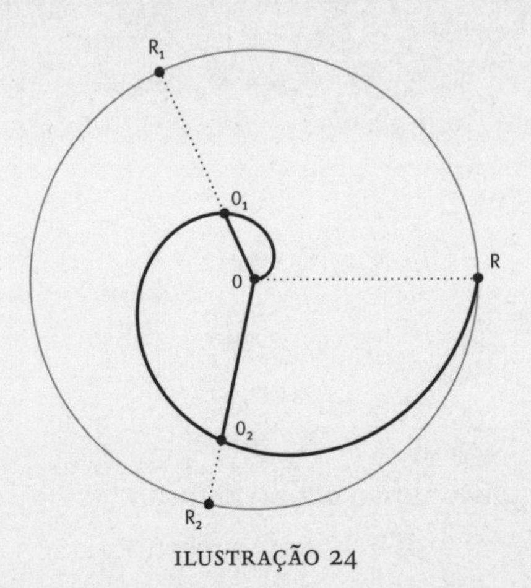

ILUSTRAÇÃO 24

Ou seja, na Ilustração 24, $OO_2 : OO_1 :: \text{arco } RR_2 : \text{arco } RR_1$ (medidos no sentido anti-horário). Isso porque, quando a reta OR gira em torno de O, os pontos R_1 e R_2 se movem uniformemente sobre a circunferência, enquanto os pontos O_1 e O_2 se movem uniformemente sobre o segmento de reta OR. Sendo assim, se quando R chega em R_1 o ponto O chega em O_1, quando R chega em R_2 o ponto O chega em O_2.

Como mencionado, dividir um ângulo em três partes iguais era um dos problemas mais importantes da geometria grega. Sabemos dividir um ângulo em duas partes iguais com régua e compasso, mas muitas foram as tentativas frustradas de encontrar um procedimento análogo para a trissecção do ângulo. Uma das motivações da espiral de Arquimedes é justamente apresentar uma solução para este problema:

Seja o ângulo PÔQ que desejamos dividir em três. Na Ilustração 25, marco os pontos Q_1 e Q_2 de modo que cortem OQ em três partes iguais e traço a espiral gerada por um ponto em OT_0. Traçamos, então, dois arcos de circunferência com centro em O e com raios OQ_1 e OQ_2 que cortarão o trecho de espiral que vai de O a Q em dois pontos, O_1 e O_2. As retas OO_1 e OO_2 trissectam o ângulo PÔQ.

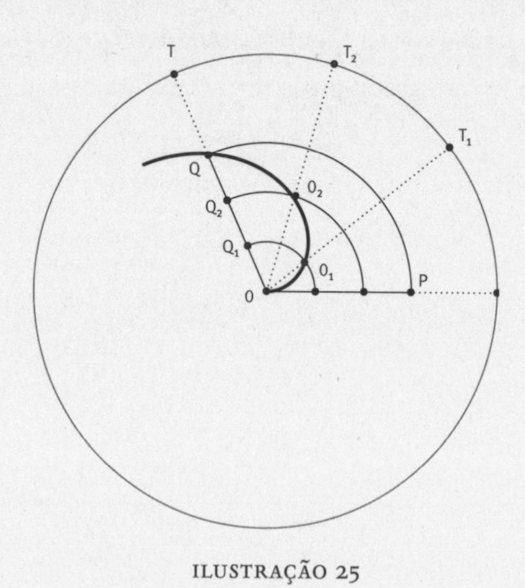

ILUSTRAÇÃO 25

Demonstração: Traçamos uma circunferência de raio OT_0, que define a espiral, e marcamos os pontos T_1 e T_2 sobre essa circunferência prolongando

OO_1 e OO_2. Marcamos, ainda, os pontos T_0 e T como prolongamentos de OP e OQ, respectivamente. Pela propriedade da espiral, o arco de circunferência T_0T_1 está para o arco T_0T assim como o segmento OO_1 está para o segmento OQ, mas por construção $OO_1 = OQ_1 = \frac{OQ}{3}$, o que demonstra que o segmento OO_1 trissecta o ângulo PÔQ. Ou seja, o arco T_0T_1 divide T_0T em três. O mesmo raciocínio pode ser feito para o segmento OO_2.

Essa solução serve para dividir um ângulo em um número *n* qualquer de partes, bastando dividir também o segmento inicial em *n* partes. No entanto, essa solução é mecânica, uma vez que é gerada por dois movimentos combinados, e leva em consideração a velocidade. Portanto, não seria aceita como uma solução geometricamente satisfatória pelos padrões euclidianos. Tal limitação, no entanto, não impediu que os matemáticos da época explorassem construções desse tipo em problemas não elementares.

Processos infinitos e área do círculo

Os métodos usados por Arquimedes no estudo de áreas de figuras curvilíneas indicam uma influência de Eudoxo, como sugere Knorr.[14] Tal estudo girava em torno do problema da quadratura do círculo. O método de Eudoxo, do século V a.E.C., consistia em inscrever polígonos regulares em uma figura curvilínea, como um círculo, e ir dobrando o número de lados até que a diferença entre a área da figura e a do polígono inscrito se tornasse menor do que qualquer quantidade dada. Arquimedes propôs um refinamento desse método, comprimindo a figura entre duas outras cujas áreas mudam e tendem para a da figura inicial, uma crescendo e outra decrescendo. A área de um círculo, por exemplo, era envolvida por polígonos inscritos e circunscritos, de modo que, aumentando-se o número de lados, suas áreas se aproximavam da área da circunferência. Ou seja, a diferença entre as áreas dos dois polígonos deve poder ser tornada menor do que qualquer quantidade dada quando o número de lados aumenta. Por essa razão afirma-se que Arquimedes usava um método indireto para a medida da área de figuras curvilíneas.

No século XVII, esse tipo de procedimento ficou conhecido como "método da exaustão". Essa nomenclatura, no entanto, não é a mais adequada, uma vez que o método se baseia justamente no fato de que o infinito não pode ser levado à exaustão, isto é, não admite ser exaurido – pois por mais que nos aproximemos, nunca chegamos até ele. Analisaremos, em seguida, o modo como Arquimedes "calculava" a área de um círculo na primeira proposição de um de seus livros mais antigos: *Medida do círculo*. "Calcular" está entre aspas porque essa proposição é uma maneira de determinar a área do círculo encontrando uma figura retilínea, um triângulo, no caso, cuja área seja igual à área do círculo. Esse foi um dos resultados mais populares de Arquimedes em sua época, e o procedimento é análogo ao empregado na proposição XII-2 dos *Elementos* de Euclides, atribuída a Eudoxo.

A demonstração usa um princípio fundamental conhecido como "lema de Euclides", enunciado na proposição 1 do livro X. Esse princípio já era utilizado por Eudoxo e talvez tenha sido usado sem demonstração nos primeiros estágios de sua geometria. Discípulos posteriores podem ter procurado prová-lo seguindo os padrões da época e dando origem à versão que enunciaremos aqui.*

Proposição X-1 (lema de Euclides)
Sendo expostas duas magnitudes desiguais, caso da maior seja subtraída uma maior do que a metade e, da que é deixada, uma maior do que a metade, e isso aconteça sempre, alguma magnitude será deixada, a qual será menor do que a menor magnitude exposta.

Em outras palavras, dadas duas grandezas A e B (vamos supor que $A > B$), se subtrairmos uma terceira grandeza C_1 de A, sendo C_1 maior que a metade de A, obteremos R_1. Continuando o processo, se subtrairmos uma outra grandeza C_2 de R_1, sendo C_2 maior que a metade de R_1, obte-

* Seu conteúdo também pode ser comparado ao "axioma de Arquimedes", que trata de grandezas contínuas.

remos R_2. Procedendo assim, para *n* suficientemente grande, obteremos uma grandeza R_n menor que a grandeza B dada inicialmente. A proposição garante, então, que podemos tornar a diferença R_n menor do que qualquer grandeza dada. A Ilustração 26 representa esse processo, considerando segmentos de retas como grandezas para uma situação em que o resultado é atingido em duas etapas.

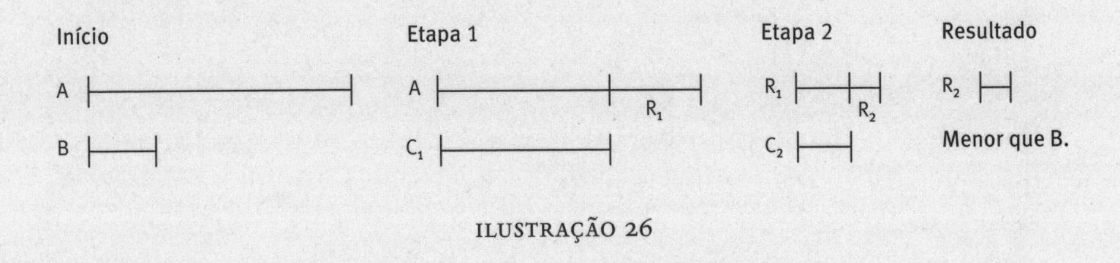

ILUSTRAÇÃO 26

Veremos como esse lema é usado para se determinar a área do círculo.

Proposição 1 (Arquimedes)
A área de um círculo é igual à do triângulo retângulo no qual um dos lados que formam o ângulo reto é igual ao raio e o outro lado que forma o ângulo reto é a circunferência deste círculo.

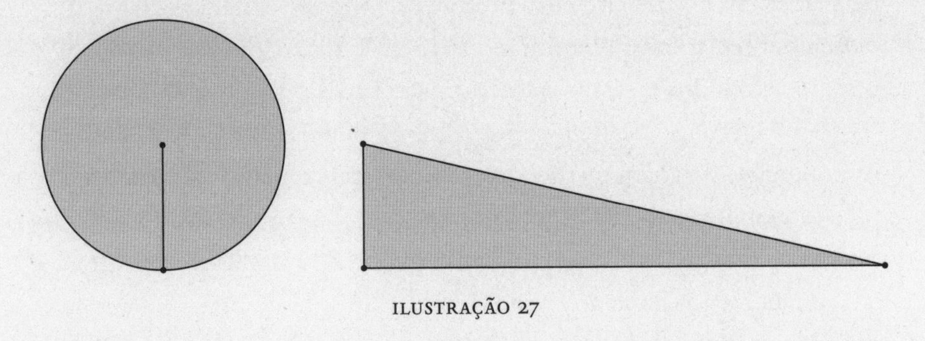

ILUSTRAÇÃO 27

Demonstração: A ideia principal é estudar a área do círculo usando as áreas de polígonos regulares inscritos e circunscritos, cujos lados são sucessivamente duplicados. Cada polígono é uma união de triângulos, logo, a área do polígono é igual à área de um triângulo cuja altura é o apótema e cuja base é o perímetro. Assim, se o apótema é o raio do círculo e se o perímetro do polígono é o perímetro da circunferência, temos o teorema.

Sejam C e T as áreas do círculo e do triângulo e I_n e C_n polígonos de n lados, respectivamente inscritos e circunscritos na circunferência, como na Ilustração 28.

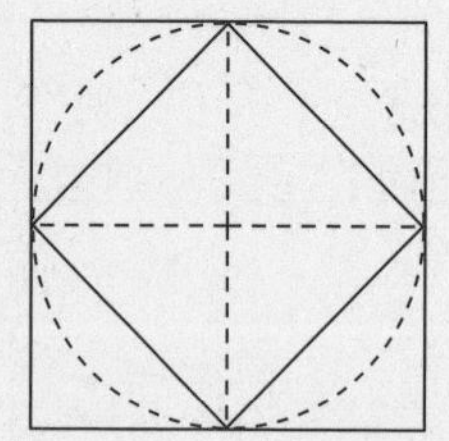
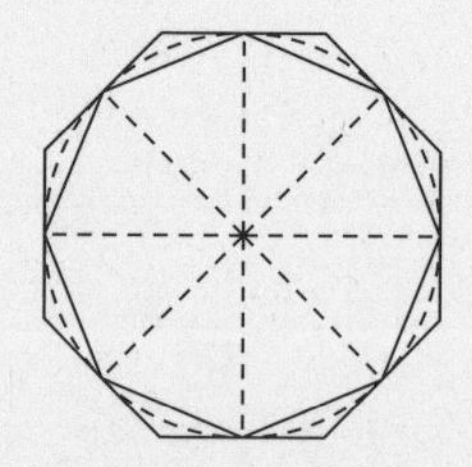
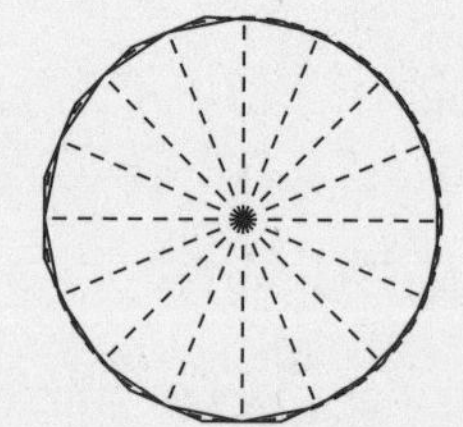

ILUSTRAÇÃO 28

Vamos supor $C > T$ e $C < T$ e obter contradições, o que mostra que $C = T$. Supomos inicialmente $C > T$. Nesse caso, podemos obter uma quantidade $d = C - T > 0$. Sabemos, ainda, que I_n tem a mesma área do triângulo retângulo no qual os lados que formam o ângulo reto são iguais, respectivamente, ao apótema e ao contorno do polígono regular de n lados inscrito no círculo (a área desse polígono é metade do produto de seu perímetro pelo comprimento do apótema). Como os apótemas e os perímetros dos polígonos inscritos são sucessivamente menores que o raio e a circunferência do círculo, isto é, menores do que os lados correspondentes do triângulo de área T, é possível concluir que $\acute{a}rea(I_n) < T$ para todo n. Logo, $\acute{a}rea(I_n) < T < C$.

Como $\acute{a}rea(I_n) < C$, existe uma quantidade $k_n = C - \acute{a}rea(I_n)$. Veremos adiante, usando o lema de Euclides, que quando aumentamos o número de lados do polígono essa quantidade pode ser tornada menor do que qualquer quantidade dada. Logo, para n suficientemente grande, é possível obter $k_n < d$. Mas a $\acute{a}rea(I_n) < T < C$, logo, $d = C - T < C - \acute{a}rea(I_n) = k_n$, o que leva à contradição.

Resta mostrar que as condições da proposição *X-1* de Euclides são satisfeitas. Em outras palavras, para concluir que k_n pode ser tornada menor que qualquer quantidade dada, temos de mostrar que, ao duplicar o número de lados do polígono, estamos retirando dessa quantidade mais que a sua metade.

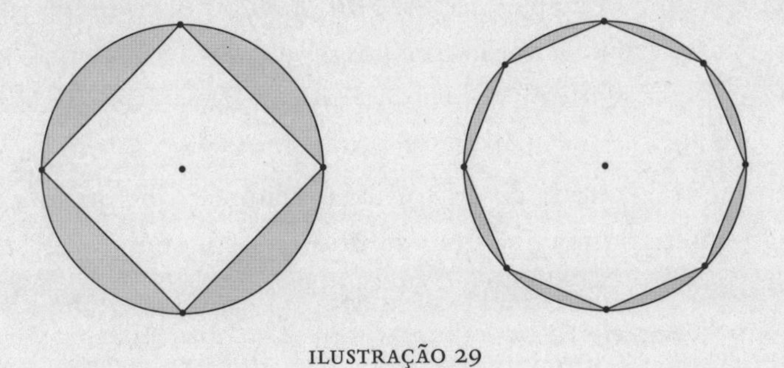

ILUSTRAÇÃO 29

Isso significa mostrar que o excesso entre a área da circunferência e do polígono de $2n$ lados é menor do que a metade do excesso entre a área da circunferência e do polígono de n lados, ou seja, $k_{2n} < \frac{k_n}{2}$. Mas quando um arco de círculo é subdividido, o excesso é diminuído de um fator maior que 2. Isso é demonstrado por Euclides na proposição XII-2, do modo como se segue:

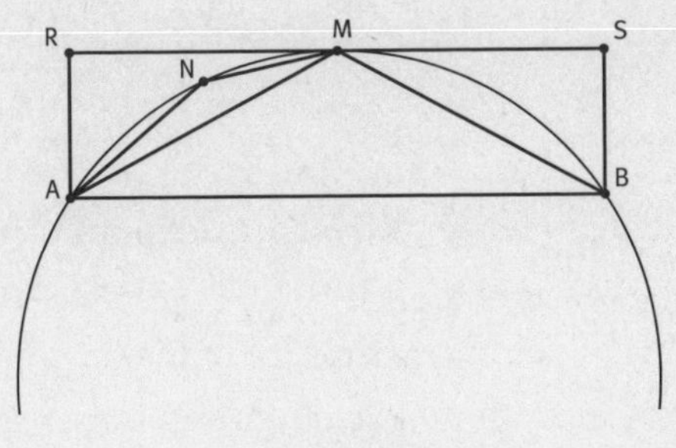

ILUSTRAÇÃO 30

Seja M o ponto médio do arco de circunferência AMB (como na Ilustração 30) e seja o triângulo AMB formado por dois lados do polígono inscrito na circunferência. Se RS é o lado do polígono circunscrito, a área do triângulo AMB é metade da área do retângulo ARSB, logo, é maior do que a metade da área do segmento circular AMB, uma vez que o retângulo é formado por um pedaço do lado do polígono circunscrito à circunferência. Sendo assim, subtraindo do segmento circular AMB o triângulo

AMB, retiramos uma figura com área maior do que a metade da área do segmento circular.

Repetindo o procedimento, por exemplo, para um triângulo ANM, formado por dois lados (na Ilustração 30) de um polígono inscrito com o dobro do número de lados do polígono precedente, podemos sempre retirar da área que resta uma quantidade maior do que a metade da área do segmento circular original. Sendo assim, a diferença k_n entre a área do círculo e a do polígono pode ser tornada menor do que qualquer quantidade dada. Isso mostra que quando dobramos o número de lados do polígono o excesso entre a área do círculo e a do polígono é diminuído por um fator maior que 2.

Voltando à demonstração da proposição 1 de Arquimedes, isso implica que podemos tomar $k_n < d$ no argumento anterior. Para finalizar a demonstração, supomos agora que C < T e vamos encontrar novamente uma contradição. Se C < T, temos $d = T - C > 0$. O argumento é análogo, usando polígonos circunscritos, o que demonstra a proposição.

Na obra de Arquimedes, um processo infinito análogo a esse é utilizado para estabelecer limites para a razão entre a circunferência e o raio do círculo, ou seja, para a quantidade que chamamos hoje de π.

Panorama da transição do século III a.E.C. para o século II a.E.C.

O final do século III a.E.C. foi o período de maior popularidade dos três problemas clássicos (quadratura do círculo, duplicação do cubo e trissecção do ângulo). Esses problemas constituem o ponto comum dos trabalhos de diversos geômetras da época, como Eratóstenes, Nicomedes, Hípias, Diocles, Dionysodorus, Perseus e Zenodorus. Apesar de a maioria das fontes que continham esses trabalhos não ter sido preservada, há evidências de aplicações da geometria a problemas de astronomia, óptica, geografia e mecânica. Além disso, esses geômetras parecem ter sofrido influência direta de Arquimedes, o que pode ser constatado pelo uso de métodos mecânicos, como a espiral (e outras curvas geradas por movimentos mecânicos), e de diversos tipos de *neusis*. Contudo, nota-se também que eles se distanciaram um pouco do estilo de Arquimedes, uma vez que se dedicaram à procura de métodos alternativos em suas construções, indicando uma possível necessidade de ir além dos procedimentos disponíveis na época.

Os escritos de Euclides ofereciam uma alternativa, mas sua exploração demandava técnicas de natureza muito distinta, o que talvez ultrapassasse as possibilidades dessa geração imediatamente posterior a Arquimedes. Na verdade, a busca de novos métodos de construção inspirados no paradigma euclidiano serviu de motivação para os trabalhos de Apolônio desenvolvidos na virada do século III a.E.C. para o século II a.E.C. Acredita-se que ele tenha começado a redigir sua obra mais conhecida, *Cônicas*, por volta do ano 200 a.E.C.[15]

Nessa obra, Apolônio define as seções cônicas do modo mais geral possível, como seções de cones, usando métodos muito característicos dos *Elementos* de Euclides. Em particular, aqueles que dizem respeito à aplicação de áreas, que deram origem aos nomes dos diferentes tipos de cônica: parábola, hipérbole e elipse. Apolônio segue o estilo formal dos *Elementos* até nos detalhes do enunciado de certas proposições. Seus resultados parecem exprimir a tentativa de estender e tornar rigorosos os métodos antigos empregados no estudo de cônicas, desenvolvidos por Euclides (em sua obra sobre as cônicas) e Arquimedes. Uma das preocupações de Apolônio era apresentar soluções por meio de cônicas para os problemas clássicos, como a duplicação do cubo e a trissecção do ângulo, a fim de eliminar as soluções por *neuses* e por curvas especiais usadas por Arquimedes e outros.

A diversidade de métodos utilizados na resolução de problemas geométricos até o século III a.E.C. revela que, até esse estágio do desenvolvimento da matemática, o importante era resolver os problemas por qualquer técnica disponível. Esse *Leitmotiv* marcou a tradição grega de resolução de problemas geométricos. Com Apolônio, esse panorama começou a se transformar. Mesmo que tenha fornecido, ele mesmo, uma construção da duplicação do cubo por meio da *neusis*, Apolônio preferia claramente soluções usando cônicas, figuras definidas a partir de proposições de estilo euclidiano que dependiam de resultados centrais expostos nos *Elementos*. Por exemplo: as soluções da trissecção do ângulo por meio da espiral de Arquimedes e da *neusis* não eram consideradas satisfatórias, e Apolônio propôs uma construção com a hipérbole.

Os trabalhos de Arquimedes apresentam uma diversidade de aplicações do método da *neusis* em construções que também podiam ser realizadas com régua e compasso. A popularidade dessas *neuses* demonstra a vasta presença de métodos de construção não euclidianos nos trabalhos de Arquimedes e seus seguidores. Além dessas técnicas, a ênfase de Arquimedes na investigação dos procedimentos de Eudoxo contrasta com o tipo de pesquisa característico de Euclides e Apolônio, marcado pelo estudo de lugares geométricos e pelo uso de cônicas. Os métodos de resolução de problemas utilizados por Euclides foram consolidados por Apolônio no período seguinte, ao passo que os procedimentos de Arquimedes só encontrariam seguidores bem mais tarde, por volta dos séculos XVI e XVII.

Pode datar do período de transição entre os séculos III a.E.C. e II a.E.C. a tentativa de regularização dos métodos de construção para problemas geométricos, quando os matemáticos teriam buscado construir somente por métodos planos (usando a régua e o compasso) ou por métodos sólidos (usando seções cônicas) soluções já conhecidas por outros meios. Na época de Apolônio, o campo da geometria estava desenvolvido a tal ponto que pode ter se tornado interessante regularizar os métodos de resolução de problemas para tornar as técnicas de construção mais formais. A consideração de classes distintas de problemas – como a dos planos, sólidos e lineares – ajudava a compreender o escopo dos métodos usados para abordá-los. Isso explicaria o esforço para reduzir outros tipos de construção a um desses três. Sendo assim, descrever os tipos de problema existentes podia ser conveniente para organizar a pesquisa. No entanto, a divisão dos problemas em três tipos só foi explicitada no Comentário de Pappus, no terceiro século da Era Comum, e podia ser de ordem descritiva, mais do que normativa.

Os escritos da época helenística, como os de Arquimedes, Fílon, Diocles e Apolônio, são precedidos por prefácios esclarecedores para a história da matemática. O texto propriamente dito tende a ser ordenado por meio de definições e axiomas, a partir dos quais os teoremas se encadeiam dedutivamente. Esse tipo de exposição não dá lugar a comentários heurísticos sobre como e para que aqueles resultados foram obtidos. Essas considerações, muitas vezes, são expressas nos prefácios.

O início do século II a.E.C. foi marcado por um declínio na atenção dos matemáticos aos problemas geométricos avançados, o que não representou uma decadência do campo matemático e sim um deslocamento de interesse em direção a outras áreas, como a trigonometria e os métodos numéricos. Devido à influência desses métodos nos trabalhos desenvolvidos pelos árabes durante a Idade Média, eles serão abordados no Capítulo 4, quando trataremos desse período histórico.

W. Knorr[16] tacha a escola de Alexandria, nos tempos de Arquimedes, de "academicista". Mesmo a composição dos *Elementos* de Euclides, para ele, se relaciona aos ideais da época e, sobretudo, aos seus objetivos pedagógicos. Essa abordagem privilegiava uma exposição sintética, tornando inacessível o procedimento heurístico da descoberta e menosprezando toda consideração concreta ou prática. Knorr contrasta essa tendência com outras obras alexandrinas mais tardias, como as *Métricas*, de Heron, o *Almagesto*, de Ptolomeu, e a *Aritmética*, de Diofanto. Em *Métricas*, Heron fornece regras aritméticas para computar áreas de diferentes tipos de figuras planas. Ao contrário dessa orientação pedagógica, a exposição de Euclides não dá nenhuma pista sobre a aplicação de seus teoremas a problemas práticos. A abordagem teórica, de inspiração euclidiana, seria característica do ensino nas escolas filosóficas, pois o estudante deveria aprender matemática por meio da contemplação e não pela prática.

Knorr chega a atribuir a paralisação do trabalho produtivo da geometria grega aos efeitos esclerosantes dessa pedagogia, típica da orientação escolástica dos pensadores da Alexandria antes do início da Era Comum. Logo, a divisão, proposta por Pappus, entre problemas planos (construídos com régua e compasso) e outros, sólidos ou mecânicos, não provém do tempo de Euclides. A resolução de problemas era a parte essencial da atividade geométrica na época de Euclides, Arquimedes e Apolônio, e a compilação do saber na forma de um conjunto de teoremas, uma atividade auxiliar. A visão de que os teoremas são superiores aos problemas tem origem em uma tradição bem posterior, conhecida atualmente por meio dos Comentários de Proclus, que datam do século V da nossa era.

RELATO TRADICIONAL

NOS LIVROS DE HISTÓRIA DA MATEMÁTICA é comum encontrarmos, depois da explanação das mais importantes contribuições gregas, referências a autores isolados, como Heron, Ptolomeu ou Diofanto. Em seguida, faz-se uma breve descrição da prática matemática em "outras culturas", como China e Índia, passando superficialmente pelos estudos dos árabes. Em livros mais antigos, a referência ao período chega a ser depreciativa, como em *The Development of Mathematics* (O desenvolvimento da matemática), de E.T. Bell, dos anos 1940. Ao capítulo sobre a geometria grega, dedicado à época na qual a matemática foi "firmemente estabelecida", seguem-se dois curtos capítulos: "A Depressão europeia" e "Desvio pela Índia, Arábia e Espanha". Em tempos recentes, não é comum cometer esses exageros, ainda assim as matemáticas chinesa, indiana e árabe são tratadas como exceções, em uma linha não diretamente relacionada à matemática teórica que nos foi legada pelos gregos.

Precariedade e excepcionalidade caracterizam a prática matemática entre Euclides e os renascentistas. Os árabes, por exemplo, são reconhecidos sobretudo como tradutores da matemática grega e transmissores dessa tradição na Europa, possibilitando que as obras gregas chegassem ao Ocidente e fossem vertidas para o latim no final da Idade Média. O período do Renascimento teria podido, assim, desfrutar a influência grega e dar os primeiros passos em direção ao desenvolvimento da matemática como a conhecemos hoje.

A história desse período de transição entre a matemática grega, de tipo axiomático, e o desenvolvimento da álgebra na Europa, entre os séculos XIV e XVI, é uma peça-chave na construção da tese de que nossa matemática é a legítima herdeira dos padrões gregos. A superioridade do caráter dedutivo dos *Elementos* de Euclides é reforçada pelo discurso sobre a suposta naureza prática da matemática na Antiguidade tardia e na Idade Média.

4. Revisitando a separação entre teoria e prática: Antiguidade e Idade Média

Como visto no Capítulo 3, a matemática grega era marcada pela prática de resolução de problemas, e o caráter teórico dos *Elementos* de Euclides pode não caracterizar um padrão da época. Nos relatos tradicionais, contudo, enfatiza-se que a cultura grega era marcada por uma divisão entre saber teórico e saber prático, e o pensamento de Platão é invocado frequentemente como prova de que o homem grego enxergava a matemática como um conhecimento superior ao do senso comum.

Talvez essa separação tenha sido o traço mais atraente do saber grego para os pensadores ocidentais que reconstruíram a história da matemática privilegiando seu caráter teórico. Como já mencionado, a matemática da atualidade seria, para eles, a legítima continuação do pensamento abstrato presente na geometria euclidiana, e entre as práticas transmitidas pelos árabes as mais valorizadas por esses historiadores são justamente aquelas que traduzem o ideal grego. As artes práticas e a mecânica têm um papel inferior.

À luz dos recentes questionamentos historiográficos, não podemos deixar de achar estranho o gigantesco salto, recorrente nos livros de história da matemática, registrado entre o século III a.E.C., quando viveu Euclides, e o século XV, quando a matemática voltou a se desenvolver na Europa. A ideia aqui é contribuir para a desconstrução de alguns mitos em torno do pensamento medieval, sobretudo aqueles que levaram à sua designação como "idade das trevas".

Dentre os matemáticos árabes, o mais famoso é Al-Khwarizmi, do século IX, importante personagem no desenvolvimento da álgebra. Tal afirmação pode soar estranha, pois se o papel dos árabes foi essencialmente transmitir a matemática grega, conforme nos ensina a história tradicional, e se esta era marcada pela geometria, como eles podiam ter conhecimentos algébricos significativos?

Os escritos árabes foram, de fato, influenciados por suas traduções de obras gregas. No entanto, não devem ser reconhecidos somente por terem disseminado a matemática praticada na Grécia antiga. Dentre suas contribuições destacam-se pontos importantes que vão além do que hoje chamamos de álgebra, abrangendo também a geometria, a astronomia e a trigonometria.[1] Contrapondo-se à tendência eurocentrista da visão tradicional, alguns historiadores mais recentes acabaram exagerando para o outro lado, ao defenderem que a matemática medieval do período islâmico já apresentava um desenvolvimento comparável ao da matemática moderna. Em suma, a questão é complexa e controvertida. Não sabemos sequer se é legítimo falar de "matemática árabe", ou se é melhor designar as contribuições desse período como "islâmicas", uma vez que nem todos os países dominados pelo islã eram árabes. Sendo assim, para evitar confusão, quando empregarmos aqui o termo "matemática árabe" estaremos nos referindo à matemática escrita em árabe.

De acordo com nossa abordagem, o mais importante na história da matemática árabe é o fato de ela ser exemplar para mostrar que a separação entre teoria e prática não é produtiva quando se deseja compreender as transformações ocorridas na matemática medieval. Neste capítulo mostraremos que a relação entre teoria e prática, ao longo da história da matemática, é muito mais complexa do que tem sido considerada. O período islâmico, por exemplo, foi marcado pela evidência de que práticas sociais e técnicas levaram a investigações teóricas e, em contrapartida, de que o pensamento científico podia e devia ser aplicado na prática. A necessidade de abordar a divisão entre teoria e prática e de analisar o papel dessa cisão no desenvolvimento da matemática exige que nos debrucemos mais sobre o contexto social e político da época. Sendo assim, considerações sobre história geral estarão mais presentes neste capítulo do que nos outros.

Começaremos descrevendo brevemente o período alexandrino, com o objetivo de discutir a divisão entre teoria e prática nos primeiros séculos de nossa era, ou seja, na Antiguidade tardia e na Idade Média. A história desse período é marcada por várias transferências de domínio político em um mesmo território. Primeiro, houve as transformações ocorridas no mundo grego. Em seguida, veio o império romano, quando Alexandria sofreu derrotas. O início da Idade Média tem sido tradicionalmente delimitado pela desintegração do império romano no Ocidente, no ano 476. A história desses eventos se mistura com a questão da fé religiosa, como se a racionalidade fosse uma conquista dos tempos posteriores ao Renascimento, conhecidos como a Idade da Razão. Mas que racionalidades existiram na Idade Média? Em vez de responder diretamente a essa pergunta, daremos alguns exemplos que mostram a singularidade desse período na história da matemática.

A concepção de que as artes práticas e a mecânica eram o "patinho feio" da ciência grega contradiz as lendas que exaltam as invenções de um dos maiores matemáticos gregos, Arquimedes,* relacionando-o a descobertas mecânicas. Essa faceta de Arquimedes foi conjurada por aqueles a quem interessava defender a hegemonia do aspecto teórico do saber grego, como é atestado por uma famosa citação do filósofo e historiador Plutarco, do período greco-romano. Comparando as invenções de Arquimedes aos engenhos de artilharia usados pelo general romano Marcelo, ao invadir Siracusa, Plutarco afirma que o primeiro não se dedicou às construções e às máquinas

> de modo algum como um trabalho que valesse um esforço sério, mas a maioria tinha um papel meramente acessório de uma geometria praticada pelo prazer, uma vez que em tempos idos o rei Hieron desejou e acabou por persuadi-lo a distanciar um pouco sua arte das noções abstratas em direção às coisas materiais.[2]

---

* Anedotas como a que relata que Arquimedes desvendou o mistério da coroa do rei Hieron são hoje tidas como lendas, construídas por meio de testemunhos duvidosos em escritos de terceiros.

Plutarco prossegue, citando as origens da mecânica, com Eudoxo e Arquitas, e mostrando que Platão investiu contra eles acusando-os de corruptores e destruidores da pura excelência da geometria, que deveria se ocupar somente de coisas abstratas. E finaliza, defendendo a importância da separação entre mecânica e geometria: "Por essa razão a mecânica foi tornada inteiramente distinta da geometria, e tendo sido durante um longo tempo ignorada pelos filósofos, acabou sendo vista como uma das artes militares."

É frequente encontrarmos referência a Arquimedes como um grande mecânico, mas essa imagem foi construída *a posteriori*, e não sabemos bem o que Arquimedes pensava da mecânica, nem se via as próprias obras como voltadas para a mecânica. O fato é que, a partir do século I, vários autores de mecânica, ligados às instituições alexandrinas, citam Arquimedes como um dos maiores mecânicos gregos. Isso mostra que não podemos traçar um panorama do pensamento do século I usando o testemunho de uma só fonte, por exemplo, Plutarco, nem tampouco identificar suas correntes hegemônicas.

A complexidade da relação entre teoria e prática no século I pode ser exemplificada também pelas menções aos trabalhos de Heron na história da matemática, que revelam os preconceitos dos historiadores, visto que estes produziram uma caricatura desse pensador grego como um artesão, ou compilador. No *Dictionary of Scientific Biography* (Dicionário de biografias científicas), organizado por C.C. Gillispie, lemos que Heron era um homem educado e um matemático aplicado, engenhoso. No entanto, é reconhecido somente por suas preocupações pedagógicas e pela ligação que estabeleceu entre as práticas matemáticas dos babilônios e as desenvolvidas pelos árabes e pelos renascentistas europeus.

C. Boyer afirma que existiam dois níveis de matemática na Antiguidade, uma de tipo clássico, eminentemente racional, conhecida como geometria, e outra mais prática, melhor descrita como geodésia, herdada dos babilônios e mencionada nos escritos de Heron. Esses níveis são apresentados como um testemunho da oposição entre teoria e prática, sendo a segunda menos valorizada que a primeira. Evidentemente essa oposição recobre uma outra, presente no texto de Proclus, entre povos menos evoluídos, ditos bárbaros, e mais evoluídos, que seriam os de tradição grega. Descreveremos ainda o papel de Pappus, que pode dar uma ideia do papel da matemática e dos matemáticos no início do século IV E.C., quando a organização social incluía privilégios ligados ao saber, especialmente ao saber grego mais antigo. Passaremos em seguida à história da álgebra, cuja origem é frequentemente associada aos métodos propostos por Diofanto, por volta do século III E.C. Sua contribuição é vista, no entanto, como exceção no contexto decadente da matemática alexandrina, já sob o domínio romano.

É preciso explicar por que nos restringiremos a abordar a álgebra neste capítulo. Preferiríamos, sem dúvida, falar de todas as práticas do período que podem ser chamadas de "matemáticas". No entanto, para atingir nosso objetivo de relativizar a separação entre teoria e prática, escolhemos as manifestações que foram designadas como "algébricas" pela história tradicional, uma vez que nos relatos desse tipo elas foram associadas a contextos "práticos". Esses desenvolvimentos estão em íntima relação com a formulação do mito da matemática greco-europeia. Em 1569, Petrus Ramus formulou claramente o mito em uma carta para Catarina de Médici, buscando persuadi-la a incentivar o trabalho dos matemáticos. Ele se refere à Europa como uma totalidade, acrescentando que a França seria a maior beneficiária do programa. Para muitos pensadores da época, somente os gregos e os europeus teriam dado contribuições valiosas à matemática, forjada como um saber eminentemente europeu.

A obra matemática de Ramus não continha nada além do conhecimento dos árabes. Contudo, a imagem da matemática expressa por ele foi reforçada, em seguida, por outras contribuições que produziram, de fato, novas abordagens e formalismos para erigir um conhecimento inspirado nos ideais gregos. Para se demarcar em relação a seus predecessores, François Viète, considerado um dos inventores da álgebra moderna, afirma ter fundado uma nova arte: a arte analítica. Uma vez que as práticas anteriores estavam "tão velhas e tão contaminadas e poluídas pelos bárbaros", era necessário "colocá-las em, e inventar, uma forma completamente nova".[3]

Diofanto também é conhecido como o pai da álgebra. Mas para falar da história de uma disciplina matemática como a álgebra precisamos caracterizar o que entendemos por "álgebra". Os procedimentos associados a esse tipo de conhecimento não podem ter como base sua definição atual, tida como válida desde sempre. O passo decisivo para a constituição da álgebra como disciplina pode ser visto como a organização de técnicas em torno da classificação e da resolução de equações, o que teve lugar no século IX, com os trabalhos de Al-Khwarizmi e de outros matemáticos ligados a ele. Falaremos, portanto, do papel dos árabes na constituição de uma teoria das equações.

Antes disso, é preciso citar os matemáticos indianos, em particular Bhaskara, para mostrar que ele não é o inventor da conhecida fórmula que ganhou seu nome no Brasil.* Apesar de possuírem regras para resolver problemas que seriam hoje traduzidos por equações do segundo grau e usarem alguns símbolos para representar as quantidades desconhecidas e as operações, não se pode dizer que os indianos possuíssem uma fórmula de resolução de equações de segundo grau. Usaremos esses argumentos para mostrar quão inadequada é a pergunta: "Quem foi o real inventor dessa fórmula?"

A singularidade da dominação islâmica teve um papel fundamental no modo como o saber antigo se renovou a partir do século IX. Proporemos que uma espécie de síntese entre teoria e prática propiciou o desenvolvimento de uma matemática de tipo novo, que influenciou os procedimentos algébricos realizados pelos árabes. Depois de analisar a singularidade da matemática islâmica, daremos alguns exemplos para mostrar em que consistia a álgebra praticada por Al-Khwarizmi e como os procedimentos geométricos eram usados para explicar suas razões.

Os métodos para resolver problemas de terceiro grau tiveram um papel importante na história da álgebra, passando por Omar Khayam, pelos matemáticos italianos e chegando a François Viète. Nesse caso, a origem da álgebra também pode ser associada à introdução do simbolismo. Há exemplos bastante expressivos de seu uso no Magreb (região do norte da

* Parece que somente no Brasil a fórmula é associada ao nome de Bhaskara.

África que abrange Marrocos, Saara Ocidental, Argélia e Tunísia) a partir do século XII. Na parte do Magreb próxima da Andaluzia, na Espanha, as práticas científicas são conhecidas por sua importância na transmissão da cultura antiga. A partir do século XIII, os tratados gregos começaram a ser traduzidos na Europa ocidental. No que tange ao uso de símbolos em problemas algébricos, citaremos exemplos das escolas de ábaco, que se desenvolveram na Itália entre os séculos XIII e XIV. Foi somente no século XV, porém, que parece ter havido um emprego mais sistemático da notação algébrica. A partir do tratamento das equações empreendido pelo italiano Girolamo Cardano, veremos que é possível definir, em um novo sentido, o que entendemos por álgebra.

Chegaremos, assim, a uma conclusão definitiva sobre quem é o fundador da álgebra? Não. Pretendemos mostrar que, se quiséssemos aplicar a alcunha de "o pai da álgebra" a algum matemático do período, obteríamos múltiplas respostas: Diofanto, se usarmos a definição A para álgebra; Al-Khwarizmi, se usarmos a definição B; Cardano, se usarmos a C; e, finalmente, Viète, se usarmos a D. Ou seja, podemos concluir que alcunhas desse tipo são inúteis para a história da matemática.

Matemática e mecânica na Antiguidade tardia

Alexandria foi uma das cidades mais importantes da Antiguidade. Fundada em 331 a.E.C. por Alexandre, o Grande, permaneceu como capital do Egito durante mil anos, até a conquista muçulmana. Temos notícia de que o Museu de Alexandria, construído pelo rei Ptolomeu I por volta do ano 290 a.E.C., incluía uma grande biblioteca que reunia todo o saber da época. Inicialmente, seus pensadores mais conhecidos teriam sido Euclides e Arquimedes. Como, em seguida, a civilização grega se disseminou por uma vasta área, que ia do mar Mediterrâneo oriental até a Ásia Central, passou a incluir Alexandria. O período que chamamos de "helenístico" se caracterizou pelo ideal de Alexandre de difundir a cultura grega aos territórios

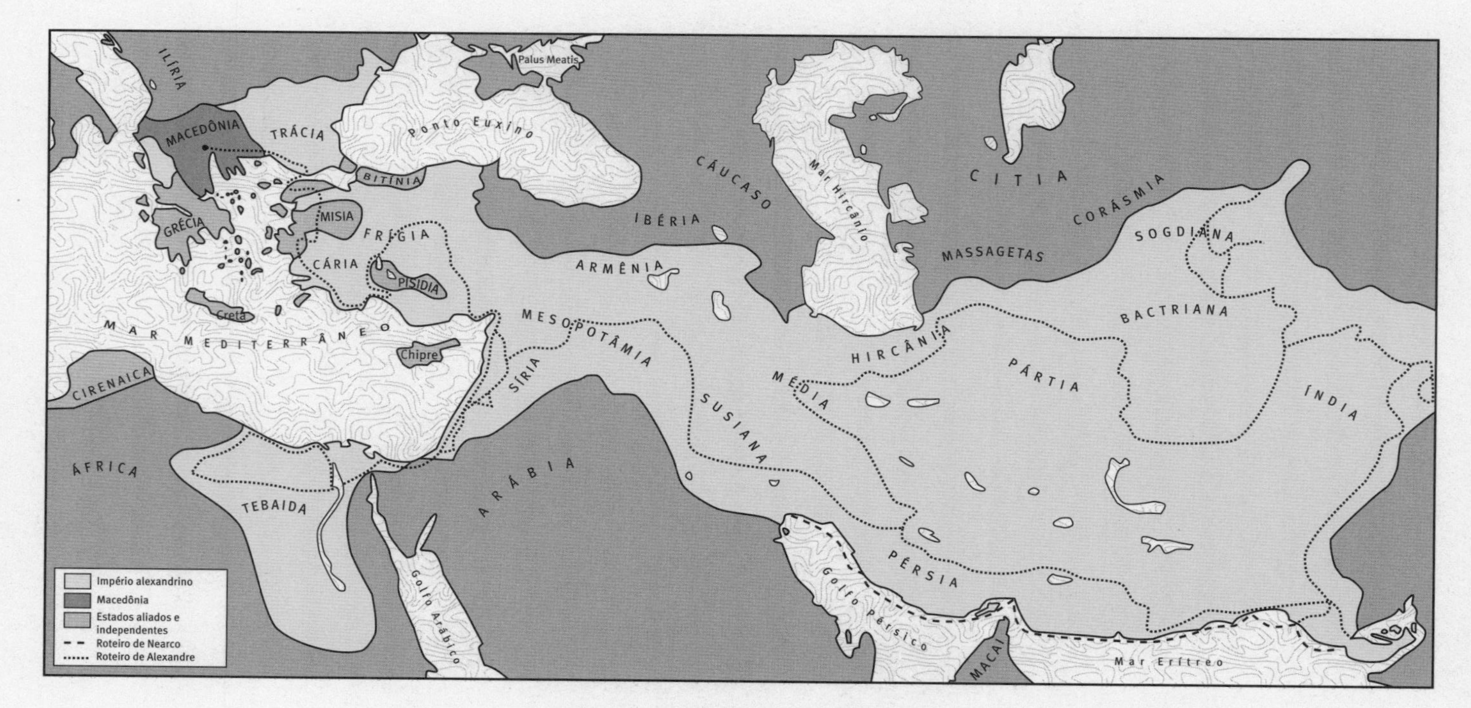

FIGURA 1 O império alexandrino.

conquistados e se estendeu, de sua morte, em 323 a.E.C., até a anexação da Grécia por Roma, em 146 a.E.C.

Alexandria se tornou o centro da cultura grega na época helenística e seus habitantes eram, em sua maioria, gregos de todas as procedências, mas havia também uma colônia judaica e um bairro egípcio na cidade. Em seguida, passou a fazer parte do império romano, que se desenvolveu a partir da Itália e chegou a dominar terras da atual Inglaterra, França, Portugal, Espanha, Itália, partes da Alemanha, Bélgica, península Balcânica, Grécia, Turquia, Armênia, Mesopotâmia, Palestina, Egito, Síria, Etiópia e todo o norte da África. Muitas datas são comumente propostas para marcar o início do império romano, entre elas a da indicação de Júlio César como ditador perpétuo, em 44 a.E.C.

De acordo com a história tradicional, quando os romanos chegaram em Alexandria, a antiga biblioteca continha livros vindos de Atenas e era frequentada por diversos matemáticos. Aliás, pensadores de todo o mundo vinham visitá-la, pois Alexandria, até a chegada dos cristãos, vivia um clima de tolerância. Na segunda década do século IV, o cristianismo deixou de ser proibido e foi instituída como uma das religiões oficiais do império, até se tornar a única permitida. Essa decisão não foi aceita uniformemente em todo o império, pois o paganismo ainda contava com um número significativo de adeptos, o que levou à perseguição de seus opositores. Estima-se que o derradeiro incêndio da antiga biblioteca de Alexandria tenha se dado nesse contexto. Na lista dos pensadores que a frequentavam, depois da época de Euclides e Arquimedes, figuram: Galeno, médico do século II; Ptolomeu, astrônomo do mesmo século, conhecido por seu *Almagesto*; Teon de Alexandria, matemático que viveu no século IV; e Hipátia, filha de Teon, astrônoma, matemática e filósofa do século IV, que se supõe ter sido assassinada durante um motim de cristãos no início do século V e cuja morte simboliza o fim da época de ouro da ciência alexandrina.

Não sabemos até que ponto tais fatos podem ser confirmados, mas as evidências não permitem estabelecer com firmeza a existência de uma escola matemática em Alexandria entendida como um estabelecimento de pesquisa. Teon de Alexandria é, na verdade, o único dos matemáticos citados sobre o qual se pode assegurar que foi membro do Museu de Alexandria. O que se pode afirmar com certeza é que existe uma relação entre a conservação das obras científicas redigidas entre o século III a.E.C. e o século III E.C. e a conexão de seu autor à cidade de Alexandria. Ou seja, a influência da Biblioteca ou do Museu de Alexandria se exerceu sobre a conservação e a transmissão do conhecimento matemático, bem como sobre a seleção e a reprodução dos textos considerados relevantes.

No período helenístico, com a política expansionista, os gregos entraram em contato com territórios em que as matemáticas mesopotâmica e egípcia podem ter se disseminado. Como visto no Capítulo 1, na Mesopotâmia se praticava uma geometria métrica e procedimentos de tipo análogo são encontrados na matemática helenística. Na astronomia, como nos indica o *Almagesto*, o sistema sexagesimal posicional passou a ser empregado para denotar a parte fracionária dos números. Além dessas evidências, existe, na matemática grega, uma série de questões que, por sua forma, lembram o modo como os cálculos babilônicos e egípcios eram enunciados. Como nos textos escolares mais antigos, o leitor é interpelado a realizar os passos "faça isso, coloque aquilo". Tais prescrições, que aparecem nos escritos de Heron, invocam o que Vitrac[4] designa como "uma pedagogia pelo exemplo". Apesar de evidências desse tipo, a ausência de fontes documentais não nos permite atestar com segurança a influência oriental sobre a matemática grega.

Um traço particular da escola de Alexandria é o enciclopedismo. Os pensadores do período produziram numerosas enciclopédias, coleções, sínteses e todo tipo de iniciativas visando à organização do saber. Esses documentos não são especificamente matemáticos, estando ligados à orientação geral do governo da época, que incentivava a fundação de instituições para guardar e difundir o saber. O pensamento dos antigos merecia lugar de destaque, e devido à multiplicidade e ao acúmulo desse conhecimento era necessário organizar, selecionar, ou mesmo corrigir e completar, os autores estudados. O intelectual se configurava, assim, como um historiador do saber, pois precisava se situar em relação aos antigos, tratados com respeito e admiração.

Temos diversos testemunhos atestando o lugar inferior ocupado pela mecânica em relação à geometria na Antiguidade. Um dos mais famosos é o do já citado Plutarco, que busca atribuir ao próprio Arquimedes um desdém pela atividade mecânica, bem como por qualquer arte direcionada ao uso e às necessidades comuns da vida. Plutarco, no entanto, nasceu em 45 E.C., época na qual a dominação romana já persistia por pouco mais de dois séculos na Grécia, logo, não é surpreendente que ele tivesse a intenção de preservar elementos culturais caros à cultura grega, ou seja, de afirmar sua identidade grega no império. Já outros pensadores, como Heron e Pappus, defenderam a importância da relação recíproca entre geometria e mecânica. Antes da constituição da *Coleção matemática*, obra célebre deste último, o livro VIII já havia circulado de forma autônoma com o título de *Introduções mecânicas*. Assim ele foi traduzido em árabe mais tarde, diferentemente dos outros livros da coleção.

Os compêndios escritos a partir do século I, que continuaram a proliferar até a conquista islâmica, revelam um grande esforço de seus autores para avaliar a produção matemática dos antecessores e contemporâneos. Os pensadores da época não tinham o perfil de pesquisadores, mas uma formação mais erudita, marcada por um vasto conhecimento das obras disponíveis. Esse traço caracteriza o período alexandrino, sobretudo a partir do século III. No caso da matemática, comentários como os de Pappus, Teon e Hipátia explicam a importância atribuída a Euclides, Apolônio, Ptolomeu e Diofanto.

O saber por acumulação, enciclopédias, coleções e sínteses traduz o objetivo de ordenar o conhecimento que parece advir de uma orientação externa. Esse tipo de abordagem já era praticado nos *Elementos* de Euclides, como vimos no Capítulo 3, e tudo indica que ganhou impulso com a política cultural da dinastia dos Ptolomeus, que governaram a região depois da morte de Alexandre. A sistematização e a formalização do conhecimento matemático parece não terem sido, assim, uma demanda interna à matemática. É fato, porém, que moldaram as condições do trabalho intelectual, incluindo a redação de obras matemáticas. O autor, ao selecionar, corrigir e completar seus antecessores, sobretudo os antigos, era levado a escrever a história da matéria abordada.

Na época imperial, a atividade principal dos pensadores continuava sendo a de comentar os clássicos do período helenista. Mas nesse momento da Antiguidade tardia, a matemática foi absorvida pelas escolas filosóficas, sobretudo as de inspiração neoplatônica. Essa tradição, na qual Proclus se encaixa, usava conceitos filosóficos para descrever, interpretar e criticar os trabalhos dos geômetras antigos. Os objetivos e métodos heurísticos dos antigos matemáticos podem ter sido então obscurecidos pela tendência formalista dos comentadores. Por seu papel na compreensão da divisão entre saber teórico e conhecimento prático, trataremos, aqui, de dois matemáticos exemplares: Heron de Alexandria, que teria vivido no começo da Era Comum (século I); e Pappus de Alexandria, que viveu na transição do século III para o século IV da mesma era. A finalidade é mostrar que o papel atribuído à matemática teórica era mais ambíguo do que aparenta, assim como a importância da separação entre teoria e prática. A semelhança entre a abordagem de ambos os autores não é uma coincidência, uma vez que o segundo foi influenciado pelo primeiro.

No início da Era Comum, os comentários sobre a geometria do período alexandrino procuravam classificar os problemas geométricos e avaliar o estatuto dos diferentes procedimentos de construção e dos métodos em geral. Esse é o caso da *Coleção matemática* de Pappus. Como visto no Capítulo 3, essa obra é usada frequentemente para descrever a geometria do período de Euclides, porém, como foi escrita muitos séculos mais tarde, parece ser mais útil para entender o tipo de geometria praticada em sua própria época.

Além do enciclopedismo, os historiadores da ciência reconhecem outra característica alexandrina: a tentativa de matematização. Heron é um exemplo desse esforço, pois era um sábio letrado atuante na geometria e na mecânica. Os prefácios de suas obras revelam apreço pela utilidade da técnica – dado o benefício que podemos tirar das máquinas e dos instrumentos – e das ciências matemáticas. Talvez essa defesa visasse se contrapor àqueles que então invocavam a autoridade de Platão para reproduzir o ideal de uma ciência desinteressada da prática. B. Vitrac aponta que deve ter existido uma polêmica entre os que exaltavam o valor instrumental da geometria, como Heron, e os que sustentavam que ela provinha da filosofia e não de necessidades práticas e utilitárias.

Os textos atribuídos a Heron podem ser reconhecidos, em geral, por seu caráter pedagógico, mas são de um nível bastante elevado se comparados aos textos práticos que se ocupavam do cálculo, das operações com frações, das medidas e de outros problemas de inspiração comercial. Segundo Heron, era importante enriquecer a matemática prática, associando-a a resultados mais elaborados da tradição geométrica grega. Por isso seus escritos também levavam em conta as obras de Euclides e Arquimedes. Essa mistura entre teoria e prática corresponde a uma evolução na formação dos técnicos, cuja elite devia conhecer os procedimentos clássicos da demonstração. Sendo assim, como afirma Vitrac, os textos de Heron não indicam uma decadência da matemática pura e sim a elevação da matemática aplicada a um nível superior.

A história da matemática antiga escrita por Van der Waerden, muito influente nos anos 1960-70, apresenta as *Métricas*, de Heron, como uma coleção de exemplos numéricos e sem provas, idêntica a um texto babilônico. Esse historiador chega a afirmar que, ao contrário das obras dos grandes matemáticos, o livro de Heron pode ser desconsiderado, uma vez que consiste somente de um texto aritmético de popularização. No entanto, todos os problemas das *Métricas* possuem uma demonstração. É verdade que muitas obras de Heron só foram descobertas no final do século XIX e início do XX, como é o caso, além desta, de seu comentário sobre os *Elementos* de Euclides. Esses textos, porém, não são compatíveis com a ideia de que Heron fosse um simples artesão.

É fato que existia uma certa divisão entre geometria e geodésia, contudo, essa separação, atestada desde a Grécia antiga, tinha motivação filosófica e, provavelmente, inspiração platônica. Mesmo em alguns trechos de Aristóteles fica claro que não havia duas ciências que se distinguiam pela natureza de seus objetos, e sim diferentes usos do conhecimento. Por exemplo, parece ter existido uma clivagem entre textos didáticos, que visavam a uma iniciação à geometria por meio de problemas, e textos com o objetivo de expor um *corpus* matemático, contendo demonstrações com base no método axiomático-dedutivo.

Os resultados contidos nas *Métricas* não se encaixam, todavia, em nenhum dos dois casos, pois Heron articulava procedimentos de medida com resultados de geometria demonstrativa, buscando validar os primeiros por meio dos segundos. Daí a frequente menção a proposições contidas nos *Elementos* de Euclides.

Exemplo (problema 2 do Livro I das Métricas*):*
Seja um triângulo retângulo ABC, com ângulo reto em B, tal que AB tenha 3 unidades e BC, 4. Achar a área do triângulo e a hipotenusa.

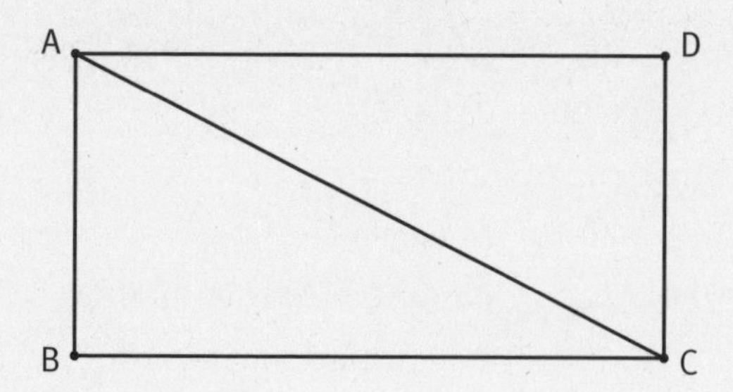

A resolução é descrita em passos:

i. Que o paralelogramo retângulo ABCD seja completado, perfazendo uma área de 12 unidades (ele remete a um resultado obtido em proposição anterior).

ii. O triângulo ABC é a metade do paralelogramo ABCD.

iii. A área desse triângulo será, então, 6 unidades.

iv. Uma vez que o ângulo em B é reto, os quadrados sobre AB e BC são iguais ao quadrado sobre AC.
v. Os quadrados sobre AB e BC dando 25 unidades, o quadrado sobre AC será também de 25 unidades.
vi. Logo, AC será de 5 unidades.
vii. E o método é o seguinte: fazendo 3 por 4, tomar a metade do resultado; resulta 6; essa é a área do triângulo.
viii. E a hipotenusa: fazendo 3 por ele mesmo e, analogamente, fazendo 4 por ele mesmo, juntamos; resulta 25; tomando um lado deste quadrado, obter a hipotenusa do triângulo.

Os cálculos são efetuados sobre números particulares, porém, pretendem exibir um modo de resolver problemas mais gerais. Vitrac observa, contudo, que a solução se apresenta de duas formas distintas: uma expressa nos primeiros passos (i a vi); e outra, nos últimos (vii e viii). A primeira exposição utiliza a terminologia geométrica e encadeia as afirmações de modo dedutivo, usando referências a enunciados geométricos da tradição euclidiana. O encadeamento das conclusões revela a preocupação de derivar a conclusão numérica de um resultado geométrico: o passo ii afirma que a área do triângulo é metade da área do quadrado, mas a conclusão de que ela vale 6 é obtida em uma etapa posterior. Logo, o passo ii é teórico e faz uso da proposição I-34 dos *Elementos* sobre áreas de paralelogramos, que, divididos pela diagonal, dão origem a duas áreas triangulares iguais. O mesmo pode ser dito do passo iv, que se refere ao teorema da hipotenusa, que dizemos "de Pitágoras", conteúdo da proposição I-47 de Euclides.

Já os passos vii e viii têm um aspecto diferente, pois mostram o intuito de resumir o método, exibindo as operações que devem ser efetuadas na resolução de um problema qualquer do mesmo tipo, como um procedimento padrão para calcular a área. Nesse caso, a referência geométrica se verifica somente pelo nome das grandezas envolvidas, como a designação de "lado" para indicar a raiz quadrada da quantidade 25.

Vemos, assim, que o texto de Heron não é o de um prático e sim o de um erudito, engenheiro e geômetra que procura produzir sínteses das obras clássicas correspondendo às demandas de sua época. Trata-se de uma iniciativa característica da atmosfera em que viviam os intelectuais gregos no período romano, dos quais Heron é exemplar.

Para escaparmos da dicotomia entre teoria e prática, é preciso entender o que os antigos chamavam de "mecânica", nomenclatura que pode designar dois tipos de atividade. A primeira concerne à descrição, à construção e ao uso de máquinas, tendo um importante componente militar, particularmente impulsionado na época dos reis alexandrinos, quando a engenharia conheceu grandes progressos. Há, contudo, um outro tipo, que se interessa pelas causas que permitem explicar o funcionamento e a eventual eficácia das máquinas. Além dessas vertentes, nota-se também uma tentativa de redução da mecânica a princípios matemáticos oriundos da geometria. Por exemplo, métodos para resolver o problema da duplicação do cubo, e outros correlatos, eram vistos como mecânicos.

Não podemos compreender, portanto, o estatuto da mecânica de modo unilateral, associando-a ao domínio prático, como observamos frequentemente. Para pensadores como Heron e Pappus, a articulação entre geometria e mecânica era central e não se limitava ao uso instrumental da geometria em problemas aplicados. Ambos defendiam a importância tanto filosófica quanto política da mecânica, em comentários que parecem se contrapor a outras opiniões desfavoráveis a ela. Tanto para Heron quanto para Pappus, a mecânica não era um saber prático que se opunha à teoria.

É difícil estabelecer a clivagem entre conhecimento teórico e prático, ou ciência pura e aplicada, entre os séculos I e IV da nossa era. Depois do império romano, a matemática passou a ser vista como um tipo de saber que podia proporcionar resultados práticos melhores e também um grau mais elevado de conhecimento. As atividades associadas a esse saber proporcionavam visibilidade e eram um índice de sofisticação intelectual. Agrimensores, arquitetos e mecânicos sobressaíam na sociedade e alguns perfis profissionais se destacavam, justamente por combinarem habilidades teóricas e práticas. No caso dos agrimensores, por exemplo, não se tratava somente de profissionais capazes de medir um terreno, mas de pessoas com habilidade para resolver controvérsias, restaurando a racionalidade da organização do espaço por meio de sua geometrização.

Em um estudo sobre o trabalho de Pappus em seu contexto, S. Cuomo[5] lembra que a partir do século I, e até por volta do século III, ainda que não se saiba ao certo em que condições teria sobrevivido o Museu de Alexandria, era oferecido um título de membro do museu a civis e oficiais militares. Essa distinção, além de isentar os agraciados de alguns impostos, era um signo de status.

Temos notícia, normalmente, de que no período romano o ensino da matemática era subordinado ao da filosofia ou das artes aplicadas, como a arquitetura, e consistia de ensinamentos simples, incluindo, no máximo, alguns resultados dos *Elementos* de Euclides ou do *Almagesto* de Ptolomeu. Entretanto, se era assim, como explicar que a *Coleção matemática* de Pappus, que claramente é direcionada para o grande público, contenha resultados de matemática tão avançada? No Capítulo 3, vimos como Pappus usava a intercalação na trissecção do ângulo, e esse é um pequeno exemplo, pois a *Coleção matemática* investiga diversos resultados sobre as cônicas de Apolônio, chegando a avançar teoremas originais.

S. Cuomo responde a essa pergunta com base no livro V de Pappus, mostrando que ele não foi escrito somente com o objetivo de informar o grande público sobre a matemática, mas sobretudo com o fim de promover esse saber a uma forma particular de conhecimento e, consequentemente, de eleger os matemáticos seus legítimos representantes. A introdução do livro toca em temas bem conhecidos pelas pessoas comuns e delimita a diferença essencial entre dois tipos de saber matemático, ou geométrico: o das abelhas e o dos matemáticos. As abelhas sabem intuitivamente o que lhes é útil, como o fato de que a área dos hexágonos, usados na fabricação das colmeias, é maior do que a área dos quadrados dos triângulos. Contudo, só os matemáticos podem atingir conhecimentos mais elaborados.

Seguir uma escola filosófica na Antiguidade tardia era sinônimo de pertencimento a um grupo ou tradição. Muitos dos integrantes dessas escolas eram de tendência platônica e tinham conhecimentos elementares de matemática. Estes constituíam o público-alvo do texto de Pappus, afirma Cuomo. Em numerosas atividades, mostrar alguma conexão com a matemática ou a geometria era fundamental para a identidade pública de seus praticantes. A matemática não era vista como algo inacessível, associado a um saber superior que deveria permanecer confinado em uma torre de marfim. Ao contrário, ela exercia um papel público.

O contraste entre homens e abelhas, nesse contexto, exprimia a divisão entre dois tipos de conhecimento. Um que, apesar de verdadeiro, não pode ser justificado por uma argumentação rigorosa; e outro que satisfaz nossas mais altas aspirações intelectuais. A menção a heróis matemáticos, como Euclides e Arquimedes, servia para colocar o pensamento no caminho certo, e Pappus se oferecia como uma via de acesso ao conhecimento herdado desses sábios.

Em relação à mecânica, Pappus exalta o tipo de conhecimento que pode proporcionar, mencionando grandes exemplos, como Arquimedes. Essa ciência estuda as causas dos fenômenos da natureza, embora também possa engendrar ações que vão contra a natureza. A mecânica é excessivamente vasta para que um único indivíduo possa tratar de todos os seus aspectos, o que não significa que exista uma parte prática que deva ser relegada a artesãos. A complementaridade entre geometria e mecânica pode ser exemplificada pelo uso de problemas equivalentes ao da duplicação do cubo na arquitetura, que enxergava sua utilidade prática ao permitir modificar um sólido de acordo com uma razão dada. Normalmente, o problema da duplicação do cubo devia ser resolvido por meio das seções cônicas, contudo, como é difícil desenhar cônicas no plano, outras soluções podiam ser obtidas com procedimentos mecânicos. Quando não era possível resolver problemas por meios geométricos, era lícito recorrer a instrumentos mecânicos. Reciprocamente, admitiam-se argumentos geométricos para determinar a possibilidade e o funcionamento de mecanismos. Havia teoremas da mecânica úteis para delimitar quando um problema podia ser resolvido por um certo método, o que quer dizer que não eram úteis necessariamente para finalidades práticas.

Ainda que a importância da utilidade para a vida comum fosse um valor promovido pelo poder, o modo como esse princípio era apropriado em pequenos círculos podia variar. Para Pappus, cuja obra era endereçada a um público amplo, culto, porém não obrigatoriamente matemático, era importante enfatizar a complementaridade entre geometria e mecânica. Isso tinha como efeito uma ampliação da fonte de legitimidade da matemática. A geometria era reconhecida não somente por suas qualidades escolares e culturais, mas também porque servia ao arquiteto e ao engenheiro. E esses dois aspectos não podiam ser separados.

A *Aritmética* de Diofanto

No Capítulo 1, vimos que seria anacrônico associar os algoritmos usados pelos povos antigos a qualquer tipo de álgebra. De modo análogo, seria inadequado considerar que os livros sobre números dos *Elementos* de Euclides contivessem uma álgebra. Em ambos os casos, uma das mais fortes razões para não tirar conclusões apressadas é o fato de que aí não era usado nenhum tipo de notação algébrica, que implica empregar um mesmo símbolo para designar coisas diferentes.

Em geral, considera-se que a primeira ocorrência da notação simbólica que caracteriza nossa álgebra remonta ao livro *Aritmética*, escrito em grego por Diofanto. Acredita-se que esse autor tenha vivido no século III E.C., ainda que tal data seja contestada. Além disso, embora se tenha notícia de que Diofanto viveu em Alexandria, não se pode assegurar que fosse grego, apesar de seu texto ser escrito nessa língua. O fato de sua obra parecer distinta da tradição grega levou até alguns historiadores, como H. Hankel, a conjecturar que ele fosse árabe. Não investigaremos os detalhes sobre sua origem. Interessa-nos aqui abordar a seguinte questão: pode-se concluir que o livro de Diofanto é o primeiro tratado de álgebra propriamente dito? Já houve muita discussão a esse respeito entre os historiadores, e forneceremos alguns argumentos contra e a favor dessa tese.

A contribuição mais conhecida de Diofanto é ter introduzido uma forma de representar o valor desconhecido em um problema, designando-o como *arithmos*, de onde vem o nome "aritmética". O livro *Aritmética* contém uma coleção de problemas que integrava a tradição matemática da época. Já no livro I, ele introduz símbolos, aos quais chama "designações abreviadas", para representar os diversos tipos de quantidade que aparecem nos problemas. O método de abreviação representava a palavra usada para designar essas quantidades por sua primeira ou última letra de acordo com o alfabeto grego.

ς (última letra da palavra *arithmos*, a quantidade desconhecida)
Δ^{Y} (primeira letra de *dynamis*, o quadrado da quantidade desconhecida)
K^{Y} (primeira letra de *kybos*, o cubo)
$\Delta^{Y}\Delta$ (o quadrado-quadrado) [quarta potência]
ΔK^{Y} (o quadrado-cubo) [quinta potência]
$K^{Y}K$ (o cubo-cubo) [sexta potência]

Para dar um exemplo de como a quantidade desconhecida intervinha na resolução, descreveremos como era resolvido o problema 27 do livro I:

Problema I-27
Encontrar dois números com soma e produto dados.

Descrição da solução: Ele considera que a soma é 20 e o produto, 96. Supondo que a diferença entre os dois números seja 2 *arithmoi*, começamos por dividir a soma desses números (que é 20) em dois (obtendo 10). A partir desse resultado, consideramos um *arithmos* somado a e subtraído de, respectivamente, cada uma das metades. Como a metade da soma é 10, tomando a metade subtraída de 1 *arithmos* mais a metade acrescentada de 1 *arithmos* obtemos 20, que é a soma desejada. Para que o produto seja 96, multiplicamos essas mesmas quantidades, obtendo 100 subtraído do quadrado do *arithmos* (um *dynamis*). Chegamos, assim, à conclusão de que o *dynamis* deve ser 4, logo, o valor do *arithmos* é 2. Os valores procurados serão, portanto, 10 mais 2 e 10 menos 2, ou seja, 12 e 8.

Explicação misturando as abreviações de Diofanto com os símbolos atuais para as operações: Queremos encontrar dois números com soma 20 e produto 96. Se esses números fossem iguais, cada um deles seria 10. Supomos que a diferença entre eles seja 2ς, ou seja, os dois números procurados são obtidos retirando ς de um destes 10 e adicionando ς ao outro. Como a soma não muda após essas operações, temos $10 - ς + 10 + ς = 20$. Mas sabemos também que o produto desses números é 96, logo, podemos escrever $(10 - ς)(10 + ς) = 96$. Observamos, então, que $10^2 - \Delta^Y = 10^2 - ς^2 = 96$, e concluímos que o valor de ς deve ser 2. Logo, os números procurados $10 - ς$ e $10 + ς$ são, respectivamente, 8 e 12.

Podemos perceber que o método não recorre a nenhuma construção geométrica para resolver o problema. Além disso, em sua resolução, opera-se com quantidades desconhecidas do mesmo modo como se lida com quantidades conhecidas. Para Diofanto, o *arithmos* é uma quantidade indeterminada de unidades diferente dos números, que são formados de uma certa quantidade, determinada, de unidades. No entanto, ambos são sujeitos ao mesmo tipo de tratamento. Por exemplo, assim como operamos com números, obtendo um terço ou um quarto, podemos obter as partes dos *arithmoi*. A natureza das quantidades desconhecidas e as operações que podemos realizar com elas se baseiam nas propriedades dos números. Ou seja, na resolução de um problema as quantidades conhecidas e desconhecidas têm o mesmo estatuto. Somente por essa razão será possível introduzir um símbolo para uma quantidade desconhecida.

Na visão de alguns historiadores, o fato de se assumir uma representação para quantidades desconhecidas constitui um passo importante em direção à abstração. Logo, chegou-se a considerar Diofanto o "pai da álgebra", uma vez que tal representação seria a principal característica de um pensamento algébrico.* De modo mais cuidadoso, essa particularidade levou G.H.F. Nesselman[6] a designar o procedimento de Diofanto como uma "álgebra sincopada" que faria a transição entre a álgebra retórica e a álgebra simbólica moderna. Mesmo Viète, segundo Nesselman, ainda praticava uma álgebra sincopada.

Essa classificação é reproduzida com frequência nos tratamentos históricos sobre o simbolismo algébrico, apesar de diversos estudos mais atuais demonstrarem que ela não se sustenta diante das novas evidências sobre a história da álgebra.[7] Como vimos, no texto de Diofanto as quantidades desconhecidas são abreviadas, e não simbolizadas, o que já havia sido observado por J. Klein.[8] Símbolos não são somente abreviações ou notações empregadas para facilitar a prática de procedimentos de cálculo e resolução de problemas; o simbolismo algébrico é um tipo de representação que conduz a abstrações que não estavam presentes na *Aritmética* de Diofanto. Para caracterizar o pensamento algébrico não basta associá-lo ao uso de símbolos, e menos ainda ao uso de abreviações.

J. Christianidis[9] também se distancia da interpretação algebrizante sobre Diofanto ao mostrar que uma parte essencial de seu método consiste na tradução dos termos numéricos, que constam no enunciado do problema, em designações abreviadas, que podem ser vistas como termos técnicos pertencentes a uma teoria aritmética. Presume-se que essa teoria já existisse antes de Diofanto e possuísse uma linguagem própria, distinta da que é adotada no enunciado do problema.

Os números procurados, que figuram no enunciado do problema, possuem uma natureza distinta dos termos técnicos que intervêm na resolução quando as quantidades desconhecidas e suas potências são escritas de forma abreviada. Termos como *arithmos*, *dynamis* e *kybos*, representados pelas respectivas abreviações, são empregados como parte de uma técnica para resolver problemas precedida por uma explicação metódica das operações com esses termos.

---

* Temos um exemplo dessa qualificação na obra de H. Hankel, já citada no Capítulo 3, também responsável pelo mito da régua e do compasso.

Depois dessa tradução, o problema dá lugar a uma equação, ou seja, a uma igualdade. Para resolvê-lo, os diversos tipos de número são agrupados em *espécies* que correspondem aos nossos monômios, isto é, polinômios algébricos com somente um termo, como Ax^m. Mas esse modo de representação, em Diofanto, não é simbólico. As soluções são descritas de modo discursivo, como no exemplo anterior, e tal descrição é abreviada com o uso de símbolos. Essa nova linguagem ajuda Diofanto a se distanciar do contexto numérico, no qual o problema é enunciado, para desenvolver um cálculo que se concentra sobre as operações realizadas com as *espécies*. Em um segundo momento, empregam-se regras para lidar com essa igualdade entre espécies e encontrar a solução. No final do procedimento, deve-se obter uma igualdade da forma:

"uma ou algumas espécies = uma espécie"

A partir daí, a quantidade desconhecida pode ser facilmente determinada. Em notação atual, isso significa obter uma equação do tipo $Ax^m = B$.

Os problemas não se referem a uma situação real, ligada ao comércio, à agricultura ou a qualquer outra situação concreta. No enunciado, não se faz sequer referência a números particulares dados, como vimos no enunciado geral do problema I-27. No entanto, para cada problema há uma técnica de solução que é descrita usando-se valores numéricos. Fica claro que a técnica continuaria a funcionar, caso esses números fossem substituídos por outros, mas isso não chega a ser feito. Diofanto fornece uma enorme variedade de soluções que funcionam para exemplos particulares, enumerados à exaustão. Porém, não existem métodos de solução como os nossos, descritos, de modo geral, com o auxílio de símbolos para representar os coeficientes e podendo ser aplicados aos exemplos.

Uma questão interessante é investigar, portanto, se os métodos de solução enumerados por Diofanto visam a algum tipo de generalidade. Alguns historiadores, como T. Heath, identificam procedimentos comuns que se prestam a aplicações mais gerais. É o caso de regras, enunciadas de modo retórico,* que equivalem ao nosso "passar para outro lado" e servem para reduzir uma igualdade a outra equivalente, mais simples (esta última análoga à igualdade escrita em notação atual na forma $Ax^m = B$). Veremos, adiante, que essas regras ficaram conhecidas como *al-jabr* e *al-muqabala*, em árabe.

A abordagem de Heath é limitada, contudo, pelo fato de ter proposto, em 1910, uma tradução de Diofanto que substitui os termos técnicos por nossos símbolos para designar as incógnitas (x e suas potências), além das operações e igualdades. Se caracterizarmos a álgebra como uma teoria das equações, concluiremos que não existia álgebra antes dos árabes, pois o objetivo da *Aritmética* não era resolver equações.

Diofanto é um importante personagem do relato tradicional, ocupando um lugar intermediário entre Euclides e os renascentistas europeus. No entanto, sua "álgebra rudimentar" não poderia representar um renascimento da cultura grega, uma vez que o espírito grego estava "cansado demais" para retomar o impulso de origem.[10] Em suma, diversos traços da matemática de Diofanto foram analisados a partir do ponto de vista da álgebra atual, o que levou a uma interpretação de seu lugar na história da álgebra como uma antecipação imperfeita de técnicas, simbolismos e generalizações típicas da prática algébrica nos nossos dias.

Ao contrário dessa leitura, Christianidis procura analisar as características algébricas e a busca de generalidade tal como aparecem no trabalho de Diofanto, mostrando que elas podem ser associadas ao fato de a *Aritmética* propor um cânone na base do qual diversos problemas aritméticos podiam ser tratados, mostrando como esse cânone funciona na prática. Textos como esse, que contêm uma série de exercícios e soluções, podem não ter como objetivo apresentar problemas particulares e sim exibir métodos gerais de resolução. Vimos que esse era o caso de vários procedimentos babilônicos e egípcios. O objetivo da *Aritmética* não era resolver efetiva-

* Lembramos que regras e procedimentos eram enunciados de modo retórico. Embora Diofanto tenha representado quantidades desconhecidas com símbolos, não eram usados símbolos nem para as operações nem para os coeficientes.

mente os problemas, mas indicar como se podem aplicar procedimentos metódicos para resolvê-los em etapas.

Essa característica aproxima Diofanto de Viète. Com este último, fica claro que a introdução de um novo simbolismo é fundamental para o desenvolvimento da álgebra, e a tradução da *Aritmética* de Diofanto terá um papel importante nesse processo. Antes de abordar essa época, precisamos, no entanto, analisar o desenvolvimento da álgebra pelos árabes e suas práticas de resolução de equações. Como houve influência dos matemáticos indianos sobre os árabes, descreveremos brevemente seus métodos.

Bhaskara e os problemas de segundo grau

A maior parte da matemática que conhecemos como "indiana" foi escrita em sânscrito e se originou na região do sul da Ásia (que compreende também o Paquistão, o Nepal, Bangladesh e Sri Lanka). Os registros mais antigos de que temos notícia datam da primeira metade do primeiro milênio antes da Era Comum, mas se tornaram mais frequentes depois da conquista de Alexandre, o Grande, no século IV a.E.C. Não conhecemos bem as interações da matemática indiana com as tradições antigas, entretanto, alguns de seus problemas parecem ter sido inspirados pelo contato com a astronomia babilônica e grega.

É sabido que o sistema de numeração decimal posicional que usamos hoje é de origem indiana, tendo sido transmitido para o Ocidente pelos povos islâmicos na Idade Média. E os documentos indianos mostram que esse sistema estava bem estabelecido nos primeiros séculos da Era Comum. Antes disso, usavam-se diferentes sistemas de numeração, aditivos e multiplicativos, embora não posicionais. Alguns textos astronômicos e astrológicos do século III E.C. já empregavam um sistema posicional decimal, incluindo um símbolo para o zero. No entanto, as evidências sobre a astronomia escrita em sânscrito só se tornaram mais significativas a partir de meados do primeiro milênio. Elas mostram que havia, nesse período, uma intensa atividade matemática expressa sobretudo pela elaboração de tratados astronômicos que também foram influenciados por obras gregas, devido ao contato com o império romano. Os autores integravam elementos de sua tradição matemática – como conceitos sobre a astronomia e o calendário, bem como o sistema posicional decimal – a outros componentes, adaptados das obras gregas – como a trigonometria plana, os modelos cosmológicos geocêntricos (como os de Ptolomeu) e a astrologia.

Dos tratados desse tipo o mais antigo que conhecemos foi escrito por Aryabhata, que nasceu no ano 476. Pouco se sabe sobre sua vida, mas essa obra permanece uma das fontes mais importantes sobre a matemática e a astronomia indianas. Ela foi toda escrita em versos, o que se tornou uma tradição indiana, e apresenta conhecimentos matemáticos variados, principalmente em relação às regras de cálculo. Há procedimentos aritméticos e geométricos, como os usados para encontrar raízes quadradas e cúbicas, assim como o cômputo de áreas, além de incluir regras trigonométricas úteis para a astronomia. O aspecto mais inovador é a sistematização das técnicas de cálculo, que constituem uma prática chamada "ganita", concebida como o estudo dos métodos de cálculo em geral e voltados não somente para a astronomia.

Como a exposição em versos era de difícil compreensão, as obras indianas eram complementadas por comentários redigidos por outros matemáticos tendo em vista elucidar o seu significado. O comentário mais antigo sobre o livro de Aryabhata foi escrito por um autor de nome Bhaskara em 629. Mas esse personagem é completamente desconhecido e chamado, frequentemente, de Bhaskara I, para distingui-lo do outro Bhaskara mais famoso, que viveu no século XII. O comentário de Bhaskara I indica que a matemática documentada em sânscrito era bastante rica, pois ele se refere a uma tradição que parecia estar bem estabelecida. Essa tradição diz respeito a uma prática distinta da que concebemos hoje como matemática, pois seu principal objetivo era garantir que os leitores compreendessem e interpretassem corretamente as regras contidas nos versos, que pareciam propositadamente criptográficos. Sua decodificação incluía, ainda, uma análise gramatical, considerada parte da prática matemática.

Um tratado astronômico contemporâneo do comentário de Bhaskara I foi escrito pelo astrônomo Brahmagupta, em 628. Um dos capítulos matemáticos de seu tratado é dedicado completamente à "ganita", contendo o estudo de operações aritméticas, razões e proporções, juros, bem como fórmulas para achar comprimentos, áreas e volumes de figuras geométricas. Contudo, havia também um capítulo dedicado a um outro tipo de matemática que compreendia análises envolvendo o zero, os negativos e positivos, as quantidades desconhecidas, e ainda os métodos de eliminação do termo médio e de redução a uma variável. Tratava-se de técnicas para lidar com problemas envolvendo quantidades desconhecidas.

Nós nos concentraremos aqui nesses métodos, pois queremos investigar as técnicas usadas em problemas que exprimiríamos, hoje, como uma equação do segundo grau. Os procedimentos utilizados por Brahmagupta foram citados, mais tarde, por Bhaskara II, autor dos livros mais populares de aritmética e álgebra no século XII, que, presume-se, foram livros-texto voltados para o ensino. As evidências abundantes sobre os trabalhos desse astrônomo, que nasceu em 1114, indicam que eram bastante influentes na época. Seus livros mais conhecidos, o *Lilavati* e o *Bija Ganita*, mostram como a prática da "ganita", já presente nos escritos de Aryabhata e Brahmagupta, amadureceu ao longo dos séculos. Como ressalta Plofker,[11] a organização desses livros apresenta o sistema posicional decimal e as operações de modo padronizado, incluindo operações com frações e zeros. No *Bija Ganita*, que quer dizer "semente do cálculo", tais regras são sucedidas por algoritmos para resolver problemas envolvendo quantidades desconhecidas. As regras são expressas em versos, mas são ilustradas por exemplos e contêm um comentário do próprio autor, visando explicá-las. Tais comentários fornecem enunciados numéricos e métodos retóricos de solução de modo padronizado para os problemas dados nos exemplos. Um método geral era enunciado para um problema escrito na forma padrão:

(I) "De uma quantidade retiramos ou adicionamos a sua raiz multiplicada por um coeficiente e a soma ou a diferença é igual a um número dado."

A quantidade citada é um quadrado e a raiz desse quadrado é a incógnita. Esse é um enunciado retórico que, traduzido em nossa notação, seria uma equação geral como $x^2 \pm bx = c$. O método de resolução consistia em reduzir o problema a uma igualdade, ou seja, sem o termo quadrado. Isso era feito por meio da técnica de "eliminação do termo médio":

(II) "Seja uma igualdade contendo a quantidade desconhecida, seu quadrado etc. Se temos os quadrados da quantidade desconhecida etc., em um dos membros multiplicamos os dois membros por um fator conveniente e somamos o que é necessário para que o membro das quantidades desconhecidas tenha uma raiz; igualando, em seguida, essa raiz à do membro das quantidades conhecidas, obtemos o valor da quantidade desconhecida."

Observamos que se concebia, de modo retórico, uma igualdade entre dois membros, sem utilização do sinal de igual: a igualdade entre um membro contendo a quantidade desconhecida (e o seu quadrado) e outro membro contendo as quantidades conhecidas. O primeiro membro deve ser escrito de modo a possuir uma raiz, ou seja, deve ser reescrito como um quadrado, o que se obtém pelas seguintes especificações:

(III) "É por unidades iguais a quatro vezes o número de quadrados que é preciso multiplicar os dois membros; e é a quantidade igual ao quadrado do número primitivo de quantidades desconhecidas simples que é preciso adicionar."

Temos, assim, a condição requerida em (II) de que o membro das quantidades desconhecidas tenha uma raiz. Trata-se do método que conhecemos hoje como "completar o quadrado".

Tradução do método de Bhaskara em nossa notação

Para resolver a equação $ax^2 + bx = c$:
Multiplicamos ambos os lados por $4a$, obtendo $4a^2x^2 + 4abx = 4ac$.
Em seguida, adicionamos b^2 a ambos os lados, $4a^2x^2 + 4abx + b^2 = 4ac + b^2$.
Agora podemos reescrever essa igualdade como $(2ax + b)^2 = 4ac + b^2$ e o membro contendo as quantidades desconhecidas possui uma raiz. Tomamos, então, a raiz quadrada para obter: $2ax + b = \sqrt{4ac + b^2}$ e $x = \frac{\sqrt{4ac + b^2} - b}{2a}$.

Veremos, em detalhes, como esse método é aplicado a um exemplo do *Bija Ganita*:

De um enxame de abelhas, tome a metade, depois a raiz. Esse grupo extrai o pólen de um campo de jasmins. Oito nonos do todo flutuam pelo céu. Uma abelha solitária escuta seu macho zumbir sobre uma flor de lótus. Atraído pela fragrância, ele tinha se deixado aprisionar na noite anterior. Quantas abelhas havia no enxame?

Para resolver o problema, deve-se, em primeiro lugar, escrever a equação, que, no caso, era uma igualdade retórica. Bhaskara afirma que, pela pergunta, parece que a metade da soma tem uma raiz, logo, deve-se supor o quadrado da quantidade desconhecida ($2x^2$). Em função dele, escrevemos a quantidade desconhecida como a raiz da metade (x). Como restam duas abelhas, uma quantidade desconhecida e $\frac{8}{9}$ de dois quadrados da quantidade desconhecida (ou seja, $\frac{16}{9}$ de um quadrado, $\frac{16}{9}x^2$) mais duas unidades é igual a 2 quadrados da quantidade desconhecida, isto é, $x + \frac{16}{9}x^2 + 2 = 2x^2$.

Pelo procedimento descrito em (II), obtém-se uma igualdade equivalente à equação $2x^2 - 9x = 18$, que deve ser resolvida pelo método de eliminação do termo médio (III), que, traduzido em notação atual, seria: multiplicar os dois membros por 8 e somar 81, obtendo $16x^2 - 72x + 81 = 225$; como os dois membros são quadrados, deve-se extrair as raízes e igualálas para chegar à igualdade $4x - 9 = 15$, de onde se conclui que o valor da quantidade desconhecida é 6; logo, o número de abelhas, $2x^2$, é 72.

De forma geral, o método de resolução consiste em: completar o quadrado no primeiro membro para tornar o termo contendo a quantidade desconhecida e seu quadrado um quadrado perfeito; diminuir o grau da equação extraindo a raiz quadrada dos dois membros; resolver a equação de primeiro grau que daí resulta.

Na matemática indiana eram muito comuns as equações com mais de uma incógnita, equações indeterminadas que escreveríamos, hoje, assim: $xy = ax + by + c$ ou $y^2 = ax^2 + 1$. Esses casos eram resolvidos por procedimentos semelhantes ao método descrito acima, podendo se empregar símbolos para representar as incógnitas. O método de Bhaskara funciona perfeitamente para resolver o que chamamos, hoje, de "equações de segundo grau", mas ainda assim não podemos atribuir-lhe a invenção da fórmula usada atualmente. Por quê?

Mesmo que pudessem ser empregados símbolos para representar as incógnitas e algumas operações, não havia símbolos para expressar coeficientes genéricos a, b e c, ... de uma equação como $ax^2 + bx + c = 0$. Se traduzirmos o método indiano para a notação algébrica atual e o aplicarmos a essa equação geral, obteremos o equivalente da fórmula para resolução de equações do segundo grau. Isso quer dizer que havia um método geral para resolução de equações, expresso de modo retórico. No entanto, não podemos dizer que já existisse uma "fórmula" para a resolução de equações, no sentido que a entendemos hoje, uma vez que não havia simbolismo para os coeficientes, o que será proposto por Viète somente no século XVI.

A predominância dos textos de Bhaskara II faz com que pensemos que a matemática indiana decaiu depois do século XII, mas há evidências de que ela continuou a se desenvolver, embora de forma isolada em relação à Europa. Transmissões diretas da matemática indiana para o Ocidente foram frequentes durante a expansão islâmica, que controlou parte da Índia a partir do século VIII. Os tratados astronômicos da escola de Brahmagupta chegaram a Bagdá nessa época e foram rapidamente traduzidos. Outras traduções do sânscrito inspiraram trabalhos árabes em astronomia e astrologia, alguns imitando a escrita em versos. A maioria desses textos se perdeu. Contudo, ainda assim podemos afirmar que a astronomia emergente na matemática árabe adotou diversos métodos indianos, embora de modo não uniforme, como a representação decimal posicional e as técnicas de cálculo. No entanto, a influência indiana do período inicial logo foi ultrapassada pela invasão de textos matemáticos e astronômicos gregos, traduzidos em seguida. A astronomia indiana foi, então, submetida às práticas greco-islâmicas, tendo permanecido somente uma aritmética decimal posicional, designada de "computação indiana".

Singularidade árabe

O islã nasceu em Meca e se estendeu, muito rapidamente, em direção ao Egito e a territórios que constituíram a antiga Mesopotâmia. Seu domínio incluía, por exemplo, Alexandria, que continuava a possuir uma atividade intelectual considerável. As ciências babilônica e egípcia deixaram poucos registros, mas é razoável pensar que os conhecimentos práticos foram transmitidos de geração em geração pelos habitantes do lugar.

Jens Høyrup* cunhou o termo "cultura subcientífica" para valorizar a existência de um substrato anônimo que incluía procedimentos, técnicas e práticas usados no dia a dia e que se estendia por toda a região na fase imediatamente anterior ao advento do islã. Apesar de existirem raras evidências textuais, alguns problemas e técnicas comuns na época mantinham parentesco com a matemática dos babilônios e dos egípcios, como as frações unitárias. Além disso, alguns problemas recreativos, propondo desafios, parecem ter atravessado os séculos. Seria o caso, por exemplo, do jogo do tabuleiro de xadrez, que consiste em perguntar quantos grãos de arroz obteremos se colocarmos um grão na primeira casa do tabuleiro e duplicarmos sucessivamente o número de grãos até chegar à última casa.

Podemos conjecturar a existência de uma matemática prática e recreativa, em continuidade com as culturas babilônica e egípcia, que se espalhava

---

* Grande parte desta seção se serve de seu artigo "The formation of Islamic mathematics. Sources and conditions".

pelo Oriente e pelos territórios do império romano durante a Antiguidade tardia e que provavelmente estava bem estabelecida nas comunidades comerciais das regiões cobertas pela expansão islâmica. Em textos árabes, há evidências de que essa cultura possuía um prestígio social inferior ao nível do conhecimento propriamente dito, mas era frequente os matemáticos retomarem problemas do senso comum com o fim de dar-lhes um tratamento mais sistemático. A diferença se estabelecia entre aqueles que se contentavam em reproduzir as práticas comuns e os que refletiam sobre tais procedimentos.

Essa tradição subcientífica podia ser dividida em técnicas de cálculo, usadas no comércio, e geometria prática, empregada por arquitetos e artesãos. Juntamente com a cultura científica grega, essas diferentes tradições teriam convivido no período pré-islâmico, porém sem alcançar o grau de desenvolvimento e criatividade que marcou os primórdios da época de ouro do islã, iniciada no século IX. Podemos chamar, portanto, de *síntese islâmica* a conscientização sobre a relevância e as potencialidades da matemática prática e da matemática teórica quando aplicadas a problemas, métodos e resultados uma da outra.

Uma primeira explicação para essa síntese é cultural – reside no fato de conviverem, sob o domínio do islã, povos distintos, oriundos de diferentes tradições e de diferentes estratos sociais. Essa convivência, bem como a circulação de saberes e sábios pelo território, pode ter quebrado o isolamento em que viviam essas culturas no estágio precedente e criado um ambiente propício ao aprendizado, logo, ao pensamento. Houve uma primeira fase bastante tolerante do islã, em que se permitia a convivência dos muçulmanos com os judeus e os cristãos. Do ponto de vista do pensamento, essa tolerância também era sentida, pois, ao lado das ciências sagradas, constituídas pela teologia e pela jurisprudência, estavam as chamadas ciências estrangeiras, recebidas dos gregos. Estas eram constituídas por ramos do conhecimento tidos como auxiliares que podiam servir à ciência tradicional, incluindo a matemática e a astronomia.

Alguns problemas práticos exigiam o desenvolvimento da matemática, caso das heranças. Toda a família tinha direito a uma parte da herança, mas não de modo igualitário. Eram usados métodos aritméticos sofisticados que passavam por cálculos com frações, e ainda o método da falsa-posição, para encontrar uma quantidade desconhecida.* Teriam surgido daí os primeiros problemas, enunciados de modo retórico, que são equivalentes ao que designamos hoje por meio de uma equação do segundo grau.

No século IX, o fundamentalismo islâmico confrontou-se com uma sociedade em transformação na qual a autoridade religiosa não era exercida por uma igreja. As decisões eram tomadas por pessoas engajadas na vida prática, favorecendo uma integração entre ciência e religião. Isso acontecia de um modo singular, pois a legitimação do interesse científico passava pela conexão dessa religião com as preocupações práticas presentes na vida social, impedindo a segregação entre a ciência e as necessidades diárias. O matemático não se satisfazia em permanecer no nível do pragmatismo; ele devia ir além, para produzir um conhecimento mais sofisticado. Mas não o fazia por considerar que a teoria estivesse acima das aplicações, ou que a matemática pura e abstrata pudesse ficar poluída pelo contato com as opiniões e as carências do dia a dia. Mesmo os cientistas mais refinados se preocupavam com a aplicação de seus conhecimentos e enxergavam a teoria e a prática como indissociáveis. Como afirma Høyrup, a elaboração teórica sistemática do conhecimento aplicado foi uma criação específica do mundo islâmico. Esse traço, que não era compartilhado pelas matemáticas mais antigas, também foi marcante nos princípios de ciência moderna.

Um outro fator de desenvolvimento da matemática árabe, mais conhecido, são as traduções das obras gregas, que começaram a ser feitas por volta do século VIII. Essas iniciativas são atribuídas a indivíduos ou grupos de estudiosos que se interessavam voluntariamente pelos escritos encontrados nos territórios conquistados. As instituições de ensino eram as madraças, dedicadas à difusão do conhecimento, mas não à sua produção. Tais escolas eram mantidas por fundações piedosas e deviam ensinar os textos canônicos, mantendo a tradição do saber sagrado. No entanto, nesse

---

* O método da falsa-posição foi abordado no Capítulo 1, na seção "Números e operações no antigo Egito".

primeiro momento, várias delas apoiavam também as ciências estrangeiras. No período racionalista, entre os séculos IX e XI, houve ainda uma instituição oficial importante, fundada pelo califa em Bagdá e conhecida como Casa do Saber. Aí existia uma biblioteca na qual se colecionavam e traduziam manuscritos gregos. Além desta, havia algumas outras bibliotecas e observatórios em que também era possível estudar as ciências estrangeiras.

Nessa primeira fase do império muçulmano, a filosofia, a matemática e a astronomia adquiriram um lugar privilegiado. Elas eram praticadas por homens cultos que já viviam nesses locais e falavam várias línguas. A atividade intelectual era mais intensa em alguns centros que já possuíam uma tradição, como Alexandria, mas também em outros lugares. Muitos desses pensadores conheciam os textos antigos, que podiam ler na língua original ou em uma tradução anterior para uma das línguas locais, como a siríaca e a persa. A instituição do poder muçulmano, unificando diversos territórios antes fragmentados, criou novas demandas e alterou a dinâmica de circulação desses saberes.

Ahmed Djebbar[12] mostra que o fenômeno de tradução não foi instantâneo, nem seguiu uma ordem racional. Não havia nenhuma política central relativa ao saber e ninguém decidiu impetrar um programa de tradução das obras científicas antigas e confiá-las a uma equipe de tradutores. As traduções seguiram uma dinâmica complexa e descoordenada. Os primeiros tradutores encontravam obras antigas e propunham um texto em árabe contendo vários erros, pois não existiam correspondentes em árabe para os termos científicos que constavam dessas obras. Muitos eram os casos, portanto, de retraduções ou mesmo de reconstruções dos textos antigos, o que pode ter propiciado a emergência das primeiras contribuições originais dos pensadores árabes.

Em um primeiro momento, as obras de medicina e filosofia despertaram um grande interesse, mas os árabes traduziam praticamente tudo o que encontravam, sem critério de seleção rígido. Aos poucos, os trabalhos de Aristóteles se destacaram e sua obra dominou as discussões filosóficas entre os séculos IX e XIII. Essa influência, no entanto, não foi necessariamente positiva para a matemática árabe, pois impunha limites, por exemplo: o "um" não devia ser considerado número; o movimento devia ser banido das demonstrações geométricas; devia ser respeitada a homogeneidade das grandezas. Ou seja, a influência filosófica impunha um padrão geométrico à álgebra, ainda que essa restrição não fosse significativa. As práticas se desenvolviam sem muita preocupação com cânones de ordem normativa. Não é difícil imaginar que a tradução das primeiras obras de astronomia e matemática, bem como dos primeiros escritos originais, tenha motivado, automaticamente, a tradução de novas obras, dando origem a uma prática importante de tradução até a constituição de um corpo razoável de obras científicas.

Entre os séculos VIII e XII, a cidade de Bagdá era um dos maiores centros científicos do mundo, e seus matemáticos tinham conhecimento tanto das obras gregas quanto das orientais. A partir do século IX, essa cultura evoluiu para uma produção matemática original que tinha na álgebra um de seus pontos fortes. A grande influência das obras clássicas não impediu o surgimento de uma matemática nova, e o matemático mais ilustre desse século foi Al-Khwarizmi. No século XI houve uma dogmatização do islã e os racionalistas foram vencidos. O apoio às ciências estrangeiras, nas madraças, deixou de existir e a ciência começou a decair. A reconquista de Toledo, Córdoba e Sevilha, no século XII, fez com que os núcleos científicos dessas cidades andaluzas migrassem para um espaço muçulmano mais acolhedor para a sua cultura. Tal mudança impulsionou o desenvolvimento da matemática e da astronomia no Magreb entre os séculos XII e XIV.

Fala-se muito na matemática produzida na região de Bagdá ou no Irã, mas desde os anos 1980 a história da matemática tem se dedicado também às práticas matemáticas desenvolvidas no chamado Ocidente muçulmano, que inclui a Andaluzia e o Magreb. Esses pesquisadores, dentre os quais Ahmed Djebbar se destaca, procuram mostrar que a recuperação dessa história esquecida pode ter uma função política – a de favorecer o reconhecimento de uma cidadania mediterrânea que permita pacificar os conflitos existentes na região. Entre os séculos XII e XV, Marrakech era um polo de desenvolvimento científico, unificando as culturas africanas e europeias localizadas em torno do Mediterrâneo, sem distinção entre muçulmanos, judeus e cristãos. Além de enfatizar contribuições matemáticas antes desconhecidas, como a introdução do simbolismo algébrico, essas pesquisas recentes analisam o papel dessas regiões no fenômeno de circulação da produção matemática em direção ao restante da Europa, por meio de traduções para o latim e o hebraico. Essa direção de pesquisa busca desconstruir o viés eurocentrista do relato tradicional, explícito nos escritos dos primeiros historiadores da matemática, que eram matemáticos de profissão e viam com preconceito a contribuição árabe:

> As artes e as ciências já se fragilizavam quando o Egito foi conquistado pelos árabes, e que o incêndio da famosa biblioteca ... sinalizou a barbárie e as longas trevas que envolveram o espírito humano. Contudo, esses mesmos árabes, depois de um ou dois séculos, reconheceram sua ignorância e iniciaram, eles próprios, a restauração das ciências. Foram eles que nos transmitiram seja o texto, ou a tradução em sua língua, dos manuscritos que escaparam ao furor fanático. Mas essa é, aproximadamente, a única obrigação que temos para com eles.[13]

Sentenças como esta nos esclarecem mais sobre o pensamento de seu autor do que sobre os trabalhos árabes. A seguir, nos concentraremos na álgebra, mas é importante lembrar que, no mundo árabe, a astronomia levou a um grande desenvolvimento da trigonometria, bem como de uma geometria teórica.

A álgebra de Al-Khwarizmi

Pode-se dizer que a álgebra tem origem no estudo sistemático dos métodos para classificar e resolver equações, o que teve lugar com os trabalhos árabes iniciados por Al-Khwarizmi. Segundo Vitrac,[14] a maioria dos ingredientes para o desenvolvimento dessa teoria das equações já existia nos trabalhos gregos e indianos, mas sua explicitação só abriu uma nova perspectiva com os árabes. Como vimos, os procedimentos algébricos na matemática árabe ligavam-se às práticas situadas em um nível mais corriqueiro do que o da matemática, dividida em aritmética e geometria.

Após se apropriarem das obras gregas, os árabes expandiram seu conhecimento e desenvolver a álgebra foi um fator que permitiu essa emancipação. Primeiramente, porque permitiu romper com a predominância do conhecimento grego. Por exemplo, a álgebra dos árabes ultrapassou a divisão entre número e grandeza, que era constituinte da matemática euclidiana. Além da teoria das equações, eles criaram um cálculo algébrico sobre expressões polinomiais e estenderam as operações aritméticas a essas expressões, bem como a quantidades que os antigos não consideravam números, caso dos irracionais.

O termo "álgebra" tem origem em um dos livros árabes mais importantes da Idade Média: *Tratado sobre o cálculo de al-jabr e al-muqabala*, escrito por Al-Khwarizmi. A palavra *al-jabr*, ou "álgebra", em árabe, era utilizada para designar "restauração", uma das operações usadas na resolução de equações. Já a *al-muqabala* queria dizer algo como "balanceamento". Trata-se, de fato, de duas etapas do método para resolver equações. Vimos que procedimentos análogos eram empregados por Diofanto, mas não deve ter havido influência direta deste último sobre Al-Khwarizmi. A tradução dos sete primeiros livros da *Aritmética* para o árabe data dos anos 70 do século IX, e parece só ter tido impacto na matemática islâmica um pouco mais tarde. Os trabalhos gregos mais importantes, ao menos na primeira fase da matemática árabe, eram os de Euclides, Arquimedes, Apolônio e Ptolomeu. A semelhança entre alguns procedimentos usados na manipulação de equações por Diofanto e Al-Khwarizmi pode ser explicada por sua permanência na cultura subcientífica, que deve ter perdurado entre a Antiguidade tardia e a Idade Média.

Al-Khwarizmi não empregava nenhum simbolismo; ao contrário de Diofanto, sua linguagem era exclusivamente retórica. Apesar disso, havia um vocabulário padrão para designar os objetos que surgiam nos problemas, sobretudo para os três modos sob os quais o número aparecia no cálculo da álgebra: a raiz, o quadrado e o número simples. A palavra *Mal* exprimia o quadrado da quantidade desconhecida. Na linguagem corrente, esse termo significava "possessão", ou "tesouro", mas, como os outros, era usado por Al-Khwarizmi com um sentido técnico, no contexto da resolução de equações. Não se tratava tampouco do quadrado geométrico, designado pela palavra *murabba'a*. Citando Al-Khwarizmi:

A raiz é qualquer coisa que será multiplicada por ela mesma …

O quadrado é o que obtemos quando multiplicamos a raiz por ela mesma.

O número simples é um número que expressamos sem que esteja relacionado nem a uma raiz, nem a um quadrado.[15]

A "raiz" é o termo essencial, designada pela palavra *Jidhr* e também chamada de "coisa" (*shay*). As duas palavras eram usadas para exprimir o que atualmente chamamos de "incógnita". O emprego do termo "raiz" para expressar a quantidade desconhecida está estreitamente ligado ao fato de que o quadrado dessa quantidade era também uma incógnita, com nomenclatura própria (*Mal*). Já o *Adad* era um número dado qualquer, ou seja, a quantidade conhecida.

TABELA 1

Palavra	Significado na língua corrente	Sentido nos problemas	Notação moderna
Adad	Número ou quantidade de dinheiro	Quantidade conhecida (número dado)	c
Jidhr	Raiz	Quantidade desconhecida	x
Mal	Possessão ou tesouro	Quadrado da quantidade desconhecida	x^2

Vale destacar que a palavra "coisa" era utilizada para enfatizar a condição de incógnita, pois, em árabe, o vocábulo está associado a uma "indefinição" ou "indeterminação". Uma vez que o cálculo de Al-Khwarizmi era formal e a incógnita designava objetos de uma natureza qualquer, a escolha da palavra "coisa" pode revelar uma preocupação em elaborar um cálculo que pudesse ser aplicado tanto aos números quanto às grandezas geométricas. Esse relaxamento da distância entre grandeza e número foi fundamental para a criação de um novo domínio (a álgebra), que não estava contido nem na geometria nem na aritmética. Justamente por isso podemos dizer que, em certo sentido, a álgebra é uma invenção árabe.

O uso atual do termo "raiz" para a solução de uma equação vem da tradução para o latim do árabe *Jidhr*. Antes disso, e desde a Grécia, a palavra "raiz" era utilizada para designar a raiz de um número, associada aos elementos de que um número é formado por potenciação. Por exemplo, 2 é raiz de 4, pois 4 pode ser obtido multiplicando-se 2 por 2. Mas 2 poderia ser também raiz de 8, uma vez que $2 \times 2 \times 2 = 8$.

Depois de mostrar como efetuar as quatro operações sobre expressões contendo quantidades desconhecidas e radicais, Al-Khwarizmi passa à enumeração dos seis problemas possíveis, enunciados de modo retórico (com tradução em notação atual entre parênteses):

quadrados iguais a raízes ($ax^2 = bx$)
quadrados iguais a um número ($ax^2 = c$)
raízes iguais a um número ($bx = c$)
quadrados e raízes iguais a um número ($ax^2 + bx = c$)
quadrados e um número iguais a raízes ($ax^2 + c = bx$)
raízes e um número iguais a quadrados ($bx + c = ax^2$)

Em todos os casos, os coeficientes eram sempre considerados positivos, pois falava-se de uma quantidade de quadrados, ou de raízes. Para cada um dos tipos enumerados, Al-Khwarizmi enunciava regras de solução e justificativas geométricas extraídas dos *Elementos* de Euclides. A resolução empregava uma combinação de métodos algébricos e geométricos. Todas as quantidades são interpretadas também como grandezas, o que dava origem à separação dos casos. Ou seja, os seis tipos não eram vistos como casos particulares de uma equação genérica como $ax^2 + bx + c = 0$, conforme a entendemos hoje, que admite implicitamente que *a*, *b* e *c* são quantidades arbitrárias.

Cada caso era tratado a partir de exemplos, mas o método devia servir para dados numéricos quaisquer dentro daquele caso. Para o quarto caso, Al-Khwarizmi considera o exemplo "um *Mal* e dez *Jidhr* igualam 39 dinares", que em nossa notação algébrica seria representado como $x^2 + 10x = 39$. O algoritmo de resolução era descrito assim:

Tome a metade da quantidade de *Jidhr* (que neste exemplo é 5)
Multiplique essa quantidade por si mesma (obtendo 25)
Some no resultado os *Adad* (fazemos $39 + 25 = 64$)
Extraia a raiz quadrada do resultado (que dá 8)
Subtraia desse resultado a metade dos *Jidhr*, encontrando a solução (essa solução é $8 - 5 = 3$)

Traduzindo esse procedimento em linguagem algébrica atual, teríamos que a solução de uma equação do tipo $x^2 + bx = c$ é dada por $-b/2 + \sqrt{b^2/4 + c}$. Apresentamos essa solução organizada em uma tabela, a fim de comparar a resolução de Al-Khwarizmi com a que é efetuada atualmente:

TABELA 2

Solução apresentada por Al-Khwarizmi	Operações correspondentes em linguagem moderna	Operações correspondentes em linguagem moderna considerando uma equação genérica do tipo ou $x^2 + bx - c = 0$
Tome a metade da quantidade de *Jidhr*	$10/2 = 5$	$b/2$
Multiplique essa quantidade por si mesma	$5^2 = 25$	$(b/2)^2$
Some no resultado os *Adad*	$25 + 39 = 64$	$(b/2)^2 + c$
Extraia a raiz quadrada do resultado	$\sqrt{64} = 8$	$\sqrt{(b/2)^2 + c}$
Subtraia desse resultado a metade dos *Jidhr*, encontrando a solução	$8 - 5 = 3$	$\sqrt{(b/2)^2 + c} - b/2$

Observando a terceira coluna da tabela, percebemos que o algoritmo de resolução é uma sequência de operações equivalentes à fórmula de resolução de equação do segundo grau usada atualmente. Mesmo que fosse exposto para um exemplo particular, o método descrito por Al-Khwarizmi permitia tratar qualquer exemplo dentro de um caso determinado, logo, esse método gozava de certa generalidade. Em seguida, Al-Khwarizmi acrescenta: "A figura para explicar isto é um quadrado cujos lados são desconhecidos." Deve-se construir um quadrado de diagonal AB que represente o *Mal*, ou o quadrado da raiz procurada, e dois retângulos iguais, G e D, cujos lados são a raiz procurada e 5, metade de 10. A figura obtida é um *gnomon* de área 39. Completando essa figura com um quadrado de lado 5 (área 25), obtemos um quadrado de área 64 (= 39 + 25). O lado desse quadrado mede 8. Daí obtém-se que a raiz procurada é 3 (= 8 − 5).

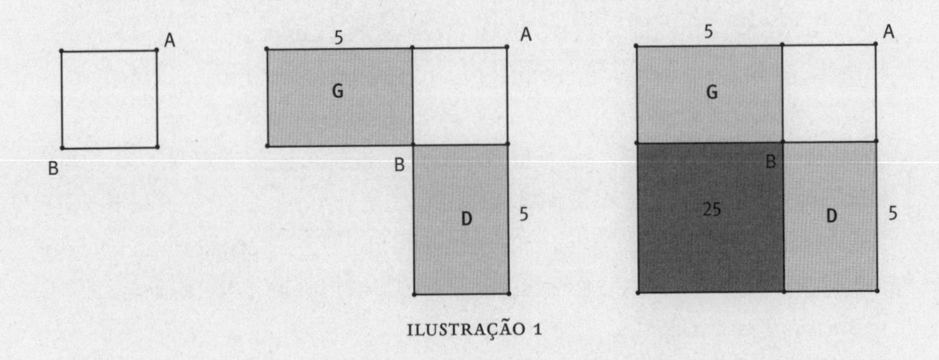

ILUSTRAÇÃO 1

Essa construção geométrica reproduz exatamente o procedimento de resolução e demonstra a necessidade de completar o quadrado na solução algébrica. Al-Khwarizmi identificava o lado do quadrado geométrico à raiz do quadrado algébrico com o objetivo de explicar a divisão do número de *Jidhr* em duas metades. Essa justificativa geométrica não servia para garantir a verdade do algoritmo e sim para explicar sua causa: a necessidade de completar o quadrado. Esse papel para uma argumentação geométrica era totalmente novo na matemática.

É curioso observar que a equivalência de áreas, suposta no procedimento exposto, é explicitada pela proposição II-4 dos *Elementos* de Euclides.

Contudo, apesar de essa obra já estar traduzida na época de Al-Khwarizmi, ele nunca a menciona explicitamente, o que pode indicar um desejo de se distanciar dessa tradição.

Qualquer problema devia se encaixar em uma das seis categorias definidas inicialmente. Identificado o seu tipo, o problema seria resolvido pelo procedimento adequado à sua categoria. Sendo assim, para aplicar o método algébrico a situações concretas, era necessário reduzir um problema qualquer a um dos casos. Esse é o papel dos procedimentos de "restauração" (*al-jabr*) e "balanceamento" (*al-muqabala*). Suponhamos, em notação atual, a equação:

$$2x^2 + 100 - 20x = 58$$

Como todos os coeficientes devem ser positivos, para que possamos conceber uma igualdade entre os dois membros dessa equação, devemos imaginar que o primeiro possui um excedente de $20x$ em relação ao segundo. Sendo assim, a igualdade nessa equação deve ser "restaurada" pelo procedimento de *al-jabr*, ou seja, devemos "enriquecer" $2x^2 + 100$ do déficit que lhe causou a retirada de $20x$. Na linguagem atual, isso equivale a dizer que o termo subtraído no primeiro membro deve ser adicionado ao segundo membro, de forma a se obter uma igualdade com todos os termos positivos:

$$2x^2 + 100 = 20x + 58$$

Observemos que esse modo de "passar para o outro lado" não se justifica pela concepção que temos de que a soma e a subtração são operações inversas. O modo de operar dos árabes está mais próximo da crença de que realmente retiramos uma quantidade de um lado para "passar para o outro lado", forçada pela restrição ao universo dos números positivos. Em seguida, as espécies do mesmo tipo e iguais são subtraídas de ambos os lados, o que seria equivalente a retirar 58 de ambos os lados. É preciso equilibrar os dois lados, ou seja, balanceá-los pelo procedimento de *al-muqabala*, reduzindo os dois números a um só. Chegamos, assim, à equação:

$$2x^2 + 42 = 20x$$

Dividindo essa equação por 2, obtemos uma equação do quinto tipo na lista dos casos enumerados por Al-Khwarizmi e podemos resolvê-la pelo método fornecido para a equação $x^2 + 21 = 10x$.

Podem-se identificar, no conjunto desses procedimentos, diversas técnicas presentes em outros momentos históricos. Operações equivalentes às de *al-jabr* e *al-muqabala* já eram conhecidas na época de Diofanto; a resolução de problemas de segundo grau já era praticada pelos indianos; e, como vimos no Capítulo 1, o método de completar quadrados era comum na matemática mesopotâmica. Nenhuma dessas influências pode ser verificada diretamente nos primeiros tratados de álgebra árabe, o que não quer dizer que tais escritos sejam absolutamente originais.

Segundo Høyrup,[16] as técnicas para manipulação de equações faziam parte da cultura matemática subcientífica praticada por calculadores, que resolviam equações, ou por profissionais, como arquitetos e artesãos qualificados que realizavam uma geometria prática. Os métodos de *al-jabr* eram usados por grupos de indivíduos conhecidos como "seguidores da álgebra". A técnica era retórica e seu objetivo consistia em resolver problemas quadráticos em situações concretas. As provas geométricas fornecidas por Al-Kwharizmi e por outros matemáticos árabes, como Ibn Turk, também podem ter sido derivadas de práticas geométricas comuns, com tradição em operar com figuras.

Nessas práticas subcientíficas pode ser sentida uma influência indiana indireta. Um dos principais exemplos é o uso dos algarismos que designamos como "indo-arábicos". Essa representação dos números, presente também em nossa matemática, já era empregada por Al-Kwharizmi e é atribuída por ele aos indianos. No entanto, esta deve ter sido uma herança de praticantes que usavam o sistema, não sendo transmitida por tratados aritméticos de natureza científica. Ainda assim, é discutível se o sistema posicional decimal, adotado pelos indianos, foi divulgado pelos árabes, pois estes usavam majoritariamente o sistema grego sexagesimal.

As práticas algébricas dos árabes possuem conexão com os métodos babilônicos e indianos, porém é difícil encontrar evidências que testemunhem influências diretas dessas culturas. Antes mesmo dos tempos islâmicos, tais tradições já haviam se misturado e, a partir do século IX, a síntese islâmica foi responsável pela sistematização das práticas. Aos poucos, a *al-jabr* e a *al-muqabala* foram se tornando uma ciência. Para empregar os algoritmos de resolução de equações, a partir do século XII matemáticos árabes passaram a abreviá-los por símbolos, sobretudo no Magreb. Foi se estabelecendo, assim, uma forma aproximadamente simbólica para exprimir essa técnica.

Para resumir, Diofanto já empregava técnicas de manipulação de igualdades e abreviações. As matemáticas indiana e árabe possuíam em comum o fato de enunciarem métodos de resolução que, traduzidos simbolicamente, equivalem à nossa fórmula para resolução de equações do segundo grau. Os indianos também usavam abreviações e símbolos para as operações. Al-Khwarizmi forneceu algoritmos de resolução justificados por procedimentos geométricos semelhantes aos babilônicos. Quando traduzidas em notação simbólica atual, essas técnicas são equivalentes à fórmula para resolução de equações do segundo grau. Todavia, só podemos dizer que existe realmente uma "fórmula" quando:

1. representarmos simbolicamente as incógnitas e as operações contidas em uma equação; e

2. a equação do segundo grau passar a ser considerada de modo genérico, ou seja, com todas as parcelas possíveis e com os coeficientes indeterminados.

As etapas 1 e 2 foram obtidas depois de muitos séculos de pesquisa, que vão desde Diofanto, passando por indianos e árabes, até chegar aos trabalhos de Viète, no século XVI. O método árabe é bem diferente da nossa fórmula, em particular por tratar cada um dos seis casos separadamente, de modo retórico, e por associar sua solução a exemplos justificados geometricamente. Ainda que os indianos já usassem alguns símbolos, a fórmula geral que utilizamos hoje também não pode ter sido proposta por Bhaskara, uma vez que eles não dispunham de um simbolismo para os coeficientes.

Fica a pergunta: quem foi, afinal, o real inventor da fórmula de resolução das equações do segundo grau, atribuída erroneamente a Bhaskara? Tal pergunta é bastante frutífera para desconstruirmos algumas concepções equivocadas sobre a história da matemática. Às vezes pensamos, erradamente, que a matemática evoluiu de modo linear: os matemáticos, em certo momento, teriam disponível uma obra inacabada cujas lacunas deveriam ir preenchendo. Não aconteceu assim, sobretudo no passado, quando os meios de comunicação eram muito distintos dos atuais. Como os matemáticos árabes teriam tido contato com a matemática indiana? Que parte dessa matemática eles conheceram? Matemática oriunda de que época?

Os árabes citam trabalhos astronômicos indianos, mas a álgebra islâmica, pelo menos na época de Al-Khwarizmi, parece não ter sido influenciada pelos indianos, que usavam simbolismo, ao passo que os árabes permaneceram operando de modo retórico. Além disso, alguns indianos operavam com quantidades negativas, o que os árabes, nessa época, não faziam. Nem Bhaskara, nem outro matemático indiano, nem Al-Khwarizmi, nem outro árabe qualquer inventou a fórmula para a resolução da equação de segundo grau, apesar de todos eles saberem resolver o análogo a uma equação desse tipo nos termos da matemática de seu tempo. É certo que a fórmula só pôde ser escrita depois que Viète introduziu um simbolismo para os coeficientes, como veremos adiante, mas nem mesmo ele pode ser considerado o inventor da fórmula, uma vez que seu método de resolução já era amplamente conhecido pelos indianos e árabes.

Omar Khayam e os problemas de terceiro grau

No século XI, influenciado por Al-Khwarizmi, o poeta e matemático árabe Omar Khayam, ou Al-Khayam, publicou um livro intitulado *Demonstrações de problemas de al-jabr de al-muqabala*, no qual encontramos soluções geométricas para diversos tipos de equações do terceiro grau. O tratado foi escrito como parte de uma tradição de comentários aos *Elementos* de Euclides, embora possamos notar também uma grande influência de Apolônio.

No Capítulo 3, descrevemos os problemas clássicos da matemática grega, entre os quais o de encontrar duas meias proporcionais e o da trissecção do ângulo. Muitos dos problemas de terceiro grau partem da busca de soluções para esses casos, tratados por meio de seções cônicas. No caso de situações envolvendo quantidades elevadas ao cubo, Al-Khayam reconhece não ter sido possível encontrar um algoritmo análogo ao que tinha sido utilizado para equações quadráticas, por esse motivo suas soluções são geométricas e empregam cônicas.

O tratado de Al-Khayam apresenta uma classificação de 25 espécies de problemas que podem ser traduzidos, em notação atual, como equações e explica o que era preciso para resolver cada uma delas. A Tabela 3 enuncia alguns desses tipos e a respectiva tradução em símbolos modernos:

TABELA 3

	Linguagem utilizada por Al-Khayam	**Notação moderna**
1	Um número é igual a uma raiz	$a = x$
2	Um número é igual a um quadrado	$a = x^2$
3	Um número é igual a um cubo	$a = x^3$
4	Algumas raízes são iguais a um quadrado	$bx = x^2$
5	Alguns quadrados são iguais a um cubo	$cx^2 = x^3$
6	Algumas raízes são iguais a um cubo	$bx = x^3$
7	Um quadrado e algumas raízes são iguais a um número	$x^2 + bx = a$
9	Algumas raízes e um número são iguais a um quadrado	$bx + a = x^2$
12	Algumas raízes e alguns quadrados são iguais a um cubo	$bx + cx^2 = x^3$
18	Um número e alguns quadrados são iguais a um cubo	$a + cx^2 = x^3$
20	Um cubo, alguns quadrados e um número são iguais a algumas raízes	$x^3 + cx^2 + a = bx$
21	Um cubo, algumas raízes e um número são iguais a alguns quadrados	$x^3 + bx + a = cx^2$

Al-Khayam procurava determinar a "raiz", ou o "lado", satisfazendo certas condições. Em sua linguagem, cada uma das quantidades pode ser aritmética ou geométrica, como na Tabela 4:

TABELA 4

Termo	**Sentido aritmético**	**Sentido geométrico**
Número dado	Número	Quantidade geométrica
Raiz, quantidade desconhecida	Número	Segmento
Quadrado	Segunda potência da raiz	Quadrado geométrico que tem a raiz como lado
Cubo	Terceira potência da raiz	Cubo que tem a raiz como aresta

Se a quantidade desconhecida, ou a raiz, era tida como um número, então a expressão "algumas raízes" designava outros números obtidos a partir do primeiro (se a raiz é x, "algumas raízes" é o equivalente a ax). Contudo, se a raiz fosse um segmento, o sentido dessas expressões podia variar. Se o problema envolvia um cubo, então ele nunca mencionaria um quadrado ou uma raiz, mas sempre "alguns quadrados" e/ou "algumas raízes". O termo "alguns quadrados" era usado para denotar um paralelepípedo cuja base é o quadrado construído com a raiz e cuja altura era obtida tomando-se um segmento unitário um certo número de vezes. Já "algumas raízes" era o termo usado para denotar um paralelepípedo cuja altura era a raiz e cuja base era obtida tomando-se um certo número de vezes um quadrado construído sobre o segmento unitário. Analogamente, se o problema não envolvia um cubo e sim um quadrado, então ele nunca mencionaria uma raiz, mas sempre "algumas raízes". Isso significa que os enunciados respeitavam a lei de homogeneidade das grandezas, ou seja, todos os termos deviam ser considerados como tendo a mesma dimensão: um segmento devia ser somado a outros segmentos, um retângulo a outros retângulos (incluindo quadrados) e um paralelepípedo a outros paralelepípedos (incluindo cubos).

Por exemplo, o problema 21 ("um cubo, algumas raízes e um número são iguais a alguns quadrados"), traduzido em linguagem atual, corresponde à equação $x^3 + bx + a = cx^2$. Pela lei de homogeneidade das grandezas, todos os seus termos são considerados volumes, ou seja, de grau 3. Isso quer dizer que um cubo deve ser somado a cubos ou paralelepípedos. Logo, a expressão "algumas raízes" do enunciado (traduzida como bx) era usada para designar um paralelepípedo cuja altura é a raiz e cuja base é obtida tomando-se um certo número de vezes um quadrado unitário. Por essa razão, atualmente, muitas vezes se traduz o enunciado retórico pela expressão $x^3 + b^2x + a^3 = cx^2$, considerando que a expressão "algumas raízes" equivale, na verdade, a b^2x.

A linguagem usada por Al-Khayam pode ser vista como uma linguagem comum à aritmética e à geometria, pois designava um procedimento padrão para tratar um problema de qualquer espécie. Usando essa linguagem, ele conseguia expressar os problemas como casos particulares de uma forma comum, fossem eles aritméticos ou geométricos. Mas, apesar de usar a mesma linguagem para representar quantidades de naturezas distintas, ao resolvê-los Al-Khayam precisava fazer uma escolha. O enunciado proporcionava uma dupla interpretação – numérica ou geométrica –, o que não acontecia com sua estratégia de resolução: na solução, era preciso escolher entre um método aritmético ou geométrico. Além disso, no caso de uma interpretação geométrica, Al-Khayam conseguia resolver problemas de uma maneira geral. Entretanto, ele não conseguia exibir uma solução geral para aqueles interpretados pela aritmética, uma vez que não resolvia numericamente as equações do terceiro grau.

O método empregado por Al-Khayam era puramente geométrico, diferente do caso da equação do segundo grau, que envolve a extração de uma raiz quadrada, por isso ficou conhecido como "método de resolução por radicais". Será devido à busca de um método de resolução por radicais para as equações cúbicas que grande parte da álgebra se desenvolverá nos séculos XV e XVI. Na época de Al-Khayam esta não era uma questão.

Difusão da álgebra no Ocidente e uso do simbolismo

Um último mito que tentaremos desconstruir neste capítulo diz respeito à difusão da álgebra árabe e dos tratados dos povos antigos na Europa. Ouvimos dizer, normalmente, que a matemática se desenvolveu na Itália a partir do século XIII, sobretudo com as obras de Leonardo de Pisa. Esse matemático, conhecido como Fibonacci, fez viagens ao norte da África, onde entrou em contato com os conhecimentos dos árabes. Se consultarmos o artigo sobre ele no *Dictionary of Scientific Biography*, aprenderemos que Fibonacci

> incontestavelmente, tem o papel de pioneiro no renascimento da matemática no oeste cristão. Como nenhum outro antes dele, considerou de modo novo o conhecimento antigo e desenvolveu-o de maneira independente. Em aritmética, mostrou habilidade superior para os cálculos. Além disso, ofereceu aos seus leitores um material organizado de forma sistemática e ordenou seus exemplos do mais fácil para o mais difícil. ... Em geometria demonstrou, diferentemente dos agrimensores, um domínio completo de Euclides, cujo rigor matemático ele foi capaz de recapturar.[17]

Esse relato é comum em livros de história da matemática. Uma radicalização dessa lenda sobre o "renascimento" da matemática antiga na Europa aponta que, com a queda de Constantinopla, em 1453, refugiados que escaparam para a Itália teriam levado preciosos tratados gregos antigos para o mundo europeu ocidental. A verdade é que alguns tratados gregos já haviam aparecido na Europa no século XIII, quando as cruzadas, ao invés de se dirigirem à Terra Santa, invadiram outro território cristão, Constantinopla, onde havia manuscritos conservados desde a Antiguidade, quando a região ainda era grega e se chamava Bizâncio.

É fato que Fibonacci frequentou Bugia, cidade da Argélia, seguindo o desejo de seu pai, que era comerciante. Depois dessa primeira formação em matemática, Fibonacci viajou pelo Egito, pela Síria, pelo sul da França e pela Sicília, na Itália. Ou seja, teve contato com o mundo mediterrâneo, onde se aperfeiçoou em domínios como a álgebra, prática até então desconhecida dos europeus. No entanto, a versão simplificadora sobre a difusão da álgebra na Itália teve de ser reformulada nos últimos anos devido a dois complicadores: as descobertas que exibem o desenvolvimento de uma álgebra simbólica no Magreb e na Andaluzia entre os séculos XI e XIV, bem como sua transmissão para os cristãos na Espanha; e as pesquisas em torno das escolas de ábaco, que floresceram na Itália a partir do século XIII.

Essas escolas, que treinavam jovens comerciantes desde os onze ou doze anos em matemática prática, e se difundiram em várias regiões da Itália, sobretudo Florença, estão relacionadas ao desenvolvimento do capitalismo no fim da Idade Média. Para tratar problemas ligados ao comércio, ensinava-se o cálculo com numerais indianos (os algarismos que chamamos hoje de "indo-arábicos"), a regra de três, os juros simples e compostos, os métodos da falsa-posição, entre outras ferramentas voltadas para problemas práticos. Ainda que fossem designadas como escolas de ábaco, a partir do século XIII elas se dedicavam a técnicas de cálculo sem ábaco.

Em conexão com essas escolas, sobretudo as do centro e do norte da Itália, foram publicados diversos "livros de ábaco", que podem ser traduzidos também como "livros de cálculo". Além dos tópicos já citados, eles podiam conter seções de álgebra, principalmente a partir do século XIV. É difícil saber exatamente quem os escreveu, pois, em muitos casos, tratava-se de adaptações e cópias de materiais já existentes, além de a maioria ser de autoria anônima. O livro mais conhecido de Fibonacci se chama *Liber Abaci*, ou seja, "livro de ábaco", o que levou alguns historiadores a afirmarem que, em geral, os escritos associados às escolas de ábaco eram, de fato, resumos e adaptações dessa obra de Fibonacci. Esses textos de matemática prática, escritos em língua vernácula, receberam pouca atenção dos historiadores até as transcrições feitas por Gino Arrighi e seus colegas italianos, nos anos 1960 e 1970. O interesse foi intensificado pelos estudos que levaram à publicação, por Warren van Egmond, em 1980, de um catálogo intitulado *Practical Mathematics in the Italian Renaissance: A Catalog of Italian Abbacus Manuscripts and Printed Books to 1600* (Matemática prática na Renascença italiana: um catálogo dos manuscritos de ábaco e livros impressos até 1600) que reunia tais textos.

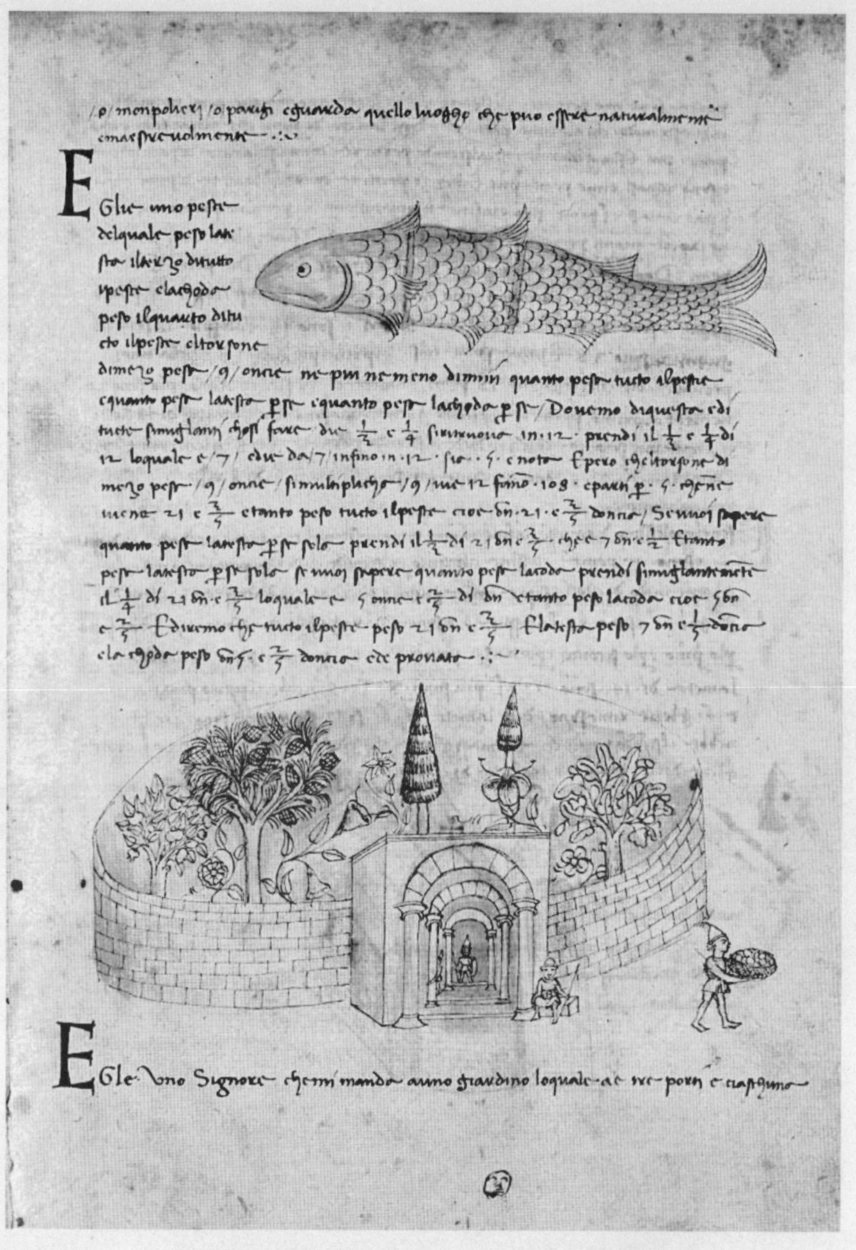

FIGURA 2 Página típica de manuscrito de ábaco com dois problemas aritméticos ilustrados.

Com base nessas novas evidências, a influência de Fibonacci sobre os livros de ábaco pôde ser contestada, sobretudo por J. Høyrup,[18] que propõe uma inversão: Fibonacci não seria um herói solitário na origem de uma nova matemática, e sim o produto de práticas associadas às escolas de ábaco. De fato, um livro de ábaco anônimo, escrito provavelmente entre 1288 e 1290, é um dos primeiros exemplares do gênero a ser encontrado, e seu autor afirma seguir Fibonacci. Entretanto, como mostra Høyrup, o livro consiste de duas partes: uma que corresponde ao currículo básico das escolas de ábaco e que não tem nada a ver com Fibonacci; e outra que contém assuntos mais avançados, traduzidos do *Liber Abaci*, mas que revelam pouca compreensão da matéria exposta. Esse texto aponta que algumas notações magrebinas, usadas por Fibonacci, não tiveram difusão na Itália nesse período inicial. Tudo indica, portanto, que o texto foi escrito por um compilador familiarizado com as práticas de cálculo, pouco versado, contudo, na matemática efetivamente usada por Fibonacci, apesar de querer se apresentar como seu herdeiro devido, talvez, à fama que aquele possuía na época.

O primeiro livro de ábaco a propor uma álgebra foi escrito por um certo Jacopo da Firenze, provavelmente em Montpellier, no ano de 1307. Høyrup faz uma análise minuciosa desse tratado, cujo conteúdo é totalmente retórico. O autor parece estar se dirigindo a um leitor leigo, sem conhecimento prévio da matéria, e o livro não contém nenhum traço que confirme a influência de Fibonacci, nem tampouco dos clássicos árabes, entre eles Al-Khwarizmi. A partir de múltiplas evidências históricas, Høyrup conclui que a álgebra de Jacopo da Firenze pode ter suas raízes em práticas que estavam presentes na área que se estende da península Ibérica até a região da Provença, na França, ambas com ancestrais comuns na Andaluzia e no Magreb.

Um dos indícios mais fortes para tal conclusão reside no fato de o livro não oferecer provas geométricas, mas somente regras, além de se caracterizar por uma mistura de matemática comercial e algébrica, típica da cultura matemática da Andaluzia e do Magreb. Uma análise da terminologia e das técnicas empregadas permite afirmar que a álgebra apresentada era influenciada pela álgebra árabe, porém não necessariamente pelos clássicos, como os livros de Al-Khwarizmi e Abu-Kamil.* A ausência de simbolismo pode ter sido motivada pela tradição de uso da linguagem retórica pelas pessoas da região à qual se destinava. Não analisaremos em detalhes a história da álgebra desse período, resumindo apenas algumas de suas etapas até que o simbolismo algébrico tenha sido difundido. Isso porque nosso objetivo é mostrar, mais uma vez, que o desenvolvimento algébrico nessa época não é herança de um autor – nem de alguns autores escolhidos – e sim o produto de práticas compartilhadas em um contexto determinado.

No final do século XII, os matemáticos do Magreb usavam, em suas manipulações algébricas, símbolos para a incógnita, para as potências da incógnita, bem como para as operações e para a igualdade. Esses símbolos, derivados das iniciais das palavras correspondentes, eram capazes de produzir expressões compostas, usadas para escrever o análogo aos nossos polinômios.[19] Não se encontra nenhum traço dessa influência na Europa em nenhuma das introduções à álgebra dos séculos XII e XIII. A obra de Fibonacci é um dos raros exemplos no qual se destaca o uso de algum simbolismo herdado dos árabes, como a notação para frações. O *Liber Abaci* é conhecido pela defesa da notação indo-arábica e do sistema posicional.

No século XII, foi feita uma tradução do livro de Al-Khwarizmi por Robert Chester. Uma outra tradução tem origem na Andaluzia, atribuída a Gerardo de Cremona, mas em ambos os casos partes do livro original estão truncadas, como mostra M. Moyon.[20] Essa segunda versão é usada por Fibonacci. A influência dos tratados árabes, em particular do livro de Al-Khwarizmi, levou a que os métodos árabes ficassem conhecidos como "álgebra".

As traduções latinas dos tratados árabes usavam o termo "coisa", ou "raiz", para designar a quantidade desconhecida. O seu quadrado se chamava "censo" e o termo constante, "número". Gradualmente, alguns simbolismos começaram a aparecer no século XIV, mas não eram difundidos

* Matemático egípcio ativo entre os séculos IX e X, com importantes contribuições para a álgebra e a geometria. Ficou conhecido por ter sido um dos primeiros a tratar de equações com grau maior que 2 e a aceitar irracionais como solução de uma equação.

sistematicamente nas práticas algébricas italianas. Por exemplo, podemos encontrar, na primeira metade do século XIV, abreviações como "R" para "raiz" (*radice*, em italiano); "p" para "mais" (*più*); "m" para "menos" (*meno*); "c" para a "coisa" (*cosa*), que era a incógnita; e "ç" para o "quadrado da coisa" (*censo*); a quarta potência também era representada como "ç de ç", o "quadrado do quadrado" (*censo de censo*). Tais abreviações e esquemas, como o que apresentamos na Figura 3, encontram-se em um livro de Dardi de Pisa escrito em 1344 e deviam ser comuns na época. Na verdade, esse autor usa o "R" cortado e o "m" com um til em cima. O exemplo a seguir, extraído dessa obra, era usado para calcular o produto $(3 - \sqrt{5}) \times (3 - \sqrt{5})$:

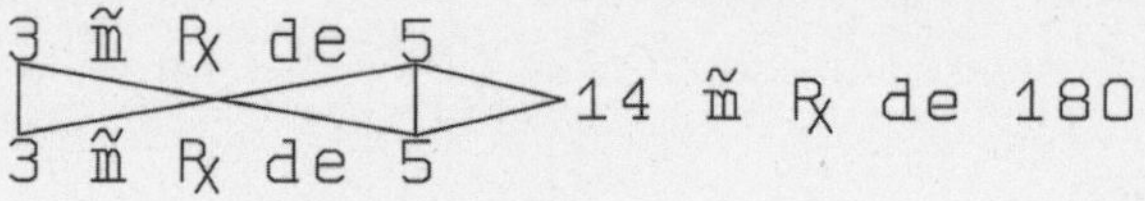

3 m̃ ℞ de 5
3 m̃ ℞ de 5 → 14 m̃ ℞ de 180

FIGURA 3

No início do século XIV, portanto, parece ter sido herdada do simbolismo magrebino a ideia de representar *radice*, *cosa* e *censo* por abreviações, usando-se a primeira letra de cada palavra. Em alguns manuscritos do século XV, já se encontram, mais frequentemente, abreviações simbólicas. A álgebra do período mostrava-se familiar em relação à notação, mas o simbolismo consistia em um conjunto de abreviações facultativas e não havia um esforço deliberado para desenvolver novas notações e aplicá-las a situações gerais. Luca Pacioli e alguns de seus contemporâneos começaram a se interessar por uma exposição enciclopédica dos simbolismos usados na época, entretanto, não chegaram a propor um sistema coerente.

Nos séculos XIV e XV, desenvolveu-se na Itália um movimento cultural que ficou conhecido como Humanismo, corrente filosófica e literária que se interessava pela antiga cultura greco-latina e se dedicava aos autores clássicos. As inovações aritméticas e algébricas do período, herdadas das práticas do Magreb, não se associavam a essa tendência, portanto não foram particularmente estimuladas. Somente no final do século XV começaram a surgir indícios de um uso mais consciente da notação simbólica.

Nesse sentido, o exemplo mais importante é a *Summa Arithmetica* de Pacioli, publicada em 1494.

Na Europa do século XVI, desenvolveram-se pesquisas dedicadas à resolução de equações que empregavam uma grande quantidade de símbolos e que estão na origem de alguns dos que conhecemos até hoje. Os símbolos de + (mais) e − (menos) já eram usados na Alemanha. O símbolo para raiz quadrada, por exemplo, foi introduzido em 1525 pelo matemático alemão Christoff Rudolff. Seu aspecto vem de uma abreviação da letra *r*, inicial de "raiz". Em 1557, o inglês Robert Recorde publicou um livro de álgebra no qual introduziu o símbolo "=", usado por nós para a igualdade: um par de retas paralelas, pois "não pode haver duas coisas mais iguais". Os símbolos para o quadrado e o cubo da quantidade desconhecida provinham de abreviações das palavras latinas.

Supondo que o cubo fosse expresso por C, o quadrado por Q e a raiz por R, reunindo todos os avanços simbólicos da época, a equação expressa hoje como $x^3 - 5x^2 + 7x = \sqrt{x + 6}$ seria escrita assim: $C - 5Q + 7R = \sqrt{R + 6}$. Não havia, porém, um padrão comum na notação algébrica, como atualmente. O símbolo "=", por exemplo, era usado na Inglaterra mas não no resto da Europa, onde eram utilizadas abreviações da palavra "igual". A padronização dos símbolos matemáticos se deu muito mais tarde, a partir do final do século XVII, sobretudo devido à popularidade dos trabalhos de Descartes, Leibniz e Newton, conforme será visto nos capítulos seguintes.

A álgebra do século XV e do início do XVI era essencialmente a mesma da dos árabes, com o recurso de um simbolismo (não unificado) tanto para as incógnitas quanto para as operações. A tradução para o alemão da palavra "coisa" (incógnita) deu origem ao termo "coss", e a prática de resolver equações ficou conhecida como arte "cossista". Ao longo do século XVI, difundiram-se diversos textos "cossistas", que, além do simbolismo, não traziam grandes inovações em relação às técnicas árabes. Esses textos começavam por introduzir as quatro operações aritméticas para números inteiros, podendo incluir algum tratamento de frações, potências e raízes. Depois, o autor definia a notação que ia usar para as quantidades desconhecidas e suas potências e indicava como realizar operações com essas quantidades, exatamente como na aritmética. Em seguida, mostrava o que é uma equação e como esta pode ser simplificada (por métodos análogos aos de Al-Khwarizmi). A técnica principal era a "regra da álgebra", ou da "coisa": se a incógnita é representada por R, escreve-se uma equação que traduz as condições do problema e a solução da equação é a quantidade procurada.

A transição entre a quantidade procurada concreta e o símbolo – juntamente com o procedimento inverso – era tida como a regra principal. Ou seja, a palavra "álgebra" era associada ao processo de abstração que tem lugar quando se passa um problema para a linguagem algébrica. A partir daí, não importa se a quantidade física é uma medida de comprimento, uma quantidade de dinheiro, um peso ou simplesmente um número, pois, em todos esses casos, a regra é a mesma. Foi nessa época que essa regra começou a ser designada também como a regra da "equação", como sugeriu Recorde em 1557:

> Essa regra é chamada regra da "álgebra", devido ao nome do seu inventor ... Mas seu uso é corretamente chamado de regra da "equação": pois é pela "equação" de números que ela dissolve questões duvidosas ... . Quando qualquer questão proposta requer essa regra, deve-se imaginar um nome para o número que é procurado, como foi ensinado na regra da falsa-posição. Com esse número deve-se proceder, de acordo com a questão, até se encontrar um número "cossista" [a incógnita] igual a esse número que a questão expressa e o qual deve se reduzir ainda mais até o mínimo de números.[21]

A arte cossista continuou a existir no século XVI até o século XVII, interagindo com os praticantes da álgebra, mas consistia sobretudo de uma lista de abreviações incapazes de serem generalizadas e que não se prestavam à manipulação simbólica. Os cossistas enxergavam as regras para manipular símbolos como exatos análogos das regras correspondentes para manipular números. Houve tentativas de generalização, limitadas, contudo, pelo modo como essas práticas circulavam. Além das razões externas, as técnicas não eram estendidas para cúbicas e a notação não era simples de ser generalizada para equações de grau superior. Ainda assim, pode-se identificar em seus trabalhos o início de uma aritmética simbólica generalizada.

Os algebristas dos séculos XIV e XV, ou mesmo os do século XVI, tinham alguma razão para desenvolver uma abordagem simbólica coerente? Parece que não. O tipo de matemática no qual estavam engajados não tornava essa necessidade urgente. Mesmo os mestres de ábaco com ambições enciclopédicas, como Pacioli, e mais tarde Tartaglia, não encontravam estímulo para tal sistematização na matemática praticada nas universidades ou no meio dos pensadores humanistas. Ao contrário, a aspiração de conectar sua matemática ao ideal euclidiano os fez reinserir provas geométricas na tradição algébrica, que já tinha se livrado dessa influência, retardando a compreensão de que uma argumentação puramente aritmética, ou algébrica, poderia ser considerada legítima sem o auxílio da geometria.

Antes de Viète, a álgebra europeia se aplicava a problemas cuja resolução não era auxiliada pelo uso de simbolismo. Somente quando a influência de Arquimedes e Apolônio trouxe novos problemas à cena matemática seus praticantes perceberam que o simbolismo era um fator capaz de auxiliar na resolução de problemas e de generalizar os métodos empregados. Exceto pela notação, a álgebra desse período é muito parecida com a que nos é ensinada nas escolas, porém há uma grande distância entre essa arte e a disciplina matemática chamada atualmente de álgebra. Veremos, na próxima seção, por que o trabalho de Cardano, dedicado à "grande arte", é considerado, frequentemente, um dos primeiros tratados de álgebra.

A "grande arte"

Os livros de ábaco mostram que a busca de métodos gerais para resolver equações cúbicas não começou somente no século XV, com a *Summa Arithmetica*, de Luca Pacioli. Sua origem remonta ao início do século XIV. Assim, os desenvolvimentos algébricos mais importantes dos séculos XV e XVI são tributários dos esforços para encontrar uma solução da cúbica por radicais. Hoje, pensamos em equações cúbicas como sendo todas essencialmente de um mesmo tipo e podendo ser resolvidas por um mesmo método. Contudo, naquela época, quando os coeficientes eram numéricos e os coeficientes negativos ainda não eram utilizados, existiam diferentes tipos de equações cúbicas. É o caso das enumeradas por Al-Khayam, que dependiam da posição dos termos "quadrático", "linear" e "numérico".

Logo no início do século XVI, Scipione del Ferro obteve uma fórmula usando radicais para a solução de um certo tipo de equação, que constituiu uma novidade em relação aos trabalhos árabes. Mas essa fórmula foi mantida secreta, como era costume. Alguns anos mais tarde, por volta de 1535, Tartaglia resolveu diversas equações cúbicas, em particular as do tipo que escrevemos hoje como $x^3 + mx^2 = n$, considerada com coeficientes exclusivamente numéricos.

Um terceiro matemático italiano, Girolamo Cardano, que parece ter obtido a fórmula de Tartaglia prometendo mantê-la em sigilo, acabou por publicá-la em 1545 no livro *Ars magna* (Grande arte), onde trata a solução de cada um dos treze tipos de equação cúbica em capítulos separados. O capítulo XI, por exemplo, é destinado à resolução da cúbica do tipo "cubo e coisas igual a número". A demonstração é feita tendo como base um exemplo particular, numérico, de uma cúbica. Posteriormente, estabelece-se, retoricamente, uma regra de resolução para esse tipo de cúbica. Exibiremos a seguir o método de Cardano, que não utilizava a linguagem algébrica atual e incluía uma justificativa geométrica.

O capítulo XI da *Ars magna* fornece um método para resolver a equação $x^3 + 6x = 20$, que era escrita como: *cub p; 6 res æqlis 20* (cubo e seis coisas igual a 20). Cardano começa apresentando uma demonstração geométrica e só depois enuncia uma regra para resolver tal equação. Procuraremos manter-nos fiéis ao raciocínio de Cardano, ainda que, algumas vezes, para facilitar o entendimento, tenhamos de comentar sua solução, traduzindo alguns trechos para a notação atual.

Solução geométrica fornecida por Cardano

Procuramos um cubo de lado GH tal que o cubo de GH mais seis vezes o lado GH seja igual a 20. Sejam dois cubos, designados pelas suas diagonais

AE e CL, cuja diferença é 20. Cardano exibe a representação plana desses cubos, como na Ilustração 2. Para facilitar o entendimento, mostramos também a representação espacial do cubo AE com a divisão indicada na representação plana, mas sem adicionarmos o cubo CL.

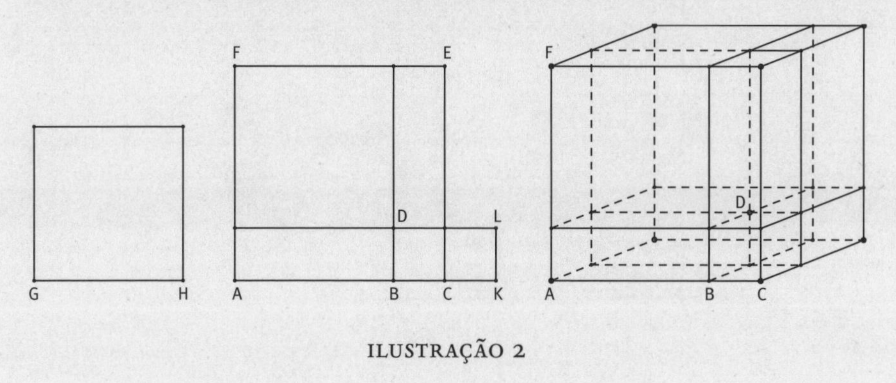

ILUSTRAÇÃO 2

Marcando B de modo que BC seja igual a CK, obtém-se que AB é igual a GH, ou seja, o valor da "coisa". Isso quer dizer que AB é o valor de *x* procurado. A argumentação de Cardano era geométrica e consistia em encontrar um cubo de lado AB que satisfizesse a mesma condição do cubo de lado GH. Isso quer dizer que se deve buscar encontrar um segmento GH satisfazendo a condição $GH^3 + 6GH = 20$. Para atingir esse objetivo, Cardano começa procurando AC e CK tal que:

i) $AC^3 - CK^3 = 20$;
ii) $AC \times CK = 2$.

Ele parte de resultado geométrico sobre a decomposição do cubo obtido no capítulo VI de seu livro. Cardano considera a decomposição do cubo de diagonal AE nos "corpos" (paralelepípedos) da Ilustração 3: BC^3 (cubo em branco), AB^3 (cubo em preto), $3(BC \times AB^2)$ (paralelepípedos em cinza-claro – os dois visíveis mais um que não vemos, abaixo do cubo preto) e $3(AB \times BC^2)$ (paralelepípedos em cinza-escuro). Como vemos por essa Ilustração, se retiramos o cubo de lado BC do cubo de lado AC restam: um cubo de lado AB mais seis sólidos. Três desses sólidos restantes têm volume $3AB \times BC^2$ e os outros três têm volume $3AB^2 \times BC$.

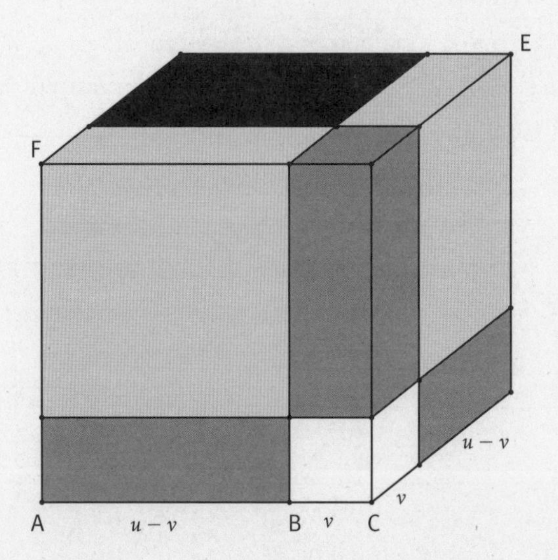

ILUSTRAÇÃO 3 Ilustração geométrica da igualdade
$(u - v + v)^3 = (u - v)^3 + 3(u - v)^2 v + 3(u - v)v^2 + v^3$

Como Cardano supõe que $AC^3 - CK^3 = 20$, pode-se concluir que $AC^3 - BC^3 = 20$ (pois BC foi construído para ser do mesmo tamanho que CK). Sendo assim, temos que $AB^3 + 3AB \times BC^2 + 3AB^2 \times BC = 20$. Mas como também foi suposto que $AC \times CK = 2 = AC \times BC$, é possível afirmar que $3(AC \times BC) = 6$. Ele usa, então, a igualdade $AB^3 = AC^3 + 3AC \times BC^2 - BC^3 - 3BC \times AC^2$ e conclui que $AB^3 + 3BC \times AC^2 - 3AC \times BC^2 = AC^3 - BC^3 = 20$. Para mostrar que AB é a solução, objetivo inicial do argumento, fica faltando somente obter a igualdade $3BC \times AC^2 - 3AC \times BC^2 = 6AB$. Para isso, Cardano observa geometricamente que $3BC \times AC^2 - 3AC \times BC^2 = 3(AC \times BC \times AB)$. Mas como $AC \times BC = 2$, o último produto dá 6AB. Desse modo, AB satisfaz a igualdade $AB^3 + 6AB = 20$, e o segmento GH, procurado desde o início, é o segmento AB.

No caso particular da equação "cubo e seis coisas igual a 20", Cardano deduz daí a seguinte regra de resolução: eleve 2 ao cubo, que é a terça parte de 6, o que dá 8; multiplique 10, metade do termo numérico, por ele mesmo, resultando 100; some 100 e 8, fazendo 108. Extraia a raiz quadrada, que é $\sqrt{108}$, e a utilize em um primeiro momento somando 10, e em um segundo momento subtraindo a mesma quantidade, e teremos $\sqrt{108} + 10$ e $\sqrt{108} - 10$. Extraia a raiz cúbica desses valores, subtraia uma da outra, e teremos o valor da coisa: $\sqrt[3]{\sqrt{108}+10}-\sqrt[3]{\sqrt{108}-10}$. Esse resultado era escrito, em sua notação, como R. v. cu. R. 108. p. 10. m. R. v. cu. R. 108. m. 10.

Utilizando a notação atual, poderíamos reescrever, como segue, o desenvolvimento e a regra de Cardano para a resolução de uma equação cúbica do tipo $x^3 + mx = n$. Escrevemos os coeficientes m e n da equação em termos de valores a e b, observando uma identidade do tipo $(a-b)^3+3ab(a-b)=a^3-b^3$. Tomando $m=3ab$ e $n=a^3-b^3$ na equação, obtemos $x = a - b$. Dessa forma, é possível obter x a partir dos valores de a e b, porém, para isso devemos resolver as equações de a e b em termos de m e n. Fazendo $a = m/3b$ e $n = a^3 - b^3$ chegaremos à equação $27b^6 + 27nb^3 = m^3$, que pode ser resolvida para b por meio de uma equação quadrática. Resolvendo o sistema para a e b, obtemos:

$$a^3 = (n/2) + \sqrt{(n/2)^2 + (m/3)^3}$$
$$b^3 = -(n/2) + \sqrt{(n/2)^2 + (m/3)^3}$$

Tomando as respectivas raízes cúbicas positivas e subtraindo um resultado do outro, Cardano obtém o valor de $x = a - b$. Lembramos que ele não usava esse simbolismo algébrico e não empregava um raciocínio puramente algébrico na dedução da fórmula. O papel da geometria na demonstração era justificar o método algébrico. Cardano se orgulha de ter fornecido um método superior à regra de Tartaglia, uma vez que seguiu o caminho geométrico. Seu objetivo não era, portanto, disputar a prioridade do método com Tartaglia, que ele reconhecia como o primeiro a ter proposto uma técnica para resolver a equação, e sim apresentar uma justificativa mais legítima.

Analisando a fórmula escrita em nossa notação, vê-se que quando temos que $(n/2)^2 + (m/3)^3$ é negativo, encontram-se duas raízes de números negativos durante a solução. Como será visto no Capítulo 7, mesmo nesse caso pode existir uma raiz válida para a equação, que seria obtida pela fórmula quando as raízes de números negativos se cancelam ao fazermos $x = a - b$.

É o caso da equação $x^3 = 15x + 4$, dita "irredutível". Se aplicamos a fórmula a esta equação, obtemos que $x = \sqrt[3]{2 + \sqrt{-121}} + \sqrt[3]{2 - \sqrt{-121}}$.

Logo, a equação não pode ser resolvida, mas, ainda assim, por meio de procedimentos de tentativa e erro, é possível descobrir que $x = 4$ é uma raiz válida da equação. A redução de equações era um método usado para transformar equações em outras mais fáceis de resolver, que podem ter um grau menor. Quando conhecemos uma raiz real, é possível, muitas vezes, reduzir uma equação cúbica a uma equação quadrática, o que não ocorre no caso exposto, uma vez que as outras raízes são imaginárias. Por isso, essa equação era dita "irredutível".

Para resolver esse tipo de equação pelo método disponível e obter raízes válidas, era preciso manipular expressões contendo raízes de números negativos, que não eram considerados números. Quantidades negativas já tinham aparecido em problemas mais simples, envolvendo equações do segundo grau. Nesse caso, no entanto, quando a quantidade negativa aparecia no resultado, era fácil driblar a dificuldade – bastava dizer que a equação não tinha solução. A aplicação da fórmula para resolver equações do terceiro grau faz com que não seja possível desviar da questão com facilidade. As equações irredutíveis serão tratadas por Rafael Bombelli, matemático italiano do século XVI associado à história dos números complexos de quem falaremos no Capítulo 7.

Uma das contribuições mais importantes de Cardano em sua *Ars magna* é a elaboração de um método para a transformação, ou redução, de equações. Por exemplo, reduzia-se uma equação cúbica em outra sem o termo de segundo grau, o que, em linguagem atual, significa reescrever a equação $x^3 + ax^2 + bx + c = 0$ em uma nova variável. Fazendo a substituição $x = y - \frac{a}{3}$, obtém-se uma equação com coeficientes arbitrários onde o termo em y^2 fica ausente. Com essa nova variável, a equação adquire a forma $y^3 + py = q$, que também é conhecida como uma forma reduzida da equação cúbica. Desse modo, Cardano consegue reduzir uma equação qualquer a uma outra que ele sabia resolver.

Em muitos casos, ele estudava o efeito que a transformação de uma equação em outra pode ter na alteração da raiz. Por exemplo, da equação $y^3 + 8y = 64$, que ele sabia resolver pelo método descrito, obtendo $y = 4\sqrt{5} - 4$, podia obter outra, como $x^3 = x^2 + 8$, bastando aplicar a transformação que leva x em $y = \frac{8}{x}$. Logo, aplicando essa transformação, era possível resolver também a segunda equação, obtendo: $x = \frac{8}{4\sqrt{5} - 4}$.

Esse método permite transformar problemas desconhecidos em problemas conhecidos e descobrir novas regras. Realmente, a transformação de equações e a solução pela adaptação das raízes foi um método central para os matemáticos posteriores a Cardano, como Viète. Diferentemente dos cossistas, interessados em descrever métodos para resolver equações de determinados tipos, Cardano se dedicava à investigação sobre a estrutura e a possibilidade de resolução das equações, ponto de partida da álgebra moderna abstrata. Segundo J. Stedall,[22] essa razão é suficiente para considerarmos a obra de Cardano uma das principais contribuições da álgebra europeia e Viète seu herdeiro.

Se acreditarmos nessa afirmação e lembrarmos que o trabalho de Cardano continha muito pouca notação, seremos obrigados a relativizar nossa definição usual de álgebra como o ramo da matemática que usa letras e símbolos, em geral, para representar números e quantidades. A inovação de Cardano está nos métodos propostos, sobretudo os de transformação de equações, descritos praticamente sem notação simbólica. No Capítulo 5 será visto que Viète mostrou como a álgebra permite entender outros ramos da matemática, como a geometria, em contraste com seus predecessores, entre eles Al-Khwarizmi e Cardano, que usavam a geometria para justificar a álgebra. Entretanto, antes disso, para fechar este capítulo, descreveremos brevemente o novo simbolismo introduzido por esse matemático francês.

Quem inventou a fórmula para resolver equações?

Nas regras retóricas para a resolução de equações de segundo grau, dizemos: "tomar a metade do número de *Jidhr*." O que muda em tais regras quando introduzimos símbolos para as quantidades desconhecidas, considerando que as potências dessas quantidades eram expressas por símbolos distintos? Se substituirmos *Jidhr* por x teríamos: "tomar a metade do número de *x*." O mesmo para o *Mal*, quantidade desconhecida que é o quadrado de *x* e que seria, dentro dessa lógica, designada por *y*.

Reunindo a generalidade das regras indianas e árabes a todos os simbolismos usados até então, poderíamos escrever a seguinte receita para resolver uma equação:

Seja a equação A + 21 = 10B, onde A é o quadrado de B. Para quaisquer números que substituirmos por 21 e 10 na equação, o valor de B (que é a raiz da equação) poderá ser obtido pelo procedimento: tomar a metade do número de B's (note que aqui não estamos falando de B ÷ 2 e sim da metade do número que multiplica B, que, nessa equação, é 10, mas pode mudar de uma equação para outra); multiplicar o resultado por si mesmo; subtrair do resultado o número (que na equação é 21 e também pode mudar de uma equação para outra); ...

O passo decisivo para que possamos transformar essa regra em uma fórmula, tal como a conhecemos hoje, será introduzindo um simbolismo para os coeficientes da equação, ou seja, para o número de B's. Isso permitiria escrever algo como $A + m = nB$. Com a introdução desses símbolos, podemos entrever, diante somente do símbolo, a relação entre A e B. Os três primeiros passos do procedimento descrito se resumiriam, então, à fórmula $(n/2)^2 - m$.

François Viète, que viveu entre os anos 1540 e 1603, introduziu uma representação padrão: as incógnitas serão representadas pelas vogais e os coeficientes pelas consoantes do alfabeto, todas maiúsculas, como veremos no Capítulo 5.

É importante observar que há uma diferença de natureza fundamental entre uma "incógnita" e um "coeficiente". A incógnita é uma quantidade desconhecida que será conhecida a partir das restrições representadas pela equação; já o coeficiente é uma quantidade conhecida genérica que está, portanto, indeterminada na expressão de uma equação qualquer. Ambos os casos pressupõem indeterminações, porém em níveis distintos: a determinação dos coeficientes é obtida pela escolha de uma equação particular (arbitrária); e a determinação do valor da incógnita, pela resolução (não arbitrária) dessa equação. A determinação da incógnita depende das restrições dadas por uma equação. De modo distinto, no universo das equações, a escolha arbitrária de coeficientes determina uma equação. Por exemplo, na equação $ax^2 + bx + c = 0$ a escolha dos valores $a = 1$, $b = 3$ e $c = 100$ determina um "caso": $x^2 + 3x + 100 = 0$. A notação introduzida por Viète deveria ter representado, portanto, uma generalização dos métodos algébricos. Podendo trabalhar no universo das equações, usando coeficientes, seria possível classificar as equações e encarar os exemplos particulares como "casos". Enunciando uma fórmula geral, a resolução dos casos particulares se reduziria a uma aplicação mecânica do procedimento. Mais uma vez, contudo, atestamos que a história da matemática não é linear e não foi bem assim que aconteceu. A classificação de equações e o enunciado de fórmulas gerais não era uma questão na época, pois a álgebra não se constituía como uma disciplina e os métodos algébricos eram usados para resolver uma grande variedade de problemas. Sendo assim, nem mesmo Viète pode ser visto como o inventor da fórmula de resolução de equações.

RELATO TRADICIONAL

A REVOLUÇÃO CIENTÍFICA É COMPREENDIDA, comumente, como uma brusca mudança no modo de fazer ciência ocorrida nos séculos XVI e XVII, em especial na astronomia, na física e na matemática. Copérnico teria inaugurado o questionamento da cosmologia aristotélica e ptolomaica; novas teorias teriam sido formuladas a partir das leis de Kepler; e Galileu seria o responsável pelo desenvolvimento de uma nova física, baseada em uma visão mecânica da natureza que pode ser descrita em linguagem matemática. Esse processo culminaria com Newton, que teria reunido tais avanços de modo coerente e representaria o triunfo da ciência moderna.

O século XVII é visto como a "alvorada da matemática moderna", título do capítulo que H. Eves dedica ao período em sua *Introdução à história da matemática*. Na historiografia tradicional, o papel de Descartes e de suas contribuições à geometria aparece ora desconectado desse contexto mais amplo, ora como uma consequência vaga, no máximo de natureza filosófica. No primeiro caso, esquece-se que sua *Geometria* foi publicada como anexo de um livro filosófico que também incluía um texto de óptica, além do fato de ele ter abordado diferentes problemas de física. No segundo, sua filosofia é lembrada sob o rótulo de "mecanicista" ou "reducionista", mas não são investigadas as evidências desse modo de pensar na matemática desenvolvida por ele. Em ambos os casos, o matemático francês é considerado moderno e suas principais contribuições, como o plano cartesiano, são explicadas por meio da notação atual. Essa abordagem leva a um dos inconvenientes mais graves na história da matemática a partir desse período: a subdivisão desse saber em disciplinas. Descartes e Fermat são mencionados como fazendo parte da história da "geometria analítica", como se essa designação fizesse sentido antes deles. No entanto, como falar da história de certo domínio matemático se queremos analisar, de modo amplo, os procedimentos que só mais tarde foram selecionados e traduzidos com a finalidade de integrar esse domínio?

5. A Revolução Científica e a nova geometria do século XVII

O OBJETIVO AQUI É ANALISAR as transformações ocorridas na matemática durante o século XVII, em particular na geometria, com a intervenção de métodos algébricos. O nome de René Descartes e o de Pierre de Fermat estão no centro dessas mudanças, que culminaram com a invenção do que hoje é chamado de "geometria analítica". Entretanto, antes de abordarmos a obra desses autores vale descrever, de modo abrangente, o que ocorreu na ciência do século XIII ao XVI. A noção de "ciência" ganhará uma nova conotação no final desse período, mas a crença de que teria havido uma alteração radical na acepção desse termo é bastante questionada pelos historiadores atuais.[1] Segundo a visão tradicional, por volta de 1700 teria havido uma ruptura completa com o pensamento dos tempos anteriores a Copérnico: o cosmos aristotélico finito substituído pelo universo infinito descrito por Newton; a natureza perfeitamente explicada por meio da mecânica e da matemática; e a experimentação fornecendo um meio essencial para justificar as teorias científicas. Numerosos exemplos mostram que a história da ciência nessa época não é tão triunfal como se acredita, e que a historiografia tradicional construiu esse cânone para justificar a imagem moderna da ciência. Na verdade, a recepção das ideias inovadoras de Copérnico, Galileu e Newton parece ter sido bastante lenta; a convivência entre as novas e as antigas ideias gerou misturas no pensamento; e eles não escreveram com o intuito nítido de renovar os padrões que os precediam.

O aspecto mais importante das críticas à tese de que teria havido uma Revolução Científica no século XVII é o fato de que essa tese sugere, de modo tácito, que a noção que temos de "ciência" já estava presente naquela época. Contudo, o termo "ciência" possui conotações modernas inadequadas para entender o pensamento daquele período. Alguns heróis da Revolução Científica, como Kepler e Newton, tinham interesse, por exemplo, em questões esotéricas, como a mística pitagórica e a alquimia, mas tal interesse é visto como marginal pela história da ciência tradicional, que se dedica sobretudo à procura de traços que indiquem, nesses cientistas, ideias precursoras da ciência moderna. É preciso, no entanto, ler os trabalhos originais no contexto de suas próprias preocupações, em vez de aplicar sobre eles ideias atuais acerca da definição da ciência e das disciplinas científicas. Outro exemplo: o termo "filosofia natural", empregado até mesmo por Newton, tinha uma conotação bem diferente da física de agora, e os filósofos naturais não separavam de modo claro questões místicas – ou teológicas – do que consideramos preocupações científicas genuínas. Nosso objetivo, neste capítulo, não é explicar em detalhes o amplo espectro das ideias sobre a ciência no período.[2] Desejamos somente inserir as transformações da matemática do século XVII em um contexto mais amplo, relacionando os desenvolvimentos intelectuais com as mudanças por que passava a sociedade e, em particular, com a crescente valorização da técnica.

O desenvolvimento da ciência na Europa foi impulsionado pela criação, a partir do século XII, das primeiras universidades, como as de Paris, Oxford e Bolonha. Os currículos de ensino se baseavam nos antigos *trivium* (incluindo lógica, gramática e retórica) e *quadrivium* (aritmética, geometria, música e astronomia), que, juntos, formavam as sete artes liberais. Os trabalhos de Aristóteles, quase todos já traduzidos então, forneciam um solo comum: os métodos lógicos que deviam estar na base de qualquer investigação filosófica ou científica. A matemática era estudada para ajudar na compreensão das proposições aristotélicas sobre a lógica e a natureza; a aritmética consistia em regras de cálculo; a geometria era tirada de Euclides e de outras geometrias práticas; a música era influenciada por Boethius; e a astronomia seguia a tradição de Ptolomeu e das traduções de trabalhos árabes.

A matemática não tinha um lugar proeminente, mas alguns estudos foram feitos, sobretudo em Oxford e Paris, com o objetivo de esclarecer a filosofia natural aristotélica. No século XIV, em particular, foram elaboradas diversas teorias acerca do movimento expressas por meio da matemática e usando-se a linguagem de razões e proporções. Começaremos por descrever a trajetória dessas instituições, detalhando brevemente a teoria do movimento criada por um dos expoentes da Universidade de Paris, Nicolas Oresme.

As transformações da ciência entre os séculos XI e XV abriram caminho para o Renascimento. Mencionamos, no Capítulo 4, o desenvolvimento das práticas algébricas durante os séculos XV e XVI, porém havia muitos outros interesses na ordem do dia. A geometria ainda era o principal domínio da matemática e qualquer pessoa que quisesse aprender ciência precisava começar pelos *Elementos* de Euclides. No entanto, aos poucos, foi crescendo a consciência de que grande parte do conhecimento geométrico deveria servir a aplicações, desde as mais práticas, como as técnicas para construir mapas, até as mais abstratas, como a teoria da perspectiva, na pintura, e a astronomia. Datam desse período, por exemplo, os trabalhos de Viète sobre a arte analítica, que disseminou um novo modo de resolver problemas geométricos por meio da álgebra.

Além do pensamento mecanicista, a Revolução Científica do século XVII é particularmente associada à expansão da ciência experimental e à matematização da natureza, atribuídas a Galileu. Investigaremos, portanto, o seu papel, que já foi objeto de inúmeras querelas e mistificações. Na matemática, a geometria cartesiana e o cálculo infinitesimal são vistos como as duas manifestações mais importantes desse período. É natural perguntar, assim, quais seriam as relações entre os dois eventos: o progresso da matemática poderia explicar a matematização da natureza ou o ideal mecanicista explicaria a transformação da matemática? Preferimos acreditar que ambos faziam parte de um mesmo movimento, pois, para um pensador da época, não se tratava mais de desvendar as causas dos fenômenos naturais e sim de compreender *como* estes se davam. Tal compreensão adquiriu características próprias, passando a ser associada à quantificação e à medida, e a evolução das técnicas teve um lugar importante nessa transformação. Assim, os trabalhos de Descartes devem ser inseridos no contexto da ciência então praticada.

Depois de traçar esse panorama, enfocaremos o tratamento algébrico de problemas geométricos. O sistema de coordenadas, dito "cartesiano", foi introduzido na *Geometria* de Descartes, que analisaremos mais de perto procurando permanecer fiéis aos termos e aos argumentos da época. Além dessa obra, mencionaremos os trabalhos geométricos de Fermat e suas discussões com o colega francês. Ao final do capítulo será analisada a aplicação dos métodos de ambos ao problema das tangentes.

Universidades entre os séculos XI e XV

Da queda do império romano, no século V, até o século XI, numerosas invasões, disputas e conquistas de territórios impediam a existência de uma unidade política na Europa, o que só viria a ocorrer sob o domínio islâmico. A primeira tentativa de um governo centralizado na Europa ocidental teve lugar com Carlos Magno, no século VIII, cujo reino incluía regiões da moderna Alemanha, a maior parte de França, Bélgica e Holanda e, mais tarde, também a Suíça, um pedaço da Áustria e mais da metade da Itália. Como parte de um programa de fortalecimento da Igreja e do Estado, incentivava-se a investigação. Carlos Magno empreendeu algumas reformas educativas, implantando escolas monásticas e episcopais em todo o reino, o que contribuiu para a difusão da educação, dirigida ao clero. Assim, algumas obras gregas eram conhecidas, mas usadas para os estudos de lógica e metafísica, associados ao pensamento religioso.

Nesse período houve certa comunicação com as culturas do Oriente, não apenas porque Carlos Magno mandou importar sábios do exterior, mas também porque pensadores oriundos das escolas monásticas faziam viagens para regiões em que podiam ter contato com obras árabes. Um bom exemplo é Gerberto de Aurillac, que viveu entre os séculos IX e X, estudou no norte da Espanha e se destacou na relação do cristianismo latino com a ciência islâmica. Gerberto foi um importante difusor das artes liberais clássicas, especialmente da lógica aristotélica, por meio de fontes latinas. Tinha grande interesse pela matemática árabe e levou esse saber para a escola episcopal de Reims quando retornou à França. Em seguida foi para a Itália, onde foi eleito papa, em 999, com o título de Silvestre II.

O norte da Espanha, na época, parece ter sido um centro avançado de estudos de matemática baseados em fontes árabes, enquanto nas outras regiões da Europa o enfoque religioso era predominante. Por volta do ano 1000, grandes renovações tiveram lugar, devido ao estabelecimento de uma unidade política, social e econômica na Europa. A estabilidade política, possibilitada pela capacidade de se administrar as fronteiras e diminuir as invasões, levou ao crescimento econômico e ao desenvolvimento das cidades. A urbanização da Europa nos séculos XI e XII, por sua vez, estimulou a concentração da riqueza, a proliferação de escolas e a intensificação da cultura intelectual.

A escola típica do período anterior era monástica e rural; agora inauguravam-se escolas urbanas de vários tipos, com objetivos amplos. Ainda que o programa pudesse variar de uma escola para outra, segundo o interesse do professor que a dirigia, as escolas, de modo geral, reorientaram o currículo para satisfazer às necessidades práticas de uma clientela variada que ocuparia postos de direção na Igreja e no Estado. Com isso, o currículo passou a incluir, além da teologia, a lógica, o *quadrivium* matemático, a medicina e o direito. Na França havia importantes escolas no século XII ligadas às catedrais, mas que também se destacavam nas artes liberais. Um dos traços marcantes compartilhados por essas escolas era o desejo de recuperar e dominar os clássicos latinos e gregos, disponíveis em traduções latinas.

As obras lógicas de Aristóteles, bem como os comentários latinos sobre esse filósofo, sobressaíam. As fontes cristãs, que constituíam o núcleo da educação monástica, continuaram tendo sua importância, mas os escritos recém-recuperados passaram a influenciar até mesmo os textos religiosos. O método filosófico se aplicava a todo o currículo, incluindo a teologia. Essas escolas urbanas trouxeram um estilo mais racionalista a seus integrantes, que se caracterizavam por uma tentativa de aplicar o intelecto e a razão a muitas áreas da atividade humana. A aplicação da lógica à teologia levou a iniciativas extremas, como é o caso das provas lógicas da existência de Deus. Aos poucos, no entanto, o desenvolvimento da filosofia gerou uma confrontação entre a fé e a razão: se a razão conseguia provar afirmações teológicas, também poderia refutá-las. A tradução sistemática da literatura filosófica e científica, grega e islâmica, só intensificaria o problema.

Antes do final do século XII, uma grande atividade de tradução de originais gregos e árabes foi posta em marcha, alterando profundamente a vida intelectual do Ocidente. Na verdade, a separação entre Ocidente e Oriente nunca tinha sido total, sobretudo porque muitos comerciantes e viajantes falavam diversas línguas. Entretanto, no século XII ficou claro que, para ampliar o conhecimento, era preciso entrar em contato com saberes tidos como intelectualmente superiores, caso da ciência islâmica. As primeiras traduções do árabe tinham sido feitas no final do século X, e elas incentivaram os europeus do início do século XII a se lançarem na tradução dos clássicos, tendo a Espanha como foco. Esse país tinha a vantagem de possuir uma cultura árabe, boa manutenção das fontes (que caíram em mãos cristãs com a reconquista), além de comunidades de cristãos que haviam convivido com o islamismo e que podiam fazer uma mediação entre as tradições islâmica e cristã.

Estrangeiros que não sabiam árabe chegavam à Espanha, procuravam um professor e começavam a traduzir; ou encontravam um nativo bilíngue e faziam versões em parceria. Um exemplo desse segundo tipo foi Robert de Chester, de Gales, que propôs a primeira tradução da álgebra de Al-Khwarizmi, em 1145. Uma segunda proposta teria sido feita por Gerardo de Cremona,* que chegou à Espanha em busca do *Almagesto* de Ptolomeu, aprendeu árabe e verteu diversas outras obras para o latim, como os *Elementos* de Euclides, além dos escritos de Aristóteles. A tradução direta do grego também se intensificou, sobretudo na Itália. As traduções se difundiram rapidamente e contribuíram para grandes transformações na educação, o que culminou com a fundação das primeiras universidades, no século XIII.

Os centros intelectuais mais ativos já contavam com um grande número de professores e estudantes. A expansão de oportunidades de for-

---

* Hoje se discute se a segunda tradução do livro de Al-Khwarizmi é realmente de sua autoria.

mação em nível elementar levava à demanda por estudos mais avançados, mas a constituição das universidades dizia respeito, sobretudo, às formas de organização do saber. Até o século XIII, o ensino era de responsabilidade de mestres que se estabeleciam com o apoio de uma escola ou de modo autônomo. Com o crescimento dessas iniciativas, foi necessário organizá-las. Os mestres e estudantes começaram então a formar associações chamadas "universidades", palavra que vem de *universitas* e indica um grupo de pessoas que se dedica a um fim comum. Essa nomenclatura, no entanto, só era usada em Bolonha, onde os alunos se organizavam e contratavam os professores. As universidades não se caracterizavam por edifícios ou estatutos; eram grupos de professores que podiam ter mobilidade. Um dos principais objetivos dessas corporações era o autogoverno e o monopólio, ou seja, o controle do ensino. Assim, elas acabaram obtendo o direito de estabelecer os próprios padrões, como fixar o currículo, conceder diplomas e determinar quem podia estudar e ensinar. Tudo isso com o apoio do mecenato de papas, imperadores ou reis.

Com relação ao currículo, havia uma grande uniformidade entre elas. A lógica teve um papel cada vez mais importante, ao contrário da matemática, ou seja, do *quadrivium*, que ocupava um lugar marginal. A astronomia ainda era respeitada, ao passo que a aritmética e a geometria mereciam um ensino breve e superficial. Tais matérias eram destinadas à formação de jovens dentro da faculdade de artes e tinham uma função propedêutica para a entrada nas faculdades superiores, onde o saber englobava somente a teologia, a jurisprudência e a medicina. A filosofia natural aristotélica era o elemento central do currículo, no entanto, chegou a ser desenvolvida de modo autônomo por alguns pensadores, tornando cada vez mais claro que havia pontos difíceis de serem conciliados com os ensinamentos da Bíblia. Por exemplo, para Aristóteles, os elementos do cosmos sempre se comportaram e se comportarão de acordo com sua natureza. Logo, para ele, não houve um momento em que o Universo nasceu, nem haverá um outro em que deixará de existir. Ora, do ponto de vista cristão, tal posição é indefensável, já que o Universo é uma criação divina.

No início do século XIII, os ensinamentos aristotélicos começaram, portanto, a ser coibidos nas universidades. Em Paris, entre 1210 e 1277, houve diversas condenações às teses de Aristóteles, sobretudo à sua física. No entanto, a atenção às causas naturais dos fenômenos já havia atraído diversos pensadores, e a filosofia natural continuou a se desenvolver no século XIV, ainda que prolongando as tentativas de conciliação com as doutrinas cristãs. Esse século foi marcado pela influência de são Tomás de Aquino, que reconciliou o aristotelismo e a Igreja. Graças à sua síntese, a nova educação se enquadrou na visão cristã e o aristotelismo ganhou conotações ortodoxas que o desproviam do caráter de discurso aberto.

O movimento era um dos assuntos-chave na filosofia natural dos séculos XIV e XV. A física aristotélica dividia o mundo, ou o cosmos, em duas partes: sublunar, situada entre a Terra e a Lua, incluindo a mudança, o movimento, a degradação, ou seja, a vida e a morte; e supralunar, lugar dos astros, com movimento perfeito, circular, sempre igual a si mesmo e eterno. O movimento era determinado pela qualidade, considerada uma propriedade essencial de um corpo. O "lugar" ocupado por um corpo era definido por suas qualidades essenciais. Ou seja, a Terra ocupa o centro do Universo porque é pesada; alguns corpos caem porque são pesados; outros sobem porque são leves. O movimento seria, assim, a tendência de um corpo para ocupar o seu lugar por essência.

Um dos pontos fundamentais dos estudos escolásticos era justamente essa relação entre um corpo, com suas qualidades, e os acidentes que ele pode sofrer. Alguns pensadores do século XIV se opunham, de certo modo, a essa ortodoxia, caso de Nicolas Oresme. Esse pensador francês, que viria a se tornar bispo, estudou em uma escola para jovens que não podiam pagar as despesas da Universidade de Paris e foi responsável por trabalhos filosóficos que se tornaram conhecidos na França por volta de 1350. Oresme caracterizava uma qualidade pelo seu grau, melhor dizendo, por sua intensidade. Um corpo não é frio; ele pode é ser *mais* ou *menos* frio. O mesmo valeria para outras qualidades, como ser caridoso ou veloz. O modo como uma qualidade cresce ou diminui de um instante a outro, ou de um lugar a outro, pode ser representado por um gráfico de duas dimensões no qual a linha horizontal representa a extensão (o tempo ou o espaço) e a linha vertical, a intensidade da qualidade. A sucessão das intensidades pode ser vista, assim, como uma figura plana: em cada ponto da horizontal, traçamos uma reta vertical que representa a intensidade da qualidade nesse instante (ou nesse lugar).

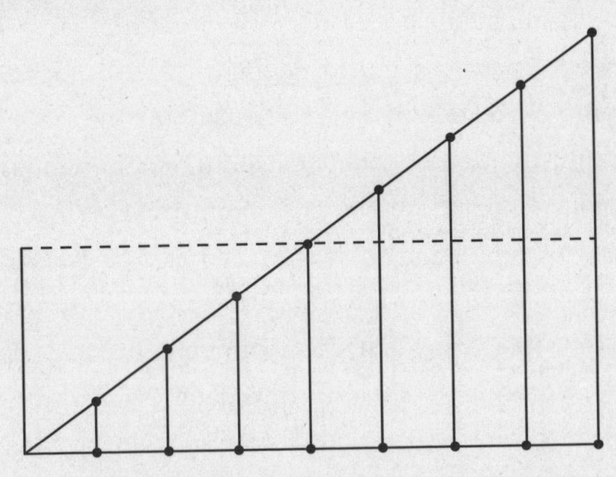

Assim, uma qualidade uniforme pode ser interpretada como um retângulo. Denominava-se "qualidade uniformemente disforme" aquela que evolui como em um triângulo, ou seja, crescendo sempre de modo linear em relação ao tempo (ou ao espaço), como na figura dada. Oresme utilizava esse diagrama para demonstrar uma lei que já havia sido formulada pelos cientistas de Oxford e que versava sobre a quantidade total de uma qualidade. Afirmava-se que: dada uma qualidade uniformemente disforme em um intervalo de tempo, a sua quantidade total é igual à quantidade total da qualidade uniforme que afeta o corpo com a intensidade média da qualidade uniformemente disforme.

Para entender essa propriedade, basta observar a representação geométrica. A quantidade de uma qualidade pode ser compreendida como a área da figura; e isso pode ser obtido se mostramos que a área do triângulo da figura é igual à área do retângulo construído com altura igual à do ponto médio da altura do triângulo. Oresme tratava assim, particularmente, o caso em que a qualidade é a velocidade, crescendo ou diminuindo de maneira uniforme com o tempo ou o espaço. A velocidade era definida como uma qualidade relativa ao espaço ou ao tempo, podendo ser medida em função do espaço percorrido ou do tempo empregado para percorrer esse espaço. A regra representada pelo diagrama permite, assim, obter uma equivalência entre a quantidade de um movimento acelerado e a de um movimento uniforme. Ou seja, quando se tem o que se chama hoje de "movimento uniformemente acelerado", a velocidade média é igual à média entre a velocidade inicial e a velocidade final. Mas se ambas têm lugar em um mesmo intervalo de tempo, qual seria essa "quantidade" comum a um movimento uniformemente acelerado e a um movimento uniforme com velocidade média igual à do movimento uniformemente acelerado? Para nós, seria o espaço (percorrido no mesmo intervalo de tempo). No entanto, esse problema se colocava de modo distinto para os pensadores medievais, que não dissociavam a velocidade do movimento, uma vez que esta, para eles, não era uma grandeza e sim uma qualidade. Galileu conceberá a velocidade como uma grandeza que pode ser definida de modo independente do movimento do corpo. Para Oresme, a quantidade total do movimento representava a quantidade de uma qualidade, o que tinha implicações em sua filosofia e não envolvia somente grandezas físicas ou matemáticas.

A história tradicional da matemática enxerga no diagrama de Oresme, um dos antecedentes do plano cartesiano. Contudo, apesar de Oresme usar duas linhas para representar grandezas envolvidas no movimento, não havia nenhuma menção à sua interpretação algébrica, o que caracteriza a representação cartesiana, conforme veremos adiante. O gráfico de Oresme é inseparável de seu objetivo filosófico.

A síntese do século XVI

O desenvolvimento intelectual e cultural da Alta Idade Média (do século XI ao XV) não é tributário somente do surgimento das universidades. Com o avanço de uma economia baseada no dinheiro e concentrada nas cidades, as tarefas da administração pública ganharam importância, requerendo pessoas treinadas para desenvolver funções diversas. Essa demanda contribuiu para a ascensão do Humanismo, movimento cultural que se revelou mais forte na Itália, mas que se espalhou por outras regiões da Europa. Sua marca era a veneração da Antiguidade clássica.

O modo como os humanistas se organizavam levou a uma mudança no funcionamento das instituições voltadas para o conhecimento. Com o desenvolvimento do capitalismo, alguns indivíduos enriqueceram e passaram a operar como mecenas. Os humanistas eram, em sua maioria, autodidatas que trabalhavam fora das universidades, sob o regime de mecenato, e por isso não aderiram ao espírito escolástico. Somente no fim do século XV os soberanos os impuseram como professores em algumas universidades. Muitos humanistas eram matemáticos da corte e alternavam suas atividades de ensino, ou literárias, com funções políticas.

Petrarca, que nasceu no início do século XIV, é considerado um dos pais do Humanismo, que eclodiu em Florença, na mesma região em que surgiram as escolas de ábaco mencionadas no Capítulo 4. No início do capitalismo, as corporações de trabalhadores dessa cidade venceram os nobres e passaram a definir o governo e compartilhar o andamento das tarefas públicas. O famoso domo de Florença, por exemplo, é um monumento à vitória dessas corporações. Nessa época, já existia um número considerável de trabalhos sobre a matemática antiga. Desde o século XIII eram traduzidos para o latim textos gregos, como os de Euclides, Arquimedes, Apolônio e Diofanto. No entanto, as traduções e as referências aos clássicos não eram acompanhadas necessariamente de um esforço de compreensão do conteúdo. Tratava-se mais de relíquias a serem cultuadas do que de fontes de inspiração para o trabalho científico. Aos poucos, todavia, esse panorama foi mudando.

O *Homem vitruviano*, pintado por Leonardo da Vinci em 1490, exprime a relação do Humanismo com os clássicos da Antiguidade. O quadro é baseado na obra do arquiteto romano Vitrúvio, do século I a.E.C., que já tentara encaixar as proporções do corpo humano dentro da figura de um quadrado e um círculo, mas seus desenhos haviam ficado imperfeitos. Leonardo pintou esse encaixe dentro dos padrões matemáticos esperados, ou seja, seguindo proporções harmônicas do corpo humano.

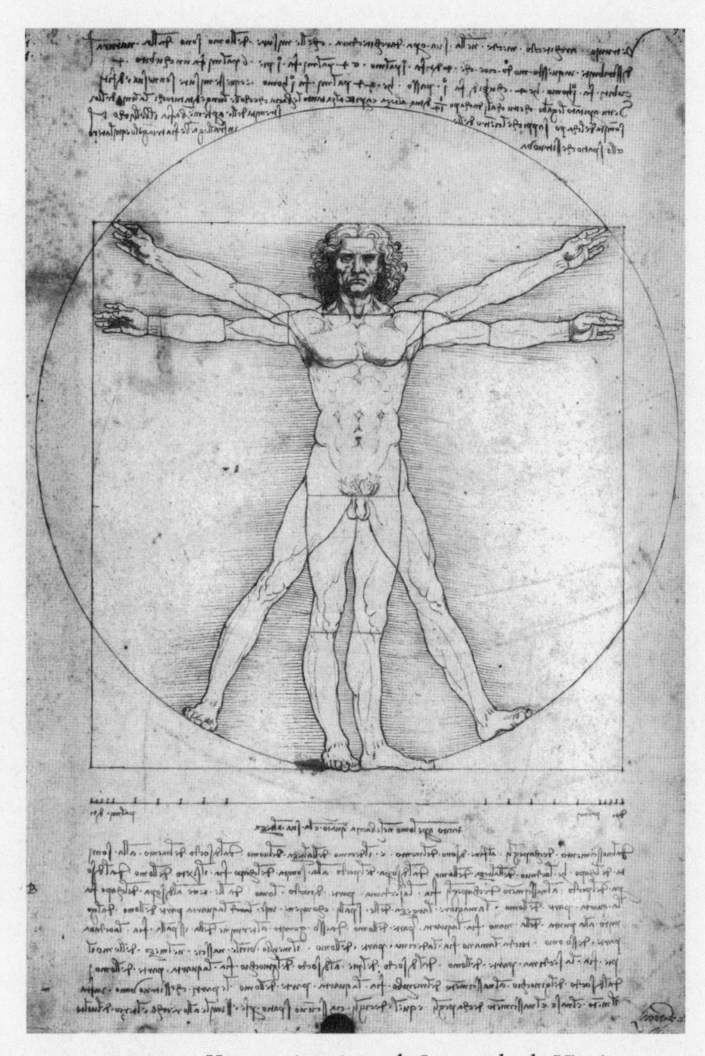

FIGURA 1 *Homem vitruviano*, de Leonardo da Vinci.

Grande parte da matemática do Renascimento recebeu influência do movimento humanista. As referências às obras matemáticas da Antiguidade eram encontradas em trabalhos variados durante o século XV, como nos do arquiteto Leon Battista Alberti, que enxergava o renascimento da matemática como um renascimento da cultura antiga. Um arquiteto-matemático ligado ao Humanismo foi Luca Pacioli, cuja importância na história da álgebra mencionamos no Capítulo 4. Pacioli advogava o uso da matemática como fonte de certezas para todos aqueles que se interessavam por filosofia, perspectiva, pintura, escultura e arquitetura. Um dos mais eminentes humanistas do século XV, Regiomontanus concordava que a matemática é útil em todos os tipos de conhecimento, mas como um tema sublime, ligado à Antiguidade. Ele reconhecia, por exemplo, a importância de Arquimedes, porém o reverenciava mais como matemático do que por sua contribuição à ciência da época. No caso da astronomia as coisas eram um pouco diferentes. Um exemplo típico do modo como o Humanismo transformou o conhecimento escolástico reside no trabalho de Nicolau Copérnico, tido como um marco da Revolução Científica.

Esse astrônomo, conhecido pela defesa do sistema heliocêntrico, nasceu na atual região da Polônia, porém esteve na Itália durante alguns anos por volta de 1500, onde se tornou assistente do astrônomo Domenico Novara da Ferrara, professor da Universidade de Bolonha. Este, por sua vez, tinha sido educado em Florença, onde fora colega de Luca Pacioli. Seu pensamento astronômico foi influenciado por Regiomontanus, pupilo de Georg von Peuerbach, personagem fundamental nas observações astronômicas que acabaram por levar à contestação do modelo de Ptolomeu. Peuerbach lecionava em Viena, conhecia perfeitamente o *Almagesto* e aperfeiçoou as tábuas astronômicas de Ptolomeu usando os instrumentos que inventava. Quando foi convidado para ir à Itália, levou Regiomontanus, que viria a completar seu trabalho depois de sua morte, em 1461. A obra de Peuerbach é uma iniciativa característica do século XV, pois tentava conciliar os ideais aristotélicos com a astronomia de Ptolomeu. Seu livro principal, *Theoricae novae planetarum* (Novas teóricas dos planetas), publicado por Regiomontanus, exerceu grande influência sobre Copérnico.

No sistema astronômico antigo, o movimento dos corpos celestes era representado por modelos mecânicos, usando-se esferas concêntricas que, antes de Ptolomeu, não correspondiam às observações. Esses modelos não elucidavam, por exemplo, por que os corpos celestes aparecem às vezes mais afastados e às vezes mais próximos no céu, fato incompatível com a representação por meio de esferas concêntricas. Daí o sistema proposto por Ptolomeu, que explicava o movimento aparente dos planetas por uma combinação de ciclos descentrados em torno da Terra.

Ao contrário do *Almagesto*, as ilustrações do livro de Peuerbach não eram diagramas geométricos, constituídos de linhas, como as figuras tradicionais da geometria grega. Ele empregava representações com espessura das órbitas sólidas dos planetas dentro de duas superfícies concêntricas, uma interior e outra exterior. Além disso, a órbita de cada corpo celeste era desenhada separadamente e a relação entre o tamanho do Sol e da Terra se torna relevante, diferente de quando eram representados por pontos geométricos. Na Figura 2, criada por

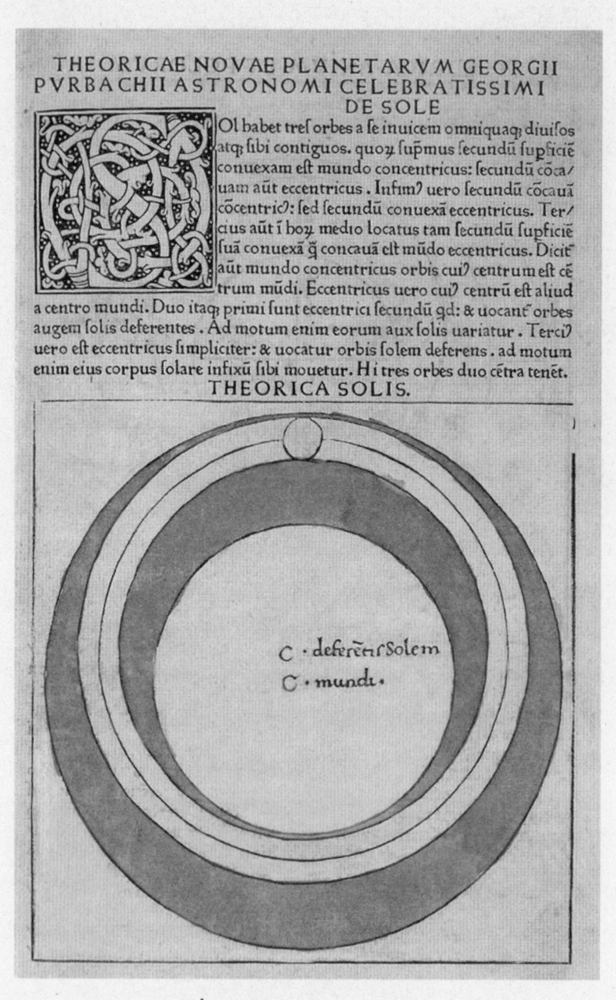

THEORICAE NOVAE PLANETARVM GEORGII PVRBACHII ASTRONOMI CELEBRATISSIMI

DE SOLE

[S]Ol habet treſ orbes a ſe inuicem omniquaq; diuiſos atq; ſibi contiguos. quoꝝ ſupmus ſecundũ ſupficiẽ conuexam eſt mundo concentricus: ſecundũ cõca/uam aũt eccentricus. Infimꝰ uero ſecundũ cõcauã cõcentricꝰ: ſed ſecundũ conuexã eccentricus. Ter/cius aũt ĩ hoꝝ medio locatus tam ſecundũ ſupficiẽ ſuã conuexã q̃ concauã eſt mũdo eccentricus. Dicit aũt mundo concentricus orbis cuiꝰ centrum eſt cẽtrum mũdi. Eccentricus uero cuiꝰ centrũ eſt aliud a centro mundi. Duo itaq; primi ſunt eccentrici ſecundũ qd: & uocant orbes augem ſolis deferentes. Ad motum enim eorum aux ſolis uariatur. Terciꝰ uero eſt eccentricus ſimpliciter: & uocatur orbis ſolem deferens. ad motum enim eius corpus ſolare infixũ ſibi mouetur. Hi tres orbes duo cẽtra tenẽt.

THEORICA SOLIS.

FIGURA 2 Órbita do Sol em torno da Terra.

Peuerbach, vemos a órbita descentrada do Sol em torno da Terra. Seu objetivo era obter um compromisso entre as necessidades matemáticas da astronomia observacional de Ptolomeu e as restrições impostas pela física aristotélica. Copérnico aprendeu astronomia nesse livro de Peuerbach[3] e, vendo as suas ilustrações, percebeu que era preciso procurar um mecanismo alternativo, com o Sol no centro em vez da Terra (como propõe na Figura 3).

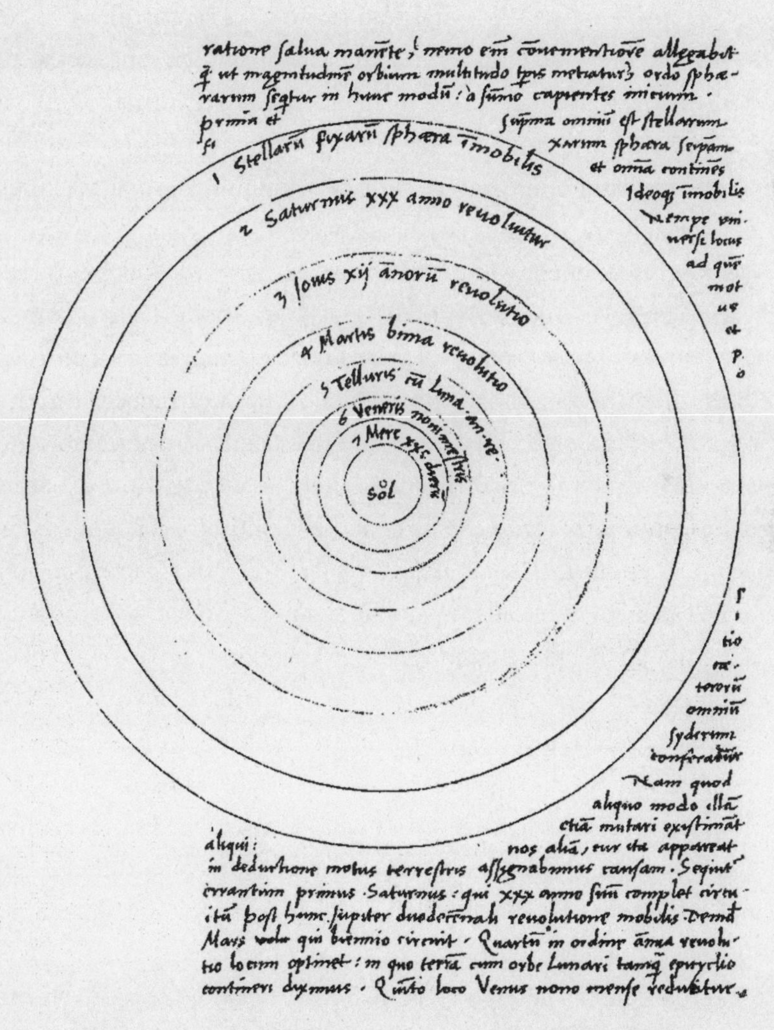

FIGURA 3 Modelo heliocêntrico no manuscrito de Copérnico.

Na época de Copérnico, a astronomia era uma ciência dedicada à construção de tabelas para calcular a posição dos corpos celestes. As hipóteses astronômicas eram propostas, assim, com a finalidade de reconciliar as observações feitas e não para revelar a estrutura do cosmos. Para corresponder às observações mantendo o sistema de Ptolomeu, seriam necessários ajustes que fariam com que os corpos se movessem sobre círculos de modo não uniforme com relação aos centros. Um sistema desse tipo não seria, segundo Copérnico, suficientemente absoluto nem suficientemente agradável para a mente. Essa era uma razão para se postular o sistema heliocêntrico, com as seguintes implicações: (i) os movimentos que enxergamos no firmamento não se devem ao movimento do firmamento como se acreditava, mas ao movimento de rotação da Terra em torno de seu eixo; (ii) além disso, o que parece ser o movimento do Sol é, na verdade, consequência do movimento da Terra em torno do Sol.

Tais conclusões implicavam a destruição do cosmos dos antigos e a perda da posição central e única atribuída à Terra, o que podia levar o homem a abandonar o status privilegiado que havia ocupado no sistema geocêntrico. Esse drama, frequentemente designado como "revolução copernicana", chegou a ser identificado como a primeira ferida narcísica da humanidade: o homem não é mais o centro do mundo. Ainda assim, a teoria de Copérnico não representou uma revolução na época; ao contrário, ela demorou para ser aceita. Sua obra *De revolutionibus orbium coelestium* (Da revolução das esferas celestes) foi publicada no ano de sua morte, em 1543, embora sua teoria já fosse conhecida. Algumas tabelas astronômicas baseadas em suas obras começaram a ser usadas por volta de 1550, e a atração que o trabalho de Copérnico exercia se devia, principalmente, ao fato de oferecer um meio mais simples e mais acurado para calcular a posição dos astros. Ou seja, sua importância, para a época, não era atribuída ao fato de ter fornecido um modelo físico mais exato dos movimentos celestes. O traço inovador da teoria de Copérnico então reconhecido era a defesa da autonomia dos modelos matemáticos para salvar as aparências dos fenômenos.

Na verdade, antes de 1580 quase nenhum astrônomo acreditava que o modelo de Copérnico pudesse representar a estrutura física do cosmos. A explicação física no estilo ptolomaico/aristotélico, exemplificada pela obra de Peuerbach, permaneceu sendo a principal referência para a astronomia até os anos 1570, quando as observações realizadas por Tycho Brahe abriram novas possibilidades. Somente por volta de 1600 os astrônomos europeus pareciam estar preparados para aceitar a realidade física do sistema heliocêntrico.

Na matemática do século XVI, a discussão com os princípios escolásticos não era tão presente quanto na astronomia. Normalmente, o Renascimento é identificado com o espírito platônico, pelo privilégio ocupado pela matemática como ferramenta explicativa. Mas a influência de Platão não parece ter sido especialmente forte se comparada à de outros pensadores gregos, como Arquimedes. A Europa ocidental conheceu os tratados mecânicos de Arquimedes com as traduções do século XIII, entretanto, só começou realmente a se apropriar de seus trabalhos no século XVI. Esse renascimento da mecânica clássica não se deveu à atuação das universidades nem dos humanistas e sim de engenheiros interessados em questões teóricas, como Niccolò Fontana, conhecido como Tartaglia.

No final da Idade Média, enquanto se desenvolvia uma cultura urbana, começavam a proliferar oficinas nas quais técnicos colaboravam entre si para desenvolver uma tecnologia que atendesse às demandas dos novos tempos. Desde o século XII, eram necessários estudos práticos para dar conta das grandes transformações econômicas e sociais, como melhorias agrícolas e construção de catedrais. Aos poucos, a secularização das formas de vida forçou o homem a se aproximar da esfera prática sem separá-la completamente da atividade intelectual. Nos séculos XIV e XV, importantes invenções ajudaram a transformar o papel da ciência, como o relógio mecânico, a bússola, a artilharia, as lunetas e, sobretudo, a imprensa, que facilitou a circulação e a divulgação dos saberes.

No século XV, essas oficinas já estavam em um estágio bastante desenvolvido e conciliavam conhecimentos práticos e teóricos. Leonardo da Vinci é um exemplo típico do período. Conhecido pelo caráter múltiplo de seus conhecimentos – que uniam arte, engenharia e ciência –, frequentou uma das oficinas mais conhecidas de Florença, coordenada por Andrea del Verrochio. A formação ali obtida aliava o estudo teórico a ensinamentos técnicos, como desenho, química, metalurgia, trabalho com metal e couro, mecânica e carpintaria, ou ainda técnicas de pintura e escultura.

Esse aspecto da cultura renascentista deu lugar a uma nova dinâmica, em que se misturavam o saber erudito escolástico e uma literatura mista, científica e tecnológica, baseada na experiência dos artesãos, dos práticos e dos viajantes. Os textos que expressavam esse novo saber já eram escritos em língua vernácula e não mais em latim. Na universidade, a matemática ainda era vista como parte da cultura antiga, a ser admirada, mas não praticada. O conhecimento matemático não era autônomo e as disciplinas não tradicionais, como a álgebra, não entravam no currículo. Isso não impediu que esse conhecimento se desenvolvesse em outro contexto, fora das universidades. Já vimos o papel das escolas de ábaco em relação à álgebra. Essas escolas, surgidas inicialmente em Florença, forneceram a base para o conhecimento matemático dos comerciantes e artesãos superiores, cuja formação se desenvolvia fora do contexto universitário. Iniciativas semelhantes haviam se multiplicado ao longo do século XIV.

No século XV e, principalmente, no XVI, intensificou-se o interesse pela matemática por parte de artesãos e engenheiros que desejavam resolver problemas dinâmicos, levando-os a fazer pesquisas sobre balística, bombas de água e outros assuntos ligados à vida comum. Comparado a Aristóteles, Arquimedes representava uma abordagem bem mais convincente para a compreensão desse tipo de problema. A aplicação da matemática a questões práticas ainda era considerada inferior pelos humanistas, porém seus ensinamentos sobre a matemática antiga e suas referências a Arquimedes tiveram influência recíproca para que um conhecimento híbrido se desenvolvesse na Itália. Um exemplo perfeito é Tartaglia, que publicou sua *Nova scientia* em um dialeto local em 1537. A nova ciência mencionada nessa obra é a balística, que traduz as preocupações com o estudo da artilharia em longas distâncias e demanda a análise da trajetória de projéteis.

A primeira publicação latina de Arquimedes, na qual o editor parecia entender o conteúdo da obra, foi feita justamente por Tartaglia em 1543 (na verdade, ele corrigiu uma versão latina do século XIII, pois não sabia grego).

Ele não era humanista e sim um matemático autodidata que trabalhava com construtores de armas, arquitetos e comerciantes. Tartaglia também já tinha traduzido obras de Apolônio e Euclides e aplicou os métodos de Arquimedes ao tratamento de problemas tecnológicos. Seus escritos e traduções influenciaram alguns pensadores da época voltados para o estudo do movimento, como Galileu. Mesmo Cardano, apesar de criticar os métodos usados por Tartaglia na resolução de equações, citou Arquimedes como um arquétipo de sua visão sobre a natureza e o papel da matemática.

Nas outras regiões da Europa, essa influência de Arquimedes no Humanismo foi mais tardia. Fora da Itália, um dos primeiros humanistas a conhecer bem a matemática clássica e, ao mesmo tempo, apreciar Arquimedes foi o francês Petrus Ramus. Para se contrapor à utilidade filosófica de Platão ou Euclides, Ramus defendia o tipo de utilidade encontrada nas obras de Arquimedes. Segundo ele, mais do que métodos e provas, o uso público da matemática deveria ser valorizado, e, nesse sentido, o mais elevado pensador antigo era Arquimedes. Apesar da iniciativa de Ramus, foram Viète e Descartes que tornaram essa influência mais frutífera. Como veremos adiante, esses estudiosos franceses sistematizaram o uso da álgebra na resolução de problemas geométricos, o que já era feito antes deles, mas de modo desordenado.

Problemas geométricos no final do século XVI

A *Coleção matemática* de Pappus foi traduzida em 1588 e fez ressurgir o interesse pelas construções dos gregos, chamadas de problemas de lugares geométricos (*locus*). Pappus os classificava como: problemas planos, construídos com régua e compasso; problemas sólidos, construídos por cônicas; e problemas lineares, construídos por curvas mais gerais, como a espiral. Além da obra de Pappus e dos trabalhos algébricos então disponíveis, em 1575 foi publicada uma tradução para o latim da *Aritmética* de Diofanto. A *Arte analítica* de Viète foi influenciada por esses trabalhos. No entanto, para resolver problemas geométricos, ele propunha usar uma argumentação denominada "análise". A obra publicada por Viète em 1591, que em latim se intitula *In Artem Analyticem Isagoge* (Introdução à arte analítica), é o primeiro dos dez tratados que formam a sua *Opus restituta Mathematica Analyseos, seu, Algebra nova* (Obra de análise matemática restaurada, ou Álgebra nova). Nesse título a palavra que chama a atenção é *restitua*, levando-nos a acreditar que Viète queria "restaurar" a análise dos antigos. Dando sequência à *Isagoge*, ele apresentou o *Les Zeteticorum libri quinque* (Cinco livros das zetéticas), nos quais aplica sua arte analítica a 82 problemas que são, em sua maioria, análogos aos estudados por Diofanto na *Aritmética*. A *Arte analítica* começa com uma explicação do que é análise, retirada da *Coleção matemática* de Pappus:

> Encontra-se na Matemática uma certa maneira de procurar a verdade, que se diz ter sido primeiramente inventada por Platão, que Theon chamou "Análise" e que, para ele, define a suposição daquilo que procuramos como se estivesse concedido para chegar a uma verdade procurada, por meio das consequências; ao contrário, a "Síntese" é a suposição de uma coisa concedida para chegar ao conhecimento daquilo que procuramos por meio das consequências.[4]

Os gregos já tinham usado a análise em problemas geométricos, porém Viète irá propor um modo novo de usar essa ferramenta, baseado na álgebra. Uma forte inspiração de sua obra foi Diofanto, pois Viète acreditava que o uso de quantidades desconhecidas na *Aritmética* indicava que um método geral para praticar a análise seria conhecido dos matemáticos gregos, mas teria se perdido. Seu objetivo era restaurar esse método, ou seja, fundar uma ferramenta universal, na qual a análise fosse identificada à álgebra, para resolver problemas. Já vimos como os métodos árabes propagaram-se pela Europa, logo, a álgebra era utilizada pelos contemporâneos de Viète. No entanto, esse uso era fragmentado e não seguia um padrão unificado. Os tratados algébricos, apesar de fornecerem poderosas ferramentas para a resolução de problemas variados, não seguiam o estilo axiomático dos gregos.

Com a divulgação da obra de Pappus, os matemáticos passaram a buscar o que era descrito nessa obra como sendo o cânone grego. Como métodos algébricos não eram apresentados na forma axiomático-dedutiva dos *Elementos* de Euclides, ainda que se impusessem como uma ferramenta de grande valia, as soluções obtidas por meio da álgebra não podiam ser consideradas "exatas". A todo momento a questão da legitimidade desses procedimentos algébricos vinha à tona, e a importância de Viète reside justamente na maneira que encontrou para legitimá-los. Os problemas planos davam lugar a equações de segundo grau, e os outros podiam fazer surgir equações de grau mais elevado. Por exemplo, o problema da trissecção do ângulo levava a uma equação de terceiro grau que podia ser resolvida pelo procedimento da *neusis*, descrito no Capítulo 3. Na classificação de Pappus, esse método não consta na descrição dos problemas sólidos, o que levou Viète a propor que a *neusis* pudesse ser considerada um novo axioma da geometria, o que confirma a influência da visão de Arquimedes. Segundo ele, isso expandiria o universo dos instrumentos de construção aceitos como legítimos, permitindo resolver todos os problemas sólidos (que diríamos, hoje, de terceiro grau).

Viète aceitava o critério de exatidão associado à construção. A diferença estava no fato de inserir mais um postulado, que dava lugar a novas ferramentas de construção. Uma vez que a introdução de novos postulados permitia resolver mais problemas geométricos, eles deveriam ser admitidos como princípios da matemática. Uma expansão semelhante a esta deveria ser efetuada para legitimar os métodos algébricos: buscando usar a ferramenta analítica para resolver qualquer tipo de problema, Viète procurou fazer da álgebra uma ciência nos moldes gregos, apresentando-a de maneira axiomática. Resolver equações algébricas por métodos algébricos servia como auxiliar na construção geométrica de soluções para os problemas geométricos. O objetivo de Viète era mostrar que a álgebra podia ser útil aos problemas de construção que tinham ocupado os gregos, uma vez que pretendia fundar uma nova álgebra com o mesmo prestígio da geometria.

A geometria sintética é aquela na qual construímos as soluções. Já pelo método analítico, supomos que as soluções desconhecidas são conhecidas e operamos com elas como se fossem conhecidas, até chegar a um resultado conhecido que determina a solução. A simbolização algébrica permite representar essas soluções desconhecidas por símbolos, manipulados segundo as mesmas regras que os números conhecidos.

Alguns enunciados dos *Elementos*, como a proposição II-5 demonstrada no Capítulo 3, permitem resolver, por meio de uma construção geométrica, o problema de encontrar dois segmentos com soma e produto dados. Os segmentos obtidos como solução eram efetivamente construídos, dando lugar a grandezas que ainda não tinham aparecido no problema. Esse é um exemplo de síntese, diferente do método da análise.

Vejamos, no caso de uma equação algébrica, como definir a "análise". A incógnita, ou o x, é a quantidade desconhecida. Quando escrevemos $x + 2 = 3$, tratamos o x como se fosse conhecido e operamos com essa quantidade da mesma forma que fazemos com o 3 e o 2, que são, efetivamente, números conhecidos. Com essa manipulação, fazemos $x = 3 - 2 = 1$ e encontramos o valor da quantidade desconhecida. Operamos, nesse exemplo, com as quantidades procuradas como se elas já estivessem dadas. Se quiséssemos resolver o problema de encontrar duas grandezas com soma e produto dados pelo método analítico, começaríamos supondo que essas grandezas que procuramos são dadas e podem ser chamadas de x e y. Em seguida, por manipulações algébricas, encontraríamos os valores reais de x e y.

O método da análise já era usado na geometria grega, embora sem o auxílio da álgebra. A análise consistia em um modelo típico de argumentação que começa pela suposição (hipotética) de que alguma coisa que não é realmente dada – e que se deseja obter – seja, de fato, dada. Alguns matemáticos do século XVI, como Viète, e mesmo Descartes, no século XVII, acreditavam que os gregos omitiam, na maioria das vezes, a parte referente à análise das resoluções dos problemas. Para os antigos, a análise seria então um método de descoberta, e não de demonstração.

O método analítico dos gregos devia ser acompanhado por uma síntese que forneceria a verdadeira demonstração. Viète conhecia bem o método de análise e síntese dos antigos e sabia que quantidades desconhecidas podiam ser utilizadas na resolução de problemas, como Diofanto já tinha feito na *Aritmética*. Também tinha consciência da potência da álgebra, pois empregava os métodos algébricos de resolução de equações. Para propor uma unificação desses saberes e fundar um novo padrão para a resolução de problemas matemáticos, Viète nutria a ambição de apresentar um método sistemático que pudesse resolver qualquer tipo de problema. No final da *Introdução à arte analítica*, ele enuncia a motivação de tomar para si o maior de todos os problemas, em letras maiúsculas: NULLUM NON PROBLEMA SOLVERE ("nenhum problema sem resolver"). Foi para alcançar esse objetivo que inventou o que chamou de *logistica speciosa*, que se propunha a ser uma ciência dentro dos padrões gregos. Tratava-se, na verdade, de uma nova maneira de calcular, apresentada na forma axiomática.

Para Viète, a álgebra era um método de cálculo simbólico envolvendo grandezas abstratas. Isso quer dizer que, na sua arte analítica, ele manipulava as grandezas independentemente de sua natureza. Por essa razão, foi preciso criar procedimentos simbólicos de cálculo que pudessem ser aplicados tanto a grandezas geométricas quanto a quantidades numéricas. Um único símbolo deveria poder representar todos os tipos de grandeza. Ao fundar um cálculo para todos os tipos de grandeza (numérica ou geométrica; conhecida ou desconhecida), Viète poderia resolver todos os problemas. Conforme atesta H.J.M. Bos:

> Viète não via a álgebra, que seria a ferramenta essencial da sua análise, como uma técnica concernindo números, mas como um cálculo simbólico concernindo grandezas abstratas. Ao elaborar essa concepção, ele criou procedimentos simbólicos de cálculo que se aplicavam a grandezas independentemente de sua natureza (número, grandeza geométrica ou outra – note que ele considerava o número um tipo de grandeza). Com esse propósito, introduziu letras para simbolizar grandezas indeterminadas, bem como grandezas desconhecidas. ... Na sua "nova álgebra", entidades matemáticas como números, segmentos de reta, figuras etc., sejam conhecidas, desconhecidas ou indeterminadas, eram consideradas somente no aspecto de serem grandezas, abstraindo-se a sua verdadeira natureza. Viète falava de grandezas "em espé-

> cie", em forma ou em tipo, chamando sua nova álgebra de "cálculo a respeito de formas", ou "a respeito de espécies": também usou o termo "*logistica speciosa*" ... . Assim, a sua *logistica speciosa* lidava com grandezas abstratas simbolicamente representadas por letras.[5]

A *logistica speciosa* trata de classes ou de "espécies" de equações e de problemas nos quais as grandezas não precisam ser numéricas. O método se opõe ao modo como os problemas eram tratados anteriormente pela *logistica numerosa*, que dependia de números particulares. Na *logistica speciosa*, alguns fatos importantes que eram mascarados pela particularidade dos números tornavam-se mais simples. Por exemplo, na *Aritmética* de Diofanto exibem-se métodos que podem ser aplicados sobre números, mas não sobre símbolos. Viète enunciou, então, axiomas envolvendo operações sobre símbolos, como adição, subtração, multiplicação, divisão, extração de raiz e formação de razões. As incógnitas eram representadas pelas vogais e os coeficientes pelas consoantes do alfabeto, todas maiúsculas. Mas a lei da homogeneidade das grandezas seguia os padrões aristotélicos, ou seja, grandezas lineares só podiam ser somadas ou subtraídas de grandezas lineares, o mesmo valendo para grandezas quadradas ou de qualquer grau.

Viète simbolizava as potências usando uma mesma letra: se A é a incógnita, seu quadrado é dito *A quadratum*; o cubo, *A cubum*; e assim por diante. Se chamarmos x de A, a equação $x^2 + b = cx$ (significando área + área = área) seria escrita, na notação de Viète, como *A quadratum + B aequatur C in A* (*aequatur* quer dizer "igual"). Na verdade, essa equação era escrita adicionando-se a palavra *plano* depois de B, uma vez que todas as parcelas devem possuir as mesmas dimensões, o que daria: *A quadratum + B plano aequatur C in A* (observando que *C in A* já era plano, uma vez que resulta da multiplicação de dois segmentos). De modo análogo, um número a ser igualado a um cubo era dito *sólido*.

O modo como Viète designava as potências trazia a marca geométrica, pois as incógnitas eram escritas como *A*, *A quadratum* e *A cubum* e não eram encaradas como tendo a mesma natureza. Apesar dessa ligação com a geometria, a *Arte analítica* trazia uma ferramenta universal para resolver problemas por meio da álgebra e era tida como um método de cálculo simbólico envolvendo grandezas abstratas. Mais do que uma coleção de resultados, a *Arte analítica* pode ser vista como um programa de pesquisa do final do século XVI e início do XVII. Diversos outros trabalhos procuravam ampliar a aplicação de suas técnicas à resolução de problemas variados, dentre os quais destacavam-se os textos analíticos gregos, estudados por Pappus no livro XVII da *Coleção matemática*. Para abordar esses problemas, era preciso, antes de tudo, restaurar esses escritos. Muitos deles tinham se perdido, porém a descrição de Pappus permitia recuperá-los em sua forma geométrica original. Em seguida, tratava-se de traduzir os problemas, estudados por meio da análise dos antigos, para a linguagem simbólica proposta na *Arte analítica*.

As primeiras tentativas de tradução da geometria contida nessa suposta prática analítica dos gregos foram levadas a cabo por Ramus e Viète. Contudo, os trabalhos de Descartes e Fermat, conhecidos por renovarem a geometria, também se inserem nessa tradição da arte analítica. Antes de passarmos a eles, investigaremos o contexto mais amplo de sua época.

Galileu e a nova ciência

O lugar de Galileu na transformação da ciência no século XVII foi objeto de intensas controvérsias. Uma das polêmicas mais famosas envolve as teses do historiador e filósofo da ciência Alexandre Koyré. Segundo Koyré, as práticas empíricas em áreas como balística, fortificação e hidráulica ajudaram a derrubar o feudalismo e o poder medieval, mas não poderiam ser suficientes para transformar a ciência do movimento. Em diversos artigos, escritos em torno dos anos 1940, Koyré ressalta a relação de Galileu com o platonismo, expressa pela importância dada à razão e ao papel da matemática.

A elaboração de uma teoria física seria anterior à experimentação e, para Koyré, a função dos experimentos na elaboração da teoria de Galileu seria sobretudo retórica. Artefatos fundamentais na "demonstração" de suas teses sobre o movimento acelerado, como o plano inclinado, teriam somente a finalidade de justificá-las, auxiliando na idealização do fenômeno.

Experimentos como esses, bem como as famosas quedas de objetos da torre de Pisa, nunca teriam sido realizados concretamente.

Para substituir a ideia de "gênio" disseminada pela historiografia tradicional, cujo principal legado teria sido a tradução matemática das leis da natureza, foi erigida, recentemente, uma imagem de Galileu mais ligada às artes práticas. Seu biógrafo, Stillman Drake, escreveu vários artigos ao longo dos anos 1970[6] nos quais argumentou que os instrumentos de Galileu não eram apenas abstrações, mas aparatos reais que serviam tanto para testar quanto para motivar suas teorias. Essa afirmação diz respeito ao uso de artefatos construídos para estudar certos fenômenos, caso do plano inclinado (já as experiências na torre de Pisa continuam sendo consideradas lendárias).

Galileu foi um fabricante de instrumentos. Entretanto, apesar de suas contribuições ao aprimoramento do telescópio serem reconhecidas, essa faceta tinha sido marginalizada na história que vigorou até o princípio da segunda metade do século XX. Na verdade, a imagem de Galileu como um cientista teórico, com semblante moderno, foi questionada nos anos 1940 nos trabalhos de Edgar Zilsel, pensador austríaco que emigrou para os Estados Unidos fugindo da perseguição nazista. Segundo esse historiador e filósofo da ciência, de inspiração marxista, os mesmos avanços sociais que tiveram lugar na Europa entre os séculos XII e XVI ocorreram também no domínio tecnológico. As artes práticas teriam sido estimuladas pelas novas necessidades e inspirado uma confiança na continuidade dos avanços da tecnologia. O poder que os teóricos dos séculos XV e XVI experimentavam, uma vez que tinham se apropriado da literatura dos sábios da Antiguidade, era semelhante à sensação que os artesãos tinham diante das melhorias que haviam conseguido empreender por meio de ferramentas importantes para a organização da vida em sociedade.

Segundo a teoria que ficou conhecida como "tese de Zilsel", entre 1300 e 1600 distinguem-se ao menos dois estratos da organização social: intelectuais acadêmicos e artesãos qualificados. A estes vem se somar, em muitas regiões, um terceiro grupo: o dos pensadores humanistas. Os professores e humanistas tinham certo desprezo pelas artes mecânicas e pelos trabalhos manuais. Por outro lado, os artesãos qualificados, que incluíam artistas-engenheiros, agrimensores, construtores de instrumentos musicais, náuticos e de guerra, eram mestres na prática da experimentação. Tratava-se de dois mundos separados: os últimos, tidos como plebeus, não tinham treinamento intelectual teórico; e aos primeiros, integrantes das classes mais altas, faltava um contato com a experiência prática e com as possibilidades dos instrumentos. A atividade intelectual era derivada da estrutura hierárquica da sociedade. Logo, os dois componentes do método científico estavam separados por uma barreira social. Somente quando os preconceitos começaram a ruir, por volta de 1600, eles puderam unir seus conhecimentos e experiências. Os trabalhos de Galileu devem ser analisados nesse contexto de desenvolvimento de uma sociedade capitalista.

A expansão das classes de comerciantes aumentou o interesse pelos avanços tecnológicos e o respeito pelo trabalho dos artesãos. O método escolástico, que incentivava disputas intelectuais, foi ultrapassado pelo desejo de controlar a natureza, o que só poderia se dar com a cooperação científica. Aos poucos, a crença mística e a reverência à autoridade deram lugar a um pensamento causal e quantitativo.

Histórias mais recentes, como a exposta por M. Valleriani em *Galileo Engineer*, já aceitam a importância dada à prática na época e procuram ir além da tese de Zilsel, analisando como a aproximação desses dois mundos influenciou a própria física de Galileu. Mas, antes de abordar essas novas tentativas, faremos um brevíssimo resumo do percurso de Galileu como pensador.

Os estudos de Galileu começaram em Pisa, ainda no final do século XVI. Alguns escritos dessa época já contestavam a teoria aristotélica dos movimentos naturais, através do estudo de corpos em movimento dentro de um meio fluido. Galileu argumentava que era preciso conhecer a relação proporcional entre o peso por volume de um corpo e o peso por volume do meio em que esse corpo está imerso. Por exemplo, se temos dois volumes iguais de água e de madeira, o volume de água será mais pesado, logo, não podemos fazer o volume de madeira submergir. Essa explicação se opõe à teoria das causas aristotélicas, segundo a qual o movimento não se dá por qualidades de cada corpo e sim por uma causa única, o peso, que é como uma força que interage com a ação de um meio.

Uma referência fundamental nesses trabalhos é Arquimedes. Os fenômenos relacionados a corpos em movimento podem ser estudados como pesos em uma balança. E Galileu creditou a Arquimedes a invenção do modelo da balança para estudar o movimento. De nosso ponto de vista, sobretudo porque temos a história da matemática como foco, a discussão sobre a influência de Arquimedes pode ser uma saída para escapar da polêmica sobre o platonismo de Galileu, que acaba recaindo em um dos lados da oposição entre teoria e prática. Desde os escritos iniciais, Galileu parecia acreditar que a melhor maneira de entender os fenômenos é mostrando como eles funcionam de modo mecânico. No estudo do movimento, máquinas simples, inspiradas em Arquimedes, eram fundamentais para a compreensão – caso da balança, do plano inclinado e do pêndulo. Como afirma Peter Machamer,[7] o ponto de vista mecânico sobre o mundo, exemplificado por Galileu, repousava no tipo de inteligibilidade fornecido pelas máquinas simples de inspiração arquimediana. Esses artefatos gozavam de propriedades fundamentais, como concretude física e possibilidade de descrição matemática e de manipulação para a realização de experimentos, o que fornecia inteligibilidade aos conceitos abstratos.

Em 1612, Galileu escreveu *Discorso intorno alle cose che stanno in su l'acqua o che in quella si muovono* (Discurso sobre as coisas que estão sobre a água, ou que nela se movem), no qual, apoiando-se na teoria de Arquimedes e contrariando a tese aristotélica, demonstrava que os corpos flutuam ou afundam de acordo com seu peso específico, e não segundo sua forma. Nesse *Discurso*, comentava também as manchas solares, que afirmava já ter observado em Pádua em 1610. Entre 1613 e 1615, escreveu algumas cartas que ficaram conhecidas como *Lettere copernicane* (Cartas copernicanas), nas quais afirma que algumas passagens da Bíblia deviam ser interpretadas à luz do sistema heliocêntrico, para o qual ele não tinha ainda provas científicas conclusivas. Nos anos seguintes, Galileu continuou seus estudos sobre a teoria de Copérnico, mas sempre como uma hipótese matemática útil, uma vez que simplificava os cálculos das órbitas dos astros, e não como um modelo físico. Foi nesse contexto que redigiu *Dialogo sopra i due massimi sistemi del mondo tolemaico e copernicano* (Diálogo sobre os dois principais sistemas do mundo ptolomaico e copernicano), finalizado em 1630 e publicado em 1632, no qual voltou a defender o sistema heliocêntrico. Essa obra foi decisiva no processo da Inquisição montado contra ele.

Em 1638, foram publicados os seus *Discursos e demonstrações matemáticas sobre duas novas ciências*. Trata-se do primeiro tratado sobre a cinemática e a dinâmica dos movimentos nas proximidades da superfície da Terra. Redigido na forma de diálogos, seguia a tradição grega que se tornara comum no Renascimento. Seus três interlocutores são: Salviati (que representa o próprio Galileu), Simplício (que defende a filosofia e a física de Aristóteles) e Sagredo (personagem prático, de mentalidade aberta, que atua como uma espécie de árbitro entre as duas posições em confronto). O livro é constituído basicamente por quatro "jornadas". A primeira é uma introdução às "duas novas ciências": a resistência dos materiais e o estudo do movimento. A segunda trata da estática e desenvolve as ideias e os modelos de Galileu sobre a resistência dos materiais. Nas duas últimas "jornadas", discutem-se o movimento acelerado e as leis que regem o movimento dos projéteis.

A ligação entre a queda livre e o movimento dos projéteis pode sugerir uma influência direta das artes da guerra. Já vimos que muitos dos desenvolvimentos teóricos de Galileu tiveram suas origens no conhecimento de artesãos, arquitetos e engenheiros do século XVI, que adquiriam status por atenderem às necessidades da arte da guerra, que apresentava então avanços consideráveis. No final do século XV, surgiram armas de artilharia pesada ligadas a novas estratégias de defesa e, na primeira metade do século XVI, trabalhos como os de Tartaglia debruçavam-se no estudo do movimento dos projéteis. Se analisarmos o aprendizado de Galileu como artista-engenheiro (entre 1584 e 1589) e o trabalho que realizou durante sua estada em Pádua (entre 1592 e 1610), veremos que devotou tempo considerável a pesquisas sobre guerra. Ele concebeu instrumentos matemáticos para uso militar e abriu uma oficina para construí-los. Além disso, transmitia esse conhecimento a pupilos que quisessem ingressar em carreiras militares. Quando conseguiu aumentar o alcance do telescópio, em 1609, estava envolvido justamente nessa economia de artefatos e sua ideia inicial não era desenvolver um instrumento astronômico para comprovar o heliocentrismo, e sim fornecer uma nova ferramenta militar à Marinha de Veneza.

Foi justamente durante sua estada em Pádua que Galileu formulou a lei da queda livre. Difícil negar que haja alguma relação entre os dois domínios de interesse. Segundo Valleriani, o estudo da queda livre foi diretamente influenciado pela pesquisa de Galileu sobre a trajetória de projéteis, uma questão fundamental para a balística da época. O modelo central analisado por ele é o movimento de queda, livre ou sobre um plano inclinado, de modo que a distância de um corpo em relação ao ponto inicial aumenta com o quadrado do tempo transcorrido. Se esse movimento de queda é superposto a um movimento uniforme horizontal, obtemos a trajetória parabólica de um projétil. Ambos os movimentos são essenciais para a constituição da mecânica de Galileu.

É importante observar que, nesse tipo de estudo do movimento, não importava saber *por que* um corpo cai, mas *como* ele cai, e essa descrição era puramente geométrica. Ou seja, na queda livre, era preciso saber como as grandezas variavam umas em relação às outras, e a resposta a essa pergunta implica a utilização de proporções matemáticas para relacionar as grandezas (representadas geometricamente). As leis naturais eram escritas em linguagem matemática, mas essa linguagem era geométrica, sintética, de tipo euclidiano, e não envolvia as fórmulas algébricas que conhecemos hoje.

Diagramas para representar o movimento

Na "jornada" dedicada ao movimento acelerado, Salviati enuncia a seguinte proposição:

Teorema I, proposição I

O tempo no qual qualquer espaço é atravessado por um corpo inicialmente em repouso e uniformemente acelerado é igual ao tempo no qual o mesmo espaço é atravessado pelo mesmo corpo movendo-se com velocidade uniforme, cujo valor é a média entre a maior velocidade e a velocidade imediatamente anterior à aceleração ter começado.

Salviati demonstra essa proposição usando o diagrama da Figura 4: seja a reta AB o tempo no qual o espaço CD é atravessado por um corpo que inicia seu movimento no repouso em C e é uniformemente acelerado. Seja a maior velocidade adquirida durante o intervalo AB representada pela reta BE, desenhada perpendicularmente à reta AB. Desenhe a reta AE. Todas as retas paralelas à BE a partir de pontos equidistantes sobre AB representarão valores cada vez maiores da velocidade que começou a crescer no instante A. Seja F o ponto que bissecta a reta BE. Desenhe FG paralela à AB, e GA paralela à FB. Obtemos um retângulo AGFB cuja área é igual à do triângulo AEB. Isso porque o lado FG bissecta o lado AE no ponto I, de modo que, se as paralelas no triângulo AEB se estendem até GI, a soma das paralelas contidas no quadrilátero AGFB é igual à soma das contidas no triângulo AEB (as que estão no triângulo IEF são iguais às que estão contidas no triângulo IAG, ao passo que as que estão no trapézio AIFB são comuns a ambos).

Como as velocidades do movimento acelerado são representadas pelas paralelas no triângulo AEB, e as velocidades do movimento uniforme pelas paralelas no retângulo, Salviati conclui que o que se perde de momento na primeira parte do movimento acelerado (representado pelas paralelas do triângulo IAG) é compensado pelo momento representado pelas paralelas do triângulo IEF.

O espaço percorrido no intervalo de tempo AB é dado, em cada caso (do movimento uniforme e do movimento uniformemente acelerado), pelas áreas do quadrado e do triângulo. Como essas áreas são iguais, concluímos que espaços iguais são atravessados em tempos iguais em ambos os casos, o que significa que a distância percorrida é proporcional ao tempo transcorrido.

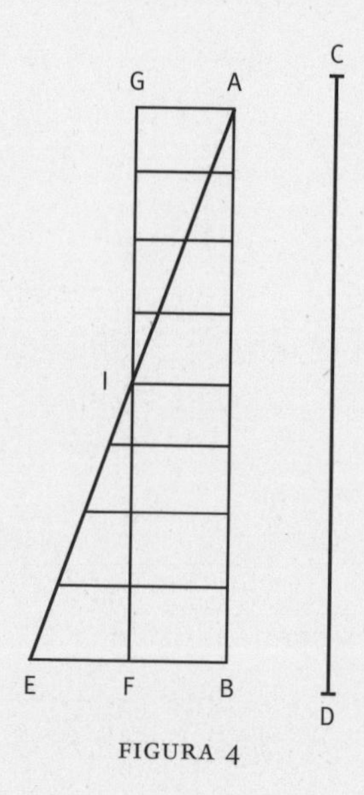

FIGURA 4

À diferença dos medievais, Galileu procurava caracterizar os movimentos acelerados tal como eles se produzem, tentando fornecer um sentido físico mensurável à ideia de que os movimentos acelerados adquirem velocidades cada vez maiores. Esses movimentos acumulam velocidades em cada ponto e, ao fim, essas velocidades podem ser medidas como grandezas independentes do espaço e do tempo. É por possuírem essa autonomia, ou seja, por serem concebidas como grandezas em si mesmas que as velocidades podem ser associadas quantitativamente ao espaço percorrido e ao intervalo de tempo gasto para percorrê-lo.

O que queremos destacar aqui é a representação das grandezas envolvidas no movimento por diagramas. As "leis" do movimento são expressas por relações de proporção entre as grandezas geométricas representadas no diagrama. Isso ficará ainda mais claro quando Galileu utilizar a lei enunciada na proposição I para tratar do movimento de um corpo em queda livre:

Teorema II, proposição II

Os espaços descritos por um corpo caindo a partir do repouso com movimento uniformemente acelerado estão um para o outro como os quadrados dos intervalos de tempo gastos para atravessá-los.

Para demonstrar essa proposição, Galileu emprega um diagrama análogo ao anterior (Figura 5). Suponhamos que o tempo seja representado pela reta AB, sobre a qual tomamos quaisquer dois intervalos AD e AE. A reta HI representa a distância que o corpo, começando do repouso em H, percorre com aceleração uniforme. Se HL representa o espaço atravessado durante o intervalo AD, e HM é percorrido durante o intervalo AE, então o espaço HM está para o espaço HL em uma razão que é o quadrado da razão entre os intervalos de tempo AE e AD. Ou seja, deve-se mostrar que as distâncias HM e HL estão uma para a outra como os quadrados de AE e AD $\left(\frac{HM}{HL} = \frac{AE^2}{AD^2}\right)$.

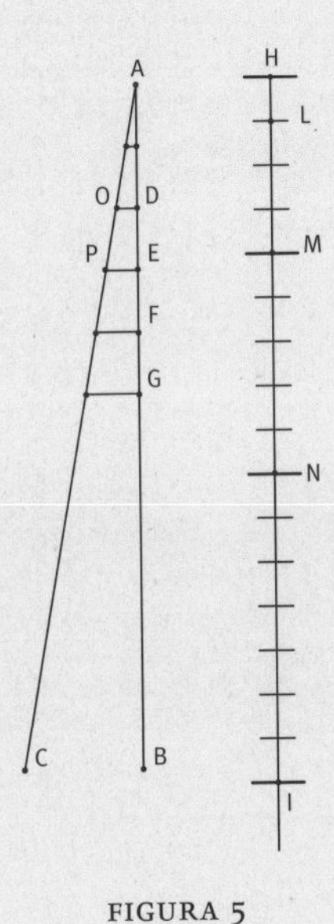

FIGURA 5

Demonstração: [Usando a proposição anterior, Galileu reduz a demonstração para o caso de um movimento uniformemente acelerado ao caso de um movimento uniforme.] Desenhe a reta AC fazendo qualquer ângulo com AB e trace paralelas DO e EP pelos pontos D e E. Dessas duas retas, DO representa a maior velocidade adquirida no intervalo AD; e EP, a maior velocidade adquirida no intervalo AE. Mas provamos anteriormente que, com respeito às distâncias percorridas, são equivalentes as situações em que o corpo cai do repouso com aceleração uniforme e em que ele cai, durante o mesmo intervalo de tempo, com velocidade constante igual à metade da maior velocidade adquirida no movimento acelerado. Logo, as distâncias HM e HL são as mesmas que seriam percorridas, durante os intervalos AE e AD, respectivamente, por velocidades uniformes iguais à metade daquelas representadas por EP e DO (respectivamente). Basta mostrar, portanto, que as distâncias HM e HL, percorridas em movimento uniforme, estão na mesma razão que os quadrados de AE e AD.

Já havia sido demonstrado no primeiro livro (proposição 4) que as distâncias percorridas por duas partículas em movimento uniforme estão uma para a outra como o produto da razão entre as velocidades pela razão entre os tempos (em linguagem atual, podemos traduzir essa conclusão pela fórmula $d = vt$, onde d é a distância; v, a velocidade; e t, o tempo). Logo, no movimento uniforme, a razão entre as velocidades é igual à razão entre os tempos: a razão entre ½ EP e ½ DO, ou entre EP e DO, é igual à razão entre AE e AD. Sendo assim, podemos concluir que a razão entre as distâncias percorridas é igual à razão entre os quadrados dos intervalos de tempo gastos para percorrê-las.

Para compreender esse raciocínio, podemos adaptar a notação e escrever:

$$\frac{HM}{HL} = \frac{EP}{DO} \times \frac{AE}{AD} = \frac{AE}{AD} \times \frac{AE}{AD} = \frac{AE^2}{AD^2}$$

A partir dessa proposição, Galileu pôde constatar que a constante de proporcionalidade dependia de uma aceleração igual para todos os corpos: a gravidade. Conhecemos a grande utilidade dessa lei, enunciada geometricamente por Galileu e que escrevemos hoje como $d = \frac{g}{2} t^2$. Tira-se daí a conclusão surpreendente de que todos os corpos em queda livre, desprezando-se a resistência do ar, caem ao mesmo tempo, independentemente de sua massa. Como nosso objetivo não é fazer uma história da física matemática, não nos deteremos mais sobre as consequências dessa descrição proposta por Galileu. Gostaríamos de mostrar, apenas, de que modo a matemática foi usada na tentativa de compreender como os corpos adquirem velocidade e como essa grandeza pode ser associada a outras grandezas variáveis que participam do movimento, entre elas o espaço e o tempo.

No estudo da queda livre o espaço percorrido foi associado ao tempo por intermédio da velocidade. Isso só se tornou possível porque Galileu passou a ver a velocidade como uma grandeza que pode ser definida independentemente do movimento, o que os medievais não faziam. O espaço e o tempo serão também redefinidos nesse contexto. Para possibilitar o estudo dos movimentos acelerados, o espaço será sempre o espaço percorrido; e o tempo, o tempo gasto para percorrê-lo.

Os diagramas que representam o movimento foram de suma importância na demonstração das proposições de Galileu, de natureza geométrica. A história tradicional, preocupada com a questão dos precursores, vê também aí um antecedente do plano cartesiano, mas destacamos que a relação entre as grandezas é expressa geometricamente por meio de proporções. Na época da publicação de *Discursos e demonstrações matemáticas sobre duas novas ciências*, a *Geometria* de Descartes já havia sido escrita, mas Galileu não estava a par desse trabalho.

No *Diálogo*, publicado antes dos *Discursos*, encontramos também uma tentativa de representar duas magnitudes diferentes, no caso, o tempo e a velocidade, como pontos definidos a partir de dois eixos coordenados. Mas, apesar da utilização engenhosa dos diagramas na representação do movimento, é um exagero considerar Galileu o fundador da representação em coordenadas, pois o passo fundamental das justamente denominadas "coordenadas cartesianas" depende da utilização da álgebra. Como no plano de Oresme, não são usadas ferramentas algébricas na demonstração de Galileu.

Descartes e a revolução matemática do século XVII

O século XVII foi marcado pela crença de que o desenvolvimento técnico podia melhorar a vida dos homens, ainda que esta não fosse uma nova descoberta. Citaremos três exemplos típicos desse século: Galileu, Bacon e Descartes.

Em 1620, Francis Bacon publicou o *Novum organum*, cujo título faz referência ao *Organon* de Aristóteles e indica a necessidade de se fundar um novo método para interpretar a natureza. Segundo Bacon, em vez da lógica aristotélica, o método indutivo podia ser mais frutífero para a enunciação de novas verdades científicas. Bacon não chegou a ver a primeira edição de uma de suas obras mais conhecidas, *Nova Atlântida*, publicada somente pouco depois de sua morte, ocorrida em 1626. Esse livro trata de uma localidade imaginária, marcada pela prosperidade e pela intervenção do homem na natureza. Na utópica Casa de Salomão, funcionaria um laboratório científico fictício, de alto nível, onde seriam realizadas experiências capazes de simular os fenômenos naturais com o intuito de controlá-los. Nas torres da Casa, os fenômenos meteorológicos seriam observados, mas também reproduzidos. Chuvas artificiais, neve e granizo, por vezes com substâncias diferentes da água, tornariam possível a construção de máquinas para multiplicar a força dos ventos e criar novos fenômenos meteorológicos. Poços e fontes artificiais conteriam minerais importantes à manutenção da vida; e os cientistas da Casa teriam desenvolvido até mesmo uma água capaz de prolongar a vida humana. A ambição de Bacon, expressa nesse livro, pode ser comparada a este trecho da sexta parte do *Discurso do método*, de Descartes:

> Nunca fiz muito caso das coisas que vinham de meu espírito, e, enquanto não recolhi outros frutos do método de que me sirvo … não me julguei obrigado a nada escrever a seu respeito. … Mas, tão logo adquiri algumas noções gerais relativas à Física, e, começando a comprová-las em diversas dificuldades particulares, notei até onde podiam conduzir e o quanto diferem dos princípios que foram utilizados até o presente, julguei que não podia mantê-las ocultas sem pecar grandemente contra a lei que nos obriga a procurar, no que depende de nós, o bem geral de todos os homens. Pois elas me fizeram ver que é possível chegar a conhecimentos que sejam muito úteis à vida, e que, em vez dessa Filosofia especulativa que se ensina nas escolas, se pode encontrar uma outra prática, pela qual, conhecendo a força e as ações do fogo, da água, do ar, dos astros, dos céus e de todos os outros corpos que nos cercam, tão

distintamente como conhecemos os diversos misteres de nossos artífices, poderíamos empregá-los da mesma maneira em todos os usos para os quais são próprios, e assim nos tornar como que senhores e possuidores da natureza.

O texto prossegue defendendo a utilidade dessa nova ciência para a invenção de uma infinidade de artifícios que permitiriam tirar proveito, sem custo algum, dos frutos da terra e de todas as comodidades que nela se encontram. Mas também, e principalmente, essa ciência seria usada para a conservação da saúde, que seria, sem dúvida, o primeiro bem e a base de todos os outros bens desta vida. Essa obra de Descartes, publicada em 1637, faz eco a outros escritos anteriores acerca do método para a invenção de verdades na ciência e contém um apêndice intitulado *Geometria*. Por isso é interessante associar o seu empreendimento geométrico ao espírito da primeira metade do século XVII.

Está para além do escopo deste trabalho estudar as influências de Bacon sobre Descartes, entretanto, ainda que a obra de Bacon não tenha angariado popularidade imediata, a crítica à velha lógica e os esforços para encontrar novos métodos para a enunciação de verdades, presentes no *Novum organum*, foram apreciados por matemáticos como o padre Marin Mersenne e o próprio Descartes. Assim, ao privilegiar a invenção e a intervenção na natureza, o pensamento da época se associava ao estudo quantitativo dos fenômenos. Como já dito, não sabemos se foi o ideal de controlar a natureza que motivou o desenvolvimento de um novo tipo de matemática, ou se foi a matematização dos fenômenos que despertou o interesse por uma nova relação entre ciência e natureza. Dessa forma, partimos da consideração de que a quantificação e a medida como integrantes fundamentais do novo ideal de compreensão da natureza podem nos ajudar a entender o papel da matemática e os novos contornos que ela adquiriu na época. Essa é a "revolução matemática" do século XVII, assim designada por Evelyne Barbin em *La révolution mathématique du XVII*ème *siècle*.

Em um texto de 1623, *Il saggiatore*, Galileu já descrevia a operação necessária ao estudo quantitativo dos fenômenos. Para conhecer uma matéria ou substância corporal seria preciso concebê-la como algo limitado, dotado de uma forma, ocupando um certo lugar em um dado momento, em movimento ou imóvel, em contato com outro corpo ou isolada, simples ou composta. Não importa se essa matéria era branca ou vermelha, amarga ou doce, com cheiro bom ou ruim. Para Galileu, essas qualidades deviam ser abstraídas em prol de uma descrição quantitativa. De modo semelhante, Descartes afirmava que as únicas determinações que podemos conhecer, na realidade, são aquelas passíveis de serem quantificadas e medidas. Em *Regras para a direção do espírito*, escrito por volta de 1628, ele já anunciava o projeto de uma nova ciência que seria uma espécie de matemática universal (*mathesis universalis*):

> Refletindo mais atentamente, pareceu-me por fim óbvio relacionar com a Matemática tudo aquilo em que apenas se examina a ordem e a medida, sem ter em conta se é em números, figuras, astros, sons, ou em qualquer outro objeto que semelhante medida se deve procurar; e, por conseguinte, deve haver uma ciência geral que explique tudo o que se pode investigar acerca da ordem e da medida, sem as aplicar a uma matéria especial: esta ciência designa-se não pelo vocábulo suposto, mas pelo vocábulo já antigo e aceito pelo uso de Matemática universal (*Mathesis universalis*) porque esta contém tudo que contribui para que as outras ciências se chamem partes da Matemática.[8]

Em ressonância com o espírito da época, Descartes defendia então que o pensamento não se dedica a compreender todos os tipos de coisas, mas somente aquelas que são passíveis de quantificação. Como afirma Barbin, a realidade é matemática porque foi tornada matematizável por separação, por triagem. Para Descartes, as deduções lógicas que permitem passar de uma proposição a outra devem ser substituídas por relações entre coisas quantificáveis, traduzidas por equações (igualdades entre quantidades). Quanto mais nos distanciamos das quantidades, mais o conhecimento toca o obscuro, podendo induzir a erro. Não podemos confiar nas aparências, no que acreditamos ser verdadeiro pelo testemunho dos sentidos. Poderia existir, como postula Descartes, um gênio maligno que faz com que estejamos enganados sempre que acreditamos ver, ou testemunhar, um certo fenômeno. Por isso é preciso duvidar sempre. Nesse quadro de incertezas, como obter uma certeza? Para esse pensador, há dois tipos de ideia: a obscura e confusa, trazida à percepção pelo mundo sensível; e a clara e distinta, que se apresenta ao espírito com nitidez e estabilidade. Só podemos conhecer o mundo por meio desse último tipo de ideia, mais bem exemplificado pela matemática, com suas figuras e números concebidos de modo independente dos sentidos.

No *Discurso do método*, encontramos um exemplo esclarecedor sobre a filosofia cartesiana: uma experiência com um pedaço de cera. Se tomamos um pedaço de cera sabemos que ele possui certo tamanho, certa forma, certa cor, um cheiro, uma temperatura; e se batemos nele, podemos até ouvir um som. Mas o que acontece quando acendemos uma chama sobre essa cera? Evidentemente ela perderá todas essas propriedades. Por que então podemos, ainda assim, continuar a chamar de "cera" o que resta? O que há de estável que permanece após essas profundas transformações? Descartes afirma que há algo que resta, chamado por ele de "extensão", e que não diz respeito nem à matéria nem à forma, ou seja, não se identifica com o espaço ocupado pela cera. Essa extensão é algo neutro que pode ser divisível e movido de todos os modos – é, em suma, segundo Descartes, o que os geômetras chamam de quantidade.

Ao inserir o pensamento de Descartes na revolução matemática do século XVII, Barbin* destaca que uma das principais motivações do novo método proposto por esse filósofo e matemático é ter estabelecido os parâmetros para uma arte da invenção. A produção de invenções como objeto da ciência era defendida também por Bacon e por alguns outros matemáticos da época. Outro exemplo se encontra nos cursos de Galileu sobre problemas mecânicos traduzidos para o francês por Mersenne, em 1634, e publicados com um título que fala por si: *Les mechaniques de Galilée, mathématicien et ingénieur du duc de Florence. Avec plusieurs additions rares et nouvelles,*

---

* Este e os próximos dois parágrafos se servem fundamentalmente do já citado livro *La révolution mathématique du XVII*[ème] *siècle*, de E. Barbin.

utiles aux architectes, ingénieurs, fonteniers, philosophes et artisans (As mecânicas de Galileu, matemático e engenheiro do duque de Florença, com diversas adições raras e novas, úteis aos arquitetos, engenheiros, *fonteniers*,* filósofos e artesãos).

Contra os saberes antigos, permeados por demonstrações estéreis, seria preciso fundar uma nova arte da invenção que pudesse fornecer novos objetos capazes de servir à matemática, assim como os objetos técnicos serviam à vida social. Para Descartes, as demonstrações matemáticas não tinham somente o papel de convencer e estabelecer uma certeza; deviam sobretudo esclarecer a natureza do problema e propor métodos de invenção direta que permitissem resolvê-lo. Por isso ele rejeitava a demonstração por absurdo.

Nesse contexto, os objetos geométricos passavam a ser vistos com novos olhos, uma vez que podiam ser úteis na resolução de problemas práticos. A análise do papel das curvas geométricas pode mostrar, objetivamente, como a crença na importância da técnica levou à constituição de um novo tipo de geometria. Desde tempos anteriores a Galileu, uma curva já era vista como uma trajetória, podendo representar, por exemplo, o percurso de uma bala de canhão. Outros problemas técnicos, como os suscitados pela óptica, teriam modificado o estatuto das curvas geométricas nas primeiras décadas do século XVII, caso das cônicas.

Em 1626, Descartes frequentou o círculo de pensadores que gravitavam em torno do padre Mersenne, em Paris, que se dedicava, entre outras coisas, a pesquisar problemas ópticos ligados ao estudo do movimento dos raios luminosos. Esses trabalhos levaram Descartes a escrever *Dióptrica*, um dos ensaios publicados com o *Discurso do método*, ou seja, juntamente com a *Geometria*. Trata-se de um tratado de óptica que compreende uma teoria da refração da luz, e desde o início da obra percebe-se a proximidade de Descartes com os artesãos de instrumentos ópticos.[9] Um dos principais problemas que surgem aí é o de explicar como a forma de uma superfí-

* Nome dado aos que procuravam lençóis freáticos usando bombas de água.

cie de refração reúne os raios paralelos em um único ponto, fenômeno conhecido como "problema da anaclástica". Descartes deu um primeiro passo para a construção da anaclástica usando elipses e hipérboles. Ele descrevia como construir essas curvas usando instrumentos.

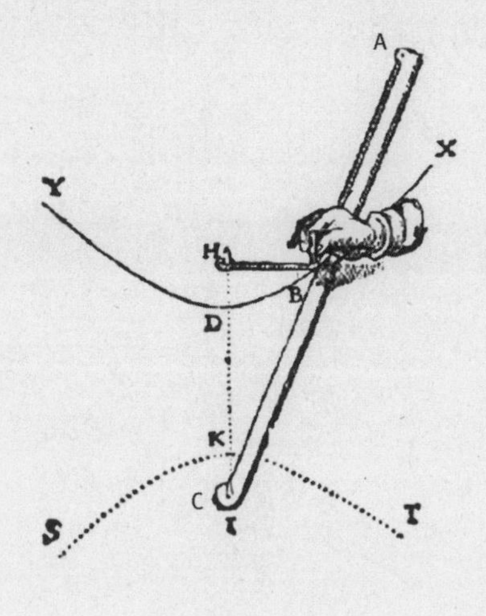

FIGURA 6

No caso da hipérbole, na Figura 6, B é um ponto da hipérbole com ramos YX e SR; D e K são os seus vértices; e H e I são os seus focos. O instrumento para construir a hipérbole é composto por uma régua de extremidades A e C e por um fio cujo comprimento l satisfaça $0 < AC - l < IH$.

Fixando, por exemplo, a extremidade C da régua no foco I, de modo que ela possa girar em torno de I; fixando o fio no foco H e em A; e tendo um lápis que possa ser movido ao longo da régua de modo a esticar o fio, a ponta do lápis desenhará o lugar geométrico dos pontos B que satisfazem $|BI - BH| = AC - l$. Como a régua foi fixada em I, temos que $BI - BH = (AC - AB) - (l - AB) = AC - l$ e o ramo superior da hipérbole será desenhado.

Da igualdade $|BI - BH| = AC - l$, resulta a equação cartesiana da hipérbole. A diferença $AC - l$ determina a distância entre os seus vértices K e D.

Em seguida, Descartes mostrava que, se construirmos um corpo de vidro com formato hiperbólico, ele fará com que todos os raios paralelos ao eixo convirjam para um ponto fora da curva, o ponto I na Figura 7:

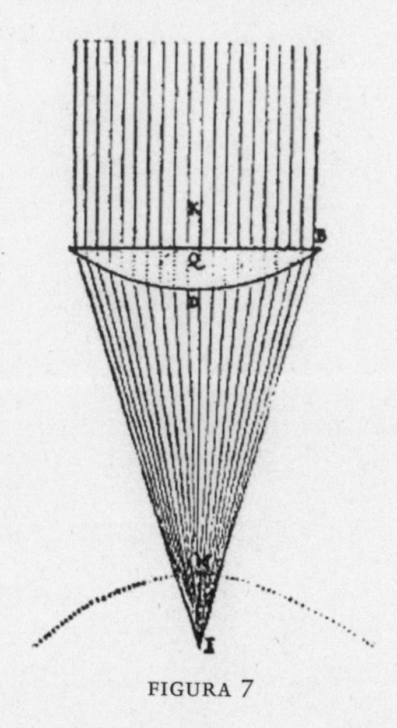

FIGURA 7

Percebe-se, por meio desse exemplo, como as cônicas deixaram de ser vistas como simples objetos geométricos sobre os quais deviam se demonstrar propriedades e passaram a servir a propósitos técnicos. Esse processo já estava em curso antes mesmo da *Dióptrica*, pois já se sabia que as cônicas podiam ser usadas para construir lunetas e espelhos, bem como servir à relojoaria. Pesquisadores do círculo de Mersenne investigavam como transformar um raio luminoso cilíndrico em um feixe de cônicas, e a consequência disso para a geometria é que o problema das curvas ópticas implicava a busca de curvas desconhecidas, ou seja, de curvas que realizassem certos efeitos ópticos.

O que Barbin designa como "invenção do curvo" é uma concepção geral das curvas existente na época que não se limitava ao estudo de curvas particulares, ampliando o universo dos objetos geométricos pela introdução de curvas que descrevem movimentos ou são expressas por equações algébricas. Em diversos problemas, tratava-se de procurar um objeto desconhecido que podia ser uma curva, em um sentido bem mais geral do que se considerava anteriormente. A geometria se transformava, assim, por meio dos objetos que se propunha a investigar e das técnicas empregadas com esse fim.

O "método" a que se refere o *Discurso do método* devia ter sua eficácia comprovada por aplicações materiais, como fica claro em *Dióptrica*, mas sua superioridade era demonstrada na *Geometria*. Para a fabricação de lentes hiperbólicas, Descartes empreendeu o estudo das ovais, curva definida e analisada, na *Geometria*, por meio de relações de proporção expressas em equações algébricas. A construção das ovais, que possuem a propriedade de fazer com que os raios de luz convirjam para um único ponto, mostra a utilidade instrumental de sua matemática no campo da óptica; mas a superioridade do método será afirmada com a resolução de um problema herdado dos antigos, cuja solução ainda não havia sido encontrada: o problema de Pappus, que estudaremos a seguir.

As coordenadas cartesianas

Um dos principais objetivos do sistema de coordenadas era permitir o estudo de curvas por meio de retas. Os matemáticos gregos associavam algumas retas a uma determinada curva para descrever, de modo retórico, usando proporções, as propriedades dessa curva. Para estudar seções cônicas, por exemplo, Apolônio usava a noção de *sintoma*, que permitia determinar certa curva a partir de uma proporção entre segmentos de reta. No entanto, além de outras diferenças importantes, quando comparamos esses trabalhos com a geometria do século XVII essa relação entre grandezas era expressa como uma proporção geométrica, e não algebricamente, como uma equação.

Para Descartes, a extensão deve ser conhecida por meio de relações como a proporção, e o objetivo da nova geometria seria estudar figuras usando proporções. Ao traduzir os problemas geométricos em linguagem algébrica, ele visava compreender melhor as relações entre as grandezas do problema. Logo no início da *Geometria*, Descartes propõe a utilização do método analítico:

> Se queremos resolver qualquer problema, primeiramente supomos que a solução já está efetuada e damos nomes a todas as linhas que parecem necessárias para construí-la. Tanto para as que são desconhecidas como para as que são conhecidas. Em seguida, sem fazer distinção entre linhas conhecidas e desconhecidas, devemos percorrer a dificuldade da maneira mais natural possível, mostrando as relações entre essas linhas, até que seja possível expressar uma única quantidade de dois modos. A isto chamamos uma Equação, uma vez que os termos de uma dessas duas expressões são iguais aos termos da outra.[10]

Dar nomes às linhas da figura, "tanto para as que são desconhecidas como para as que são conhecidas", era a essência da inovação proposta por Viète. O objetivo de Descartes era utilizar na geometria, para resolver problemas de construção, uma espécie de aritmética, em que regras simples de composição levassem de objetos simples a outros mais complexos. O método começa por exibir os objetos mais simples de todos, as retas, e as relações simples que os relacionam, as operações aritméticas. Na abertura do primeiro livro da *Geometria*, Descartes se refere às cinco operações básicas da aritmética e mostra que tais operações correspondem a construções simples com régua e compasso.

Na figura a seguir, tomando-se AB como unidade, o segmento BE é o produto dos segmentos BD e BC, obtidos ligando-se os pontos A e C e desenhando-se DE paralela à AC.

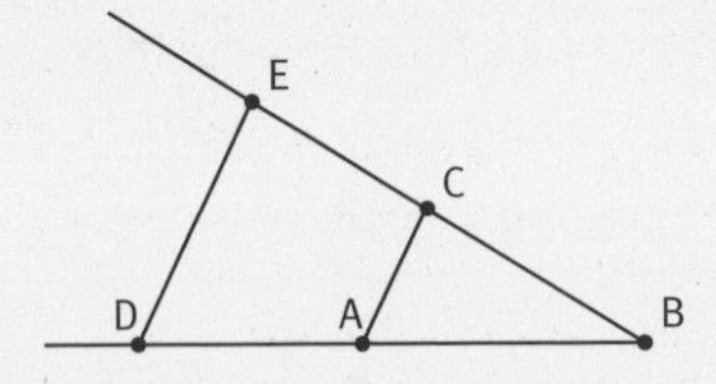

Uma consequência desse procedimento é que o produto dos segmentos BD e BC pode ser visto como um segmento BE, o que não podia acontecer na geometria de tradição euclidiana, onde o produto de dois segmentos devia ser visto, necessariamente, como um retângulo, ou seja, como uma figura de natureza distinta de um segmento de reta. Suponhamos, por exemplo, que BA = *1* e BD = a e marquemos C de modo que BC = b. Temos que $\frac{a}{1} = \frac{BE}{b}$, logo, BE = ab, produto de BD e BC (notem que aqui já podemos usar o produto dos meios e dos extremos, uma vez que estamos operando com números e não mais com grandezas). Podemos também marcar o ponto C de modo que BC = a e, nesse caso, BE = a^2. Temos, assim, uma potência quadrada que não é associada a um quadrado, mas a um segmento de reta. Procedimentos desse tipo permitirão vencer o problema da homogeneidade das grandezas presente na geometria euclidiana (e em Viète).

Isso foi possível pela escolha de um segmento de reta arbitrário considerado "unidade". A partir daí, o produto de dois segmentos pôde ser interpretado como um outro segmento, e não mais necessariamente como a área de um retângulo. Esse segmento era construído pelo procedimento descrito. Apesar de construir geometricamente a solução, tal método era absolutamente inovador na geometria, pois permitia ultrapassar a homogeneidade das grandezas e operar com elas como se fossem números, o que implica uma mistura entre gêneros tidos tradicionalmente como distintos: a aritmética e a geometria.

Descartes sugere a substituição das vogais, usadas por Viète para representar as incógnitas, pelas últimas letras do alfabeto, como x, y, z, w; e depois de construir a multiplicação de dois segmentos, ele passa a analisar alguns casos de equações quadráticas, mostrando que a solução, ou seja, a incógnita, é um segmento de reta que pode ser construído. Por exemplo, para a equação $z^2 = az + b^2$, a reta incógnita z seria construída como na Ilustração 1.

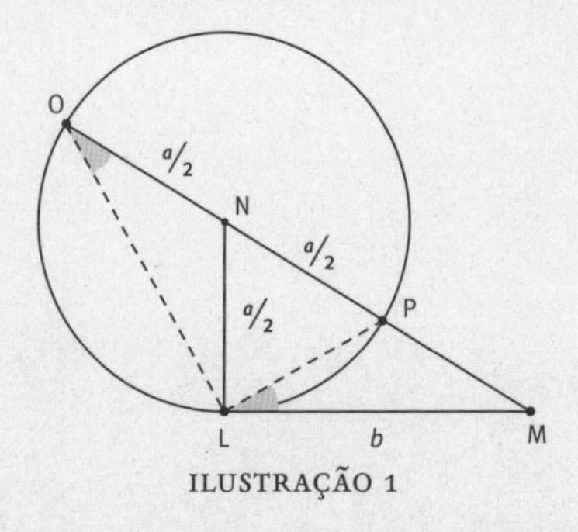

ILUSTRAÇÃO 1

Construímos um triângulo retângulo NLM com LM = b e NL = $\frac{a}{2}$. Queremos construir z que satisfaça à equação. Prolongamos MN até o ponto O, tal que NO = NL. Obtemos OM = z. Concluímos daí que:

$$z = \frac{a}{2} + \sqrt{\frac{a^2}{4} + b^2}$$

Demonstração: Traço uma circunferência com raio $\frac{a}{2}$ e centro N. Ela corta MN em P. Podemos concluir que $\frac{LM}{OM} = \frac{PM}{LM} \Rightarrow OM.PM = LM^2$. Isso porque $M\hat{L}P = L\hat{O}M$ (ângulos que determinam o mesmo arco na circunferência), logo, os triângulos OLM e LPM são semelhantes. Sendo assim, se OM = z, PM = $z - a$, como OM.PM = LM², concluímos que $b^2 = z(z - a)$ ou $b^2 = z^2 - az$. Portanto, o segmento OM pode ser visto como a raiz da equação. Depois de mostrar que esse segmento, do modo como foi construído, satisfaz à equação, podemos determinar z a partir das propriedades geométricas da figura, obtendo que $z = \frac{a}{2} + \sqrt{\frac{a^2}{4} + b^2}$. Descartes ignora a segunda raiz, uma vez que ela seria negativa.

Em seguida, ele mostra, respectivamente, como podemos construir as raízes das equações $z^2 = -az + b^2$ (notem que ele já usava $-a$, mas considerando que a é positivo, o sinal de menos representava uma operação sobre o coeficiente positivo) e $z^2 = az - b^2$. Para resolver essa última equação, traçamos na Ilustração 2, de modo análogo ao exemplo anterior, um segmento NL de tamanho $\frac{a}{2}$ e um segmento LM de tamanho b. No entanto, ao invés de ligar M a N, traçamos MR paralela à NL.

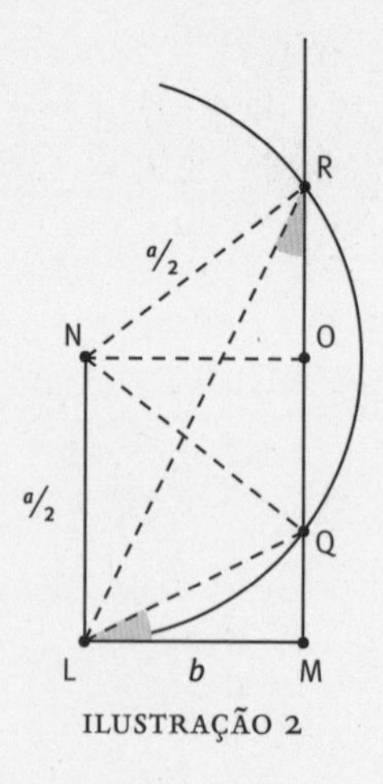

ILUSTRAÇÃO 2

Tomando N como centro, traçamos uma circunferência por L cortando MR nos pontos Q e R, e O é ponto médio de RQ. A linha z procurada é MQ ou MR, expressas, respectivamente, por:

$$z = \frac{a}{2} + \sqrt{\frac{a^2}{4} - b^2}$$

$$z = \frac{a}{2} - \sqrt{\frac{a^2}{4} - b^2}$$

Para ver que MQ e MR satisfazem à equação, basta observar que $Q\hat{L}M = L\hat{R}M$, uma vez que ambos são ângulos que determinam o mesmo arco na circunferência. Como os triângulos LRM e QLM têm um ângulo reto no vértice M, eles são semelhantes. Logo, $\frac{LM}{MR} = \frac{MQ}{LM}$ e $LM^2 = MR.MQ$. Como LM = b, fazendo MR = z, temos de $LM^2 = MR.MQ$ que $b^2 = z MQ$. Mas como $RQ = 2\,(MR - \frac{a}{2})$, pois O é o ponto médio de RQ, e $MQ = z - RQ$, concluímos que $MQ = z - 2\,(z - \frac{a}{2}) = a - z$. Temos assim, de $b^2 = zMQ$, que $b^2 = z\,(a - z)$. Logo, z = MR satisfaz à equação $z^2 = az - b^2$. Fazendo z = MQ, obtemos a segunda solução. Nesse caso, Descartes fornece as duas soluções, uma vez que ambas são positivas.*

Após essa análise, ele acrescenta uma observação importante: "Se o círculo descrito por N passando por L não corta nem toca a linha MQR, a equação não tem nenhuma raiz, de forma que podemos dizer que a construção do problema é impossível."

Sabemos, hoje, que o caso em que $b > \frac{a}{2}$ dá origem a duas raízes complexas da equação, o que devia ser excluído. Podemos observar, ainda, que Descartes considerava separadamente os seguintes tipos de equação quadrática: $z^2 = az + b^2$, $z^2 = -az + b^2$ e $z^2 = az - b^2$. Por que ele não generalizou o problema escrevendo apenas uma equação do tipo $z^2 + az + b^2 = 0$? Porque só eram considerados coeficientes positivos, uma vez que deviam estar associados a linhas construtíveis. Sendo assim, a equação $z^2 + az + b^2 = 0$ não foi considerada, pois não possui raízes positivas.

* Para deduzir a fórmula algébrica dessa solução a partir da construção geométrica, basta observar na figura que NL = OM = $\frac{a}{2}$ e NO = b.

Note que as soluções seriam $z = -\frac{a}{2} + \sqrt{\frac{a^2}{4} - b^2}$ e $z = -\frac{a}{2} - \sqrt{\frac{a^2}{4} - b^2}$, no primeiro caso a raiz também seria negativa, pois $\sqrt{\frac{a^2}{4} - b^2} < \frac{a}{2}$.

Descartes também considerou equações de grau maior que 2, que ajudavam a construir a solução de problemas geométricos. Seu objetivo não era propriamente algébrico; ele queria desenvolver um método que permitisse reduzir problemas geométricos à resolução de uma ou mais equações. A grande novidade da obra geométrica de Descartes foi a introdução de um sistema de coordenadas para representar equações indeterminadas. A introdução dessa ferramenta, fundamental para o projeto cartesiano, foi motivada inicialmente pelo seguinte problema:

Problema de Pappus

Encontrar o lugar geométrico de um ponto tal que, se segmentos de reta são desenhados desde esse ponto até três ou quatro retas dadas em ângulos determinados, o produto de dois desses segmentos deve ser proporcional ao produto dos outros dois (se há quatro retas) ou ao quadrado do terceiro (se há três retas).

Pappus demonstrou que, no caso geral, a solução deve ser uma cônica. Descartes, inspirado por esse matemático grego, passou a considerar o problema para mais de quatro retas, o que dará origem a curvas de maior grau. Em uma forma simplificada, o problema consiste em: dadas $2n$ retas, encontrar o lugar geométrico de um ponto móvel tal que o produto de suas distâncias (não necessariamente em ângulo reto) a n das retas (em posições determinadas, com ângulos dados) é proporcional ao produto das distâncias às outras n retas.*

Para quatro retas, o lugar geométrico foi descrito por Descartes de modo generalizável para um maior número de retas. Sejam inicialmente as retas AB, AD, EF e GH, como na Ilustração 3:

* O problema também pode ser enunciado para um número ímpar de retas.

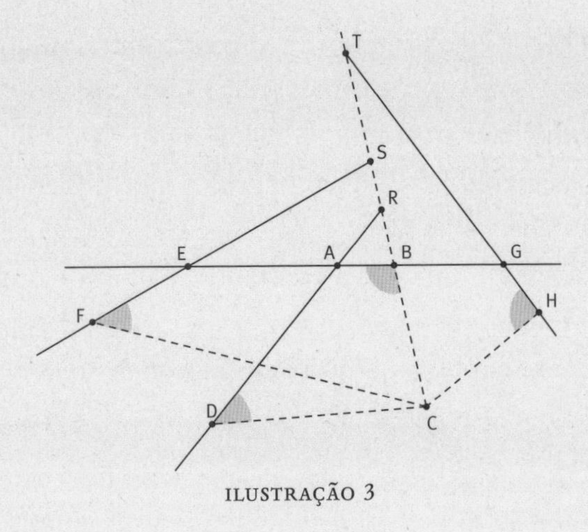

ILUSTRAÇÃO 3

Queremos encontrar um ponto C a partir do qual possamos construir segmentos de reta CB, CD, CF e CH que façam ângulos dados CB̂A, CD̂A, CF̂E e CĤG com as retas dadas. Além disso, um outro dado do problema é que o produto dos comprimentos de alguns desses segmentos é proporcional ao produto dos comprimentos dos restantes. Por exemplo, podemos ter que o produto de CB por CH é igual a n vezes o produto de CF por CD.

Para resolver o problema de encontrar o lugar geométrico do ponto C, Descartes propôs, primeiramente, que se suponha o problema resolvido, como na Ilustração 3 (o que determina que ele está usando o método analítico). Como há muitas linhas, afirma ele, "para simplificar o problema, considero uma das linhas dadas e uma outra a ser traçada (por exemplo, AB e BC) como linhas principais, às quais tentarei referir todas as outras. Chame o segmento da linha AB entre A e B de x e chame BC de y".[11] O que ele está fazendo é justamente criar um sistema de duas coordenadas no qual as linhas AB e BC são os eixos coordenados.

Se os eixos forem escolhidos de modo conveniente, o problema será bastante simplificado por essa ferramenta. Como os ângulos do triângulo ARB são conhecidos (uma vez que BC corta AB e, indiretamente, AD segundo ângulos dados, pois AB corta AD segundo um ângulo dado), a razão entre AB e BR também é conhecida e podemos dizer que AB está para

BR assim como uma constante qualquer z está para uma constante b, ou $\frac{AB}{BR} = \frac{z}{b}$. Logo, como AB = x, temos BR = $\frac{bx}{z}$. Considerando que B está entre C e R (como na Ilustração 3), concluímos que CR = $y + \frac{bx}{z}$. Como os ângulos do triângulo DRC são conhecidos (pois CB e CD cortam AD segundo ângulos dados), a razão entre CR e CD é dada pela razão entre a mesma constante z e uma outra constante qualquer c (isto é, $\frac{CR}{CD} = \frac{z}{c}$). Sendo assim, concluímos que CD = $\frac{cy}{z} + \frac{bcx}{z^2}$. Usando procedimentos análogos, obtém-se também CF e CH em função das quantidades x e y:

$$CF = \frac{ezy + dek + dex}{z}$$

$$CH = \frac{gzy + fgl - fgx}{z}$$

(onde todas as letras, com exceção de x e y, designam constantes dadas no problema).

O produto de dois desses comprimentos, como CF e CD, por exemplo, possui grau (no máximo) 2 em x e em y; o produto de três comprimentos possui grau (no máximo) 3 em x e em y; e assim por diante. Assim, como um dado do problema é uma igualdade entre produtos (a menos de uma constante), teremos uma equação com duas variáveis em cada membro. Por exemplo, se é dado no problema que CF × CD = n CH × CB, essa igualdade será dada pela equação:

$$\frac{ezy + dek + dex}{z} \times \frac{cyz + bcx}{z^2} = n\frac{gzy + fgl - fgx}{z^2} \times y.$$

Trata-se de uma equação do segundo grau em x e y. Atribuindo, portanto, um valor qualquer a x (ou a y), podemos determinar a outra quantidade, y (ou x), por meio de uma equação do segundo grau. Por exemplo, atribuindo valores a y teremos equações do tipo $x^2 = \pm\, px \pm q^2$, para as quais a solução pode ser construída com régua e compasso (por meio dos métodos que Descartes havia deduzido para a construção de raízes de equações quadráticas). Tomando sucessivamente infinitos valores para y, obtemos infinitos valores para x e, para cada par x e y, fica determinado um ponto C, o que permite desenhar a curva.

Observamos que a utilização de um sistema de coordenadas, passo fundamental na invenção da geometria analítica, está associada a um problema indeterminado, ou seja, com duas quantidades desconhecidas. É importante notar, ainda, que Descartes não empregava necessariamente um sistema de eixos ortogonais. Para cada problema, devia ser escolhido o sistema mais conveniente.

O QUE SÃO EQUAÇÕES INDETERMINADAS?

Há uma diferença de natureza entre as equações $x^2 - 4x + 3 = 0$ e $x^2 + y^2 = 1$. No primeiro caso, trata-se de encontrar o valor da quantidade desconhecida x, que, mesmo não sendo conhecida, pode ser determinada por uma das igualdades $x = 3$ ou $x = 1$. No segundo caso, x e y não possuem valores determinados, por isso dizemos que se trata de uma equação indeterminada. Podemos variar os valores de x, o que nos fará obter, de modo geral, diferentes valores para y. No exemplo, se x e y são números reais, o lugar geométrico dos pontos que satisfazem à equação é uma circunferência de raio 1. O papel do símbolo x muda também de um caso para o outro, por isso pensamos ser mais adequado dizer que, no primeiro caso, x é uma incógnita e, no segundo, uma variável.

Para cinco retas, o método funciona do mesmo modo e verifica-se que a solução é uma cúbica. Descartes não se preocupou em descrever exatamente que curva resolve o problema em uma situação específica, mas em mostrar que, mesmo aumentando o número de retas, seu método pode ser generalizado para encontrar curvas de diferentes graus que resolvem o problema.

A prática da arte analítica do final do século XVI e início do XVII envolvia numerosos estudos de problemas particulares, abordados com métodos heterogêneos que tinham em comum a utilização da análise por meio da ferramenta algébrica. A aplicação dos novos métodos à resolução de problemas geométricos não seguia uma norma bem-definida. Antes de Descartes, os diversos procedimentos de construção utilizados não tinham sido submetidos a uma ordenação nem a teorias unificadoras acerca de sua legitimidade. Sabia-se que o uso de métodos algébricos na análise envolvia a relação entre problemas, equações e construções, mas a natureza dessas relações não era bem compreendida. Um dos objetivos da *Geometria* de Descartes era ordenar o domínio da resolução de problemas geométricos por meio da arte analítica, postulando um novo padrão de rigor e uma nova noção de exatidão para os procedimentos de construção.

De acordo com a classificação de Pappus, os problemas geométricos eram subdivididos em planos, sólidos ou lineares, segundo as curvas usadas na construção das soluções. Estas podiam ser curvas construídas com régua e compasso, cônicas ou curvas mais complexas (como a espiral e a quadratriz). Depois da solução que acabara de propor para o problema de Pappus, Descartes iniciou o segundo livro da *Geometria* criticando essa classificação por não diferenciar os casos em que as curvas empregadas na construção possuem graus diferentes. Além disso, diz ele, por que designar como "mecânicos", e não "geométricos", os problemas lineares construídos a partir de curvas como a espiral e a quadratriz? Observando que não haveria razão para excluir curvas construídas por outras máquinas tão acuradas quanto a régua e o compasso, Descartes acrescenta:

> Parece claro que se assumimos que a geometria é precisa e exata, enquanto a mecânica não é; e se pensamos a geometria como uma ciência que fornece um conhecimento geral das medidas de todos os corpos, então não temos mais o direito de excluir curvas mais complexas, bastando que elas sejam concebidas como curvas descritas por um movimento contínuo ou por vários movimentos sucessivos, cada um sendo completamente determinado pelos precedentes; pois desta forma um conhecimento exato da magnitude de cada um é sempre possível.[12]

Não há razão, portanto, para se considerar a régua e o compasso instrumentos menos mecânicos do que outros usados em construções mais gerais. A única razão para excluir essa última classe do universo das construções consideradas plenamente geométricas é que as curvas, como a espiral, são construídas pela combinação de dois movimentos independentes um do outro.

As curvas propostas por Descartes são geradas por movimentos sucessivos, sendo um movimento completamente determinado pelo precedente. Esse é o caso da solução do problema de Pappus, pois a curva-solução é construída por um movimento que é definido por construções sucessivas com régua e compasso. Problemas resolvidos com construções desse tipo, segundo a solução que Descartes tinha acabado de apresentar, deviam ser considerados plenamente geométricos, como é o caso de qualquer outro problema resolvível com régua e compasso. Os instrumentos de construção considerados exatos expandem o universo da régua e do compasso, introduzindo curvas geradas por um movimento contínuo,* bastando que suas coordenadas possuam uma conexão algébrica. Essa exigência exclui curvas como o cicloide, definida por um ponto de uma circunferência girando sobre uma reta e cujas coordenadas não possuem conexão algébrica.

Como na solução do problema de Pappus, o curvo é engendrado pelo movimento de retas. Mas esse movimento, admitido na construção de curvas geométricas, não é igual ao movimento no sentido físico, o que significa dizer que não se trata de um movimento qualquer dependendo do tempo. O escopo dos movimentos que podem ser considerados para gerar curvas é restrito e depende de critérios geométricos. As curvas consideradas "geométricas" serão aquelas cujas coordenadas possuem necessariamente alguma relação com todos os pontos de uma reta, relação que pode ser expressa por meio de uma única equação.** Em seguida, as curvas

---

* A palavra é usada aqui em seu sentido corriqueiro e não matemático. Não há um contínuo numérico na matemática cartesiana; é a continuidade do movimento que engendra a continuidade da curva.

** Descartes só considera as curvas algébricas; as outras (que hoje chamamos transcendentes, como as trigonométricas e logarítmicas) deviam ser excluídas da geometria.

serão classificadas pelo grau dessa equação, sendo o caso mais simples, de segundo grau, referente ao círculo, à parábola, à hipérbole e à elipse.

A complexidade de uma curva era medida por seu grau, e o princípio básico do método de Descartes consistia em decompor curvas complicadas em outras mais simples. No livro III da *Geometria*, ele afirma que toda curva passível de ser descrita por um movimento contínuo pode ser reconhecida em geometria por uma construção a partir de outra curva, da classe mais simples que a natureza do problema permitir. Esse procedimento está na base do método reducionista, que aborda um problema complexo decompondo-o em classes mais simples.

A transformação da geometria e o trabalho de Fermat

Em 1637, ocorreu uma intrigante coincidência que, todavia, parece recorrente na história da matemática: dois pensadores, trabalhando de modo independente, obtiveram resultados inovadores semelhantes. Antes do início desse ano, Fermat anunciou e enviou a Mersenne sua *Introduction des lieux plans et solides* (Introdução aos lugares geométricos planos e sólidos). Este último recebeu, quase ao mesmo tempo, as provas do livro *Discurso do método*, de Descartes, contendo a *Geometria*. Ambos haviam estabelecido, nesses textos, técnicas semelhantes para tratar problemas de lugares geométricos de modo algébrico.

A discussão sobre quem teria chegado primeiro a tais resultados é secundária aqui, pois mais importante para o historiador é a questão da simultaneidade, já que ela revela a existência de um contexto de problemas e ferramentas comuns. No início do século XVII, a aplicação da álgebra a problemas geométricos tinha se tornado uma prática habitual, mas investigavam-se sobretudo problemas que levavam a equações determinadas. A solução de equações de grau 3 e 4 popularizaram-se e os problemas indeterminados, que apareciam na *Aritmética* de Diofanto, começaram a despertar interesse.

Os primeiros tratados de arte analítica, como os de Ramus e Viète, abordavam problemas que podiam ser expressos por equações determinadas, com apenas uma quantidade desconhecida. Mas o estudo dos lugares geométricos, como é o caso do problema de Pappus, trazia novos desafios. Como vimos na solução de Descartes, exprimir lugares geométricos por meio da álgebra faz intervirem equações indeterminadas com duas quantidades desconhecidas variáveis. Essas equações eram análogas a alguns exemplos estudados por Diofanto; a diferença é que elas exprimem, agora, soluções para problemas de lugares geométricos. O pano de fundo comum aos trabalhos de Descartes e de Fermat reunia, portanto, um interesse crescente sobre tipos variados de curvas e o uso da álgebra em problemas geométricos envolvendo o tratamento de equações indeterminadas.

No caso da resolução de equações, o postulado da *neusis*, usado por Viète e alguns de seus seguidores, devia ser abandonado. Outra construção geométrica associada à resolução de equações de terceiro grau se verificou mais simples e mais facilmente aplicável a problemas de grau maior que 3. Trata-se do método de Apolônio, que já havia sido usado por Omar Khayam e que emprega a interseção de cônicas, agora tratadas com o auxílio da ferramenta algébrica. Esse método é mais geral que a *neusis*, porque pode ser usado com curvas mais gerais que as cônicas na solução de equações de grau maior que 3. Esse será o caminho seguido por Descartes e Fermat. Antes deles, poucos matemáticos haviam trabalhado sobre a construção de problemas sólidos usando cônicas. Viète acrescentou o axioma da *neusis* à sua geometria justamente para lidar com a construção de problemas sólidos. Mais tarde, Fermat utilizou as técnicas algébricas desenvolvidas por ele para definir cônicas e estudar suas interseções aplicando-as à resolução de problemas sólidos.

Vimos que o início do século XVII foi marcado por esforços de diversos matemáticos para recuperar as obras clássicas mencionadas por Pappus. Entre elas, uma das mais importantes eram as *Cônicas*, de Apolônio. O objetivo dos trabalhos iniciais de Fermat era exprimir os problemas geométricos de Apolônio na linguagem algébrica proposta por Viète. A geometria analítica de Fermat atingiu sua forma final por volta de 1635, mas esse bacharel em direito já estudava o assunto desde os tempos em que esteve em Bordeaux, antes de voltar para Toulouse. No final de 1636, ele enviou a Paris uma cópia de sua *Introdução aos lugares geométricos planos e sólidos*, quando iniciava uma correspondência com os matemáticos parisienses. Na época, Fermat não conhecia a *Geometria* de Descartes, mas sua obra também estabelecia uma correspondência entre lugares geométricos e equações indeterminadas. Logo no princípio da *Introdução*, ele propunha: sempre que em uma equação final duas quantidades desconhecidas são encontradas, temos um lugar geométrico e a extremidade de uma delas descreve uma linha, reta ou curva. Vejamos como Fermat mostrava, usando a notação de Viète, que uma equação do primeiro grau é satisfeita por pontos que estão em uma linha reta.

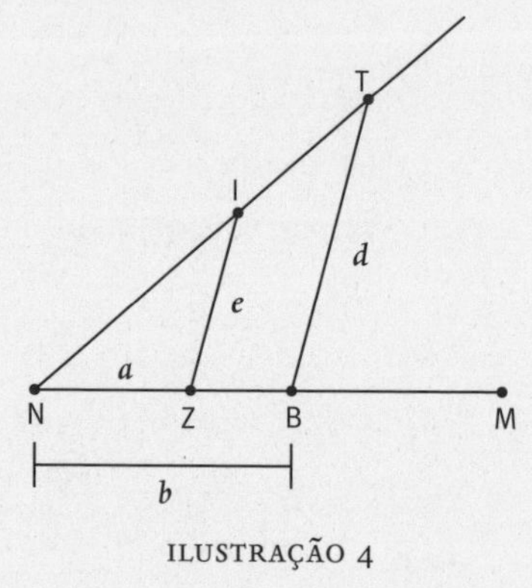

ILUSTRAÇÃO 4

Seja NM uma reta, com um ponto N fixo, e seja NZ igual à quantidade desconhecida a, e ZI (a reta desenhada para formar o ângulo $N\hat{Z}I$) a outra quantidade desconhecida e. Considere ainda NB e BT (BT forma o ângulo $N\hat{B}I$ igual ao ângulo $N\hat{Z}I$) quantidades conhecidas b e d (respectivamente). Se $d \times a$ é igual a $b \times e$, o ponto I descreve uma reta. Para chegar a essa conclusão, basta observar que $d \times a = b \times e$ implica que $b{:}d :: a{:}e$. Mas a razão $b{:}d$ é conhecida, pois só envolve quantidades conhecidas. Logo, a razão $a{:}e$ entre as quantidades desconhecidas também será determinada, assim como o triângulo NZI. Sendo assim, NI é uma reta. Observamos que Fermat utiliza apenas um eixo coordenado e a reta é gerada pela extremidade I do segmento variável ZI quando Z se move ao longo do eixo. As coordenadas NZ e ZI são soluções da equação $d \times a = b \times e$.

Em seguida, Fermat passa a estudar as equações de segundo grau. Para cada caso, trata de mostrar que o lugar geométrico dos pontos que satisfazem a equação é um círculo ou uma cônica. Pode-se concluir daí que, se os eixos coordenados e os coeficientes da equação forem dados, os parâmetros que definem a cônica ficam determinados. Os gregos, por exemplo, já haviam deduzido a propriedade assintótica dos pontos de uma hipérbole, enunciada em termos de proporções. Usando a álgebra de Viète, Fermat escreveu a equação dessa cônica para encontrar, em seguida, o lugar geométrico dos pontos que a satisfazem.

A *Introdução aos lugares geométricos planos e sólidos* continha um apêndice sobre a "solução de problemas sólidos por lugares geométricos". Nesses problemas, dada uma equação de grau 3 ou 4 em uma variável, era preciso determinar o valor da incógnita x. Para encontrá-lo, Fermat escrevia duas equações de segundo grau em duas variáveis x e y, tomadas como coordenadas dos pontos de interseção de cônicas. Foi assim que ele pôde deduzir um método para resolver equações de grau 3 ou 4 por meio da interseção de cônicas.

Quando os matemáticos próximos de Fermat tomaram conhecimento desses trabalhos, reagiram com ceticismo. Mesmo aqueles envolvidos na prática da "arte analítica" eram tributários do estilo euclidiano de apresentação. Viète fez questão de deixar claro, na *Introdução à arte analítica*, que suas demonstrações algébricas podiam ser revertidas com o fim de obter um argumento sintético, apesar de já existirem trabalhos que indicavam um relaxamento em relação a esse tipo de demonstração. Na época, usar a análise algébrica sem demonstrações sintéticas era considerado deselegante, e quando Fermat apresentou suas pesquisas a Mersenne, em 1636, chegou a se desculpar, afirmando que seus resultados podiam despertar algum interesse ainda que não tivesse tido tempo de escrever as demonstrações. Ele pretendia apresentá-las depois, mas nunca chegou a fazer isso. Alguns historiadores, como Mahoney,[13] observam que Fermat não se prendia muito às convenções da matemática clássica: estava interessado em seus problemas e na efetividade da arte analítica para tratá-los.

É justamente pela natureza dos problemas de lugares geométricos que podemos entender o fato de a síntese ter sido relegada a segundo plano por Fermat e também por Descartes. Não era somente por acreditarem na autonomia da análise algébrica que eles deram pouca atenção às demonstrações sintéticas. Liberando-se da obrigação de fornecer sínteses, a tradição analítica driblava a dificuldade imposta pelos problemas de lugares geométricos, nos quais as sínteses não somente eram dispensáveis, como também impossíveis.

A nova geometria constituiu-se, portanto, da introdução de novas curvas e de seu uso tanto no estudo de problemas determinados mais gerais quanto na resolução de equações de grau mais elevado e de lugares geométricos, traduzidos por equações indeterminadas. E ainda pelo estabelecimento do método da análise algébrica de modo autônomo, sem necessidade de síntese. Foi a partir da publicidade obtida em torno da obra de Descartes que essa nova geometria tornou-se conhecida, obscurecendo o papel de Viète. Mesmo que a qualidade matemática dos métodos de Fermat seja equiparável à apresentada por Descartes, o uso da terminologia e da notação de Viète fez diminuir sua popularidade. Logo após um conhecer a obra do outro, iniciou-se uma controvérsia entre Descartes e Fermat que não tinha por objeto, contudo, a busca da prioridade dos métodos da nova geometria. Junto com a *Introdução aos lugares geométricos planos e sólidos*, Fermat havia enviado a Mersenne a tradução de *Lugares geométricos planos*, de Apolônio, e mais outro texto, de sua autoria, *Méthode pour la recherche du maximum et du minimum et des tangentes aux lignes courbes* (Método para determinar máximos e mínimos e tangentes a linhas curvas). Foi por essa obra que alguns matemáticos do círculo de Mersenne começaram a admirar Fermat, caso de Roberval, que ajudou a divulgar o talento desse matemático até então desconhecido.

Entre 1637 e 1638, Fermat escreveu uma crítica à *Dióptrica* de Descartes, à qual tivera acesso de forma não autorizada, por meio de um colega. Descartes ficou furioso, principalmente porque o trabalho ainda era inédito. Antes da publicação efetiva do *Discurso do método* (que compreendia *Dióptrica*, além da *Geometria*), seu autor tomou conhecimento da geometria analítica de Fermat e de seu modo de encontrar máximos e mínimos, o que fez com que receasse que a obra de Fermat ofuscasse o brilho do seu novo método, que estava prestes a se tornar conhecido. Com a singularidade de sua abordagem, Descartes pretendia impressionar a intelectualidade francesa; e as críticas de Fermat, bem como suas inovações na geometria, atrapalhavam tal propósito. Depois de perceber que os métodos de Fermat estavam corretos, Descartes centrou seus ataques contra seu estilo, que abria mão de fornecer métodos gerais e sistemáticos. Assim, a habilidade do matemático de Toulouse resumia-se, para ele, à arte de resolver problemas.

Veremos, em seguida, o tratamento de ambos para o problema das tangentes, o que pode ajudar a entender algumas diferenças de abordagem.

Cálculo de tangentes

As pesquisas envolvendo curvas técnicas foram acompanhadas, desde o início do século XVII, por um novo interesse pela determinação de suas tangentes. Por exemplo, a exposição das propriedades ópticas dos ovais motivou Descartes a propor um método algébrico para determinar a tangente a um ponto de uma curva. No livro III dos *Elementos* de Euclides encontramos a definição da tangente a um círculo – uma reta que encontra o círculo e que pode ser prolongada sem voltar a cortá-lo – e algumas proposições sobre essa reta. Arquimedes havia determinado tangentes a diversas curvas, como a espiral, usando os mesmos movimentos que serviram para defini-la. No entanto, a ideia antiga de tangente dizia respeito ao comportamento de retas com relação a curvas dadas, definidas de modo geométrico. Agora, os teoremas sobre tangentes não são vistos somente como resultados especulativos da geometria, possuindo também um significado técnico ou físico. As curvas procuradas representam, por exemplo, trajetórias de pontos ou curvas ópticas, e encontrar suas tangentes permite determinar a direção de um projétil ou o formato de lentes.

A busca de tangentes se insere em problemas relacionados ao estudo do movimento, e, a partir dos anos 1630, alguns matemáticos do círculo de Mersenne, como Roberval, já determinavam tangentes por meio do movimento dos pontos que geram a curva. Estudando a composição de um movimento uniforme com um movimento uniformemente acelerado, Galileu havia concluído que a trajetória de um projétil que desliza sobre um plano e cai em seguida é dada por uma parábola. A partir dessa definição, Roberval determinou a tangente à parábola:

Seja a parábola com foco A e um ponto E, na Ilustração 5. Como, por definição, o ponto E está a igual distância do foco A e da reta diretriz, Roberval deduz que o movimento do ponto E é composto de dois movimentos retos iguais, com a mesma velocidade, um na direção de AE e outro na direção de EH. A direção da tangente no ponto E será, portanto, a bissetriz do ângulo AÊH. Roberval parte do princípio de que a direção do movimento de um ponto que descreve uma curva é a "tocante" a essa curva em cada posição desse ponto, o que é uma consequência da interpretação física da tangente.

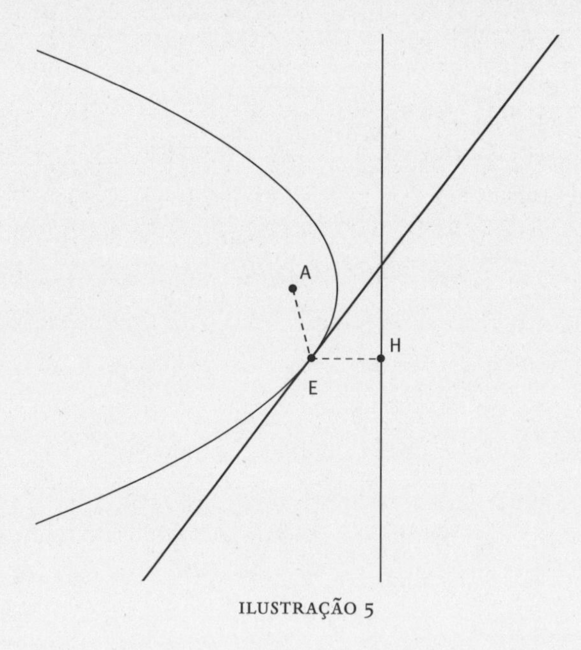

ILUSTRAÇÃO 5

Para Descartes, tal procedimento não era satisfatório, pois empregava movimentos dependentes do tempo. O método de Descartes, apresentado na *Geometria*, fornecia um procedimento geral, de natureza algébrica, para determinar tangentes a curvas. Começava por traçar um círculo, com centro O sobre um eixo coordenado, interceptando uma curva dada por uma equação, como na Ilustração 6. Em geral, esse círculo corta a curva em dois pontos, C e E, e o método se resume a encontrar qual deve ser o centro do círculo de modo a que esses dois pontos se reduzam a um só.

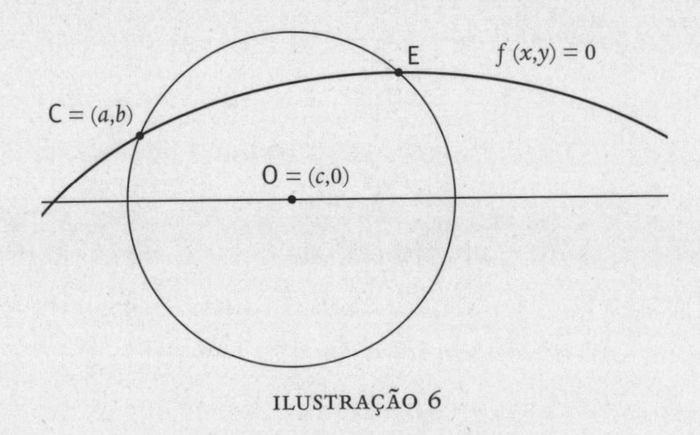

ILUSTRAÇÃO 6

Suponhamos que a equação da curva da qual queremos encontrar a tangente seja dada por $f(x,y) = 0$ e que o ponto C no qual queremos encontrar a tangente tenha coordenadas (a,b). Tomemos o ponto O no eixo coordenado com coordenadas $(c,0)$. A equação da circunferência com centro em O passando por C é $(x - c)^2 + y^2 = (a - c)^2 + b^2$. Se eliminamos y entre essa equação e $f(x,y) = 0$, temos uma equação em x que determina as abscissas dos pontos onde a circunferência corta a referida curva. Determinamos, em seguida, o valor de c tal que essa equação em x tenha raízes iguais. A circunferência com centro nesse novo ponto $(c,0)$ tocará a curva apenas no ponto C, e a tangente à curva será a tangente à circunferência nesse ponto. Logo, encontrar essa circunferência permite construir a tangente.

Exemplo: como usar o método de Descartes

Empregaremos esse método para encontrar a tangente à parábola $y^2 = x$ no ponto $(1,1)$. O raio da circunferência com centro no ponto $(c,0)$ seria $r^2 = (1 - c)^2 + 1^2$, e sua equação seria, portanto, $(x - c)^2 + y^2 = (1 - c)^2 + 1$. Substituindo $y^2 = x$, temos a equação $x^2 + (1 - 2c)x + 2c - 2 = 0$. Para que essa equação tenha apenas uma raiz, fazemos $(1 - 2c)^2 - 4(2c - 2) = 4c^2 - 12c + 9 = 0$ e obtemos $c = 3/2$. Logo, o ponto $(3/2,0)$ é o centro da circunferência procurada, que também passa pelo ponto (1,1). O coeficiente angular da tangente, portanto, deve ser ½, e essa reta tangente, que passa pelo ponto (1,1) e por um ponto (x, y) qualquer, possui equação $y = \frac{x+1}{2}$.

Podemos perguntar por que Descartes prefere interceptar a curva por uma circunferência em vez de determinar diretamente a reta tangente. Os problemas ópticos relativos à forma das lentes levavam-no a introduzir a tangente e a normal na questão de determinar a curvatura de uma curva. Essa curvatura pode ser dada pela curvatura da circunferência, que depende do raio, ou seja, quanto menor o raio da circunferência tangente, maior será a curvatura da curva que queremos estudar. Logo, o método baseado na busca de circunferências tangentes é mais frutífero para comparar a curvatura da curva à curvatura de uma circunferência.

Fermat apresentou, de modo independente, uma maneira completamente distinta para encontrar tangentes, justificada por referências a Pappus e Viète. Seja a parábola de vértice D e eixo AD, como na Ilustração 7. Se B é um ponto sobre a parábola traçamos por esse ponto uma perpendicular ao eixo no ponto C. Em seguida, traçamos uma reta BE tangente à parábola cortando o eixo no ponto E (obtendo B e E é fácil determinar uma reta por dois pontos). Resta encontrar, portanto, a posição do ponto E.

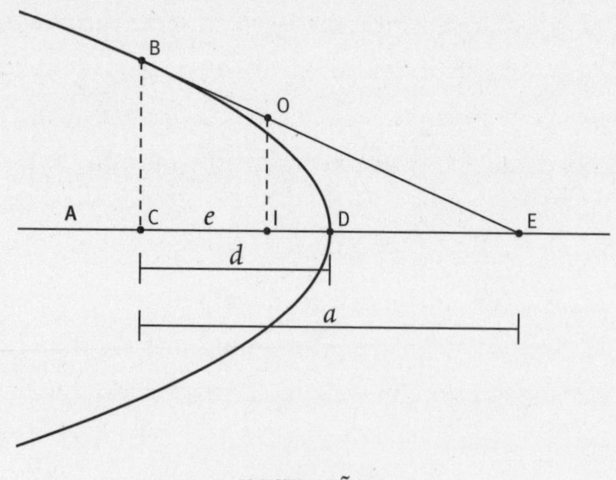

ILUSTRAÇÃO 7

Suponhamos que BE esteja traçada e tomamos um ponto O qualquer sobre essa reta. Traçamos a ordenada OI de um ponto I sobre o eixo e a ordenada BC do ponto B. Se o ponto O estivesse sobre a parábola, por propriedades geométricas que já eram conhecidas desde Apolônio, teríamos que $\frac{DC}{DI} = \frac{BC^2}{OI^2}$. Como o ponto O é exterior à parábola, temos que $\frac{DC}{DI} > \frac{BC^2}{OI^2}$. Por semelhança de triângulos, $\frac{BC^2}{OI^2} = \frac{CE^2}{IE^2}$, logo, $\frac{DC}{DI} > \frac{CE^2}{IE^2}$. Mas o ponto B é dado, então, a ordenada BC também, o ponto C também, bem como DC. Sendo assim, podemos considerar que DC = *d* e fazemos CI = *e* e CE = *a*, onde CE é o que queremos determinar e CI é uma quantidade a ser ajustada. Obtemos, assim, a desigualdade expressa por $\frac{d}{d-e} > \frac{a^2}{(a-e)^2} = \frac{a^2}{a^2 - 2ae + e^2}$. Fazendo o produto dos meios pelos extremos, obtemos que $da^2 + de^2 - 2dae > da^2 - a^2e$.

O ponto central do método de Fermat está na aplicação de um procedimento, que ele atribui a Diofanto, chamado "adequação", que significa estabelecer uma "equação", ou uma "igualdade" aproximada. Ele obterá, portanto, uma igualdade aproximada a partir da desigualdade anteriormente mencionada. Retirando os termos comuns e dividindo todos os termos por *e*, temos que $de + a^2 \approx 2da$. Supondo que O é suficientemente próximo de B e está na parábola, podemos desprezar o termo *de* (a desigualdade $\frac{DC}{DI} > \frac{BC^2}{OI^2}$ torna-se uma igualdade). Conclui-se, então, que $a^2 = 2da$ ou $a = 2d$. Determinamos, assim, a posição do ponto E.

Como Fermat havia criticado sua *Dióptrica*, Descartes reagiu de modo belicoso contra seu trabalho sobre as tangentes, dizendo que não apresentava um método universal de resolução de problemas geométricos. Roberval defendeu a generalidade da proposta de Fermat apontando a importância da utilização de propriedades específicas de cada curva. O método de Fermat usa uma relação característica da curva, no caso da parábola $\frac{DC}{DI} = \frac{BC^2}{OI^2}$, que pode ser expressa por uma equação. Desde que essa relação seja conhecida, um procedimento análogo pode ser aplicado a qualquer curva, incluindo aquelas que não são algébricas, o que não ocorre com o método de Descartes. Por isso Fermat será mais citado quando os trabalhos sobre o cálculo infinitesimal de Leibniz e Newton começarem, na segunda metade do século XVII, a lidar com curvas mais gerais, incluindo as que serão ditas "transcendentes".

RELATO TRADICIONAL

NORMALMENTE, a história da matemática no período que começaremos a abordar se divide em subáreas – cálculo, geometria, álgebra – ou se dedica especificamente a um conceito matemático – função, número complexo, conjunto. No caso da noção de "função", diversos escritos fornecem uma lista com a evolução das principais definições, do século XVII ao início do XX, de modo esquemático. Isso nos faz acreditar que teria havido um desenvolvimento linear durante o qual essas definições foram sendo aprimoradas até culminar com a versão rigorosa usada atualmente, baseada na linguagem dos conjuntos. Mas por que essas definições precisaram ser reformuladas? Quando elas se tornaram insatisfatórias e, principalmente, por que permaneceram satisfatórias durante tanto tempo?

A história do cálculo infinitesimal também recebe um tratamento retrospectivo. Apresentam-se diferentes técnicas que remontam aos paradoxos de Zenão, passando pelo método grego da "exaustão" e pelos métodos de Cavalieri para calcular áreas até chegar a Leibniz e Newton. Mas será que podemos afirmar que Leibniz e Zenão tinham o mesmo objeto de pesquisa?

Métodos de naturezas distintas são comumente integrados em uma narrativa única, o que permite analisar a sua história em paralelo com um movimento para tornar a matemática mais "rigorosa". Mas o critério de "rigor" utilizado na história da matemática tradicional espelha-se no da matemática atual e no que esse saber admite como argumentação legítima. Tem-se a impressão, assim, de que os procedimentos investigados evoluíram desde estágios mais rudimentares, nos quais certas inconsistências ainda não haviam sido reparadas, até o momento em que foram formalizados do modo como, hoje, consideramos válido.

6. Um rigor ou vários? A análise matemática nos séculos XVII e XVIII

Os esforços de "rigorização" e "formalização" na matemática moderna serão detalhados no Capítulo 7. No entanto, como em grande parte eles foram motivados pelo advento do cálculo infinitesimal e pelas polêmicas envolvendo a legitimidade de seus procedimentos, este capítulo será dedicado ao seu desenvolvimento, ocorrido nos séculos XVII e XVIII, quando tais técnicas passaram a integrar o campo de pesquisas da análise matemática.

Neste capítulo e no próximo nos dedicaremos às mudanças que culminaram com a imagem da matemática que temos hoje, forjada principalmente ao longo do século XIX e no início do XX. A história da análise, ou do cálculo infinitesimal, possui um papel central nessas transformações e costuma ser dividida em três momentos: um primeiro, de natureza geométrica, em que problemas e métodos de investigação geométricas eram predominantes; um estágio analítico, ou algébrico, que começou por volta de 1740 com os trabalhos de Euler e atingiu sua forma final com Lagrange, no final do século XVIII; e o período em que foi forjada uma nova arquitetura para a análise matemática, proposta inicialmente por Cauchy no início do século XIX e continuada por diversos outros matemáticos nas décadas seguintes.[1]

Enfatizaremos aqui a transição dos métodos geométricos usados por Leibniz e Johann Bernoulli até a análise algebrizada do século XVIII. Nosso objetivo, contudo, não é tratar da história do cálculo (ou da análise matemática, como passou a se chamar) em si mesma, visto que não pretendemos analisar a história da matemática superior. Mas é preciso abordar esse assunto, ainda que resumidamente, para entender a definição de noções centrais adotadas no ensino básico – como função, número real e número complexo. É praticamente impossível compreender tais conceitos sem investigar o contexto em que apareceram, intimamente ligado às discussões sobre o cálculo infinitesimal e às transformações na concepção de rigor.

Em qualquer curso de cálculo infinitesimal, a definição de derivada é antecedida pela sentença: "Seja uma função $y = f(x)$." Porém, o conceito de função só foi introduzido na matemática após o aprimoramento das técnicas diferenciais efetuado por Leibniz e Newton. Esse é mais um exemplo de que os conteúdos matemáticos que aprendemos não são organizados de modo cronológico. Fosse assim não poderíamos aprender funções, no nono ano, sem algumas noções básicas sobre derivadas e integrais.

Até o advento do cálculo, a matemática era uma ciência das quantidades. No século XVII, o trabalho sobre curvas, relacionava quantidades geométricas. Já a partir do século XVIII muitos matemáticos começaram a considerar que seu principal objeto era a função. Essa mudança foi descrita da seguinte forma por Jaques Hadamard: "O ser matemático, em uma palavra, deixou de ser o número: passou a ser a lei de variação, a função. A matemática não apenas foi enriquecida por novos métodos; foi transformada em seu objeto."[2]

Apesar de esboços da noção de função serem identificados nos cálculos de Leibniz e Newton, definições explícitas desse conceito só foram propostas mais tarde. Um de nossos principais objetivos aqui será, justamente, apresentar o contexto que motivou a definição e as redefinições da noção de função. A identificação entre função e expressão analítica defendida no século XVIII muitas vezes está mais presente na cabeça de nossos estudantes do que sua definição formal, em termos de conjuntos, proposta no século XIX. Além do conceito de função, a análise do século XVIII inaugurou, ainda que de modo não sistemático, a necessidade de discutir os campos numéricos, levando à extensão do conceito de número – discussão que será tratada no Capítulo 7.

É comum associarmos a formalização das noções-chave da matemática moderna à busca de rigor. Contudo, antes do formalismo, os matemáticos do século XVIII tinham definições que eram consideradas rigorosas, só que no contexto de sua época. A noção de rigor também tem uma história, e não há um padrão único que a matemática mais recente teria descoberto como universal, tornando as contribuições dos matemáticos anteriores somente um caminho em sua direção.

Vimos no Capítulo 5 que a "exatidão" dos procedimentos empregados em geometria foi redefinida por Descartes. Em vez de construções geométricas, foram admitidas técnicas algébricas na definição de curvas, constituídas em objeto central da geometria. A segunda metade do século XVII sentiu os efeitos dessa mudança e o trabalho com curvas, incluindo a busca de tangentes e áreas, incentivou o desenvolvimento dos métodos infinitesimais. Uma discussão relativa ao modo de justificar a matemática acompanhou essas transformações técnicas. Para que a matemática pudesse se libertar dos padrões gregos, associados ao cânone euclidiano, pensadores do século XVII, incluindo Leibniz, defendiam suas práticas como uma *arte da invenção*, para qual não importavam tanto os critérios de demonstração e sim o que as ferramentas permitiam obter em termos de novidade.

Abordaremos aqui as contribuições de Leibniz para o cálculo, bem como suas justificativas, comparando brevemente seu estilo ao de Newton. Para entender por que novas definições foram propostas, comentaremos a recepção do cálculo diferencial e integral e as discussões acerca da legitimidade de suas técnicas. Em seguida, descreveremos as principais ideias de Euler e Lagrange, responsáveis pela transformação do cálculo em uma "análise algebrizada" que remetia a definição de função à sua expressão analítica e a considerava o objeto central da análise. A noção de rigor do século XVIII pode ser identificada a esses métodos, que não foram integrados prontamente pela comunidade da época. Veremos que o papel da análise matemática, bem como de sua algebrização, deve ser compreendido no contexto da institucionalização do ensino na França depois da Revolução de 1789.

Um problema físico, ligado à propagação do calor, foi fundamental nas discussões acerca da noção de função no século XIX. Os estudos a esse respeito foram iniciados por Fourier, matemático da virada do século XVIII para o XIX. Para concluir, mostraremos como o desenvolvimento da matemática marcou sua relação com a física, que não podia ser vista na época como um domínio no qual a matemática era "aplicada". Apesar de uma intensa atividade de outras ciências experimentais, a mecânica racional se desenvolveu no século XVIII como uma parte da matemática. Nesse contexto, os fenômenos físicos deviam ser descritos pela análise, ou seja, por meio de fórmulas matemáticas que permitissem explicá-los.

Cálculo de áreas e a *arte da invenção*

Como visto no Capítulo 5, questões mistas, de natureza não puramente matemática, levaram os matemáticos do século XVII a investigar problemas relacionados à procura de tangentes. A busca da tangente a uma curva não era mais uma questão de geometria especulativa, possuía uma significação técnica ou física. Um bom exemplo é a cicloide, que já tinha sido abordada por Galileu mas cujo estudo ganhou um novo impulso com o papel a ela atribuído por Mersenne. A cicloide é definida pelo movimento de um ponto P em uma circunferência que rola sobre uma superfície plana sem atrito. Quando a circunferência dá uma volta completa em um movimento da esquerda para a direita, o ponto P traça um arco de cicloide, conforme se vê na Figura 1.

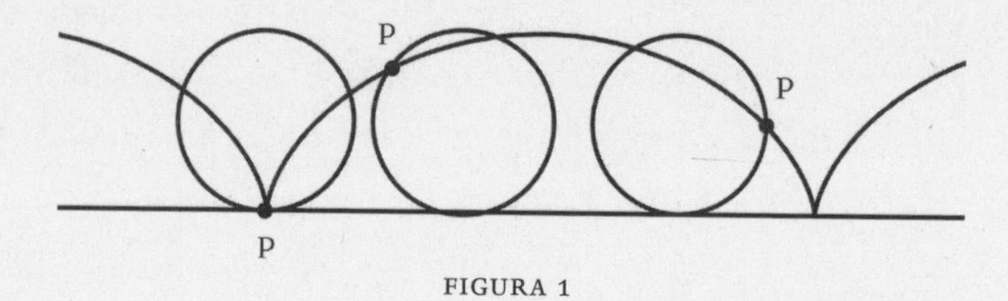

FIGURA 1

Trata-se de um novo tipo de curva que, apesar de mecânica, não se insere na tradição das curvas mecânicas e das cônicas usadas na geometria grega. Logo, esse era um bom objeto para testar os novos métodos investigados pelos matemáticos ligados a Mersenne, que envolvem a procura de tangentes e áreas delimitadas por curvas.

Durante os anos 1630, Roberval desenvolveu uma técnica para encontrar tangentes baseada nas propriedades cinemáticas das curvas (descrita no Capítulo 5). Como ele identificava uma curva à trajetória de um ponto em movimento, a tangente (ou "tocante") indicava a direção desse movimento em um certo ponto. Ele defendia esse método como um "princípio de invenção" que consistia em: para cada curva, examinar, por meio de suas propriedades específicas, os movimentos compostos que a geram; a partir daí, determinar a tangente (como direção do movimento). Com essa ferramenta Roberval conseguiu encontrar a tangente e a área delimitada pela cicloide (igual a três vezes a área da circunferência que a gerou).

Para obter esse resultado, Roberval usou o método dos indivisíveis, que havia sido formulado pelo aluno de Galileu chamado Bonaventura Cavalieri, autor de um modo geométrico para calcular áreas publicado em 1635. Essa técnica era baseada na decomposição de uma figura em tiras indivisíveis, pois Cavalieri argumentava que uma linha é composta de pontos, assim como um cordão é formado por contas; um plano é feito de linhas assim como uma roupa, de fios; e um sólido é composto de planos assim como um livro, de páginas. Logo, a área de uma figura seria dada pela soma de um número indefinido de segmentos de reta paralelos. O volume de um sólido seria a soma de um número indefinido de áreas paralelas, como vemos na Figura 2. Esses seriam, respectivamente, os indivisíveis de área e de volume.

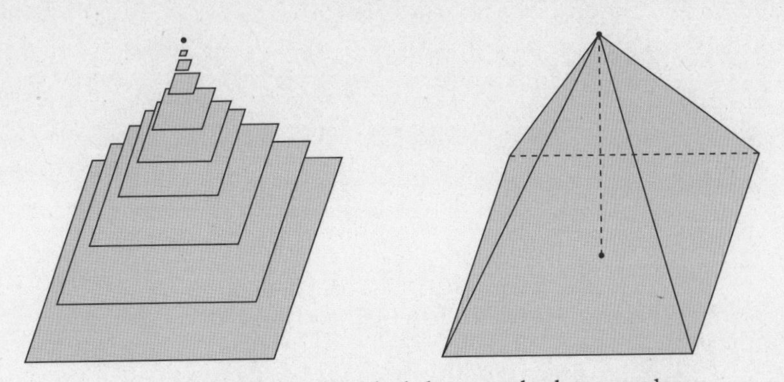

FIGURA 2 Volume da pirâmide de base quadrada que pode ser calculado pela soma de um número infinito de áreas de quadrados paralelos (indivisíveis).

Além de Roberval, Fermat e Pascal utilizaram o método dos indivisíveis para encontrar áreas delimitadas por diferentes curvas. No entanto, foram propostas modificações importantes, constituindo-se um novo método dos indivisíveis no qual a área não era decomposta em um número infinito de linhas, mas concebida como a soma de um número indefinido de retângulos. Essa soma difere da área original por uma quantidade que pode ser tornada menor que qualquer quantidade dada. Surgiu, assim, uma nova maneira de calcular áreas por meio da aproximação de uma área por retângulos infinitamente finos, e essa ferramenta podia ser aplicada a qualquer figura curvilínea. Um exemplo típico dessa aproximação foi fornecido por Fermat e Pascal; adaptamos, a seguir, suas técnicas a um problema escrito em notação atual, uma vez que queremos enfatizar somente o raciocínio empregado:

Para calcular a área da parábola $y = x^2$ entre dois pontos O e B, constroem-se retângulos sobre as abscissas de pontos de distância $d, 2d, 3d, \ldots, nd$. Há n retângulos (em cinza-claro na Ilustração 1) cujas bases medem sempre d, e suas alturas, de acordo com a equação da parábola, serão dadas, respectivamente, por $d^2, 4d^2, 9d^2, \ldots, n^2d^2$. Para encontrar a área, somam-se as áreas desses retângulos, obtendo-se:

$$A = d^3 + 4d^3 + 9d^3 + \ldots + n^2d^3 = d^3(1 + 2^2 + 3^2 + \ldots + n^2).$$

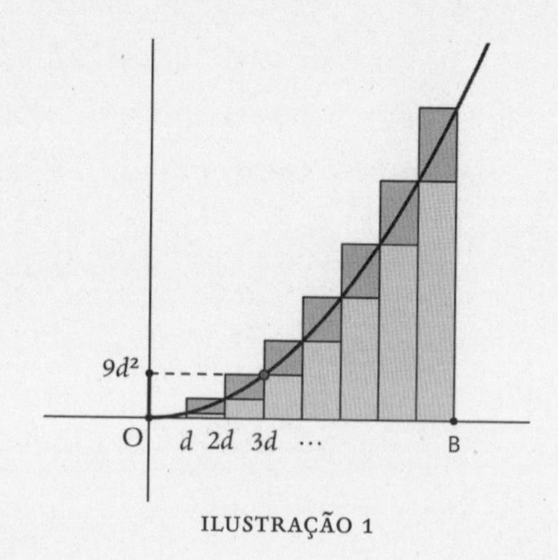

ILUSTRAÇÃO 1

Motivados pela resolução de problemas desse tipo, Pascal e Fermat já haviam calculado a soma das m-ésimas potências dos n primeiros números naturais. Em particular, a soma dos termos entre parênteses poderia ser substituída por $\frac{n}{6}(n+1)(2n+1) = \frac{n^3}{3} + \frac{n^2}{2} + \frac{n}{6}$. Mas d é obtido dividindo-se OB por n, logo, a soma A será dada por $d^3(\frac{n^3}{3} + \frac{n^2}{2} + \frac{n}{6}) = OB^3(\frac{1}{3} + \frac{1}{2n} + \frac{1}{6n^2})$. Quando o número de retângulos aumenta, os dois últimos termos podem ser desprezados. Assim, a soma das áreas dos retângulos será $A = \frac{OB^3}{3} = \frac{x^3}{3}$. Observamos que esse é justamente o valor encontrado quando integramos, pelos procedimentos que conhecemos hoje, a função que define a parábola.

Esse método se estende facilmente para outras curvas, distintas da parábola; basta que tenhamos uma equação que substitua as alturas dos retângulos. Para isso, é preciso conhecer a soma das m-ésimas potências dos n primeiros números naturais. Por volta de 1636, Fermat já sabia que, para n racional e diferente de -1, a área sob o gráfico de $y = x^n$ entre dois pontos O e B (a uma distância a de O) é dada por $\frac{a^{n+1}}{n+1}$.

Há uma diferença fundamental entre essa técnica e o método de exaustão usado pelos gregos, entre eles Arquimedes, pois aqui não se usa nenhuma prova indireta para se chegar ao resultado final. Conforme visto no Capítulo 3, Arquimedes mostrava que duas áreas são iguais usando um raciocínio por absurdo, concluindo que a suposição de que uma é maior que a outra leva à contradição. Já no exemplo dado, o número de retângulos aumenta indefinidamente e considera-se uma aproximação da soma quando n se torna muito grande. Além disso, no caso dos gregos, o "cálculo" de uma área consistia em uma comparação entre áreas. Aqui, o objetivo é calcular uma área qualquer por meio de uma aproximação obtendo-se uma expressão analítica. Substituindo valores numéricos nessa expressão, tem-se o valor da área para cada caso particular. O procedimento de dupla redução ao absurdo, usado pelos antigos geômetras, era indireto, ao passo que o novo método permite obter a área diretamente.

Na segunda metade do século XVII, ao investigar as propriedades da cicloide pelo método dos indivisíveis, Pascal defendia seus procedimentos apelando para argumentos de inteligibilidade. O método dos indivisíveis parece não ser geométrico e pode até ser considerado um pecado contra a geometria, mas trata-se somente da soma de um número infinito de retângulos que difere da área por uma quantidade menor que qualquer quantidade dada. Para Pascal, os que não entendiam a razão desse procedimento possuíam, decerto, uma limitação ligada à falta de inteligência. Esse método de aproximação de áreas é um exemplo de *arte da invenção*, típica do contexto francês dessa época. Desde Descartes já se acreditava que os matemáticos não precisavam mostrar de modo sintético os resultados obtidos pelo método analítico, uma vez que a evidência seria suficiente para determinar o verdadeiro. A esse respeito, lembremos que Viète e Descartes chegaram a criticar os antigos por esconderem o caminho da descoberta atrás das demonstrações sintéticas.

Nos anos 1660, Antoine Arnauld publicou dois livros defendendo esse novo método de prova: *La logique ou l'art de penser* (A lógica ou a arte de pensar), este com P. Nicole; e *Nouveaux éléments de géometrie* (Novos elementos de geometria). Em ambos ele indicava uma nova noção de rigor, que ficou conhecida como "lógica de Port-Royal". Integrante do movimento jansenista, que lutava por reformulações no catolicismo, Arnauld criou escolas com um novo sistema de ensino na localidade francesa de Port-Royal. Seus escritos tinham grande popularidade e nesses dois livros ele propunha substituir a lógica tradicional, considerada estéril e obscura, pela prática dos matemáticos, que, segundo ele, permite que se chegue a resultados concretos, além de esclarecer suas deduções.

Em *Novos elementos de geometria*, Arnauld critica o estilo euclidiano abrindo uma discussão explícita com os padrões gregos – em seu livro, a palavra "elementos" estava associada, quase exclusivamente, ao método de exposição de Euclides. Um bom exemplo desse confronto é a análise da demonstração da proposição 4 do livro I dos *Elementos*, que enuncia um caso de congruência de triângulos. Arnauld denuncia que, nessa prova, temos de imaginar que os lados são iguais, uma vez que devem recair um em cima do outro. O papel da "imaginação" é criticado porque, conforme Arnauld, contrariava a necessidade de evidência.

Os *Novos elementos de geometria* se iniciam com uma exposição dos fundamentos, ou seja, uma explanação sobre como operar com grandezas em geral, para só em seguida aplicá-los à geometria. A associação de símbolos às grandezas geométricas, realizada pela análise, satisfaria, segundo o autor, essa demanda de evidência e inteligibilidade. Como exemplo, ele demonstra a proposição I-47 de Euclides (o teorema "de Pitágoras") usando resultados sobre a proporcionalidade dos lados expressa por símbolos. A Figura 3, a seguir, reproduz a original dessa obra de Arnauld. Chamaremos, para efeito didático, o triângulo retângulo de ABC, com o ângulo reto localizado em C. A altura divide o comprimento da hipotenusa, h, nas partes m e n.

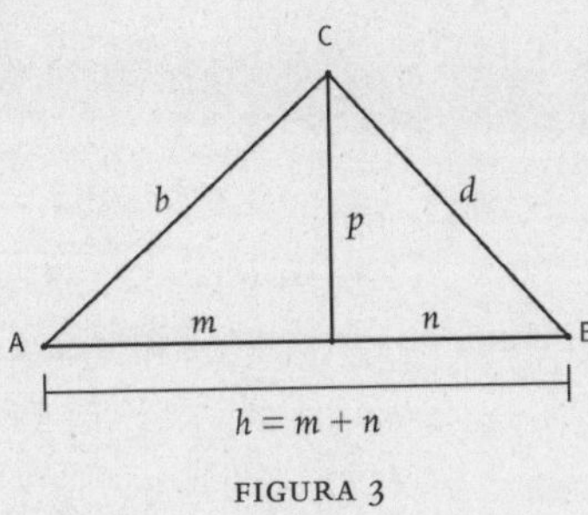

FIGURA 3

A demonstração de Arnauld faz uso de teoremas sobre a circunferência demonstrados previamente, como: o quadrado da perpendicular que vai de um ponto da circunferência ao diâmetro é igual ao retângulo formado pelas partes do diâmetro. Na Ilustração 2, criada por nós, teríamos $pp = mn$ (a notação para o quadrado ainda não era utilizada, e pp é o quadrado de p). Esse resultado é equivalente ao da Proposição II-14 de Euclides, que afirma ser a área do retângulo de lados m e n igual à área do quadrado de lado p.

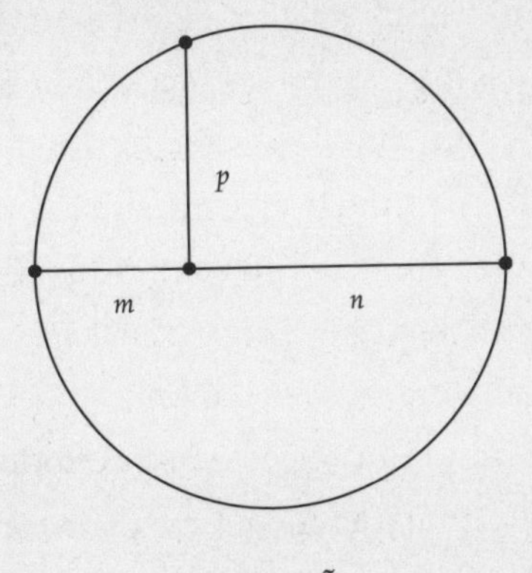

ILUSTRAÇÃO 2

A partir de resultados análogos, Arnauld conclui também que: $bb = hm$ e $dd = hn$. Logo, $bb + dd = hm + hn$. Mas como $h = m + n$, temos que $bb + dd = hm + hn = h(m + n) = hh$. Esse é o teorema que enunciaríamos hoje assim: $h^2 = b^2 + d^2$.

Nessa demonstração, está em jogo o que Arnauld considera uma "evidência calculatória", baseada na potência da algebrização, e não somente uma evidência visual dependente da figura. Esse exemplo nos permite explicitar o que se designava, na época, como "método de invenção". Ao contrário da exposição sintética da geometria euclidiana, que apresenta uma construção sem nos permitir perceber como ela foi obtida, a associação de grandezas geométricas a quantidades algébricas exibe o caminho percorrido para se chegar ao resultado. No exemplo, ainda que se tenha partido de teoremas geométricos, o resultado final foi obtido por meio de uma manipulação algébrica. Essa via era considerada por Arnauld e por outros matemáticos do século XVII a mais natural, em contraposição ao método axiomático de Euclides.

No ambiente da pesquisa matemática, os métodos de invenção adquiriram legitimidade inicialmente devido à sua eficácia e sua fecundidade, mas, em seguida, passaram a ser valorizados por indicarem o verdadeiro procedimento seguido pelos matemáticos em suas descobertas. Tal preponderância era mais comum, em um primeiro momento, nas trocas de cartas entre matemáticos que pertenciam ao círculo de Mersenne. Como mostra E. Barbin em *La révolution mathématique du XVIIème siècle*, o critério de evidência, que apela à inteligência do leitor, se tornou cada vez mais presente nesses escritos, o que teria levado a um esforço de legitimação do método da invenção também nos tratados.

Um dos primeiros a defender publicamente tal método foi o marquês de L'Hôpital, na obra que popularizou os métodos infinitesimais: *Analyse des infiniments petits pour l'intelligence des lignes courbes* (Análise dos infinitamente pequenos para a compreensão das linhas curvas), editada em 1696. No prefácio, L'Hôpital faz um histórico desse método, afirmando que Descartes foi o primeiro a deixar os antigos para trás, mas também cita Fermat, Barrow, Leibniz e Bernoulli. Seu livro começa por duas suposições: que possam ser consideradas iguais duas quantidades que diferem uma da outra de uma quantidade infinitamente pequena; e que uma curva seja considerada a reunião de uma infinidade de retas, cada uma delas infinitamente pequena, ou um polígono com um número infinito de lados.

> Estas duas suposições parecem tão evidentes que não creio que possam deixar dúvidas no espírito dos leitores atentos. Eu poderia até mesmo demonstrá-las à moda dos antigos, se não tivesse me proposto ser breve sobre o que já é conhecido e me restringir ao que é novo.[3]

Essa demarcação em relação ao padrão dos antigos dá um novo sentido à oposição entre procedimento teórico e prático. O caráter teórico das demonstrações que figuram nos tratados é restritivo para a descoberta. Deve se tornar cada vez mais explícita a prática dos matemáticos, que permite resolver efetivamente os problemas por meios aceitáveis. Enquanto essa transformação influenciava o fazer matemático, as produções matemáticas começavam a atingir públicos mais vastos, sobretudo a partir da atuação revolucionária de Arnauld.

Como afirma Gert Schubring,[4] Arnauld foi um dos primeiros autores de livros-texto, nos quais buscava explicar a nova notação algébrica com um estilo mais compreensível. Um grande número de livros-texto de matemática foi lançado em seguida por outros pensadores, visando aperfeiçoar e popularizar esse novo modo de exposição e adaptando-o, também, a leitores mais especializados, caso da obra de L'Hôpital. Uma consequência desse movimento foi o triunfo do método analítico, que permitia afirmar a preponderância da era moderna em relação à matemática dos antigos.

O debate entre tradição e modernidade refletia-se, na matemática, em uma disputa entre método sintético e analítico. Além de facilitar a compreensão da geometria e apresentar princípios mais frutíferos, Arnauld destacava as vantagens metodológicas de seu modo de exposição. A mais importante delas, para nossos propósitos, referia-se à generalidade das técnicas permitida pelo uso da álgebra. Um ponto de vista similar estava presente em outro livro-texto da época, *Éléments des mathématiques* (Elementos de matemática), escrito por Jean Prestet entre 1675 e 1689. Apesar do título, essa obra trata somente de aritmética e análise. Segundo o autor, os geômetras não conseguiam comparar retas e figuras de modo satisfatório porque não as associavam a números (observe-se que essa afirmação faz eco às posições defendidas anteriormente por Petrus Ramus, mencionadas no Capítulo 5).

Jean Prestet condenava, por exemplo, a ausência de uma explicação sobre as operações aritméticas expostas nos *Elementos* de Euclides, dizendo que essa obra era inútil para um aprendiz de matemática. Reunindo os progressos da álgebra de seu tempo, Arnauld e Prestet formularam um programa para generalizar o conhecimento matemático por meio do método analítico. No final do século XVII e início do XVIII, o grupo do filósofo cartesiano, padre e teólogo francês Nicolas Malebranche, do qual Prestet fazia parte, disseminou essa postura na Academia de Ciências de Paris, contribuindo, assim, para a modernização da matemática francesa.

Os novos problemas tratados por Leibniz

Após ter estudado direito e filosofia, G.W. Leibniz participou, em 1672, de uma missão diplomática à corte de Luís XIV, na França, onde conheceu Christian Huygens. Antigo aluno de Descartes, Huygens trabalhava intensamente sobre séries e apresentou a Leibniz, até então praticamente ignorante em matemática, os trabalhos de Cavalieri, Pascal, Descartes, St. Vincent, J. Wallis e J. Gregory. Os métodos analíticos de Descartes e Fermat haviam motivado o estudo das propriedades aritméticas de séries infinitas na Inglaterra, sobretudo por Wallis, Gregory e Isaac Barrow. Esses pesquisadores resolviam com sucesso um grande número de problemas, como encontrar a tangente a uma curva, calcular quadraturas ou retificar curvas, e tiveram forte influência sobre Newton e Leibniz.

A maior novidade introduzida na matemática por Newton e Leibniz reside no grau de generalidade e unidade que os métodos infinitesimais adquiriram com seus trabalhos. Os matemáticos já tinham um enorme conhecimento sobre como resolver problemas específicos do cálculo infinitesimal, mas não se dedicaram a mostrar a generalidade e a potencialidade das técnicas empregadas. Além disso, esses problemas eram tratados de forma independente e as semelhanças entre os métodos não eram ressaltadas.

A concepção de curva será então transformada novamente, dando continuidade às inovações já citadas no Capítulo 5. Segundo Barbin,[5] nos trabalhos do fim do século XVII, o conceito de curva recobria três aspectos: a curva como expressão algébrica, eventualmente infinita; a curva como trajetória de um ponto em movimento; e a curva como polígono com número infinito de lados. Essas três concepções foram essenciais no desenvolvimento dos métodos infinitesimais, e Leibniz teve papel central nessa mudança. Depois de ler a geometria de Descartes, em 1673, ele considerou seu método de tangentes restritivo. Além de ser complicado, o procedimento não se aplicava a uma grande quantidade de curvas. Uma das principais contribuições de Leibniz foi justamente estender o domínio das curvas para além das algébricas, vistas por Descartes como as curvas da geometria por excelência.

Os artigos de Leibniz sobre o cálculo começaram a ser publicados a partir de 1684 em um jornal científico chamado *Acta eruditorum* (Ata dos eruditos). É desse ano um de seus textos mais importantes, introduzindo um novo método para encontrar máximos e mínimos. Observe-se que Leibniz não iniciou seus escritos fazendo alarde da novidade de seus métodos. Ao contrário, ele procurava inseri-los na tradição da arte analítica, por meio da simbolização algébrica. Seus procedimentos de cálculo se tornaram conhecidos inicialmente por tal artigo, cujo título enfatizava a relação com a álgebra e a possibilidade de extensão de suas técnicas para novos casos: "Novo método para máximos e mínimos, e também para tangentes, que não é interrompido pelas frações nem quantidades irracionais, e um tipo singular de cálculo para elas."

Com fórmulas simbólicas, Leibniz enunciou as regras para encontrar a derivada de somas, diferenças, produtos, quocientes, potências e raízes. Essas regras constituíam o algoritmo desse cálculo, que ele denominava "diferencial". A novidade estava sobretudo em incluir novas curvas, expressas por equações envolvendo frações algébricas e irracionais. Leibniz demonstrou como esse novo cálculo permitia ir além dos métodos anteriores para encontrar tangentes, ao incluir curvas transcendentes que não podem ser reduzidas ao cálculo algébrico e que eram excluídas da geometria por Descartes.

Desde Viète, o programa analítico tinha transformado a análise em sinônimo de álgebra simbólica, tida como uma teoria das equações. Conforme visto no Capítulo 5, a arte analítica propunha uma linguagem simbólica para fazer matemática e lidar com curvas. Com o fim de inserir seus trabalhos nessa tradição, Leibniz começou a chamar seu cálculo de "análise de indivisíveis e infinitos". Com isso também pretendia mostrar que novos métodos eram necessários para estudar relações entre grandezas que não podiam ser tratadas com a álgebra ordinária, caso da relação de uma curva com sua tangente ou sua normal. Entrava-se, portanto, em um novo domínio da relação entre quantidades, o que, como veremos, contribuirá para o surgimento da ideia de função como relação entre quantidades.

Na verdade, nesse contexto, a equação deixava de ser algo que devia expressar uma relação algébrica dada entre quantidades e passava a ser um modo de invenção (*modus inveniendi*). Em outras palavras, passava a ser um meio para encontrar uma quantidade a partir de outras, incluindo-se aí as novas relações transcendentes que interessavam não somente à matemática, mas também à física. As novas curvas e técnicas de solução propostas por Leibniz visavam ainda trazer para o domínio da análise alguns problemas físicos da época. Em um artigo de 1694, "Considerações sobre a diferença que existe entre a análise ordinária e o novo cálculo dos transcendentes", ele afirmou que seu método fazia parte de uma matemática geral que tratava do infinito e que, por isso, ele seria necessário se quiséssemos usar a matemática na física, uma vez que o infinito está presente na natureza.

A pesquisa em torno de fenômenos físicos relacionados a propriedades de curvas era comum na época e muitas vezes ligava-se ao desenvolvimento de artefatos técnicos. Um exemplo paradigmático é o estudo do pêndulo, feito por Huygens, que servia à relojoaria e envolvia a análise detalhada da cicloide. Depois dos exemplos propostos por seu mentor, Huygens, Leibniz também foi motivado por estudos físicos desenvolvidos por Johann Bernoulli.

PÊNDULO DE HUYGENS

No pêndulo simples, o tempo de oscilação (período) varia de acordo com a amplitude da mesma. No caso de pequenas oscilações, o período não se altera. Huygens construiu um pêndulo cujo período não se alterava com a amplitude da oscilação, ou seja, ele construiu um pêndulo isócrono. A importância de se construir um pêndulo com tal característica residia na possibilidade de obter cronômetros mais precisos para os relógios, principalmente cronômetros marítimos, pois o balanço dos navios alterava as amplitudes das oscilações.

Se o corpo preso à extremidade do pêndulo, como o da Figura 4, descreve uma trajetória cicloidal, em vez de uma trajetória circular, como no pêndulo simples, o período é independente da amplitude da oscilação. Para isso, Huygens restringiu o movimento do corpo por obstáculos que o obrigassem a descrever uma trajetória cicloidal. Ele mostrou, ainda, que os obstáculos também deveriam ter uma forma cicloidal.

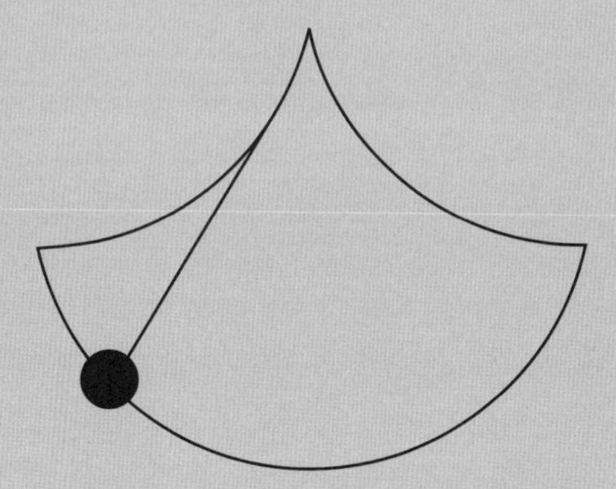

FIGURA 4 Pêndulo isócrono: a trajetória do corpo preso na extremidade do pêndulo é um arco de cicloide.

Nos problemas da geometria analítica anteriores ao advento do cálculo, uma curva era sempre o dado de um problema, e a partir da curva buscava-se uma tangente ou quadratura. A partir do final do século XVII, problemas como o "inverso das tangentes", estreitamente relacionados a estudos físicos, passaram a requerer uma curva como solução do problema cujo dado era a reta tangente. Isso quer dizer que a incógnita do problema passou a ser uma curva, uma lei de variação. O poder da arte da invenção de Leibniz para resolver problemas desse tipo foi, em grande parte, responsável pelo reconhecimento dessa arte como uma ferramenta fundamental da matemática. Esse tipo de problema faz intervir o que chamamos, hoje, de equação diferencial. Dadas certas propriedades de uma curva, que podem ser propriedades infinitesimais, expressas como uma relação entre as coordenadas da curva, busca-se a curva. Um exemplo famoso é o da braquistócrona, proposto em 1696 por Johann Bernoulli. O desafio consistia em, dados dois pontos situados em um plano vertical, determinar o caminho entre eles ao longo do qual um corpo desce, pela ação da gravidade, no menor período de tempo. O problema atraiu a atenção de vários matemáticos, como Leibniz, Newton, L'Hôpital, Tschirnhaus e Jakob Bernoulli. Quase todos resolveram o problema mostrando que a braquistócrona é uma cicloide.

Equação da braquistócrona

A braquistócrona ligando os pontos A e B é uma cicloide com origem em A e passando por B.

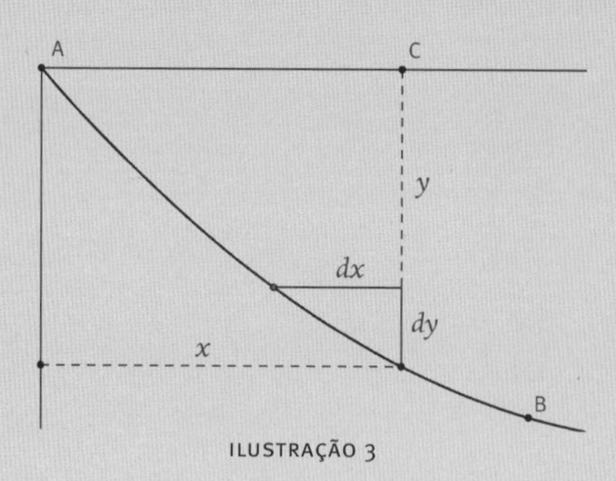

ILUSTRAÇÃO 3

A equação diferencial que modela o problema da braquistócrona é dada por $\left(\frac{dy}{dx}\right)^2 = \frac{a-y}{y}$, em que x e y estão indicados na Ilustração 3 e a é uma constante obtida a partir de leis físicas utilizadas para deduzir a equação.

Esta equação tem como solução a cicloide (invertida), com círculo gerador tendo diâmetro a, rolando ao longo do eixo horizontal que contém os pontos A e C.

Uma questão semelhante motivou o método inverso das tangentes de Leibniz, desenvolvido durante os anos 1670 e 80, que consiste em: dadas certas propriedades de uma curva, que concernem ao movimento (como a velocidade), podemos escrever uma equação envolvendo as abscissas e as ordenadas da curva, mas também relações diferenciais (entre quantidades infinitesimais).

Discussões sobre a legitimidade dos métodos infinitesimais

Segundo Leibniz, sua primeira inspiração para a invenção do cálculo infinitesimal veio com a leitura do "Tratado dos senos do quarto de círculo", escrito por Pascal em 1659. Baseado no modo como Pascal demonstrava um resultado sobre quadraturas, Leibniz criou o seu "triângulo característico", uma ideia geral da qual se serviu diversas vezes e que nos ajuda a entender como Leibniz concebia o cálculo. Em que consiste essa ideia?

Traçamos um quarto de círculo ABC, como na Ilustração 4, e uma tangente EE' por um ponto D. Em seguida, desenhamos uma perpendicular a AC pelo ponto D e marcamos o ponto I de interseção. Por E, traçamos EK paralela à AC, e por E' traçamos E'K paralela à DI. Temos, assim, que R e R' são as interseções das perpendiculares à AC por E e E', respectivamente.

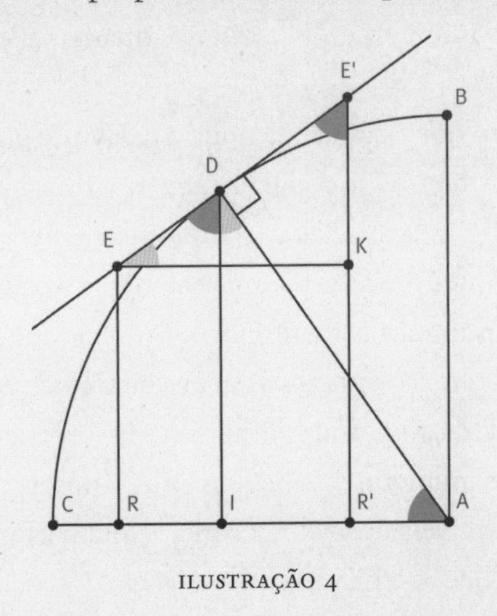

ILUSTRAÇÃO 4

Pascal já havia observado que o triângulo DIA é semelhante ao triângulo EKE', pois E$\hat{D}$I = $\pi/2$ – A$\hat{D}$I = D$\hat{A}$I. Isso vale para a circunferência porque a tangente EE' é perpendicular ao raio DA. Logo, D$\hat{E}$K = A$\hat{D}$I e E$\hat{E}$'K = D$\hat{A}$I. Como esse resultado é independente da posição de E e E', ele permanece válido se fizermos com que E e E' se aproximem muito de D. Leibniz afirmava, então, que Pascal não enxergou a relevância da semelhança de triângulos que ele próprio demonstrou, pois esta permite diminuir a distância entre E e E' até que não possamos mais atribuir-lhe um valor. Ainda assim, quando essa grandeza (a distância) não é "atribuível", o triângulo EKE' pode ser determinado por sua semelhança com o triângulo DIA que, ele, é "atribuível". Há uma relação que se conserva no triângulo EKE' na passagem do finito ao infinitesimal que é justamente a sua semelhança com o triângulo DIA.

Esse argumento só é válido para a circunferência, mas Leibniz fornece um método análogo para um caso mais geral. Podemos tratar o triângulo não atribuível constituído por um pedaço da tangente como sendo o elemento característico de uma curva, designado de triângulo característico (análogo ao triângulo EKE').

Fazemos Δy = E'K e Δx = EK e esse método exprime analiticamente todos os elementos do problema, tornando a relação $\frac{\Delta y}{\Delta x}$ uma relação infinitesimal $\frac{dy}{dx}$ (grandezas do triângulo característico). Notemos que dy e dx são quantidades infinitamente pequenas quando E e E' se aproximam infinitamente de D.

É nesse contexto que Leibniz introduz a palavra "função" (no artigo de 1684 citado anteriormente), mas para designar a função de uma grandeza em relação a uma figura, caso da tangente. Adiaremos essa discussão para mais adiante, pois antes precisamos analisar algumas questões que podem ser associadas ao triângulo característico. Por exemplo: como é possível entender e justificar a razão entre duas quantidades que deixaram de existir? Esse tipo de consideração gerou inúmeras controvérsias sobre o estatuto dessas "quantidades infinitamente pequenas". Alguns estudiosos viram nas grandezas não atribuíveis de Leibniz um apelo a certas quantidades que estão entre a existência e o nada.

Durante muitos anos, os matemáticos se debateram com o problema de fundamentar o uso de quantidades infinitamente pequenas, os "elementos infinitesimais". O problema dos fundamentos deriva do fato de que o cálculo leibniziano empregava as chamadas "diferenciais", designadas na notação de Leibniz por dx e dy. Tais quantidades eram utilizadas nos cálculos como quantidades auxiliares, e com êxito. Por exemplo, para encontrar a derivada a uma curva de equação $y = x^2$, era preciso tomar a diferença entre as ordenadas de dois pontos vizinhos (x, x^2) e $(x + dx, (x + dx)^2)$ sobre essa curva. Obtemos, assim, que $dy = d\,(x^2) = (x + dx)^2 - x^2 = 2xdx + (dx)^2$. Aqui, o termo $(dx)^2$ pode ser desprezado, pois possui, comparativamente, ordem de grandeza bem menor que dx (uma vez que essa quantidade é infinitamente pequena). Logo, podemos concluir que $\frac{dy}{dx} = 2x$.

O procedimento algébrico descrito, que designaremos de "método dos infinitamente pequenos" ou "método das diferenças", obtinha sucesso nos cálculos e nas aplicações. O que estava em jogo, portanto, na discussão sobre os fundamentos não era a utilização efetiva dessas quantidades não finitas, mas sim seu estatuto. Os argumentos geométricos fornecidos no exemplo do triângulo característico não eram definitivos e as controvérsias prosseguiram, levando Leibniz a propor diversas outras justificativas. O argumento mais simples sugeria que os infinitesimais deviam ser entendidos como meras ficções, mas a tentativa mais convincente estava diretamente relacionada ao conceito de função.

É necessário entender que Leibniz concebia uma relação entre duas quantidades como podendo ser independente dessas quantidades. Se há uma relação c entre a e b, essa relação c pode não ser uma quantidade e, nesse caso, a relação c não interfere no cálculo quantitativo, que pode ser efetuado com as quantidades a e b. Para compreender do que se trata é preciso pensar em como Leibniz enxergava a autonomia de uma relação frente aos termos que a constituem. Para tanto, tomemos um primeiro tipo de relação, as razões, sendo que para Leibniz razão era diferente de fração. Para ele, uma fração era a divisão de dois números, logo, era uma quantidade obtida pela divisão de duas quantidades. Isto é, mesmo que seja verdade que as duas frações $\frac{+1}{-1}$ e $\frac{-1}{+1}$ são iguais, frações não são o mesmo que razões, ainda que estas sejam expressas por aquelas. A quantidade de uma razão pode ser expressa por uma fração, mas a razão em si é uma relação independente dos termos que a compõem. Basta pensar, como dizia Leibniz, que é possível afirmar que o número de olhos dos moradores de uma cidade qualquer é o dobro do número de narizes, independentemente do conhecimento do número efetivo de olhos e de narizes na cidade. A igualdade de razões seria, assim, uma relação de analogia entre duas relações, distinta da relação de igualdade entre o produto dos meios e o produto dos extremos, que é designada por uma igualdade de frações. Logo, a razão teria uma natureza qualitativa, ao passo que a fração, uma natureza quantitativa. Quando escrevemos o quociente de duas diferenciais $^{dy}/_{dx}$ designamos uma razão e não uma fração.

Não se trata, portanto, da divisão infundada de duas quantidades infinitamente pequenas *dy* e *dx*, mas de uma relação cujo estatuto é independente do estatuto dos termos que a compõem. Mesmo não sendo uma quantidade, essa relação pode ser expressa por uma função, que é o que acontece quando escrevemos $\frac{dy}{dx} = f(x,y)$. Leibniz não chegou a enunciar desse modo, pois não propôs um conceito de função. Pode-se argumentar, no entanto, que ele já admitia que as quantidades devem estar em relação. Essa conclusão sugere que não é relevante investigar a justificativa dos infinitesimais, sendo mais instrutivo ressaltar que eles sempre aparecem em relação. Um dos principais enganos dos estudos sobre as origens do cálculo leibniziano estaria justamente em não observar esse fato, como afirma Bos:

> A preocupação comum dos historiadores com as dificuldades associadas à infinita pequenez das diferenciais distraiu sua atenção do fato de que, na prática do cálculo leibniziano, as diferenciais quase nunca aparecem como entidades solitárias. As diferenciais estão localizadas em sequências sobre os eixos, sobre a curva e sobre os domínios das outras variáveis; são variáveis que dependem, elas mesmas, das outras variáveis envolvidas no problema, e essa dependência é estudada em termos de equações diferenciais.[6]

As diferenciais *dx* e *dy* seriam infinitesimais não relacionadas. Mas, concretamente, Leibniz praticava um cálculo diferencial sem diferenciais, operando sobre as relações entre essas diferenciais, relações consideradas entidades autônomas e submetidas a regras próprias. A relação $\frac{dy}{dx}$ entre duas diferenciais não é uma diferencial; é resultado de uma operação de diferenciação (e as derivadas de ordens superiores resultarão da mesma operação reiterada). Logo, essa relação não pode ser entendida como um quociente entre duas quantidades infinitamente pequenas, não atribuíveis ou evanescentes, o que seria contraditório com a impossibilidade de dividir 0 por 0.

O procedimento de Leibniz supõe um princípio subjacente que demonstra a extrema potência de seu cálculo. Em linguagem atual, esse princípio estabelece o seguinte: é sempre necessário determinar a variável em relação à qual se quer derivar. Uma quantidade varia em função da outra, ou seja, já temos aqui uma noção de variável dependente e variável independente, associadas atualmente à noção de função. A riqueza da notação proposta por Leibniz é justamente ter introduzido o operador "*d*", separando-o, ao mesmo tempo, da quantidade x à qual ele se relaciona e indicando a ligação com essa quantidade.

Como afirma Bos, não é sobre a diferencial, como objeto, que se funda o cálculo leibniziano, mas sobre a ideia de diferenciabilidade. Daí a importância de se introduzir a expressão "diferenciar em relação a", indicando a percepção clara de que a diferenciação é a noção central do cálculo, e não as diferenciais. Escolher a variável em relação à qual se quer diferenciar indica uma dupla variação, uma variabilidade combinada que será associada à relação diferencial, fundamento do cálculo infinitesimal para Leibniz.

A discussão sobre a legitimidade dos métodos infinitesimais levará à definição de função no século XVIII. Como veremos, a introdução desse conceito como objeto central do cálculo ocasionará a substituição definitiva da "diferencial" pela "derivada", que é uma função. No contexto de Leibniz, não havia essa necessidade, uma vez que na aplicação do cálculo a problemas geométricos bastava escolher a variável independente, o que implica uma relação funcional entre variáveis. Ou seja, o estatuto da operação de diferenciação requer a consideração implícita de uma relação entre as variáveis que dará origem à noção de função.

Recepção de Leibniz e Newton

No final da década de 1660, isto é, antes mesmo do encontro entre Leibniz e Huygens, Newton já empregava procedimentos infinitesimais e, no início dos anos 1670, reformulou esses algoritmos na linguagem de "fluentes" e "fluxões". Não descreveremos esses métodos, mas citaremos uma diferença importante entre as concepções de rigor de Newton e de Leibniz.

O livro *Philosophiæ naturalis principia mathematica* (Princípios matemáticos da filosofia natural), maior obra de Newton, não contém desenvolvimentos analíticos. Os resultados são apresentados na linguagem da geometria sintética. Esse formalismo euclidiano era considerado mais adequado para expor uma nova teoria. Como vimos, tal ponto de vista não era compartilhado por Leibniz, que, influenciado pelo contexto francês, pretendia fundar um cálculo universal baseado em ferramentas e algoritmos que deveriam constituir uma arte da invenção.

Muito já se disse sobre a disputa de prioridade na invenção do cálculo e sobre os contrastes entre os métodos de Leibniz e Newton no que concerne às diferentes concepções de quantidade variável, ou às diferentes noções de continuidade. Nesse último caso, Newton deduzia a continuidade das propriedades físicas, em última instância, da continuidade do decorrer do tempo. Já Leibniz exprimia a lei de continuidade em termos metafísicos e matemáticos. Mas o conceito geométrico de quantidade garantia, de antemão, a continuidade das grandezas usadas.

N. Guicciardini, estudioso da obra de Newton, prefere não enfatizar essas diferenças. Na prática, segundo ele, seria possível traduzir os procedimentos de Newton nos algoritmos diferenciais de Leibniz, uma vez que o que os distingue é, sobretudo, a ênfase e a expectativa de cada um em relação ao cálculo. A orientação das pesquisas de Leibniz e Newton seguia direções diferentes. Para o primeiro, os problemas de fundamento do cálculo eram preocupações que não deviam interferir no desenvolvimento dos algoritmos diferenciais. Ao passo que o segundo se esforçou para expressar sua teoria em uma linguagem rigorosa, no caso, a da geometria clássica. Leibniz promoveu sua teoria e o uso dos infinitesimais como uma maneira de descobrir novas verdades. Já Newton, para fazer com que sua teoria fosse aceita, se preocupou em garantir uma continuidade histórica entre seus métodos e os dos antigos.

Essa diferença se reflete no estilo e na regularidade das publicações de ambos. Uma singularidade de Leibniz reside justamente no fato de publicar sem grandes receios de cometer equívocos, podendo rever suas posições em outros artigos. Por exemplo, em relação às justificativas para os métodos infinitesimais, algumas das quais já descrevemos, Leibniz possuía diferentes versões, muitas contraditórias entre si, não se importando tanto em manter uma coerência. Newton, ao contrário, talvez ciente da fragilidade dos novos procedimentos infinitesimais, trabalhava bem seus argumentos antes de torná-los públicos e considerava o padrão da geometria grega mais adequado para transmitir suas ideias.

A divulgação da teoria de Leibniz na França se deveu, inicialmente, ao grupo de Nicolas Malebranche, este influenciado por Descartes, com um papel de destaque na Academia de Ciências de Paris. O marquês de L'Hôpital, responsável pelo livro-texto que disseminou o cálculo leibniziano, pertencia ao seu círculo de influências. Como mencionado anteriormente, o livro *Analyse des infiniments petits pour l'intelligence des lignes courbes* se refere a uma "análise dos infinitamente pequenos", em que mostra que os métodos de Leibniz lidavam com esse tipo de quantidades. Técnicas como as empregadas no método dos infinitamente pequenos possibilitavam operar com essas quantidades como se fossem entidades algébricas, permitindo, por exemplo, dividir um infinitamente pequeno por outro.

O trabalho de Newton também teve destaque nas discussões sobre o cálculo na França, em particular nos ataques às quantidades infinitamente pequenas. Por volta de 1700, muitos matemáticos já integravam a Academia de Ciências de Paris, o que gerou uma comunidade interessada em debater os temas da época. A partir de 1696, houve uma mudança importante no funcionamento da pesquisa matemática, pois, sob influência do grupo de Malebranche, a Academia passou a se organizar em classes, instaurando, pela primeira vez, uma classe de matemáticos com postos de trabalho remunerados que atuavam somente como pesquisadores.[7] No caso do cálculo, a Academia se dividia entre um grupo mais tradicional, que declarava a superioridade dos métodos convencionais (incluindo Fermat e Huygens), e outro que defendia os novos métodos. Os ataques se dirigiam, principalmente, ao uso de quantidades infinitamente pequenas por L'Hôpital, mas também ao postulado relativo à definição da igualdade, admitido por ele e por Johann Bernoulli, com inspiração leibniziana.

Para Leibniz, duas quantidades são iguais quando a diferença entre elas se torna menor que qualquer quantidade dada. Ou seja, a noção primordial é a de diferença, sendo a igualdade compreendida como um caso particular quando a diferença se torna insignificante. A partir daí, Bernoulli afirmava que somar ou subtrair a diferencial de uma dada quantidade não altera essa quantidade, e que obtemos, por consequência, uma quantidade igual à dada inicialmente.

Alguns matemáticos da Academia de Paris atacavam esses princípios, o que gerou um debate que se estendeu por aproximadamente cinco anos. Para justificar o cálculo de um modo que pudesse ser considerado mais convincente, outros pesquisadores apelavam para os argumentos de Newton. Estes sugeriam substituir os fundamentos algébricos, propostos por L'Hôpital, por justificativas geométricas e cinemáticas, relacionadas com as ideias físicas de Newton.

Na Inglaterra, o início do século XVIII testemunhou diversas críticas às quantidades infinitamente pequenas e aos métodos do cálculo. Uma das mais conhecidas foi formulada pelo filósofo George Berkeley, que publicou, em 1734, uma obra com um título que traduzimos para o português como: *O analista ou um discurso endereçado a um matemático infiel. Na qual é examinado se o objeto, os princípios e as inferências da análise moderna são concebidos de um modo mais distinto, ou deduzidos de um modo mais evidente, do que mistérios religiosos e questões de fé*. Berkeley enumerava diversas definições e técnicas do cálculo que eram paradoxais e contradiziam a intuição, como a de eliminar quantidades infinitamente pequenas nas contas.

O matemático escocês Colin MacLaurin propôs, em 1742, uma resposta inspirada nos argumentos geométricos e cinemáticos de Newton na qual rejeitava os infinitesimais. Seus argumentos traziam de volta, por exemplo, as demonstrações indiretas, por dupla contradição, usadas por Arquimedes. Ele desprezava a algebrização e erigia a técnica geométrica de encontrar limites como base do cálculo, apesar de nem definir o que são limites nem as regras para operar com eles. Tal proposta influenciou o francês Jean le Rond d'Alembert a defender a substituição das quantidades infinitamente pequenas pelo método de limites, permitindo, contudo, a intervenção da álgebra. Impactado pelas críticas de Berkeley, d'Alembert afirmava que o uso das quantidades infinitamente pequenas pode abreviar as demonstrações, mas que ainda assim elas não devem ser aceitas, já que é preciso deduzir as propriedades das curvas com "todo o rigor" necessário. Sua posição foi publicada primeiramente nos anos 1740, só ficando mais clara por volta de 1750.

Por exemplo, diferenciando a relação $y^2 = ax$, obtemos $2y\frac{dy}{dx} = a$ ou $\frac{dy}{dx} = \frac{a}{2y}$. Nessa igualdade, $\frac{dy}{dx}$ é considerado o limite da razão entre y e x, e a igualdade faz sentido mesmo que essa razão se aproxime de $\frac{0}{0}$. Isso porque o limite não é exatamente a razão entre 0 e 0, e sim a quantidade da qual essa razão se aproxima, supondo que y e x sejam ambos decrescentes.*

Essa definição é apresentada no verbete "Différentiel", publicado em 1751 na *Encyclopédie ou Dictionnaire raisonné des sciences, des arts et des métiers*, de d'Alembert e Diderot. O verbete "Limite" é de 1765 e nele se lê que tal conceito está na base da verdadeira metafísica do cálculo diferencial. É dito ainda que o limite nunca coincide com a quantidade, ou nunca se torna igual à quantidade da qual é limite; o limite sempre se aproxima, chegando cada vez mais perto da quantidade, mas difere sempre dela tão pouco quanto se deseje.

---

* Nessa definição fica clara a diferença entre a concepção da época e a atual, pois, em sua acepção moderna, o limite é uma noção estática e não dinâmica (entendido como um número do qual é possível se aproximar indefinidamente).

A enciclopédia de Diderot e D'Alembert

A famosa *Encyclopédie ou Dictionnaire raisonné des sciences, des arts et des métiers* foi publicada na França entre 1750 e 1772, por Jean le Rond d'Alembert e Denis Diderot. Compreende 33 volumes e 71.818 artigos e contou com contribuições dos mais destacados personagens do Iluminismo, como Voltaire, Rousseau e Montesquieu. Trata-se também de um vasto compêndio das tecnologias do período, em que são descritos os avanços da Revolução Industrial inglesa e da ciência da época. Por essas características, teve um papel importante na atividade intelectual anterior à Revolução Francesa. D'Alembert respondia pela parte de matemática.

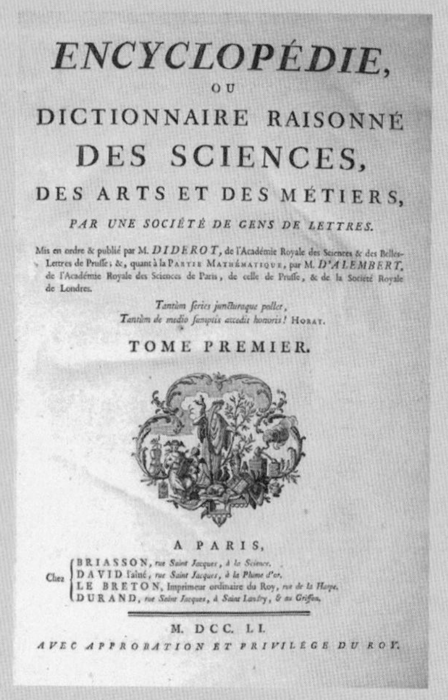

ENCYCLOPÉDIE,
OU
DICTIONNAIRE RAISONNÉ
DES SCIENCES,
DES ARTS ET DES MÉTIERS,
PAR UNE SOCIÉTÉ DE GENS DE LETTRES.

Mis en ordre & publié par M. *DIDEROT*, de l'Académie Royale des Sciences & des Belles-Lettres de Prusse; &, quant à la PARTIE MATHÉMATIQUE, par M. *D'ALEMBERT*, de l'Académie Royale des Sciences de Paris, de celle de Prusse, & de la Société Royale de Londres.

Tantùm series juncturaque pollet,
Tantùm de medio sumptis accedit honoris! HORAT.

TOME PREMIER.

A PARIS,
Chez BRIASSON, *rue Saint Jacques, à la Science.*
DAVID l'aîné, *rue Saint Jacques, à la Plume d'or.*
LE BRETON, Imprimeur ordinaire du Roy, *rue de la Harpe.*
DURAND, *rue Saint Jacques, à Saint Landry, & au Griffon.*

M. DCC. LI.
AVEC APPROBATION ET PRIVILEGE DU ROY.

FIGURA 5 Capa da primeira edição da famosa enciclopédia publicada na França entre 1750 e 1772.

Outras tentativas de elaborar o conceito de limite se sucederam nas décadas seguintes. Um exemplo da proeminência dessa discussão foi o prêmio oferecido, em 1784, pela Academia de Berlim para quem rejeitasse os infinitamente pequenos. O trabalho vencedor usava a linguagem dos limites. Ainda que muitos desses trabalhos tenham sido escritos na França, a defesa dos limites se encaixava mais no estilo inglês, influenciado por Newton. Ao passo que na Inglaterra os argumentos matemáticos associavam-se à mecânica, na França era mais comum apelar para a algebrização dos conceitos.

Diferentemente do que as narrativas tradicionais sugerem, o desenvolvimento das ideias fundamentais do cálculo não se deu no interior da matemática, como consequência dos trabalhos de uma comunidade imbuída em aperfeiçoar as lacunas formais de modo cumulativo. Durante os séculos XVII e XVIII, os métodos infinitesimais se inseriam em um domínio amplo que incluía não só a matemática, mas também a filosofia e a física. Além disso, as discussões acerca de sua natureza e legitimidade são inseparáveis do ambiente institucional em que aconteciam. Os métodos algébricos, associados aos nomes de Euler e Lagrange, representam um próximo passo na transformação da noção de rigor. Descreveremos adiante os trabalhos do primeiro para mostrar, em seguida, que sua recepção na França está ligada ao contexto que acabamos de descrever. Antes disso, faremos um breve panorama sobre a noção de função até esse momento.

Ideias que podem ser associadas à noção de função

Quando pensamos em função, duas coisas vêm à mente: a curva que a representa graficamente e sua expressão analítica. Em seguida, se fizermos um exercício mais formal, também nos lembraremos da ideia de correspondência, como uma máquina com entradas e saídas.

Se nos fixarmos nessa última ideia, poderemos dizer que as tabelas babilônicas e egípcias já continham, de alguma forma, uma ideia de função, uma vez que tratavam justamente de registros de correspondências (entre um número e o resultado das operações que envolvem esse número). Por essa razão, afirma-se algumas vezes que a noção de função tem sua origem na matemática antiga. No entanto, do ponto de vista histórico, não ganhamos nada com essa associação.

Há um componente fundamental para o desenvolvimento do conceito de função que não estava presente nesse momento: a variação. Uma função é

Definição de função no contexto escolar

A definição de função encontrada com mais frequência nos livros de ensino médio é:

> Dados dois conjuntos X e Y, uma *função* $f: X \rightarrow Y$ *é uma regra* ou que diz como associar a cada elemento $x \in X$ um elemento $y = f(x) \in Y$. O conjunto X chama-se domínio e Y é o contradomínio da função.
>
> Exemplos:
>
> 1) O diagrama da Ilustração 5 representa uma função de $X = \{1, 2, 3\}$ em $Y = \{a, b, c, d, e\}$.

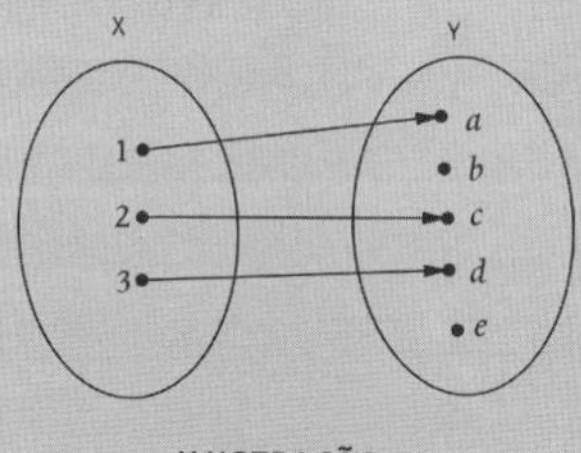

ILUSTRAÇÃO 5

> 2) Já o diagrama da Ilustração 6 não representa uma função de X em Y, pois o elemento 3 de X está associado a dois elementos distintos (c e d) em Y.

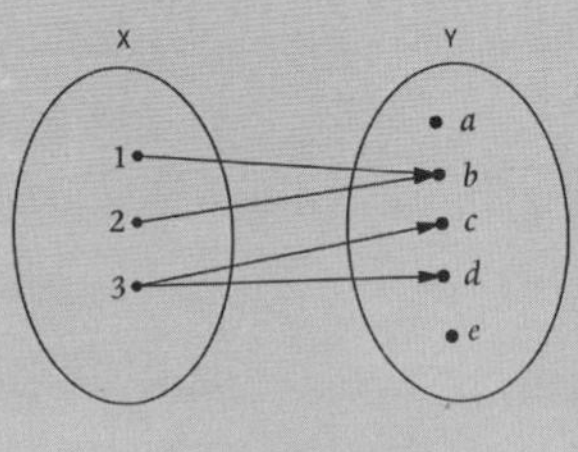

ILUSTRAÇÃO 6

> 3) A regra que faz corresponder a cada número real x o seu cubo é uma função: sua expressão analítica é $f(x) = x^3$ e o seu gráfico é dado ao lado.

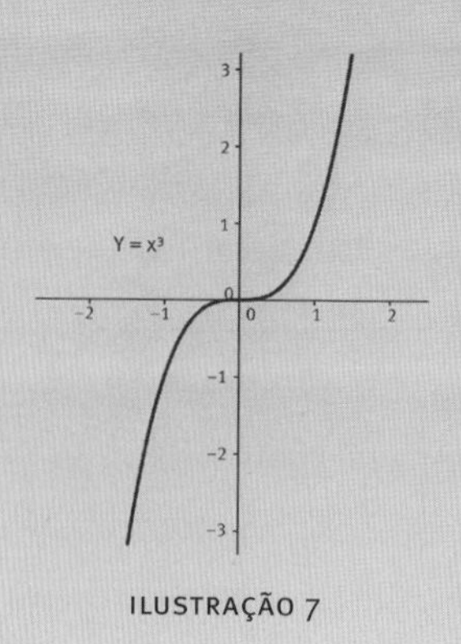

ILUSTRAÇÃO 7

expressa em termos do que chamamos de "variável". O que é uma variável? Como é possível representar simbolicamente uma variável? A noção de variável só foi introduzida formalmente no século XIX. Um passo fundamental para se chegar a esse conceito foi o nascimento da física matemática e a representação simbólica de uma quantidade desconhecida, proposta inicialmente por Viète mas desenvolvida no século XVII.

O estudo da variação por meio de leis matemáticas se deve em grande parte ao desenvolvimento da física pós-Galileu. A ideia de uma variação em função do tempo é fundamental em seus trabalhos, onde já encontramos uma certa noção de função no sentido de uma associação entre duas grandezas que variam, dada por uma proporção geométrica. Uma função pode ser vista justamente como uma relação entre duas grandezas que variam. Para Descartes, essa relação devia ser algébrica, uma vez que não se associava uma grandeza física ao tempo. Ou seja, o movimento que gera uma relação de tipo funcional deveria ser, para Descartes, de natureza geométrica, mas não física. No caso de Galileu era diferente, pois ele desejava entender o movimento físico.

Quando falamos de função, pensamos em duas grandezas que variam de modo correlato. Observamos, na natureza, algo que muda, que varia, e buscamos alguma outra coisa que varie, à qual a variação observada inicialmente possa se relacionar. O caso mais comum é o do espaço em relação ao tempo. Vemos alguma coisa móvel se deslocar no espaço e perguntamos se há alguma lei que governe esse movimento em função do tempo. Em linguagem atual, poderíamos dizer que procuramos uma função que descreva a variação das posições ocupadas pelo corpo móvel em instantes sucessivos. Por esse motivo, uma das principais motivações para a introdução da ideia de função é a noção de "trajetória", que associa um movimento a uma curva que poderá ser expressa por meio de uma equação. Vimos, no Capítulo 5, que no século XVII usava-se frequentemente essa noção, como no exemplo do cálculo de tangentes por Roberval.

Apesar de identificarmos a adoção do simbolismo para representar uma quantidade desconhecida como um dos passos fundamentais no desenvolvimento do conceito de função, cabe ressaltar uma diferença desse conceito em relação à escrita de uma equação que deve ser resolvida. A quantidade desconhecida assume um valor dado quando resolvemos a equação, ou seja, ela é apenas provisoriamente desconhecida; trata-se de uma quantidade que possui um valor determinado que está, em uma certa equação, desconhecido, e resolvemos a equação com o objetivo de encontrá-la. Contudo, como visto no Capítulo 5, há uma grande diferença entre equações determinadas, que possuem uma incógnita, e as indeterminadas, que podem possuir duas ou mais incógnitas. Como o próprio nome diz, nessas equações as quantidades estão "indeterminadas", isto é, não encontro nunca apenas um valor para uma quantidade desconhecida e sim uma infinidade de valores que "variam" de acordo com os valores de outra quantidade. A equação de uma curva, em Descartes, era desse tipo. A partir dessa definição, Descartes conclui que, tomando infinitos valores para x, acham-se também infinitos valores para y. Uma das grandezas indeterminadas pode ser, assim, determinada a partir da atribuição de valores à outra grandeza indeterminada, por meio de um número finito de operações algébricas. Introduz-se aqui, pela primeira vez de modo absolutamente claro, a ideia de que uma equação em x e y é uma forma de representar uma dependência entre duas quantidades variáveis, de modo que se possa calcular os valores de uma delas a partir dos valores da outra. As quantidades ocupam um lugar geométrico representado por uma curva que pode não respeitar a restrição atual de que a cada valor da abscissa corresponda apenas uma ordenada. Uma circunferência, por exemplo, é um exemplo de curva que não é considerada função. Essa característica não importa para nós no momento, uma vez que estamos falando somente de relações entre variáveis sobre uma curva, o que antecede o conceito de função propriamente dito.

Lembramos ainda que, no universo de Descartes, as "funções" que podiam ser expressas analiticamente eram apenas as de natureza algébrica. Na época de Leibniz, expandiu-se o universo das curvas, incluindo-se também as transcendentes. Além disso, este último considerava as relações infinitesimais de modo funcional, como já visto. Explicaremos que o uso de séries infinitas, já praticado no século XVII, estará na base da definição de função no século XVIII, quando esta passou a ser o objeto central da análise.

Das séries infinitas ao estudo das funções por Euler

Em meados do século XVII, diversos matemáticos introduziram séries infinitas para estudar curvas. A partir daí, a relação entre as variáveis podia ser dada por uma série de potências infinita. Vimos que a restrição cartesiana às curvas algébricas foi considerada inconveniente por Leibniz, que propôs introduzir curvas "transcendentes" que podem ser representadas por séries. Nessa extensão do objeto do cálculo, as curvas passaram a ser expressas por séries infinitas e, no século XVIII, tais séries se tornaram o meio mais geral para se estudar relações entre variáveis.

Apesar de terem pesquisado inúmeras relações funcionais, Leibniz e Newton não explicitam o conceito de função em suas obras. A falta de um termo geral para exprimir quantidades arbitrárias, que dependem de outra quantidade variável, motivou a definição de função, expressa pela primeira vez em uma correspondência entre Leibniz e Johann Bernoulli. No final do século XVII, Bernoulli já empregava essa palavra relacionando-a indiretamente a "quantidades formadas a partir de quantidades indeterminadas e constantes". Tal concepção é a mesma que temos em mente quando associamos uma função à expressão $f(x) = x + 2$, por exemplo. Temos aí uma quantidade indeterminada x, que é suposta variável, e uma constante, no caso, 2.

Em uma resposta a Bernoulli, redigida em 1698, Leibniz discute qual seria a melhor notação para uma função. Nessa época, ele já havia introduzido os conceitos de "constante" e de "variável", que se tornaram populares com a publicação do primeiro tratado de cálculo diferencial, publicado por L'Hôpital em 1696, conforme já dissemos. A definição explícita da noção de função com base nessa perspectiva só começou a ser delineada alguns anos mais tarde, em um artigo de Johann Bernoulli apresentado em 1718 à Academia de Ciências de Paris em que ele diz o seguinte:

> Definição. Chamamos função de uma grandeza variável uma quantidade composta, de um modo qualquer, desta grandeza variável e de constantes.[8]

No mesmo artigo, ele usa a letra grega φ para representar a "característica" da função, ou seja, o nome da função, escrevendo o argumento sem os parênteses: φx. Bernoulli não diz mais nada sobre o modo de constituir funções a partir da variável independente, mas o que ele tem em mente são as expressões analíticas de curvas.

Os primeiros passos para que o cálculo infinitesimal pudesse ser reconstruído com base na análise algebrizada foram dados por um pupilo de Johann Bernoulli, Leonard Euler. Apesar dessa proximidade entre eles, os livros de ambos diferem bastante em estilo. Ao passo que o primeiro privilegiava problemas geométricos e mecânicos (como vimos no caso da braquistócrona), o segundo pretendia se restringir à análise pura, sem recorrer a figuras geométricas para explicar as regras do cálculo. Foi com Euler que o cálculo passou a ser visto como uma teoria das funções, tidas como algo diferente de curvas. A ideia de que a análise matemática é uma ciência geral das variáveis e de suas funções exerceu grande influência sobre a matemática do século XVIII, a partir da publicação de sua *Introductio in analysin infinitorum* (Introdução à análise infinita), editada em 1748. Logo no início do livro, Euler situa a função como a noção central da matemática e propõe a definição:

> Uma função de uma quantidade variável é uma expressão analítica composta de um modo qualquer dessa quantidade e de números, ou de quantidades constantes.[9]

Um pouco antes, na mesma obra, ele já havia definido uma constante como uma quantidade definida que possui sempre um mesmo e único valor, e uma variável, uma quantidade indeterminada, que pode possuir qualquer valor:

> Uma quantidade variável compreende todos os números nela mesma, tanto positivos quanto negativos, inteiros e fracionários, os que são racionais, transcendentes e irracionais. Não devemos excluir nem mesmo o zero e os números imaginários.[10]

A quantidade variável, como quantidade indeterminada, pode receber qualquer valor, inclusive transcendente, irracional ou imaginário, embora, nessa época, essas quantidades ainda não fossem consideradas números como os outros, naturais e fracionários. Abordaremos, mais adiante, a definição dos números irracionais e imaginários.

Na definição de função citada linhas atrás, falta explicar o que significa dizer que a função é "uma expressão analítica composta de um modo qualquer" dessas quantidades constantes e variáveis. Uma expressão analítica pode ser formada pela aplicação de finitas ou infinitas operações algébricas de adição, subtração, multiplicação, divisão, potenciação e radiciação. Euler integra ao escopo das funções admissíveis aquelas que são transcendentes, ou seja, que podem não ser algébricas (caso da exponencial, do logaritmo e das funções trigonométricas). Essas funções podem ser mais bem compreendidas com o auxílio da expansão em séries infinitas de potências, ou por combinações de operações algébricas repetidas um número finito ou infinito de vezes. Todas as funções podiam ser construídas algebricamente, a partir de funções elementares (como x^n, a^x, $\log_a x$, $senx$ e $arcsenx$), e o estatuto desses objetos básicos não era discutido – ele os admitia como dados.

Vemos, assim, que Euler buscava definir de modo preciso o que é uma "expressão analítica", enumerando as operações por meio das quais ela poderia ser obtida. A expansão de uma função em uma série infinita era uma ferramenta da análise e não um fim em si mesmo. Nessa época, supunha-se, implicitamente, que todas as funções pudessem ser escritas como uma série de potências da forma $A + Bz + Cz^2 + Dz^3 + \ldots$, ainda que fosse preciso considerar expoentes dados por qualquer número (e não apenas por números inteiros).

Diferentemente de Lagrange, como ainda será visto, o objetivo de Euler não era reduzir toda a matemática à álgebra das séries de potências, mas estender o máximo possível a análise usando a ferramenta algébrica. Ele pretendia unificar a matemática com base na álgebra, que não era encarada somente como uma linguagem para representar objetos matemáticos. Para ele, a álgebra permitia uma definição interna desses objetos. As quantidades podiam ser tidas como abstratas e não demandavam considerações sobre sua natureza específica (como números ou grandezas). O que importava eram suas relações operacionais com outras quantidades similares, dadas por funções.

Chamaremos de "análise algebrizada" essa concepção que transforma o cálculo infinitesimal no estudo algébrico de séries. Usamos esse novo termo para diferenciar esse estilo que a análise adquiriu no século XVIII da "análise algébrica", designação introduzida por Euler em seu livro-texto para se referir às partes introdutórias do cálculo diferencial e integral. Os cursos de "análise algébrica" ministrados por Fourier e Cauchy, na École Polytechnique, também se dedicavam à introdução algébrica das ferramentas úteis para a análise. A profissão de fé dos matemáticos da época, que identificavam a função à sua expressão analítica, começou a ser questionada ainda no século XVIII, no contexto de um problema físico que faria intervir uma definição mais geral de função. Trata-se do "problema das cordas vibrantes", que estuda as vibrações infinitamente pequenas de uma corda presa por suas extremidades. Uma corda elástica, como a da Ilustração 8, com extremidades fixas 0 e l é deformada até uma certa forma inicial; em seguida a soltamos. A corda começa a vibrar e o problema em questão é determinar a função que a forma da corda descreve em um instante t.

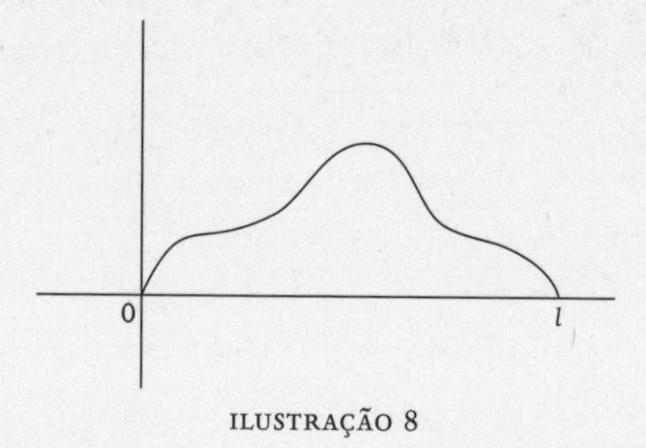

ILUSTRAÇÃO 8

D'Alembert já havia traduzido esse problema por uma equação diferencial parcial e concluído que sua solução pode ser representada pela soma de duas funções arbitrárias nas variáveis x e t: $\varphi(x + at)$ e $\varphi(x - at)$. Supondo que a velocidade inicial é nula, a função φ é determinada no intervalo $(0,l)$ pela forma inicial da corda. As condições iniciais da corda podem ser muito diversas, mas d'Alembert acreditava que elas deviam ser sempre representadas por uma expressão analítica: uma equação algébrica ou uma série de potências.

No mesmo ano de 1748, Euler escreveu um trabalho no qual concordava com a solução de d'Alembert, observando, porém, que ela permanece válida se a configuração inicial da corda não é dada por uma fórmula única. Segundo d'Alembert, a forma inicial da corda não podia ser dada, por exemplo, por um arco de parábola $y = x - x^2$, já que essa curva não é periódica. Baseado em argumentos físicos e geométricos, Euler não admitia essa restrição, pois a forma inicial da corda pode ser dada por pedaços de parábolas desse tipo definidas em diferentes intervalos do eixo x (temos um exemplo na Ilustração 9). A curva inicial, nesse caso, seria definida por múltiplas expressões analíticas, dependendo do intervalo de reta ao qual x pertence.

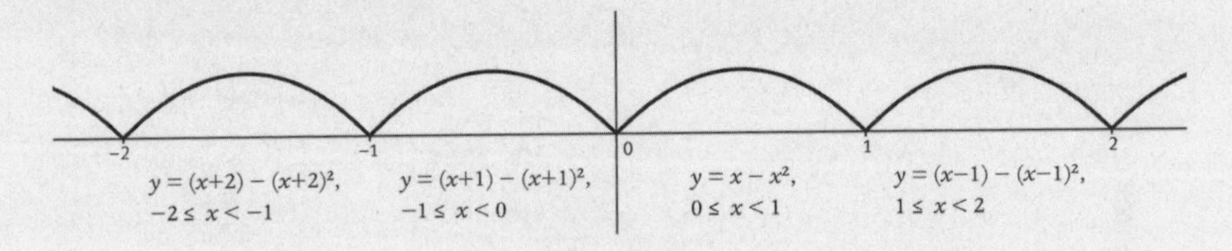

ILUSTRAÇÃO 9

Além de as formas iniciais da corda poderem ser estabelecidas por diferentes expressões analíticas em intervalos distintos, também poderiam, de modo mais geral, ser dadas por uma curva desenhada a mão livre. Essa última suposição seria a mais razoável do ponto de vista físico, uma vez que a forma inicial é engendrada a nosso bel-prazer e podemos atribuir uma figura qualquer à corda antes de soltá-la.

Euler não chegou a aprofundar o estudo da solução nesse caso, mas essa questão dá origem a uma longa controvérsia sobre a natureza das condições iniciais em problemas desse tipo. Alguns anos mais tarde, Daniel Bernoulli (filho de Johann Bernoulli, já citado) sustentaria que a forma inicial da corda é arbitrária. Já era sabido, na época, que os sons musicais, em particular os gerados pelas vibrações de uma corda, são compostos de frequências fundamentais e de harmônicos. Essas vibrações podem ser expressas, portanto, como somas de funções trigonométricas, que são periódicas. Baseado nessa evidência, Daniel Bernoulli afirmou que a posição inicial de uma corda vibrante pode ser representada por uma série infinita de termos trigonométricos, que deve ser considerada tão geral quanto uma série de potências. Isso implica que uma função qualquer possa ser representada por uma série trigonométrica, mas Daniel Bernoulli estava mais interessado no problema físico e não chegou a propor uma nova definição de função com base nessa hipótese.

No prefácio da obra *Institutiones calculi differentialis* (Fundamentos do cálculo diferencial), publicada em 1755, Euler formula uma nova definição de função que não se identifica à expressão analítica:

> Se certas quantidades dependem de outras quantidades de maneira que se as outras mudam essas quantidades também mudam, então temos o hábito de chamar essas quantidades de funções dessas últimas. Essa denominação é bastante extensa e contém nela mesma todas as maneiras pelas quais uma quantidade pode ser determinada por outras. Consequentemente, se x designa uma quantidade variável, então todas as outras quantidades que dependem de x, de qualquer maneira, ou que são determinadas por x, são chamadas funções de x.[11]

A generalidade dessa definição mostra a influência do problema físico das cordas vibrantes na concepção de Euler sobre o que deve ser uma função. Ao passo que d'Alembert deixou que seu conceito de função limitasse as configurações iniciais possíveis da corda, Euler permitiu que a variedade de formas iniciais estendesse seu conceito de função.

Em sua *Encyclopédie*, d'Alembert redigiu o verbete "Função", incluído no volume 7, de 1757. Interessante observar a substituição da designação de "geômetra", usada então para designar um matemático, pela de "analista".

> *Função*, s.f. (*Álgebra*). Os antigos geômetras, ou melhor, os antigos analistas, chamaram *função* de uma quantidade qualquer x às diferentes *potências* dessa quantidade; mas, hoje, chamamos *função* de x, ou, em geral, de uma quantidade qualquer, a uma quantidade algébrica composta de tantos termos quanto quisermos e na qual x se encontra, ou não, misturado de um modo qualquer com constantes.[12]

O próprio Euler afirmava que o principal aspecto da integração de equações diferenciais, advindas de problemas físicos, é que elas dão origem a uma nova classe de funções "descontínuas" dependentes de nossa vontade, ou seja, arbitrárias, que não precisam nem mesmo ser representadas por expressões analíticas. Mas não havia espaço na análise para desenvolver o estudo desse tipo de função. Ao propor que uma função pudesse ser definida por múltiplas expressões analíticas, que podem ser distintas em intervalos distintos, passaram a ser admitidas funções como a representada no gráfico da Ilustração 10:

$$y = \begin{cases} x, x \geqslant 0 \\ -x, x < 0 \end{cases},$$

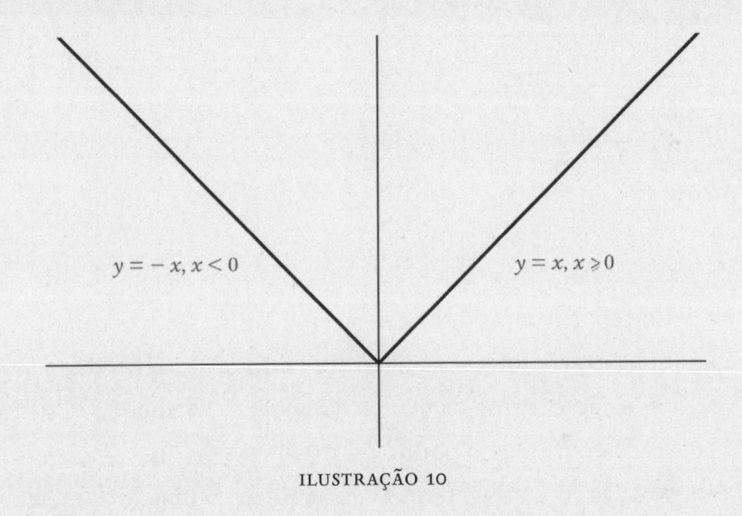

ILUSTRAÇÃO 10

Tais funções eram denominadas "descontínuas". A continuidade de Euler era uma noção muito distinta da atual, pois se relacionava à invariabilidade da expressão analítica que determina a curva. Se a curva era expressa por apenas uma equação em todo o domínio dos valores da variável, ela era contínua. Ela era descontínua se, ao contrário, fosse necessário mudar a expressão analítica que exprime a curva quando passamos de um domínio a outro das variáveis. Com essa definição, seria descontínua, por exemplo, a curva que representa o gráfico da função que expressamos hoje como no gráfico da Ilustração 11:

$$y = \begin{cases} x, 0 \leqslant x \leqslant 1 \\ x^2, 1 < x < 2 \end{cases}$$

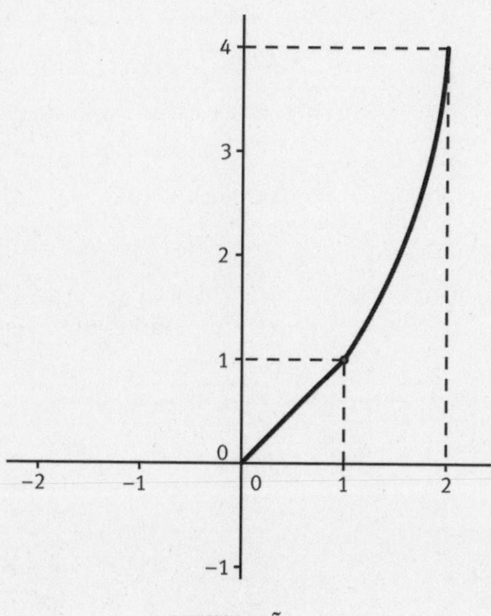

ILUSTRAÇÃO 11

A definição de descontinuidade de Euler mostra a centralidade da fórmula na definição de função usada no século XVIII. Na matemática atual, a noção de função contínua se relaciona ao fato de o gráfico ter uma descontinuidade, e não à forma da expressão analítica. A curva da Ilustração 11 é considerada contínua no ponto $x = 1$.

O problema das cordas vibrantes permaneceu confinado a tratados acadêmicos e não chegou a ser apresentado em livros-texto até o final do século XVIII. Do mesmo modo, o debate sobre o conceito de função não teve muita repercussão nesse século e definições mais gerais só surgiriam bem mais tarde.

Em 1787, a Academia de São Petersburgo, da qual Euler tinha sido presidente até sua morte, em 1783, lançou um prêmio para quem respondesse à questão: "Se as funções arbitrárias que são obtidas pela integração de equações com três ou mais variáveis representam curvas ou superfícies, tanto algébricas quanto transcendentes, tanto mecânicas, descontínuas ou produzidas por um movimento voluntário da mão; ou se essas funções incluem somente curvas representadas por uma equação algébrica ou transcendente." Um matemático francês, Louis Arbogast, venceu o concurso, mostrando que essas funções podem ser não só descontínuas, no sentido empregado por Euler, mas ainda mais gerais, descontíguas (que é o equivalente de nossas funções descontínuas). Seu artigo foi publicado em 1791, com o título: *Mémoire sur la nature des fonctions arbitraires qui entrent dans les intégrales des équations aux différentielles partielles* (Memória sobre a natureza das funções arbitrárias que aparecem nas integrais das equações diferenciais parciais). Esse debate sobre a continuidade, no entanto, restringia-se ao meio acadêmico e não exerceu grande influência até o século XIX.

FUNÇÕES DESCONTÍNUAS

Apresentamos alguns gráficos de funções que possuem algum tipo de descontinuidade em $x = 0$, de acordo com a noção moderna.

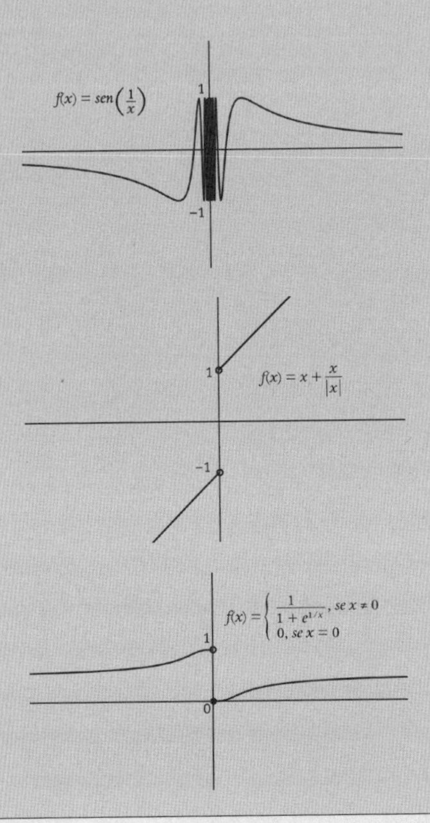

Revolução Francesa e algebrização da análise

"Dentro do abrangente processo social de modernização que sucedeu a Revolução, o sistema de educação foi radicalmente reconstruído com base nas visões otimistas de que o conhecimento podia ser ensinado, e o método analítico podia ser geralmente aplicável",[13] afirma Gert Schubring em *Conflicts Between Generalization, Rigor, and Intuition* (Conflitos entre generalização, rigor e intuição) referindo-se à França do final do século XVIII. Essa reconstrução significou, na matemática, uma dominação do programa de algebrização, bem como sua separação em relação às outras disciplinas. Entretanto, a maioria dos livros de história do cálculo – inclusive alguns de ótima qualidade que constam da bibliografia deste livro – enumera os feitos de personagens importantes, como Euler, Lagrange e Cauchy, sem se preocupar com o modo como o contexto influenciou suas pesquisas.

É intrigante, por exemplo, que a história da algebrização da análise salte de Euler a Lagrange diretamente, uma vez que o primeiro não atuava na França. O citado livro de Gert Schubring foi o primeiro estudo histórico a focar os fenômenos de recepção e circulação dos escritos relacionados à análise no século XVIII. Apesar de a obra de Schubring abordar diferentes contextos nacionais, nos restringiremos à parte que remete à situação francesa, uma vez que nosso objetivo é bem mais específico: entender como, entre Euler e Lagrange, a análise algebrizada se tornou uma abordagem hegemônica.

Paralelamente às mudanças políticas, a Revolução levou a uma reestruturação do sistema de ensino e do papel da ciência, que passou a ser um discurso dominante – até então, embora sempre tenha gozado de prestígio social, a ciência exercia pouca influência na sociedade. A matemática e a química, sob a égide do método analítico, tornaram-se as disciplinas principais, responsáveis por disseminar os ideais de racionalidade então valorizados. Muitos matemáticos importantes viviam na França, como Lagrange, Laplace, Legendre e Monge, mas não tinham a função de ensinar. Na época pré-revolucionária, a instrução matemática ocupava um lugar marginal e carecia de professores qualificados. Essa disciplina constava do currículo do último nível do Collège (instituição de ensino secundário), fora do alcance da maioria dos alunos, que saíam da escola antes de atingir esse nível. A partir de 1750, foi estabelecido um segundo sistema educacional nas escolas militares que valorizava a matemática e atraía estudantes hábeis, porém, o recrutamento de alunos só abrangia a nobreza.

Depois da Revolução Francesa, alterou-se significativamente o perfil da sustentação financeira da pesquisa científica, até então beneficiada pela benevolência de patronos e reis. Os novos cientistas – pertencentes a uma classe média crescente – precisavam de suporte institucional, o que impulsionou a criação de novos postos de trabalho. Além disso, a ideia de que a formação científica podia ser útil à nação era cada vez mais aceita, tanto para a expansão da indústria como para o aperfeiçoamento da força militar, consciência que levou à criação de novas escolas e departamentos científicos. Em 1794, foi fundada a École Polytechnique, dedicada à formação de engenheiros e cientistas. Foi nesse contexto que Lagrange e Lacroix produziram livros-texto que se tornaram ferramentas cruciais para o ensino superior da matemática, formando gerações de matemáticos de peso, como o próprio Cauchy. Essas instituições públicas geraram uma inédita padronização do currículo que tinha no método analítico, praticado pela matemática e pela química, seu principal elemento. No contexto mais geral, na tradição do racionalismo, esse método já havia sido defendido pelo filósofo iluminista francês Étienne Bonnot de Condillac. Na matemática, a abordagem algébrica da análise podia vencer o conceito sintético (geométrico) das quantidades infinitamente pequenas.

Especialmente depois da queda de Robespierre, em 1794, um grupo de filósofos chamados *idéologues* (ideólogos) passou a determinar a política para a educação e a ciência. Depois dos ataques de Arnauld e Prestet aos métodos sintéticos de Newton, as críticas foram renovadas por esse grupo, que assumiu o programa dos malebranchistas e instituiu o método analítico como orientação predominante. Em um jornal dos *idéologues* publicado em 1794, lemos que "esse método deve ser, sem dúvida, fundado na análise ... é somente por meio da análise que podemos penetrar com segurança no santuário da ciência".[14] O método analítico permitia descobrir novas verdades, ao passo que o sintético era longo e obscuro. A química também passou a operar com símbolos, e Lavoisier se baseou na filosofia analítica de Condillac para desenvolver seus trabalhos. Essa possibilidade de expressá-la em uma linguagem simbólica permitiu novas descobertas, provando a fecundidade da análise.

A estimada posição do método analítico na sociedade e sua operacionalização na matemática por meio da ferramenta algébrica criaram um ambiente favorável para a recepção do ponto de vista de Euler sobre a análise, além de inspirar a concepção ainda mais radical de Lagrange, logo em seguida. A recepção de Euler seguiu um curso contraditório ao papel atribuído a ele pela historiografia hoje, conforme nos mostra Schubring. Um número considerável de matemáticos lia seus trabalhos, em diferentes países, mas a maioria adotava somente alguns de seus resultados pontuais e não suas posições sobre os fundamentos da matemática. Euler não tinha relação com um sistema de ensino e suas obras eram direcionadas para um público mais acadêmico.

Entre as abordagens de Euler, distinguimos duas como as mais importantes: a primeira é a operacionalização algébrica do cálculo de diferenças leibniziano; a segunda, a transição desse cálculo para o cálculo diferencial, que se baseava em considerações sobre a natureza do infinito. Expressando um certo realismo, ele justificava esse conceito com argumentos mecânicos, como o da possibilidade de dividir a matéria infinitamente. Esse segundo viés do pensamento de Euler foi praticamente ignorado; o primeiro, entretanto, teve uma intensa recepção na França no período da hegemonia do método analítico.

O curso inaugural de análise da École Polytechnique foi ministrado em 1795 por Gaspard Riche de Prony, engenheiro que tinha grande estima pela matemática. Apesar de seu curso, que foi publicado mais tarde, dedicar-se à análise aplicada à mecânica, ele se baseava, fundamentalmente, nos dois primeiros capítulos da *Introductio* de Euler e adotava seus métodos e sua notação. Como consequência, seu texto é o primeiro na França a defender o conceito de função como objeto central da análise. O rompimento com a tradição se exprimia pela exclusão dos infinitamente pequenos.

A radicalidade de um outro movimento, capitaneado por Lagrange, se revela já no título de sua principal obra, publicada em 1797: *Théorie des fonctions analytiques, contenant les principes du calcul différentiel, dégagés de toute considération d'infiniments petits, d'évanouissants, de limites et de fluxions, et réduits à l'analyse algébrique des quantités finies* (Teoria das funções analíticas, contendo os princípios do cálculo diferencial, livres de qualquer consideração de infinitamente pequenos, evanescentes, limites e fluxões, e reduzidos à análise algébrica de quantidades finitas). Vemos aí uma vontade explícita de liberar a matemática das noções ambíguas de infinitamente pequenos e quantidades evanescentes, usadas por Leibniz, bem como dos "fluxões", quantidades variáveis usadas por Newton.

Lagrange fazia parte de uma segunda geração de analistas do século XVIII. Iniciou sua atividade nos anos 1770, quando já se preocupava com a questão dos fundamentos. Contudo, seu programa de algebrização dos métodos da análise só foi construído nos anos 1795-96, durante seus cursos de análise na École Polytechnique, quando as diferenciais passaram a ser definidas diretamente pela expansão de uma função em séries. No livro de 1797, que contém o ponto de vista praticado nos dois anos anteriores, Lagrange afirmava que toda função $f(x)$ pode ser expandida em uma série de potências (exceto, talvez, em alguns valores isolados de x):

$$f(x+h) = f(x) + p(x)h + q(x)h^2 + r(x)h^3 + \ldots$$

A derivada foi definida como a função obtida pelo coeficiente $p(x)$ dessa série. Assim, essa definição, que substituía a noção de diferencial, ficaria livre da consideração dos infinitamente pequenos. Com base no método que acreditava capaz de resolver as inconsistências da análise, Lagrange criticou até mesmo algumas concepções de d'Alembert e Euler sobre os fundamentos. A função era dada por uma fórmula analítica finita, mas que podia ser representada por uma série de potências, como a descrita acima, que já tinha sido definida pelo inglês B. Taylor no início do século XVIII. Para mostrar a generalidade do método, Lagrange calculou a expansão em séries de diversas funções algébricas, exponenciais, logarítmicas e trigonométricas.

Série de Taylor

A série de Taylor de uma função real f em torno de um ponto $x = a$ é uma expansão na forma de uma série de potências:

$$f(x) = f(a) + f'(a)(x-a) + \frac{f''(a)}{2!}(x-a)^2 + \frac{f^{(3)}(a)}{3!}(x-a)^3 + \dots + \frac{f^{(n)}(a)}{n!} + \dots$$

Por exemplo, a série de Taylor da função exponencial $f(x) = e^x$ em torno de $a = 0$ é dada por:

$$e^x = 1 + x + \frac{x^2}{2} + \frac{x^3}{6} + \dots + \frac{x^n}{n!} + \dots$$

Por meio dessa expansão, valores de e^x podem ser aproximados para x próximo de 0.

Desde os primeiros anos da École Polytechnique, a produção de livros-texto se tornou uma atividade significativa, uma vez que o conhecimento não se destinava mais somente às classes privilegiadas. Os livros sobre cálculo diferencial e integral tinham em comum a rejeição dos infinitamente pequenos e a defesa da concepção algébrica. Ainda em 1797, foi publicado o primeiro volume de um livro de S.F. Lacroix, *Traité du calcul différentiel et du calcul integral* (Tratado do cálculo diferencial e integral), que contribuiu para difundir as novas ideias sobre a análise. Os dois outros volumes saíram em 1798 e 1800. Em 1803, essa obra ganhou uma versão resumida, voltada para o ensino, reeditada várias vezes na França e traduzida em outros países.

O projeto de Lacroix era fornecer uma apresentação sistemática dos princípios usados na análise naquele momento. Ele coletava novos achados em tratados acadêmicos e conversava com os pesquisadores com o fim de elaborar uma estruturação da análise. Lacroix corroborava a centralidade da noção de função na análise, mas mencionava definições um pouco mais gerais. Segundo ele, toda quantidade que depende de outras quantidades é dita "função" dessas últimas, ainda que não se saiba por meio de que operações se pode passar destas à primeira. O uso do símbolo "*f*" para representar funções em geral também foi proposto nesse tratado.

Os métodos de expansão em série de Lagrange tiveram um papel central na algebrização da análise, mas Lacroix defendia o método dos limites, análogo ao definido por d'Alembert, que já tinha sido usado também por Laplace. Ele considerava pouco rigoroso o uso dos infinitamente pequenos, embora o visse como mais cômodo para alguns cálculos, destacando que seu traço principal era a extensão do conceito de igualdade. Todavia, Lacroix não utilizava essas quantidades infinitamente pequenas e sim o método dos limites.

As restrições com relação aos métodos infinitesimais fizeram a análise abandonar todas as suas referências geométricas para se fundar somente na álgebra. Na sua *Méchanique analytique* (Mecânica analítica), de 1788, Lagrange já afirmava que a mecânica deve ser vista como uma parte da análise matemática, podendo prescindir de figuras ou de qualquer consideração geométrica. Ou seja, a análise matemática, identificada à análise algebrizada, pode se aplicar à geometria ou à mecânica, mas deve ser cultivada como um ramo distinto, com seus próprios fundamentos.

Como em Euler, as demonstrações de Lagrange se baseavam em deduções algébricas. A possibilidade de realizar um algoritmo, ou uma técnica analítica, implicava um modo geral de realizar esse procedimento. A ideia por trás das demonstrações era essencialmente algébrica. Assim, o problema original do cálculo, que era analisar matematicamente a variação sobre curvas, foi dando lugar ao estudo de fórmulas. Como a álgebra, a análise lidava com fórmulas e seus teoremas eram provados por meio de cálculos com essas fórmulas.

Vimos que as noções de função e de variável eram enunciadas para números os mais gerais possíveis, como na definição de Euler, que incluía os irracionais e os imaginários. Em alguns casos, a generalidade das técnicas esbarrava em limitações relativas ao campo numérico, mas, na prática, a apresentação de um teorema de análise não incluía a preocupação de considerar o domínio de aplicação da técnica usada, uma vez que a validade algébrica já fornecia, implicitamente, sua generalidade. Supunha-se que a aplicação das técnicas e das definições era global, exceto, provavelmente, em pontos isolados, o que não era considerado significativo.

A separação da análise em relação à geometria, no século XVIII, implicou a visão da matemática como um formalismo algébrico. Essa confiança no formalismo decorria do sucesso dos métodos analíticos, e a generalidade da matemática, uma qualidade cara aos analistas, era assegurada pela generalidade dos métodos algébricos. Isso significa dizer que esses métodos operavam sobre objetos algébricos e sua generalidade era derivada da generalidade das fórmulas da álgebra. Logo, se uma demonstração era feita por meio de tais fórmulas, o resultado era admitido como válido em geral. Não havia sequer a necessidade de tecer especulações associadas ao domínio da aplicação das técnicas.

Essa crença na "generalidade da álgebra" será criticada no século XIX, inicialmente por Cauchy. As pesquisas que ajudaram a desenvolver uma nova visão sobre o cálculo diferencial durante esse século tinham como motivação, segundo alguns historiadores, fundar a matemática sobre bases rigorosas. Essa interpretação pressupõe que os analistas do século XVIII não se importavam com o rigor de seus trabalhos. Mas Euler e Lagrange, só para dar dois exemplos, foram responsáveis justamente por transformar o cálculo diferencial e integral de Leibniz e Newton com o fim de liberar esse cálculo de argumentos injustificados. Dito de outro modo, ao procurar fundar o cálculo em bases mais sólidas e esclarecer seus conceitos fundamentais, diversos matemáticos do século XVIII tinham na busca do rigor sua motivação.

No início do século XIX, as críticas às concepções anteriores de função e continuidade seriam bastante incisivas. As funções contínuas de Euler seriam caracterizadas como "funções analíticas" e as tentativas de enumerar e delimitar as principais propriedades desse tipo de função levariam à expansão do universo das funções possíveis na matemática. No século XIX, no entanto, a noção de função será discutida, em um primeiro momento, com relação a um problema físico: o estudo da propagação do calor. O programa de ensino e o corpo de professores da École Polytechnique foram expandidos em 1796 e criou-se um curso de análise algébrica como introdução ao cálculo, já que, do ponto de vista da escola, não se podia confrontar os alunos diretamente com as ferramentas desse campo da matemática – isto é, os estudantes precisavam ser nivelados para acompanhar o aprendizado de análise. A criação desse novo curso foi atribuída ao matemático e físico francês Jean-Baptiste Joseph Fourier, que teria um papel fundamental na discussão sobre o conceito de função.

Fourier e a propagação do calor

FIGURA 6 Caricaturas dos matemáticos franceses Adrien-Marie Legendre (à esq.) e Joseph Fourier, feitas pelo artista francês Julien-Leopold Boilly.

Os trabalhos de Fourier sobre a teoria da propagação do calor datam dos primeiros anos do século XIX e estão associados à redefinição do conceito de função. Tratamos de seus métodos ainda neste capítulo para enfatizar que seus estudos partiam de um problema físico: saber como o calor se propaga em uma massa sólida, dadas certas condições iniciais. Quando o calor é desigualmente distribuído em diferentes pontos da massa sólida, ele tende a se colocar em equilíbrio e passa lentamente das partes mais quentes às menos quentes, como se estivesse em um tubo (em preto na Figura 7) que atravessa perpendicularmente as curvas de mesma temperatura sobre a superfície sólida.

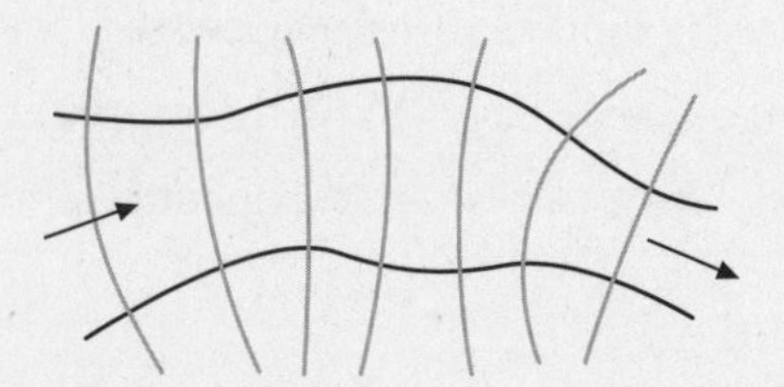

FIGURA 7 Curvas de mesma temperatura (em cinza).

Seguindo um raciocínio físico, ele deduzia que a difusão de calor é governada por uma equação diferencial parcial. Veremos, em particular, como Fourier analisava o exemplo da Figura 8, em que temos uma placa de metal com uma das arestas suposta infinitamente distante:

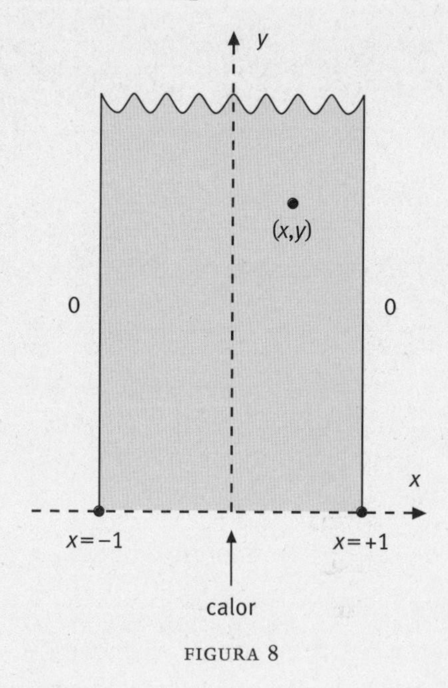

FIGURA 8

Supõe-se que a temperatura inicial nas arestas laterais seja zero e aplica-se calor na aresta inferior. Deseja-se estudar a distribuição de calor sobre a placa, considerando que a aresta superior está infinitamente distante e que as arestas laterais são mantidas com temperatura nula pelo contato de algum material. Com o fim de construir uma equação para tratar o problema, Fourier supõe ainda que a placa está localizada sobre o eixo x e as arestas, nos pontos $x = -1$ e $x = 1$. Logo, podemos imaginar um segundo eixo y que corta a placa pelo meio. A temperatura em cada ponto é dada por uma função $T(x,y)$. O valor de $T(x,y)$ se torna muito pequeno quando o valor de y aumenta, uma vez que a única fonte de calor está em $y = 0$.

O fato de a temperatura ser zero nas arestas sobre $x = -1$ e $x = 1$ pode ser expresso como uma situação particular em que $T(-1,y) = T(1,y) = 0$, com $y > 0$. O calor aplicado sobre a aresta inferior, situada sobre o eixo x, é representado pela função $T(x,0)$, que é uma função de uma variável, então, podemos dizer que $T(x,0) = f(x)$. A função $f(x)$ nos dá, portanto, a condição inicial do problema, isto é, a quantidade de calor aplicado à aresta inferior em cada ponto x sobre essa aresta.

Fourier usava argumentos físicos para deduzir as equações do problema, bem como para encontrar sua solução. Decompondo a propriedade de propagação do calor sobre a placa, ele usa a suposição de que $T(x,y)$ deve ser o produto de duas funções, uma na variável x e outra na variável y, e conclui que a solução do problema deve ser uma soma de funções do tipo

$$ae^{-my}\cos(mx).$$

O tipo de função que resolve o problema de Fourier

Sabemos que $\frac{\partial^2 T}{\partial x^2} = -\frac{\partial^2 T}{\partial y^2}$. Isso quer dizer que, derivando duas vezes a função em relação a x, obtemos o mesmo resultado, a menos de um sinal, do que se derivarmos duas vezes em relação a y. Logo, se $T(x,y)$ é o produto de duas funções, uma em x e outra em y, essas funções devem ser $\psi(x) = k\cos(mx)$ e $\varphi(y) = ce^{my}$.

Derivando cada uma dessas funções duas vezes, temos:

$$\psi'(x) = -kmsen(mx) \qquad \varphi'(y) = cme^{my}$$

$$\psi''(x) = -km^2\cos(mx) \qquad \varphi''(y) = cm^2e^{my}$$

Assim, considerando $T(x, y) = \psi(x).\varphi(y)$, tem-se:

$$\frac{\partial^2 T}{\partial x^2} = \psi''(x).\varphi(y) = -kcm^2e^{my}\cos(mx) = -\psi(x).\,\varphi''(y) = -\frac{\partial^2 T}{\partial y^2}.$$

Usando as condições iniciais, o fato de que T(x,y) = 0 quando $x = -1$ e $x = +1$, pode se deduzir que m deve ser um múltiplo ímpar de $\pi/2$. Logo, a solução geral é dada pela série infinita:

$$T(x, y) = a_1 e^{-(\pi y/2)} \cos\left(\frac{\pi x}{2}\right) + a_2 e^{-(3\pi y/2)} \cos\left(\frac{3\pi x}{2}\right) + a_3 e^{-(5\pi y/2)} \cos\left(\frac{5\pi x}{2}\right) + \ldots$$

onde $a_1, a_2, \ldots$ são constantes arbitrárias.

Para encontrar, efetivamente, a solução do problema é preciso determinar o valor dos coeficientes a_i. Fourier começa por estudar um exemplo particular, considerando a condição inicial $f(x) = 1$. Qual seria a solução nesse caso? Para responder a essa pergunta, é necessário usar a condição inicial $f(x) = 1$. Como, quando $y = 0$ o valor de e^{my} é 1 para qualquer m, podemos escrever:

$$1 = f(x) = a_1 \cos\left(\frac{\pi x}{2}\right) + a_2 \cos\left(\frac{3\pi x}{2}\right) + \ldots + a_n \cos\left(\frac{(2n-1)\pi x}{2}\right) + \ldots$$

Essa igualdade permite encontrar o valor dos coeficientes, mas traz um problema. Sabemos que, sempre que x é um número ímpar, $\cos\left(\frac{\pi x}{2}\right) = 0$. Isso implica que $f(x) = 0$ nesses pontos. Mas tínhamos suposto que $f(x)$ era uma função constante igual a 1! Como resolver o impasse? Uma resposta possível, que chegou a ser aventada, é afirmar que o problema não possui solução para essa condição inicial $f(x) = 1$. Mas Fourier não admitia essa possibilidade, uma vez que não há nenhum impedimento físico para que o calor inicial transmitido à aresta inferior tenha temperatura constante igual a 1°.

Se observarmos o desenho da placa na Figura 8, constataremos que os valores de x variam somente de -1 a 1. Ou seja, não importa muito o que acontece para $x < -1$ e $x > 1$; dentre os valores de x para os quais nos interessa investigar a solução do problema, os únicos ímpares são -1 e 1. Sendo assim, a igualdade de que tratamos precisa ser verificada somente para $-1 < x < 1$. Vejamos, por meio de sua representação gráfica (Ilustração 12), como se comporta a função:

$$a_1 \cos\left(\frac{\pi x}{2}\right) + a_2 \cos\left(\frac{3\pi x}{2}\right) + \ldots + a_n \cos\left(\frac{(2n-1)\pi x}{2}\right) + \ldots$$

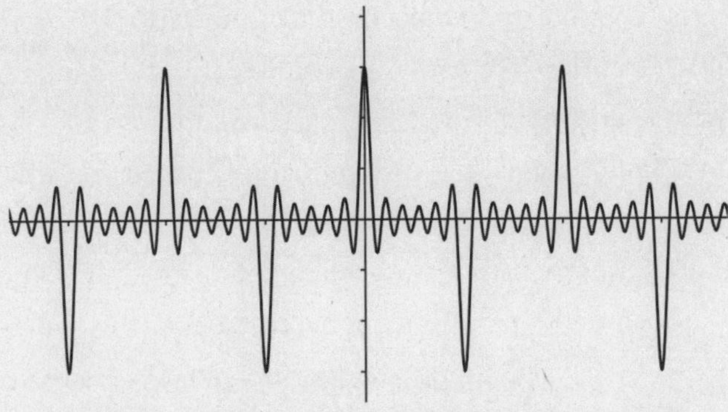

ILUSTRAÇÃO 12 Representação gráfica da série de cossenos considerando as seis primeiras parcelas com $a_i = 1, i = 1, \ldots, 6$.

A soma da série trigonométrica, em geral, não é uma função constante. Ela deve se tornar igual à função $f(x) = 1$ no intervalo $-1 < x < 1$. Como esse é o intervalo que queremos, pode-se dizer que a solução do problema é dada pela série trigonométrica nesse intervalo. Para obter essa solução, é preciso calcular os coeficientes no intervalo $(-1, 1)$. Fazendo isso, Fourier observou que a série trigonométrica realmente se identifica aos valores da função $f(x) = 1$, mas somente nesse intervalo, podendo se diferenciar em outros pontos. Isso mostrava que duas funções dadas por expressões analíticas diferentes podem coincidir em um intervalo, sem necessariamente coincidirem fora desse intervalo. Essa evidência trazia a necessidade de se prestar atenção à noção de intervalo, que, nesse momento, era interpretada como uma das possibilidades de variação de x, quando essa quantidade varia entre certos valores determinados.

Ao fornecer a solução de um problema considerando somente um intervalo, ou definir uma função somente em um intervalo, Fourier apresentava um recurso inovador em relação à definição da função pela sua expressão analítica. Nesse caso, uma função era determinada automaticamente se a expressão analítica estivesse bem estabelecida. Não era necessário prestar atenção ao domínio de definição da função; aliás, sequer existia essa noção de domínio. Essa e outras definições desse tipo, que nos são bastante familiares, começaram a aparecer nesse momento, mas só se desenvolverão com o estudo dos conjuntos numéricos. Como veremos no Capítulo 7, os primeiros passos nessa direção serão dados a partir da segunda metade do século XIX.

Em um trabalho enviado à Academia de Ciências de Paris em 1807, Fourier afirmava que uma função qualquer pode ser expressa como soma de uma série trigonométrica. Essa possibilidade era admitida por Euler e Lagrange, mas somente para funções particulares. Fourier defendia que essa afirmação fosse válida para qualquer função. O comitê que avaliou esse trabalho era composto por Laplace, Lagrange, Lacroix e Monge e o relato foi escrito por outro matemático da época, S.D. Poisson. Nenhum desses matemáticos, já célebres, demonstrou entusiasmo pelos resultados. Pior – eles criticaram abertamente a falta de rigor de Fourier.[15]

Até os anos 1820, as séries de Fourier eram vistas com desconfiança, pois contradiziam a concepção aceita sobre a natureza das funções. A razão dessa desconfiança não advinha tanto do fato de ele enxergar a soma de uma série de potências como uma função – isso estava de acordo com os padrões da época – e sim de afirmar que uma função qualquer pode ser representada por uma série trigonométrica. Ora, isso implicava dizer que a função era algo mais do que a sua representação. Ou seja, implicava dizer que existe um objeto que é a função e que esse objeto pode ser *representado* por uma série. A expressão analítica, nesse caso, não seria a função.

Outro problema crucial dos trabalhos de Fourier era operar com uma função dada por um gráfico bem distinto das funções polinomiais, já que este possui descontinuidades. As funções antes consideradas eram curvas bem-comportadas, uma vez que podiam ser expressas como uma série de potências. O exemplo de Fourier contradizia a opinião então aceita sobre o comportamento de uma função. Apesar das desconfianças, os trabalhos de Fourier forneciam um método prático para resolver o problema, pois permitiam calcular os coeficientes da série para qualquer função. Além disso, as soluções obtidas desse modo podiam ser verificadas em problemas concretos. Assim, suas soluções representavam fenômenos físicos com precisão e não podiam simplesmente ser descartadas. Se o método funcionava, era interessante investigar por quê.

Para além de exemplos específicos, Fourier não demonstrou realmente que uma função qualquer pode ser representada por uma série trigonométrica em um intervalo. Ou seja, mesmo em um intervalo restrito, não havia uma demonstração satisfatória de que essa série convergisse para a função. Quem daria continuidade ao trabalho de Fourier nessa direção seria o matemático alemão Gustav Lejeune Dirichlet, em 1829, como veremos no Capítulo 7. No meio francês, os matemáticos, sobretudo Lagrange, estavam convencidos de que as séries de Fourier não convergiam. Para tentar persuadi-los, Fourier fez alguns experimentos comparando as predições de seu modelo matemático com fenômenos efetivamente observados.

O problema do fluxo de calor interessava a muitos pesquisadores da época, e, em 1811, houve um concurso da Academia para escolher a melhor explicação sobre o tema. Fourier ganhou o prêmio e começou a escrever um livro com o fim de difundir suas ideias. A obra *Théorie analytique de la chaleur* (Teoria analítica do calor) foi publicada em 1822 e Fourier passou a ocupar um lugar de destaque na cena matemática francesa. Nesse livro encontramos uma definição mais geral do termo "função", frequentemente citada nos textos sobre a história dessa noção:

> Em geral, a função *fx* representa uma sucessão de valores, ou ordenadas, os quais cada um é arbitrário. Uma infinidade de valores sendo atribuídos à abscissa *x*, existe um número igual de ordenadas *fx*. Todas têm valores numéricos *atuais*, ou positivos, ou negativos, ou nulos. Não se supõe que essas ordenadas estejam sujeitas a uma lei comum; elas se sucedem uma à outra de um modo qualquer, e cada uma delas é dada como se fosse uma única quantidade.[16]

Notamos que, para dado valor da abscissa, deve existir somente um valor correspondente da ordenada, uma vez que deve haver o mesmo número de ordenadas *fx* e de abscissas *x*. Os valores dessas ordenadas podiam ser quaisquer, contanto que fossem *atuais*, ou seja, não infinitos. Por isso a definição é precedida pela expressão "em geral", quer dizer, pode acontecer, em tese, de a função ter valores infinitos, mas se os valores da abscissa estiverem compreendidos entre limites bem determinados, é impossível que "uma questão natural conduza a supor que a função *fx* se torne infinita".[17]

Fourier não subscrevia a profissão de fé dos matemáticos do século XVIII de que uma função se identificava à sua expressão analítica. Para ele, duas funções dadas por expressões analíticas diferentes podem coincidir em um intervalo sem coincidir fora dele. Vemos, assim, que sua definição de função é mais geral do que a usada anteriormente, sobretudo por não desconsiderar a lei que governa o modo como a ordenada depende da abscissa.

Um fato menos comentado na historiografia tradicional é que Fourier apresentou essa definição nas páginas finais das mais de quinhentas que compõem sua *Théorie analytique de la chaleur*. Essa obra se iniciava com uma seção sobre "noções gerais e definições preliminares", mas os conceitos definidos aí dizem respeito ao estudo físico das mudanças de temperatura. Fourier admitia ao longo de todo o livro que estava lidando com funções gerais, às quais chamava de "arbitrárias", no entanto só sentiu necessidade de propor uma definição para esse tipo de função quando surgiram situações nas quais podem intervir funções ainda mais gerais, que precisam ser excluídas (caso daquelas que podem ter valores infinitos). Portanto, o termo "atual", usualmente esquecido nas histórias sobre a noção de função, é essencial na definição de Fourier, que não considerou, efetivamente, funções arbitrárias.* Vale lembrar que essa definição não possui nenhum destaque no texto; surge embaralhada no meio de resultados físicos sobre a propagação do calor que envolvem a integração de equações diferenciais.

A teoria de Fourier superará as desconfianças e ganhará grande destaque no século XIX. O problema da convergência das séries trabalhado por

* As funções empregadas por ele são as que diríamos, hoje, "contínuas por partes".

ele será abordado por Cauchy em 1826. Esse trabalho continha algumas falhas, o que levou Dirichlet a escrever um artigo sobre o tema três anos depois com uma boa demonstração, segundo seus critérios, da convergência das séries de Fourier.

A análise matemática e o papel da física

Os problemas físicos tratados geometricamente por meio do cálculo no final do século XVII continuaram a ocupar um papel de destaque no século seguinte. A competição entre os métodos de integração de Newton e Leibniz teve grande impacto na Academia de Ciências de Paris a partir de meados dos anos 1730, graças, principalmente, ao estímulo de Pierre-Louis Maupertuis. Diante da urgência de resolver problemas específicos de natureza físico-matemática, ficava em segundo plano a discussão filosófica, como a que existia entre cartesianos e newtonianos. Assim, a teoria newtoniana sobre a forma da Terra ganhou popularidade na França nos anos 1730 e as discussões a esse respeito moldaram a física matemática francesa. Ao mesmo tempo, os debates sobre o princípio da mínima ação, influenciados por Leibniz, eram intensos nos anos 1730 e 1740, envolvendo contribuições de Maupertuis e d'Alembert.

Ainda que tenha sido escrito anteriormente em latim, o *Método das fluxões e séries infinitas*, de Newton, foi publicado em inglês em 1736 e traduzido por Buffon para o francês em 1740. Nesse momento, o pensamento newtoniano tornou-se bastante popular na França. A visão sobre a física implícita nessa obra, bem como nos trabalhos sobre o cálculo infinitesimal, implicava que as variáveis e os coeficientes descritos pelas funções se relacionavam de modo vago com a realidade das leis da natureza. Para Buffon, o uso da análise tornava os princípios físicos opacos ao entendimento. Uma equação como a da queda livre, que associa a posição de um corpo ao tempo transcorrido na queda, era uma imagem direta da lei natural que rege esse fenômeno, ou seja, exprimia sua causa física. No entanto, as séries infinitas, principal ferramenta do cálculo, não podiam ser compreendidas como uma soma de causas físicas, o que foi criticado por Buffon em um intenso debate com Clairaut.[18]

Motivada pelo pensamento newtoniano, como também por pesquisas francesas, uma comunidade singular de física matemática começou a se desenvolver na França nessa época. Outras influências, como a de Euler, a partir dos anos 1740, além da invasão de farta literatura de outros países, ajudaram a formatar o seu estilo. Esse processo culminou com o papel preponderante que Laplace adquiriu a partir dos anos 1770, somado à transferência de Lagrange de Berlim para Paris, em 1787. Paris se tornava, assim, o centro da física matemática europeia. Inicialmente, as pesquisas continuaram a versar sobre os mesmos problemas tratados anteriormente: a teoria sobre a forma da Terra; questões ligadas à estabilidade do Sistema Solar, entre elas o dos três corpos e a teoria da Lua; além de problemas de dinâmica, como o estudo do movimento, da conservação da energia e do princípio de mínima ação.

Mas, no final do século XVIII, o desenvolvimento da análise transformou a compreensão das relações entre física e matemática. Como passou a ser admitido a partir de Euler, toda função matemática podia ser reduzida a uma soma de termos, ou seja, fazia parte de sua natureza ter infinitos parâmetros que eram os coeficientes de uma série de potências. A física precisava lidar com séries infinitas, pois os fenômenos eram descritos por equações diferenciais e as soluções dessas equações eram dadas por séries infinitas. Uma função era escrita como uma série e não interessava explicar sua forma em termos de causas físicas, já que ela permitia descrever a evolução do fenômeno. O poder da álgebra fazia com que fosse menos necessário para uma fórmula representar a realidade do que possibilitar um cálculo.

Aos poucos, percebeu-se que vários fenômenos físicos podiam ser descritos por equações diferenciais análogas, e o problema de deduzir e resolver as equações que descrevem os fenômenos tomou o lugar da explicação física. Na segunda metade do século XVIII, a elaboração da mecânica analítica transformou a física matemática de um saber geométrico em um saber analítico. Para Lagrange, por exemplo, a mecânica era um ramo da análise. Isso não aconteceu com o estudo dos fenômenos naturais em geral – muitos continuaram a possuir métodos próprios e a investigar os princípios por meio de ferramentas matemáticas variadas.

O que queremos enfatizar é que, no final do século XVIII, os domínios que usavam, de modo significativo, a nova análise algebrizada, tiveram seus princípios radicalmente transformados por esse uso. Um exemplo paradigmático é dado pela mecânica celeste. Desde a obra de Newton desenvolvera-se uma preocupação fundamental com a descrição dos movimentos celestes. Sua lei de atração universal afirmava que dois corpos se atraem na razão direta de suas massas e na razão inversa do quadrado de suas distâncias. Essa lei devia explicar o movimento dos planetas no Sistema Solar, apesar de se tratar de uma ação a distância, ou seja: os planetas não se movem porque estão em contato ou são empurrados uns pelos outros, mas porque há uma força invisível que faz com que se atraiam.

Esse caráter foi considerado metafísico por Leibniz, para quem uma força física deveria ser mecânica. Para que a atração pudesse ser concebida como uma força, seria necessário identificar os traços manifestos que a exprimem. Se afirmamos que um planeta gira em torno do Sol graças a uma força, precisamos mostrar como o Sol se liga a esse planeta, do contrário, supõe-se que deva ser dotado de um motor. Newton hesitava sobre a resposta a essa questão. Sua obra mais importante, *Princípios matemáticos da filosofia natural*, publicada originalmente em 1687, ganhou um acréscimo em sua segunda edição, de 1713, denominado Escólio Geral, no qual encontramos um comentário que busca responder às críticas recebidas:

> Mas até aqui não fui capaz de descobrir a causa dessas propriedades da gravidade a partir dos fenômenos, e não construo nenhuma hipótese; pois tudo que não é deduzido dos fenômenos deve ser chamado uma hipótese; e as hipóteses, quer metafísicas ou físicas, quer de qualidades ocultas ou mecânicas, não têm lugar na filosofia experimental.[19]

Observamos que a tradução "não construo nenhuma hipótese" refere-se a uma declaração que ficou famosa, escrita originalmente em latim: *hypotesis non fingo*. *Fingere* pode ser fingir ou inventar – em português poderíamos dizer "não finjo, ou não invento nenhuma hipótese". Para se livrar do problema proposto por Leibniz, Newton argumentou que não vale a pena pesquisar a causa da gravitação. Entendida como uma lei, ela pode ajudar a descrever os fenômenos, e isso basta, ou seja, não precisamos nos preocupar com as questões relativas à causa da gravitação. Essa resposta, aperfeiçoada no século XVIII, exclui as questões sobre a causa e a natureza física da atração. Assim, a filosofia experimental deve tratar somente das propriedades manifestas; já as qualidades físicas podem ser negligenciadas em favor de quantidades e proporções matemáticas.

Mas essa mudança não teve lugar na época de Newton. Em outras obras, Newton reafirmou seu interesse tanto pela natureza física quanto pela causa da atração, que poderia estar colada aos corpos e ser considerada uma qualidade primária, ao lado da impenetrabilidade e da extensão. Foi a partir do século XVIII que a lei de atração universal passou a ser concebida como um fato científico independente de sua natureza. Esse tipo de investigação abre mão do *porquê* para investigar somente *como* os fenômenos acontecem. Koyré apresentou uma avaliação negativa dessa transformação: "O pensamento do século XVIII se reconcilia com o inexplicável."[20]

As leis que podem ser deduzidas dos fenômenos e verificadas experimentalmente tornam-se as próprias causas e devem ser generalizadas para que seja possível aplicá-las a outros fenômenos. Essa extrapolação foi possibilitada pela matematização. Ao estudar os fenômenos evolutivos da natureza, deve-se partir de atributos mensuráveis da realidade para encontrar a lei de evolução que descreve seus estados subsequentes. Se as taxas de variação das variáveis do sistema dependem exclusivamente dos estados iniciais dessas mesmas variáveis, a dependência entre elas pode ser matematicamente expressa por uma equação diferencial. Logo, para conhecer os estados sucessivos de um sistema causal deve-se resolver essa equação diferencial.

Esse quadro foi estabelecido no século XVIII e as pesquisas sobre a estabilidade do Sistema Solar fornecem um exemplo perfeito desse ponto de vista. Tais estudos partiam do problema de Newton: como garantir que a atração não perturbe a trajetória dos corpos em torno do Sol? Na descrição kepleriana, a órbita de cada planeta em torno do Sol deveria ser elíptica, considerando apenas a interação entre esse planeta e o Sol. Mas, com o uso da lei de atração universal para descrever todos os movimentos do Sistema Solar, passamos a ser forçados a considerar a perturbação causada pela atração dos outros corpos. No Escólio Geral, Newton acrescentou: "Este magnífico sistema do Sol, planetas e cometas poderia somente proceder do conselho e domínio de um Ser inteligente e poderoso."[21]

Logo, a lei de atração não era suficiente para explicar a impressionante regularidade do Sistema Solar. O Todo-Poderoso que havia criado o Universo seria o responsável por garantir sua estabilidade. E Newton continuava: "... até que, enfim, esse sistema precise ser recolocado em ordem pelo seu Autor." Contra essa necessidade da intervenção de um Deus que salvaguardasse a estabilidade do Sistema Solar se dirigiram inúmeras críticas, a começar por Leibniz, que acusou o Deus de Newton de funcionar como um relojoeiro responsável por recolocar regularmente a máquina do Universo em funcionamento.

Deixando de lado a discussão sobre a causa e a natureza da atração, o século XVIII se viu tentado a mostrar que todos os fenômenos derivam dessa lei geral, tanto os celestes quanto os terrestres, e que ela deve explicar por que andamos com os pés sobre a Terra e por que observamos o movimento dos astros. Contudo, para finalizar a construção dessa nova ciência, era preciso eliminar explicações que não são puramente teóricas, como o Deus de Newton servindo de garantia para a estabilidade. Para isso, fazia-se necessário demonstrar a autossuficiência da lei de atração universal, e essa foi a motivação manifesta dos trabalhos de Lagrange e de Laplace sobre a estabilidade do Sistema Solar.

Laplace lamentava que Newton não tivesse enxergado todo o poder de suas leis, e isso se devia à utilização da geometria sintética. Para devolver ao sistema newtoniano sua vocação explicativa, era fundamental traduzi-lo por meio das ferramentas da análise matemática, "esse maravilhoso instrumento sem o qual seria impossível penetrar em um mecanismo tão complicado em seus efeitos quanto em suas causas".[22] A formulação analítica do problema da estabilidade e sua demonstração eram elementos cruciais para atestar a legitimidade da concepção do Universo conforme descrito por leis matemáticas. Lagrange e Laplace exprimiram esse problema em termos de séries infinitas obtidas como solução de equações diferenciais.

Assim, o método newtoniano, que consiste em formular uma lei a partir da observação para depois generalizá-la – permitindo que ela se aplique a outros fenômenos –, deveria ser renovado pelas ferramentas da análise:

> A síntese geométrica tem a propriedade de não deixar que se perca de vista o seu objeto e de clarear todo o caminho que conduz dos primeiros axiomas às suas últimas consequências; ao passo que a análise algébrica nos faz logo esquecer o objeto principal para nos ocuparmos de combinações abstratas. ... Tal é a fecundidade da análise; basta traduzir nessa língua universal as verdades particulares, para ver sair de suas expressões uma multidão de novas e inesperadas verdades. Nenhuma língua é tão suscetível de elegância.[23]

Equações diferenciais do mesmo tipo podiam explicar uma grande diversidade de fenômenos, garantindo a estimada unidade racional do que, só então, poderia ser chamado de "sistema do mundo". Dessa forma, o critério para considerar uma explicação aceitável de um fenômeno físico (como o da gravitação) deixava de ser mecânico e passava a ser matemático. Se fosse possível obter uma formulação matemática de um fenômeno, ainda que não se soubesse sua causa física, devia se prosseguir na investigação por meio da equação.

O objeto físico se transformava e explicar um fenômeno passava a ser equivalente, em muitos casos, a descrever o mecanismo físico que o produzia.[24] Deduzindo das fórmulas as consequências mais sutis e mais distantes dos princípios e testando-as por meio de experimentos, pode se verificar, realmente, se uma teoria é falsa ou verdadeira. Sendo assim, o método da ciência experimental passou a se basear na matemática e na física e a experiência adquiriu o papel de mera verificação de uma teoria, ao passo que a explicação foi identificada à fórmula matemática. Essa mudança teve consequências na física do século XIX, principalmente na separação da pesquisa matemática em relação aos problemas físicos que tinham exercido um papel central no desenvolvimento do cálculo infinitesimal. Veremos que essa dissociação se tornará definitiva com a constituição da matemática como "matemática pura" no século XIX.

RELATO TRADICIONAL

A NARRATIVA QUE PRETENDEMOS desconstruir aqui está mais presente na exposição da matemática propriamente dita do que nos escritos de sua história. Trata-se da apresentação dos diferentes tipos de número, com base nos conjuntos numéricos, que faz uso de motivações históricas, entre elas a dificuldade de resolver certas equações. A equação $x^2 + 1 = 0$ é exemplar a esse respeito, pois é frequentemente empregada para justificar a necessidade de se definir os números complexos, como se, diante da dificuldade de solucioná-la, os matemáticos tivessem entrado em um acordo para fundar um novo tipo de número.

De modo similar, essa narrativa tradicional enxerga a construção dos diferentes conjuntos numéricos a partir de extensões sucessivas: primeiro os naturais, depois os inteiros, os racionais, os reais e os complexos. Mas essa construção, embora didática, não possui fundamento histórico, além de fornecer uma imagem da evolução da matemática tal qual um edifício estruturado, erigido sobre bases sólidas. A constituição da noção de rigor, ora vigente, está ligada à história da análise matemática. Na maioria dos livros que tratam do tema, as práticas dos analistas do século XVIII aparecem como inconsistentes em comparação com a análise moderna, desenvolvida a partir de Cauchy. Dentro desse espírito, chega-se a afirmar que, na virada do século XVIII para o XIX, os matemáticos começaram a se preocupar com a inconsistência dos conceitos e provas de amplos ramos da análise e resolveram colocar ordem no caos.

Esse ponto de vista foi expresso por N. Bourbaki em *Elementos de história da matemática*, livro em que o autor comemora o fato de os matemáticos, no início do século XIX, terem recolocado a análise no caminho do rigor, cansados de manipulações algébricas desprovidas de fundamentos. Essa mitificação gera sérias consequências no modo como noções básicas da matemática nos são apresentadas até hoje – caso da definição de funções e de números por meio do conceito de conjunto.

7. O século XIX inventa a matemática "pura"

Este último capítulo possui três objetivos. Continuar mostrando, como no Capítulo 6, que a noção de rigor é histórica, mas agora com relação às transformações ocorridas no século XIX; explorar uma dessas transformações, a saber, a constituição da noção de número como um objeto matemático desvinculado da ideia de quantidade; investigar uma segunda transformação, que se relaciona com a primeira, mas que gostaríamos de destacar: a reformulação das noções de número e de função em termos de conjuntos.

O século XIX foi descrito frequentemente – e ainda é – como a "idade do rigor". Em uma obra* muito utilizada na história da análise matemática, o respeitado historiador I. Grattan-Guinness detalha a contribuição de pensadores dessa época, como Dirichlet, Riemann, Weierstrass, reunindo-os em um capítulo intitulado com essa expressão. Nesse e em outros livros, tal associação se refere sobretudo à história da análise. Por esse motivo, o início desse movimento que visava levar maior rigor à matemática faz menção às proposições de Cauchy. Em textos mais recentes, no entanto, já podemos vislumbrar certa consciência de que a concepção implícita de rigor nas narrativas tradicionais tem um caráter retrospectivo. Ao analisar a mudança nos fundamentos da análise em um texto de 2003, o historiador J. Lützen começa afirmando:

> O século XIX foi frequentemente chamado de idade do rigor. Essa é uma caracterização correta no sentido de que a análise adquiriu um fundamento

* Trata-se do livro *The Development of the Foundations of Mathematical Analysis from Euler to Riemann*, mais especificamente de seu sexto capítulo, intitulado justamente "The age of rigor" (A idade do rigor).

> que ainda reconhecemos como satisfatório. A rigorização não foi somente uma questão de esclarecer alguns poucos conceitos básicos e mudar as provas de alguns teoremas básicos; ao invés disso, ela invadiu quase toda a análise e transformou-a na disciplina que aprendemos hoje.[1]

Apesar de seu tom não ser crítico, J. Lützen reconhece que quando fala em "idade do rigor" está se referindo à idade do *nosso* rigor. Ou seja, no século XIX, a análise matemática adquiriu a forma que reconhecemos, ainda hoje, como válida. O movimento de rigorização pode ser dividido em duas fases: uma francesa, na qual se destaca a figura de Cauchy; e outra alemã. Vamos iniciar este capítulo analisando a transição entre ambas.

Para entender as razões desse movimento será necessário investigar mais um pouco as transformações ocorridas no ensino da França, em particular na École Polytechnique, uma vez que a preocupação didática foi decisiva na maneira como Cauchy propôs reorganizar a análise. Segundo ele, ao apresentar seus conceitos básicos para os estudantes, não era possível apelar para o modo como eram entendidos em uso, uma vez que o iniciante não tem experiência para tanto. Sendo assim, não bastava reconhecer que infinitésimos, ou limites, eram fundamentos inadequados para a análise; uma doutrina positiva se fazia necessária. Cauchy dirá então que, para explicitar os fundamentos da análise, é preciso derivar seus resultados em uma ordem coerente. Isso significa isolar os princípios fundamentais da teoria e deduzir deles os teoremas. Em análise, tais princípios serão os conceitos de função, limite, continuidade, convergência, derivação e integração. Outra razão para a crescente incorporação dessa nova arquitetura na análise decorreu da profissionalização da matemática, que levou ao aumento do número de pesquisadores e do montante de trabalhos publicados. Logo, era preciso organizar as contribuições desse mundo expandido de forma inteligível.

Não que os matemáticos, preocupados com um suposto estado caótico de sua disciplina, tenham feito uma reunião e combinado os novos padrões que deveriam substituir os que estavam em uso. Os pesquisadores do século XVIII sequer percebiam seus métodos como pouco rigorosos ou desorganizados. Portanto, não podemos afirmar que seus resultados carecessem de rigor, como se eles tivessem o objetivo de avançar sem preocupações com a fundamentação de seus métodos. A noção de rigor se transformou na virada do século XVIII para o XIX porque os matemáticos da época se baseavam em crenças e técnicas que não eram mais capazes de resolver os problemas que surgiam no interior da própria matemática. Ou seja, isso não se deu por preocupações formalistas, nem por um interesse metamatemático de fundamentar essa disciplina. O rigor é um conceito histórico, e a noção de rigor de Lagrange era diferente da de Cauchy, que, por sua vez, também seria criticado por Weierstrass, baseado em sua própria concepção aritmética.

Um dos problemas internos a demandar uma nova noção de rigor surgiu da crítica à concepção dos números como *quantidades*. Essa associação, a partir de certo momento, passou a bloquear o desenvolvimento da matemática. A discussão sobre as quantidades negativas, durante o século XVIII, mostra que somente os números absolutos eram aceitos, pois se pretendia relacionar a existência em matemática a uma noção qualquer de "realidade". Para avançar, era preciso migrar para um conceito abstrato de número não subordinado à ideia de quantidade.

A substituição do paradigma das quantidades implicou uma mudança irreversível no edifício da matemática, que culminou com a transformação desta em matemática "pura". "Pura" não se opõe a "aplicada". Ao contrário, a matemática pode ser "aplicada" a partir do momento em que é vista como um saber puro. O movimento que pretendeu erigir a matemática como uma ciência pura foi iniciado na Alemanha* nos primeiros anos do século XIX, mas não teve um caráter global e radical.

Por volta de 1800, a matemática era teórica e prática ao mesmo tempo. Fazia parte de seu projeto representar a natureza por equações, e os matemáticos teóricos se viam como pertencentes à mesma tradição inaugurada por Newton e outros. Uma das consequências da reflexão sobre a estrutura interna da matemática, que ocupou o século XIX, foi a sua separação da

* Embora a Alemanha só tenha concluído seu processo de unificação em 1871, para simplificar chamaremos de Alemanha, neste capítulo, toda a região da Prússia.

física. Ainda que procurasse se estabelecer como uma disciplina independente, a análise do século XVIII era motivada por problemas físicos que continuaram a exercer grande influência por alguns anos. Mas, com a abstração e a formalização impostas pela reflexão sobre os fundamentos da matemática, sua relação com a física se transformou. No final do século XIX, esta não será mais central para a recém-formada comunidade de matemáticos. Essa imagem da matemática se tornou predominante no século XX, e analisaremos aqui, brevemente, o contexto no qual teve início esse processo. Tais assuntos serão tratados nas duas primeiras seções deste capítulo, que servem de pano de fundo para a discussão mais específica que nos ocupará em seguida. Analisaremos, com mais detalhes, o desenvolvimento da noção de número e os passos para que números problemáticos, como os irracionais, os negativos e os imaginários, fossem admitidos. Será visto também que esses desenvolvimentos nada têm a ver com a teoria dos conjuntos, apresentada bem mais tarde. A intervenção dos conjuntos propôs um modo de organização da teoria bastante distinto da maneira como esses números foram compreendidos ao longo da história e passaram a fazer parte da matemática. Tem-se aqui um ótimo exemplo de como a ordem da exposição, nessa disciplina, mascara a ordem da invenção.

Antes de sua formalização como elemento de conjuntos numéricos, ocorrida no século XIX, o conceito de número passou por algumas etapas decisivas que implicaram:

- o desenvolvimento da álgebra, quando a resolução de equações fez aparecer números indesejáveis, que não possuíam um estatuto definido em matemática;
- a teoria das curvas, nos séculos XVII e XVIII, e a proliferação de métodos infinitos para resolver problemas do cálculo infinitesimal, como o das quadraturas;
- a algebrização da análise no século XVIII;
- as tentativas de representação geométrica das quantidades negativas e imaginárias no início do século XIX.

Ainda que, desde o século XVII, as entidades algébricas tenham adquirido um lugar de destaque na matemática, até o final do século XVIII as raízes negativas e imaginárias de equações eram consideradas quantidades irreais. Os números que hoje chamamos de "irracionais" apareciam na resolução de problemas, mas também não tinham um estatuto definido. Todos os nomes utilizados para designar esses números exprimem a dificuldade de admitir sua existência ou, melhor dizendo, sua cidadania matemática: números "surdos" ou "inexprimíveis", para os irracionais; quantidades "falsas", "fictícias", "impossíveis" ou "imaginárias", para os números negativos e complexos. Isso mostra que eles, além de não possuírem uma cidadania, não eram, em última instância, sequer admitidos como números.

Normalmente, a história desses números é desconectada das questões internas que apareceram em outros problemas da matemática. Mas a percepção da necessidade de incorporá-los envolveu etapas essenciais do processo de generalização, incluindo uma compreensão abstrata dos números e das operações. A transição do conceito de quantidade para o de número foi marcante para a noção de rigor que se constituiu a partir do século XIX. Enquanto os números eram associados a quantidades geométricas, não se concebiam operações abstratas e arbitrárias sobre eles. Os matemáticos que se deparavam com problemas relativos à fundamentação da análise estavam cientes de que seu progresso dependia de uma extensão do conceito de número. Não à toa uma parte importante desse movimento ficou conhecida como "aritmetização da análise".

G. Schubring[2] propõe examinar a história dos números negativos partindo do abandono do paradigma das quantidades, intimamente relacionado às discussões sobre o cálculo infinitesimal. Para dar consistência às práticas da análise, tornou-se necessário introduzir uma noção abstrata de número, independentemente das noções de quantidade e grandeza. Não entraremos nesses detalhes, mas procuraremos inserir as várias etapas da conceitualização dos números irracionais, negativos e imaginários no panorama mais geral da história da análise. Antes de investigarmos as propostas do século XIX, faremos um resumo dos diferentes momentos da compreensão desses números.

Depois de mostrar como Gauss defendeu uma concepção mais abstrata da matemática em um texto sobre os números negativos e complexos, descreveremos como outros matemáticos alemães do século XIX ajudaram a consolidar essa visão. Serão mencionados, pontualmente, os trabalhos de Dirichlet, Riemann e Dedekind, que contribuíram para a generalização do conceito de função e exprimiram as primeiras ideias que podem ser associadas ao ponto de vista dos conjuntos. A partir daí, a noção de função terá um papel central na matemática, no lugar das curvas ou das expressões analíticas que as representavam. A expressão "ponto de vista dos conjuntos" não se refere ainda à teoria dos conjuntos. Essa distinção é importante em nossa abordagem, pois pretendemos contextualizar as contribuições de Cantor para a definição de conjunto no desenvolvimento conceitual e abstrato da matemática na Alemanha, ligado aos nomes de Dirichlet, Riemann e Dedekind.

A abordagem da teoria dos conjuntos, à qual chamamos "conjuntista", acabou predominando na matemática do início do século XX, levando à redefinição de suas noções centrais em termos de conjuntos. Desse momento em diante, a teoria dos conjuntos passou a ser o enquadramento mais adequado para se obter um novo consenso sobre os fundamentos da análise e de toda a matemática. Mostraremos o papel de Bourbaki na cristalização dessa visão, cuja consequência foi a redefinição de todas as noções básicas da matemática na linguagem dos conjuntos. Será visto, ainda, como essa tendência mudou a concepção sobre número e função, noções que possuem uma longa história prévia. O ponto de vista dos conjuntos foi sugerido, muito recentemente, para mudar o aspecto de teorias estabelecidas lentamente, durante muitos séculos.

O contexto francês e a nova arquitetura da análise por Cauchy

Como visto no Capítulo 6, o movimento de algebrização da análise marcou a matemática francesa do século XVIII. Mas por volta de 1800 iniciou-se uma reação a essa tendência. Os métodos sintéticos voltaram a ser defendidos e o valor atribuído à possibilidade de generalização fornecida pela álgebra passou a ser criticado em prol de métodos que pudessem ser mais intuitivos. O ápice desse movimento ocorreu em 1811 e um de seus protagonistas foi Lazare Carnot. Antes de analisarmos as contribuições de Cauchy, resumiremos esses acontecimentos com base no estudo inovador proposto por Schubring.[3]

Nos últimos anos do século XVIII, Laplace adquiriu grande poder na cena francesa, sobretudo depois de se tornar ministro, com o golpe de Napoleão, em 1799. A partir daí, ele passou a incentivar uma padronização do ensino na École Polytechnique com base na análise e na mecânica. O curso de análise deveria ser dividido em três partes: análise pura (ou análise algébrica); cálculo diferencial; e cálculo integral. Além disso, a introdução ao cálculo deveria ser feita com base no método de limites, exposto por Lacroix.[4] Um processo de especialização foi colocado em marcha, aumentando a ênfase no lado teórico do ensino e nos fundamentos, predominantes durante a primeira década do século XIX. Em 1811, a orientação da École mudou radicalmente, voltando-se totalmente para a formação de engenheiros. Decidiu-se que era necessário remover do programa todo conhecimento que não fosse essencial para a prática profissional. Em mecânica, por exemplo, isso significava excluir as partes teóricas; e em análise, onde ocorreu a mudança mais importante, devia se valorizar o método sintético, substituindo-se o método dos limites pela operação com quantidades infinitamente pequenas.

Segundo Schubring, Lazare Carnot é o melhor símbolo da discussão sobre o rigor em análise que teve lugar na França naquele momento, anteriormente esboçada por d'Alembert. As principais contradições dessa reação consistiam em tentar obter, ao mesmo tempo, uma maior generalização da matemática, mas mantendo o apelo à intuição. Em 1797, Carnot já havia publicado uma obra sobre os fundamentos do cálculo chamada *Réflexions sur la métaphysique du calcul infinitesimal* (Reflexões sobre a metafísica do cálculo infinitesimal), segunda versão de um texto de 1785. Nesse trabalho ele expunha sérias hesitações sobre os infinitamente pequenos, conforme se pode ver no trecho a seguir:

> Não houve descoberta que tivesse produzido, nas ciências matemáticas, uma revolução tão feliz e tão rápida quanto a da análise infinitesimal; nenhuma forneceu meios mais simples, nem mais eficazes, para penetrar no conhecimento das leis da natureza. Decompondo, por assim dizer, os corpos até os seus elementos, ela parece ter indicado sua estrutura interior e sua organização; mas, como tudo o que é extremo escapa aos sentidos e à imaginação, só se pôde formar uma ideia imperfeita desses elementos, espécies de seres singulares que tanto fazem o papel de quantidades verdadeiras quanto devem ser tratados como absolutamente nulos e parecem, por suas propriedades equívocas, permanecer a meio caminho entre a grandeza e o zero, entre a existência e o nada.[5]

Mas sua posição mudará depois dessa data. Carnot foi exilado por razões políticas e retornou à França em 1800, graças a Napoleão, que o designou ministro da Guerra. Em pouco tempo, contudo, renunciou ao cargo e passou a se dedicar às questões ligadas aos fundamentos da matemática, publicando, em 1813, uma nova edição de seu livro. Nessa nova versão, reviu suas posições sobre a álgebra, afirmando que seus princípios são ainda menos claros do que os do cálculo infinitesimal. Tal posição refletia a concepção mais geral da época, que voltava a valorizar a geometria e o saber dos antigos. Inspirado por essa tendência, Carnot passou a defender o método dos infinitamente pequenos contra o dos limites e propôs seguir os princípios de Leibniz em análise.

O retorno à geometria como ciência primordial também foi sentido no meio dos *idéologues*, influente no contexto matemático francês, como visto no Capítulo 6. Um exemplo é Maine de Biran, que integrou uma segunda geração do grupo e atacou os defensores da álgebra, destacando o caráter obscuro de seus métodos. Segundo ele, a linguagem algébrica é uma prática cega e mecânica que não possui a clareza da geometria. Um cientista próximo dessa ala dos *idéologues* e de Maine de Biran era André-Marie Ampère, que começou a lecionar na École em 1804 e se tornou professor de análise em 1808.

Esse contexto, somado à proximidade entre Ampère e Cauchy, pode ajudar a explicar um trecho famoso da introdução do *Cours d'analyse algébrique* (Curso de análise algébrica), publicado por Cauchy em 1821. Ao caracterizar sua metodologia, ele critica a "generalidade da álgebra": "Quanto aos métodos, tentei imprimir-lhes todo o rigor que se espera da geometria, de modo a nunca recorrer a argumentos advindos da generalidade da álgebra."[6]

A menção à geometria exprime seu modo particular de tentar conciliar o método dos limites e o dos infinitamente pequenos, praticados desde 1811 na École Polytechnique. Cauchy assumiu a cadeira de análise em 1816 e tratou de reformar radicalmente esse curso. A direção não ficou satisfeita de início, pois a abordagem escolhida por ele ia além das demandas de um curso de engenharia e gerava resistência por parte dos alunos, por ser muito esmiuçada e reflexiva. Depois da mudança de orientação, os professores deveriam introduzir a análise de modo sucinto e conveniente para a mecânica, com ênfase em suas aplicações. Como forma de resistência, Cauchy decidiu escrever a série de aulas introdutórias que constituem o seu *Cours d'analyse algébrique*. Essa obra contém, portanto, os fundamentos do tipo de ensino defendido por Cauchy, que, apesar da conciliação com a geometria anunciada em sua Introdução, não segue o método dos antigos.

Esse é o primeiro livro-texto no qual uma nova visão da análise se fez presente. O período que vai da primeira metade do século XVIII até esse trabalho de Cauchy foi marcado pela exploração de aplicações das ferramentas do cálculo na solução de problemas físicos, tais como o das cordas vibrantes ou o da propagação do calor. Mas esses métodos empregavam novos conceitos teóricos, como os de função, continuidade e convergência, que demandavam definições mais precisas. Por exemplo, a obra de Cauchy estabelece critérios para a convergência de séries e define os coeficientes da série trigonométrica que pode representar uma função qualquer, já denominada "série de Fourier".

Uma das características mais importantes do movimento que se inicia com Cauchy é a conscientização por parte dos matemáticos de que só poderiam ser usadas propriedades que tivessem sido explicitamente definidas. Ou seja, a definição de função, bem como sua propriedade de continuidade, por exemplo, não deveria ser pressuposta implicitamente, mas enunciada explicitamente. A noção de função será então definida antes das noções de continuidade, limite e derivada, a fim de eliminar as incertezas ligadas à concepção sobre essas noções.

A preocupação de Cauchy com o rigor pode ser atestada pelo cuidado de expressar, sempre que possível, o domínio de validade de uma definição ou de um teorema. Essa motivação o levou a introduzir as novas noções de convergência de séries e de continuidade, e também a fornecer provas de existência, como a de somas de séries e das soluções de equações diferenciais.

Foi justamente a arquitetura proposta por Cauchy, vista em seu conjunto, mais do que o modo de definir este ou aquele conceito, ou de demonstrar este ou aquele teorema, que funcionou como um divisor de águas na história da análise. Conforme já dissemos, e repetimos, o rigor matemático é em si mesmo um conceito histórico, portanto em progresso. Os matemáticos do século XVIII eram rigorosos de acordo com os padrões do seu tempo. Mas, segundo Grabiner,[7] quando um matemático do século XIX pensava em rigor na análise, ele tinha três coisas em mente:

a) todo conceito teria de ser definido explicitamente em termos de outros conceitos cujas naturezas fossem firmemente conhecidas;
b) os teoremas teriam de ser provados e cada passo deveria ser justificado por outro resultado admitido como válido;
c) as definições escolhidas e os teoremas provados teriam de ser suficientemente amplos para servir de base à estrutura de resultados válidos pertencentes à teoria.

O conteúdo matemático do *Cours d'analyse* se inicia com uma revisão dos diversos tipos de número. Do mesmo modo que os demais matemáticos de sua época, Cauchy admitia como certo, ou dado, o sistema de números que eram considerados reais. Em seguida, ele definia quantidade variável, distanciando-se da definição de Euler. Segundo este, variável é uma quantidade numérica indeterminada ou genérica que inclui todos os valores determinados, sem exceção. As variáveis de Cauchy passavam por vários valores diferentes, mas não atingiam, necessariamente, todos os valores, isto é, elas podiam ser limitadas a um dado intervalo.

Cauchy definia *função* a partir da distinção entre variáveis independentes e dependentes, já usada por Ampère. Duas quantidades variáveis podem ser relacionadas de modo que dados os valores para uma delas podemos obter os valores da outra, que será a *função*:

> Quando quantidades variáveis são ligadas de modo que, quando o valor de uma delas é dado, pode-se inferir os valores das outras, concebemos ordinariamente essas várias quantidades como expressas por meio de uma delas que recebe, portanto, o nome de "variável independente"; e as outras quantidades, expressas por meio da variável independente, são as que chamamos *funções* desta variável.[8]

Apesar do caráter geral dessa definição, os comentários subsequentes mostram que Cauchy tinha em mente exemplos particulares de função. Ele classifica as funções em simples e mistas. As simples são: $a + x$, $a - x$, ax, a/x, x^a, a^x, $\log x$, $\operatorname{sen} x$, $\cos x$, $\operatorname{arcsen} x$, $\arccos x$. As mistas são compostas das simples, como $\log(\cos x)$.

Mas, apesar de não levar em conta o que designaríamos hoje como "funções arbitrárias" e considerar implicitamente as funções associadas às curvas que as representam, o universo das funções tratadas por Cauchy é bem mais amplo do que o do século XVIII. Ele fornece um exemplo para criticar a definição de função descontínua de Euler, mostrando que a função "descontínua"

$$y = \begin{cases} x, x \geqslant 0 \\ -x, x < 0 \end{cases}$$

pode ser representada pela única equação $y = \sqrt{x^2}$, $-\infty < x < +\infty$. Logo, ela seria também "contínua", no sentido de Euler. Isso revela que é supérfluo classificar funções contínuas e descontínuas pela unicidade de sua expressão analítica, conforme feito no século XVIII. Além disso, Cauchy fornece exemplos de funções não analíticas, como $f(x) = e^{-\frac{1}{x^2}}$, que não podem ser escritas como uma série de Taylor, contradizendo o pressuposto de Lagrange, que afirmava que todas as funções podiam ser expressas por uma série desse tipo.

Durante muito tempo a historiografia da matemática enxergou Cauchy como o pai fundador do movimento de rigor na análise, até que começaram a ser identificados alguns erros em sua concepção de continuidade. As duas imagens são as duas faces da mesma moeda. Ao procurar na obra desse matemático francês antecedentes das noções modernas em análise, podemos nos deparar com erros que frustrarão nossas expectativas. Pensamos ser mais proveitoso ver Cauchy como um homem de seu tempo, que buscava um tipo de rigor que já não era o do século XVIII, fundado na algebrização, mas que também não era o rigor típico do século XIX. Para ele, o conceito de continuidade era fundamental, e essa ideia se associava ao universo das curvas. A noção de função se relacionava implicitamente a essas curvas, uma vez que exemplos de funções que não podem ser vistas como curvas ainda não intervinham na matemática da época. Veremos, adiante, que um passo fundamental nessa direção será dado por Dirichlet.

Declínio da França e ascensão da Alemanha

Durante as primeiras décadas do século XIX, a matemática francesa foi profundamente influenciada pelo legado de Cauchy. Mas no ideal da Revolução, ilustrado pelo pensamento de Lagrange e Laplace, a justificativa para qualquer empreendimento teórico permanecia atrelada à sua relevância para a resolução de problemas de física ou de engenharia. A matemática não era a ferramenta central de uma busca especulativa pela verdade, e sim o elemento principal de uma cultura ligada à engenharia. Esse papel da matemática ajudou a configurar um certo espírito de corpo na elite francesa, que adquiria uma identidade científica. A Revolução democratizara o ideal meritocrático, que substituiu os critérios de nascimento no acesso aos serviços. A admissão na École Polytechnique passou a se dar por concurso e a matemática ganhou status nessa meritocracia, uma vez que tal saber era tido como capaz de medir a inteligência.

O objetivo do ensino da matemática era fornecer aos estudantes métodos abstratos suscetíveis, pela própria natureza, de aplicações o mais possível gerais. Nesse contexto, a análise detinha uma posição hegemônica. No início do século XIX, o modo mais característico de combinar a análise matemática com a mecânica era dado na mecânica celeste, com base nos princípios defendidos por Lagrange e Laplace. A finalidade era empregar equações diferenciais para descrever um número cada vez mais amplo de fenômenos que passavam a prescindir de explicação física, já que podiam ser descritos e previstos por meio da resolução da equação. A solução da equação diferencial se identificava à solução do problema.

A física matemática e a mecânica celeste eram os principais campos de pesquisa dos matemáticos franceses no século XIX. Eles procuravam estudar as equações que governam fenômenos físicos em mecânica dos fluidos, eletrostática e eletrodinâmica, teoria do calor e da luz etc. A análise complexa,* desenvolvida por Cauchy, emergiu do estudo de equações diferenciais parciais, ligadas a problemas físicos. Em 1824, o secretário perpétuo da Academia de Ciências de Paris, Joseph Fourier, ao relatar os avanços daquele ano, proclamava: "O tempo das grandes aplicações das ciências chegou."[9]

Grattan-Guinness[10] distingue no primeiro terço do século XIX dois principais grupos atuando na França: teóricos, preocupados com análise e física matemática, como Cauchy e Liouville; e matemáticos aplicados, que se ocupavam de mecânica e engenharia, como Navier e Poncelet. Existia uma separação entre, de um lado, a física matemática e a mecânica celeste; e, de outro, a mecânica que lidava com artefatos para a engenharia ou a indústria. Além disso, havia também a geometria, que trabalhava com instrumentos ópticos e sobrevivia desde o século XVII. Mesmo para Cauchy o rigor não era uma restrição nem um objetivo em si mesmo; era a condição

* Parte da matemática que estuda as funções cujas variáveis são números complexos e que estava sendo desenvolvida naquele momento.

Para encontrar um sentido geométrico para a regra de cálculo utilizada, Cardano observava que 40 é o quádruplo de 10, logo, queremos que o produto AD × DB seja o quádruplo de AB. Devemos, portanto, retirar de CBKI o quádruplo de AB. Se restasse algo, a raiz quadrada dessa quantidade, respectivamente somada e subtraída do lado de CBKI, daria o resultado procurado. Mas como o resultado é negativo e a diferença entre CBKI e o quádruplo de AB é *m*15, essa raiz seria *Rm*15, quantidade que, respectivamente somada e subtraída de 5, nos daria a solução desejada.

Essas soluções eram escritas como "5 *p* R *m* 15" e "5 *m* R *m* 15", e Cardano afirmava que "fazendo abstração das torturas infligidas ao nosso entendimento" podemos concluir que o produto desses dois números é 40, ou seja, "25 *mm* 15 *quad est* 40". No entanto, o quadrado CBKI não possui a mesma natureza do segmento AB, logo, não possui a mesma natureza do quádruplo de AB, que é 40, pois "uma superfície é por natureza diferente de um número e de uma reta". As quantidades obtidas (5 *p* R *m* 15 e 5 *m* R *m* 15) são, portanto, afirmava Cardano, "realmente sofísticas", uma vez que podemos realizar com elas operações que não podemos "realizar nem com os números puramente negativos, nem com os outros".

A seu modo, Cardano realizava a multiplicação de $5 + \sqrt{-15}$ por $5 - \sqrt{-15}$ e obtinha como resultado $25 - (-15) = 40$. Todavia, para justificar geometricamente essa operação, era obrigado a utilizar quantidades "sofísticas" que permitiam a realização de operações como retirar um segmento de um quadrado. Esse é um dos indícios de que Cardano ficava dividido entre assumir as operações algébricas por si mesmas ou tentar justificá-las geometricamente.

A operação com números negativos também será questionada. Apesar de ter empregado anteriormente a regra dos sinais ("menos com menos dá mais"), Cardano passará a negá-la, justificando, de modo geométrico, que o resultado deve ser menos. Para ele, era necessário dar um sentido geométrico às operações algébricas, embora elas funcionassem bem nos cálculos.

Mencionamos no Capítulo 4 que R. Bombelli resolveu o problema de calcular a raiz da equação que escrevemos hoje como $x^3 = 15x + 4$. Aplicando a fórmula de Cardano, obtemos $a = \sqrt[3]{2 + \sqrt{-121}}$ e $b = \sqrt[3]{2 - \sqrt{-121}}$. A raiz seria dada, portanto, por: $\sqrt[3]{2 + \sqrt{-121}} + \sqrt[3]{2 - \sqrt{-121}}$. Por métodos de tentativa e erro, sabe-se que essa soma deve dar 4.

surpreendente, logo depois de 1800, o número de trabalhos sobre a representação geométrica dos negativos e imaginários escritos por pessoas que não participavam da comunidade matemática. Um exemplo conhecido é o do dinamarquês Caspar Wessel, mas no meio francês houve também o caso do padre Adrien-Quentin Buée, que não integrava a comunidade científica. Ele usava a distinção entre os aspectos quantitativos e qualitativos dos números negativos proposta por Fontenelle, esclarecendo que os sinais de mais e de menos têm dois significados distintos que é preciso interpretar. O primeiro designa uma operação aritmética que, quando aplicada a um segmento de reta, define seu comprimento; já o segundo pode ser visto como uma operação geométrica que remete à ideia de direção.

Outro personagem mítico é Jean-Robert Argand. Na historiografia tradicional, diz-se que se tratava de um suíço, amador em matemática, que trabalhava como guardador de livros. Mas essa versão é falsa. Hoje só se pode afirmar que, entre 1806 e 1814, um certo Argand parece ter sido um técnico que estava a par do desenvolvimento da ciência na época. Em 1813, foi publicado um artigo de Jacques Frédéric Français nos *Annales de Mathématiques Pures et Appliquées*, a primeira revista especializada em matemática, editada fora de Paris por J.D. Gergonne. Français declarava que as ideias defendidas por ele haviam sido tiradas de uma carta de A.M. Legendre, na qual esse "grande geômetra" comunicava as ideias de um autor anônimo sobre a representação dos negativos e imaginários. Esse apelo levou Argand a entrar no debate, mostrando que ele era o autor citado.[25]

Uma versão do texto de Argand já tinha sido impressa antes dessa data, mas sem a indicação de seu nome. Com esse interesse renovado por seu trabalho, Argand publicou, ainda em 1813, nos *Annales* de Gergonne, o artigo "Essai sur une manière de représenter les quantités imaginaires dans les constructions géométriques" (Ensaio sobre uma maneira de representar as quantidades imaginárias nas construções geométricas). Aí ele começa por tratar das quantidades negativas, afirmando que estas não podiam ser rejeitadas, sob o risco de se ter de questionar diversos resultados algébricos importantes.

Tomemos as grandezas a, $2a$, $3a$, $4a$ etc. É evidente que podemos acrescentar grandezas ao infinito. Mas e a operação inversa? Podemos

Um dos principais problemas tratados por Dirichlet dizia respeito às condições para que se possa calcular a integral de uma função. Até esse momento, o cálculo da integral era um problema prático, pois, como a função era uma expressão analítica, as integrais eram calculadas para exemplos específicos. Bastava ter um método algébrico eficiente e encontrar a expressão analítica da integral, ou da área. Os matemáticos do século XVIII não estavam muito preocupados com as condições de integrabilidade, ou seja, com as condições que uma função deveria satisfazer para poder ser integrada.

Dirichlet percebeu que nem toda função pode ser integrada, e no artigo "Sur la convergence des séries trigonométriques qui servent à représenter une function arbitraire entre des limites données" (Sobre a convergência das séries trigonométricas que servem para representar uma função arbitrária entre limites dados), publicado em 1829, dá um exemplo:

$$f(x) = \begin{cases} 0, \text{ se } x \text{ é racional} \\ 1, \text{ se } x \text{ é irracional} \end{cases}$$

Essa função, segundo ele, não pode ser dada por uma nem por várias expressões analíticas. Além disso, ela não pode ser representada por uma série de Fourier, não é derivável e é descontínua em todos os pontos. Intuitivamente, se concebemos a integral como a área sob o gráfico de uma função, não é difícil entender que a função proposta por Dirichlet não possui integral no sentido clássico. Sendo descontínua em todos os pontos, ela não pode definir uma área.

Dirichlet mostrou que para resolver o problema da convergência das séries de Fourier seria preciso investigar, em primeiro lugar, quando uma função é integrável em certo intervalo. Cauchy tinha tentado esclarecer o significado da integração, e as condições que propôs foram aperfeiçoadas por Dirichlet (e mais tarde por Riemann). Ficava claro que essas considerações pressupunham um conceito de função mais geral do que os usados anteriormente, logo, era preciso discutir a noção que os matemáticos

Nesse contexto surgirá a ideia de função como uma correspondência entre dois conjuntos numéricos. Se x é um elemento do conjunto dos reais, e n um elemento do conjunto dos naturais, pode ser estabelecida uma correspondência entre x e n, de modo que cada elemento de um conjunto seja associado a um, e somente um, elemento do outro? Essa é a pergunta que Cantor formula para Dedekind em 1873. Ele mesmo provou que é impossível encontrar tal correspondência, estabelecendo uma diferença fundamental entre o número de elementos (cardinalidade) do conjunto de números reais e o número de elementos do conjunto dos números naturais.

O conceito de correspondência biunívoca servirá de base para a constituição da nova teoria dos conjuntos, por volta de 1879. Dois conjuntos são ditos com a mesma "potência" se existe correspondência biunívoca entre seus elementos. Os conjuntos que possuem a mesma potência dos naturais são chamados "enumeráveis", e os outros são "não enumeráveis". A resposta ao critério para que uma série trigonométrica represente uma função, fornecida por Cantor, repousa sobre essa diferenciação, e essa resposta é afirmativa no caso de a série deixar de convergir em infinitos pontos, contanto que eles formem um subconjunto enumerável da reta.

Dedekind dará os próximos passos no desenvolvimento da teoria dos conjuntos ao propor a caracterização dos naturais e racionais em termos de conjuntos. Para ele, os números naturais formam um conjunto de "coisas" ou "objetos de pensamento". Acontece frequentemente que, por alguma razão, coisas distintas a, b, c,... podem ser percebidas a partir de um mesmo ponto de vista. É o caso dos números: coisas distintas são entendidas de um mesmo ponto de vista quando consideradas a partir de seus números. Nesse caso, podemos dizer que essas coisas formam um conjunto. Em seguida, Dedekind enuncia as relações básicas envolvendo conjuntos que tratam das noções que conhecemos hoje de subconjunto, união e interseção.

A partir dos anos 1880, Dedekind e outros matemáticos, como Frege e Peano, propuseram construções do conjunto dos naturais e derivaram suas principais propriedades. Cantor e Dedekind já tinham caracterizado os reais, e seus estudos, juntamente com os de Weierstrass, foram responsáveis por fundar a análise sobre novas bases. Mas o grupo de Berlim seguia uma abordagem um pouco distinta da visão conceitual e abstrata praticada para o desenvolvimento de métodos gerais com vistas à aplicação. A prática da matemática não era muito valorizada por si mesma, sobretudo em comparação com seu desenvolvimento na Alemanha das décadas seguintes.

Ao afirmarmos que a pesquisa matemática na França inspirava-se nas aplicações não queremos dizer que sua orientação não fosse eminentemente teórica. O domínio de aplicação de uma teoria era tanto maior quanto mais elevado era seu ponto de vista. Esse princípio levava à busca de uma ciência derivada de uma ideia unificadora, caso da análise para Lagrange. O mesmo princípio levou Fourier a constituir sua análise sobre as séries trigonométricas. Logo, como afirma B. Belhoste,[11] o movimento de teorização não se opunha às aplicações; encontrava nelas sua inspiração. O interesse pela solução de problemas de física ou de engenharia e a busca por teorias cada vez mais gerais eram os dois lados da mesma moeda.

Daí surgiu a crença de que a matemática deveria ser a base para todo o conhecimento, crença defendida na classificação das ciências proposta pelo positivista Auguste Comte em 1842. Para ele, a matemática constituía o instrumento mais poderoso que a mente humana poderia usar no estudo dos fenômenos naturais, pois sua universalidade seria a imagem do que toda a ciência deveria almejar. Logo, a matemática deveria ser o ponto de partida de qualquer treinamento científico e intelectual.

Mesmo Cauchy é visto por alguns historiadores, entre os quais U. Bottazzini,[12] como um típico "engenheiro-cientista". Sua predominância na cena francesa durante a primeira metade do século XIX seria, de certo modo, um impedimento à recepção de estudos vindos de fora. A autossuficiência do pensamento francês teria levado a um atraso na incorporação da nova matemática que se desenvolvia sobretudo na Alemanha. Poucos eram os franceses que, como Hermite e Liouville, tinham interesse pelas pesquisas que Dirichlet e Jacobi passaram a promover a partir dos anos 1840. Aos poucos, Paris deixava de ser o principal centro da atividade matemática e a École Polytechnique perdia seu caráter inovador. O clima de autoritarismo do final do Segundo Império tornou ambíguo o papel da matemática, que era divorciado da pesquisa. Seu estudo era incentivado, acima de tudo, por sua utilidade prática no treinamento de engenheiros e a sociedade se interessava cada vez menos por pesquisas teóricas e abstratas.

O contrário acontecia na Alemanha. Por volta dos anos 1850, as universidades alemãs adquiriram uma posição dominante na cena internacional e se tornaram o destino principal dos estudantes que queriam se atualizar em matemática avançada. A invasão napoleônica, no início do século XIX, motivou a necessidade de elevar o nível de sofisticação militar e científica da Alemanha. Os alemães explicavam a própria derrota apontando para o alto nível de educação científica dos franceses, consequência da reforma educacional implantada após a Revolução Francesa. O traço característico das universidades que se desenvolviam na Alemanha a partir de 1810 era o papel indissociável entre o ensino e a pesquisa. Essa estreita relação permitia aos professores ir além dos cursos padronizados e elementares, baseados em livros-texto, para introduzir novos resultados, ligados a pesquisas.

O estilo dos matemáticos alemães da época pode ser explicado, em grande parte, pela proximidade com a faculdade de filosofia e pelo contato com filósofos. Promoviam-se, assim, orientações mais teóricas, motivadas também por pressuposições filosóficas. O grupo dos neokantianos do início do século XIX, que se opunha ao idealismo de Hegel, exerceu forte influência sobre diversos matemáticos alemães algumas décadas depois. Os valores neo-humanistas enxergavam a matemática como uma ciência pura, o que era expresso na visão de vários pensadores da época. Os conceitos fundamentais deviam ser definidos por meio de outras definições claramente explicitadas e nunca se basear em intuições.

Um dos estudiosos mais importantes a defender esse ponto de vista foi August Leopold Crelle, por ter fundado, em 1826, uma das mais prestigiosas revistas naquele momento, editada por ele até sua morte, em 1855. Crelle era próximo de Alexander von Humboldt e, em 1828, ao se referir à matemática, afirmou:

> A matemática em si mesma, ou a assim chamada *matemática pura*, não depende de suas aplicações. Ela é completamente idealista; seus objetos, *número*, *espaço* e *força*, não são tomados do mundo externo, são ideias primitivas. Eles seguem seu desenvolvimento independentemente, por meio de deduções a partir de

conceitos básicos. ... Qualquer adição de aplicações ou ligação com estas, das quais ela não depende, são, portanto, desvantajosas para a própria ciência.[13]

Duas universidades ganharam destaque no decorrer do século: Göttingen e Berlim. A primeira, mais antiga, inicialmente encarava a matemática como uma disciplina que também incluía cursos técnicos e de aplicações, como engenharia, entretanto essa orientação foi perdendo força. Gradualmente, os professores universitários aumentaram as exigências intelectuais, em resposta, parcialmente, ao modelo francês, mas também devido à melhoria no nível dos estudantes. Os matemáticos não eram mais vistos como práticos; participavam de uma elite intelectual de professores universitários que valorizava o saber puro, principalmente no contexto das humanidades enfatizadas por Humboldt.

C.F. Gauss foi professor da Universidade de Göttingen até sua morte, em 1855. A interação entre ensino e pesquisa foi incrementada depois dessa data, com a vinda de Dirichlet de Berlim. Tal aquisição deu início a uma nova fase para a matemática nessa universidade, com a presença também de Riemann. Os cursos de ambos inauguraram o processo que transformaria essa universidade, no final do século XIX, com a chegada ainda de Klein e Hilbert, em um dos centros matemáticos mais importantes do mundo, ao lado da Universidade de Berlim. Dirichlet e Riemann seguiam as linhas iniciais traçadas por Gauss, promovendo uma visão conceitual e abstrata da matemática. Ainda que Dedekind não tenha sido professor em Göttingen – Dedekind não teve uma carreira universitária até 1870, quando optou por entrar na escola técnica de sua cidade –, ele também pode ser incluído nesse grupo, uma vez que frequentou essa universidade durante alguns anos, primeiro como aluno de Dirichlet e depois participando ativamente nas discussões que imprimiram orientações metodológicas comuns. Como defende J. Ferreirós,[14] as semelhanças entre as preferências teóricas de Dirichlet, Riemann e Dedekind permitem integrá-los em um "grupo de Göttingen".

Na segunda metade do século XIX, com a posição central que a Universidade de Berlim adquiriu em relação às outras universidades alemãs, uma nova visão da matemática passou a prevalecer, dominada pela teoria das funções desenvolvida por Weierstrass e seus colaboradores. No início, esse matemático ensinava tópicos relacionados à física matemática, mas, aos poucos, a busca do rigor aritmético na análise se tornou sua principal preocupação, ao mesmo tempo em que decaía o interesse pelas aplicações e pela geometria.*

Os cursos de Weierstrass começaram por volta dos anos 1860, quando foi fundado um seminário matemático na Universidade de Berlim, que teve um papel decisivo na constituição do grupo que ficou conhecido como "escola de Weierstrass". A necessidade de refletir sobre o rigor aflorou com seus estudos sobre a teoria das funções analíticas, iniciados nessa época. Mais tarde, a concepção de rigor desenvolvida em sua teoria das funções fez com que Weierstrass rejeitasse a abordagem de Cauchy. Em Berlim, a matemática passou a se basear em noções puramente aritméticas. Nessa atmosfera, Cantor recebeu sua educação matemática entre 1863 e 1869.

Weierstrass preferia apresentar seus resultados nos cursos, por isso eles permaneceram praticamente inéditos até 1895, quando foi editado o primeiro volume de suas obras. Mas, durante os anos 1870, sua fama se espalhou. Muitos convidados vinham assistir a seus cursos e escreviam anotações que acabavam circulando. No final do século, a noção de rigor defendida por Weierstrass se tornou predominante, repousando sobre a aritmetização da matemática, conforme essa tendência foi denominada por Felix Klein em 1895, na ocasião do aniversário de oitenta anos de Weierstrass.

Esse é o contexto em que o conceito de número, desvinculado da noção de quantidade e de qualquer associação com a realidade externa, tornou-se um dos objetos principais da matemática. As tentativas anteriores de assegurar as bases ontológicas dos conceitos fundamentais da matemática a partir da relação com uma certa realidade, não importa qual fosse, colocavam os alicerces dessa disciplina no mundo externo. No entanto, as dificuldades encontradas na legitimação das operações com números negativos e na conceitualização dos imaginários, juntamente com as

---

* Um exemplo da concepção aritmética de rigor é dado pelas atuais definições de noções básicas da análise em termos de ε's e δ's.

discussões epistemológicas sobre o cálculo infinitesimal, levaram ao desenvolvimento de uma matemática baseada em conceitos abstratos que passou a ser designada de "pura". Antes de passarmos ao modo como os números reais (incluindo os irracionais), negativos e complexos foram admitidos como objetos matemáticos, apresentaremos um breve panorama de seu estatuto antes desse momento, a fim de enfatizar a transformação no modo de se conceber esses números.

Surdos, negativos e imaginários na resolução de equações

No livro X dos *Elementos* de Euclides são listadas diversas construções cujas soluções são dadas por segmentos de reta classificados em racionais e irracionais. As soluções racionais seriam aquelas comensuráveis com a unidade ou cujo quadrado fosse comensurável com o quadrado construído sobre a unidade (como visto nos Capítulos 2 e 3). As outras soluções são ditas "*alogos*", termo que pode ser traduzido como "sem razão" (irracional).

Durante o desenvolvimento da ciência árabe, muitos dos nomes gregos foram traduzidos e depois usados pelos europeus. Os seguidores de Al-Khwarizmi resolviam equações e admitiam o caso de raízes irracionais. Ao traduzir o termo grego *alogos*, que também possui o sentido de "inexprimível", essas soluções foram chamadas de "mudas" (*jidr assam*). Nas versões latinas, a designação árabe foi, algumas vezes, traduzida por "números surdos", que é como os irracionais ficaram conhecidos. Como mencionado no Capítulo 4, os métodos algébricos adquiriram grande autonomia com os árabes (começando a ficar independentes com relação à geometria). Além dos irracionais quadráticos, eles calculavam raízes de ordem qualquer, obtidas pela inversão da operação de potenciação e aproximadas por métodos elaborados que também permitiam resolver equações numéricas.

Enquanto se empregava o critério da homogeneidade das grandezas geométricas, ou seja, enquanto os comprimentos e as áreas só podiam ser operados com objetos da mesma natureza, essas grandezas não eram identificadas a números. Mesmo na geometria de coordenadas proposta por Descartes, ainda que ele tenha ultrapassado a lei de homogeneidade (como visto no Capítulo 5) não havia necessidade de se considerar explicitamente a natureza dos números reais. Descartes se baseava em uma teoria das proporções exatas que permitia representar as curvas por equações, sem se preocupar se essas proporções podiam ser expressas por números. O problema da natureza dos números, antes da segunda metade do século XVII, se apresentava sobretudo no contexto das operações aritméticas e da resolução de equações.

Os números irracionais que intervinham nos métodos de resolução de equações intrigaram os algebristas europeus dos séculos XV e XVI. Um bom exemplo é Bombelli, que propôs um modo de aproximar o resultado do problema que escreveríamos hoje como sendo o de encontrar a solução da equação $x^2 = 2$. Ele sabia que o valor da raiz, nesse caso, deveria estar entre 1 e 2, logo, ele reconhecia que esse número deveria ser constituído pela unidade mais o que sobra, quando subtraímos 1 dessa raiz. Simbolizando a raiz por x, o que ainda não era feito na época de Bombelli, teríamos $x = 1 + (x - 1)$. Mas ele sabia ainda, a seu modo, que $\frac{1}{x-1} = x + 1$, pois $x^2 = 2$. Dessa igualdade e da anterior conclui-se que $\frac{1}{x-1} = x + 1 = 2 + (x - 1)$. Invertendo os numeradores e os denominadores, temos que $x - 1 = \frac{1}{2+(x-1)}$. Mas o valor de $x - 1$ pode ser novamente substituído no denominador, e temos:

$$x - 1 = \cfrac{1}{2 + \cfrac{1}{2 + (x-1)}} = \cfrac{1}{2 + \cfrac{1}{2 + \cfrac{1}{2 + (x-1)}}}$$

Esse método, denominado atualmente de "frações contínuas", tem sua origem no procedimento da *antifairese* (descrito no Capítulo 2) e fornece uma aproximação para a raiz da equação expressa hoje como $\sqrt{2}$, dada por

$$1 + \cfrac{1}{2 + \cfrac{1}{2 + \cfrac{1}{2 + \ldots}}}$$

Durante o século XVI, os números surdos apareciam frequentemente como raízes de equações e eram, muitas vezes, aproximados por somas infinitas. No entanto, o estatuto desses números ainda não estava bem definido, ou seja, não se sabia se eles deviam ser realmente considerados números. Em 1544, o matemático alemão Michael Stifel resumiu as ambiguidades que devem ser enfrentadas ao se aceitar esse tipo de número:

> Discute-se, com justiça, sobre os números irracionais, se são números verdadeiros ou fictícios. De fato, porque nas coisas que devem ser demonstradas por figuras geométricas, quando estamos sem os números racionais, sucedem-se os irracionais, e demonstram principalmente aquelas coisas que os números racionais não podem demonstrar ...; somos movidos e pensamos confessar que eles são verdadeiros, a saber, a partir dos efeitos deles, que sentimos serem reais, certos e constantes.
>
> Mas outras coisas nos movem para uma afirmação diversa, de forma que pensamos em negar que os números irracionais são números. A saber, quando tivermos tentado subordiná-los à numeração, a serem proporcionais a números racionais, descobriremos que eles fogem perpetuamente, de modo que nenhum deles pode ser apreendido em si mesmo precisamente; é o que pensamos nas resoluções em que aparecem, como mais abaixo talvez mostrarei. Mas não pode ser dito um número verdadeiro o que carece de tal precisão e que não tem com números verdadeiros nenhuma proporção conhecida. Da mesma forma, portanto, que número infinito não é número, o número irracional não é um número verdadeiro, ele permanece sob certa nuvem de infinidade.[15]

Stifel via os irracionais como números que escapam constantemente. Ao investigar proposições sobre figuras geométricas substituindo linhas por suas medidas, ele observava que os irracionais não estão em uma relação de proporção com números verdadeiros (os racionais). A "nuvem de infinidade" na qual está imerso um número irracional pode ser compreendida também pelo fato de esse número escapar da representação decimal. Em 1585, o holandês Simon Stevin publicou um texto de popularização em holandês e francês, chamado *De Thiende* (O décimo, traduzido para o francês como *La disme*), defendendo uma representação decimal para os números fracionários e mostrando como estender os princípios da aritmética com algarismos indo-arábicos para realizar cálculos com tais números. Apesar de seu sistema ser bastante complexo, sem o uso de vírgulas, o fato de escrever as casas decimais de um número tornava mais evidente a possibilidade de se aumentar o número de casas, o que é útil se quisermos aproximar um número irracional por um racional.

A introdução da representação decimal com vírgulas foi um passo importante na legitimação dos irracionais, uma vez que fornecia uma intuição de que entre dois números quaisquer é sempre viável encontrar um terceiro, aumentando o número de casas decimais. Nota-se, por meio dessa representação, que, apesar de os irracionais escaparem, é possível que racionais cheguem muito perto. Não por acaso, Stevin foi um dos primeiros matemáticos do século XVI a dizer que o irracional deve ser admitido como número, uma vez que pode ser aproximado por racionais.

Exemplo de aproximação de irracionais por racionais

As cinco primeiras aproximações de $\sqrt{2}$ obtidas pelo método das frações contínuas são:

$\frac{3}{2} = 1{,}5 \quad \frac{7}{5} = 1{,}4 \quad \frac{41}{29} = 1{,}41379310\ldots \quad \frac{99}{70} = 1{,}41428571\ldots \quad \frac{17}{12} = 1{,}41666\ldots$

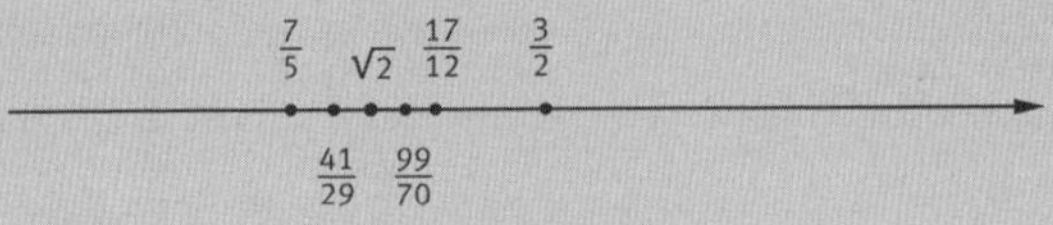

ILUSTRAÇÃO 1

Temos também uma ilustração da aproximação do irracional $\sqrt{2}$ pela sequência de racionais: 1,4, 1,41, 1,414, 1,4142 ...

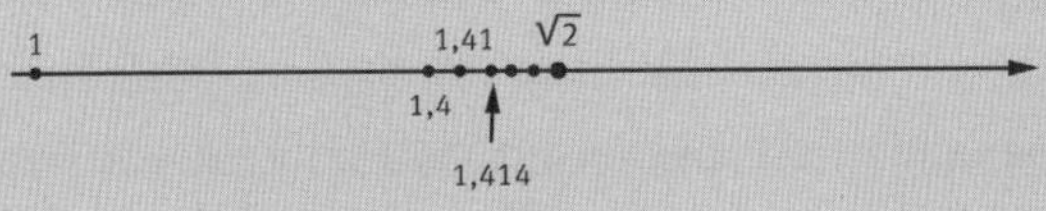

ILUSTRAÇÃO 2

As técnicas empregadas para a solução de equações evoluíram durante os séculos XVI e XVII para uma teoria das equações que buscava fórmulas gerais para exprimir as raízes. O simbolismo de Viète foi aos poucos sendo incorporado e permitiu maior generalidade no tratamento das equações. Os primeiros a colocar a questão da existência das raízes de uma equação qualquer foram Girard e Descartes, na primeira metade do século XVII.

Em 1629, Albert Girard introduziu o problema de saber qual o número de raízes de uma equação qualquer, problema que funda uma perspectiva mais geral de análise das equações. Seu livro *Invention nouvelle en algèbre* (Nova invenção em álgebra) exprime, já no subtítulo, o objetivo de "reconhecer o número de soluções que elas [as equações] recebem, incluindo diversas coisas necessárias à perfeição desta divina ciência".[16] Para obter a desejada generalidade, ele afirma que todas as equações possuem tantas soluções quanto o grau da quantidade de maior grau, o que consiste em uma primeira versão do que conhecemos, hoje, como "teorema fundamental da álgebra".

O teorema fundamental da álgebra – Exemplos

O número de raízes de uma equação é dado pelo seu grau:

- $2x^4 + 5x^3 - 35x^2 - 80x + 48 = 2(x+3)(x+4)(x-4)(x-\frac{1}{2}) = 0$ possui quatro raízes: $-3, -4, 4$ e $\frac{1}{2}$.
- $x^3 - 4x^2 - 2x + 20 = (x^2 - 6x + 10)(x+2) = 0$ possui três raízes: $3 + i$, $3 - i$ e -2.
- $x^5 - 2x^4 - 7x^3 - 4x^2 = x^2(x+1)^2(x-4) = 0$

possui cinco raízes: 0, −1 (ambos com multiplicidade 2) e 4.

- $x^3 + x^2 - 2x - 2 = (x^2 - 2)(x+1) = 0$ possui três raízes: $-\sqrt{2}$, $\sqrt{2}$ e -1.

Segundo Girard, todas as equações da álgebra recebem tantas soluções quanto a denominação da mais alta quantidade, exceto as incompletas. Obviamente, para admitir esse número de soluções, será necessário admitir como válidas as soluções que ele designa "impossíveis". Mas para que servem essas soluções se elas são impossíveis? Girard responde que elas servem por sua utilidade, mas sobretudo para garantir a generalidade do resultado:

> Poderíamos perguntar para que servem as soluções que são impossíveis, respondo que para três coisas: para a certeza da regra geral, para a certeza de que não há outra solução e pela sua utilidade.[17]

Em seguida, Girard acrescenta que as soluções podem ser "mais que nada" ("positivos, incluindo os irracionais"), "menos que nada" ("negativos"), ou do tipo $\sqrt{-}$. Alguns anos mais tarde, Descartes também irá admitir que uma equação possui tantas raízes quantas são as dimensões da quantidade desconhecida. No entanto, ele destaca que algumas dessas raízes podem ser "falsas ou menos que nada" e investiga quantas são as verdadeiras e quantas são as falsas para uma equação qualquer. Conclui então que:

> tanto as verdadeiras raízes quanto as falsas não são sempre reais, mas às vezes apenas imaginárias; o que quer dizer que podemos sempre imaginar tantas quanto dissemos em cada equação, mas às vezes não há nenhuma quantidade que corresponda àquelas que imaginamos.[18]

O exemplo utilizado para ilustrar esse caso é o da equação dada por $x^3 - 6xx + 13x - 10 = 0$, para a qual podemos imaginar três soluções, das quais apenas uma é real, dada pelo número 2. Quanto às outras, mesmo que as aumentássemos, diminuíssemos ou multiplicássemos, não conseguiríamos fazer com que deixassem de ser imaginárias. A palavra "imaginária", talvez devido à grande influência da obra de Descartes, passará a ser a mais usada para designar essas quantidades.

Resumindo, vimos que o estudo do número de raízes de uma equação trouxe a necessidade de se considerar raízes irracionais, negativas e imaginárias. Os números irracionais eram entendidos de modo geométrico, porém, a exigência algébrica motivou a reflexão sobre o estatuto das quantidades negativas e imaginárias. Os números negativos já tinham aparecido em alguns momentos da história, mas em relação com as operações aritméticas. Enquanto um número negativo $-a$ era entendido como $0-a$, não se punha o problema de defini-lo em si mesmo.

Fibonacci usava números negativos em diversos problemas como valores intermediários e como soluções. Contudo, ele tentava transformar os casos em que essas quantidades apareciam – chamados insolúveis – em outros que permitissem sua interpretação. Em alguns tratados do século XV os resultados negativos eram usados sem grandes discussões. Em sua *Algebra*, Petrus Ramus enuncia as operações aritméticas para números positivos e negativos, além de operar com essas quantidades sistematicamente. Apesar de não investigarem sua natureza, os algebristas dos séculos XV e XVI lidavam com essas quantidades nos cálculos de modo pragmático, uma vez que tinham por objetivo resolver equações. Logo, apesar de não admitirem números negativos como solução da equação, podiam aceitá-los nos cálculos.

Cardano usava as mesmas regras de sua época para operar com quantidades negativas, e refletiu sobre a consistência dessas operações. Ele admitia quantidades negativas como raízes de equações, no entanto designava essas soluções como "fictícias". É interessante observar que números negativos, quando apareciam nos cálculos, podiam ser chamados "negativos", entretanto, quando representavam a solução de uma equação eram ditos "fictícios". Isso mostra que, apesar do reconhecimento da utilidade prática dessas quantidades, elas não eram consideradas números. Os objetos admitidos pela matemática se confundiam com as grandezas geométricas.

Uma situação semelhante à dos números negativos ocorria para as raízes desses números. Vimos no Capítulo 4 que o método de Cardano para resolver equações cúbicas gerava um problema no caso das chamadas equações "irredutíveis", como $x^3 = 15x + 4$. É fácil ver, substituindo o valor de x por 4, que essa é uma raiz válida da equação. Contudo, o método fazia aparecer raízes de números negativos como intermediárias no cálculo das raízes das equações cúbicas, embora somente as raízes racionais positivas fossem admitidas como solução. Apesar de afirmar explicitamente que a raiz quadrada de um número positivo é positiva e a raiz quadrada de um número negativo não é correta, Cardano não se privava de operar com raízes de números negativos.

Por exemplo, dizia ele, se queremos dividir o número 10 em duas partes cujo produto seja 40, "é evidente que este problema é impossível, mas podemos fazer os cálculos do modo que se segue":[19] dividimos 10 em duas partes iguais, obtendo 5, que multiplicado por si mesmo, dá 25; subtraímos de 25 o produto requerido, ou seja, 40, e restará *m*15. Colocando tal problema em linguagem atual: deseja-se determinar números x e y que satisfaçam $x + y = 10$ e $x.y = 40$, o que é equivalente a determinar as raízes da equação $x^2 - 10x + 40 = 0$ obtida a partir dessas igualdades. Os passos acima correspondem ao cálculo de $\sqrt{(b/2)^2 - ac}$.

A solução deveria ser justificada geometricamente, e Cardano apresentava uma tentativa interessante para suprir a ausência de representação geométrica natural. Segundo as proposições de Euclides, a equação de que tratamos aqui exigiria a construção de um quadrado de área *m*15. É como se tivéssemos uma situação equivalente à da proposição II-5 de Euclides, estudada no Capítulo 3, que afirma ser AD × DB + CD² = CB² = CBKI.

Dividindo o segmento AB de comprimento 10 em dois segmentos iguais e desiguais, queremos encontrar o ponto D que resolve o problema, como na Ilustração 3. Para isso, seria necessário retirar do quadrado CBKI, de área 25, um retângulo de área 40 (igual ao produto de AD por DB). Sendo assim, o quadrado em CD deveria ter área *m*15.

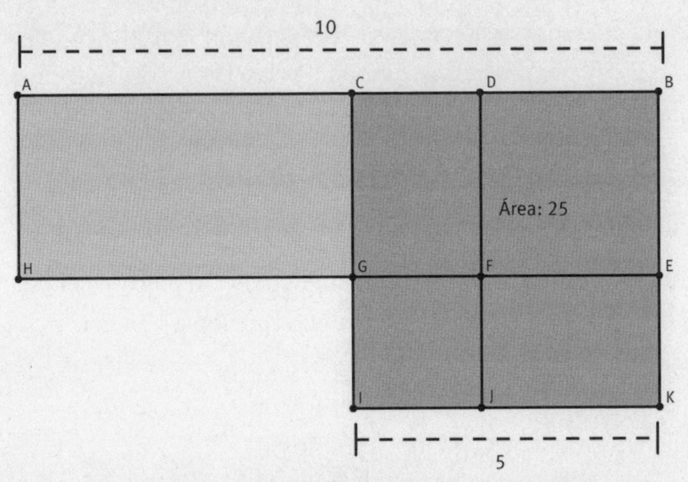

ILUSTRAÇÃO 3 A justificativa geométrica de Cardano para as soluções de $x^2 - 10x + 40 = 0$.

Obviamente, Bombelli não usava essa notação. Designando a raiz quadrada por *R.q.* e a raiz cúbica por *R.c.*, escrevia que *R.c. 2.p.dm.R.q.121* + *R.c. 2.m.dm.R.q.121*. Observamos que ele usava a notação *dm.R.q.121* para $\sqrt{-121}$, o que é diferente de *R.q.m.121*. Isso indica que a sua notação para $\sqrt{-121}$ privilegiava a operação realizada com esse número e não o número obtido como raiz de uma quantidade negativa.

O mais interessante dessa notação é que *p.dm.*, que é a abreviação para *più di meno*, em italiano, designa que estamos somando a raiz quadrada do número negativo 121 e *m.dm.*, abreviação de *meno di meno*, designa a subtração dessa mesma quantidade. Por meio de operações com esses números, Bombelli concluía que o valor final era 4. Para enunciar as operações com os números *p.dm.* e *m.dm.*, Bombelli fornecia algoritmos que permitiam calcular suas multiplicações por qualquer outro número, afirmando inclusive que *m.dm.* × *m.dm.* dá *m.*, o que é equivalente a dizer que $-\sqrt{-1} \times -\sqrt{-1} = -1$. Isso mostra que Bombelli admitia enunciar regras de cálculo com esses números.

Os números imaginários foram abordados em seu primeiro livro, juntamente com definições de conceitos elementares, como potências, raízes e binômios, além das operações que os envolviam. Ele reconhecia a existência das raízes negativas e seguia adiante, afirmando que essas expressões eram mais "sofísticas" que reais (a qualificação de "sofísticas" para essas quantidades indica que elas produzem sofismas). É o que podemos perceber no trecho abaixo:

> Encontrei um outro tipo de raiz cúbica composta, muito diferente das outras, no capítulo do "cubo igual a tanto e número", quando o cubo da terça parte do tanto é maior que o quadrado da metade do número, como nesse capítulo se demonstrará, ... porque quando o cubo do terço do tanto é maior que o quadrado da metade do número, o excesso não se pode chamar nem mais nem menos, pelo que lhe chamarei de *più di meno*, quando se adicionar, e *meno di meno* quando se subtrair. ... E essa operação é necessária ... pois são muitos os casos de adicionar onde surge essa raiz, ... que poderá parecer a muitos

> mais sofística que real, tendo eu também essa opinião, até ter encontrado a sua demonstração ... mas primeiro tratarei de os multiplicar, escrevendo a regra de mais e de menos.[20]

Em seguida, ele passa a enunciar as regras de cálculo. A historiografia retrospectiva da matemática, praticada, por exemplo, por Bourbaki, chega a afirmar que *più*, *meno*, *meno di meno* e *più di meno* são, respectivamente, 1, -1, $-i$ e i. Sobretudo porque Bombelli, no capítulo "Summare di *p.di m.* et *m.di m.*", apresenta um importante axioma que revela que não se pode somar *più* com *piú.di.meno*. Essa ideia é vista como uma primeira noção de independência linear entre os valores real e imaginário.

Poderíamos, com efeito, estabelecer uma comparação entre as regras de Bombelli e aquelas que utilizamos atualmente, porém, dizer que *più*, *meno*, *meno di meno* e *più di meno* são, respectivamente, 1, -1, $-i$ e i, soa inadequado. A razão mais forte para nos precavermos dessa associação apressada é que o símbolo i será utilizado como uma unidade imaginária, ao passo que *più di meno* e *meno di meno* contêm em suas expressões as ideias de adição e de subtração, ou seja, relacionam-se a operações. Parece-nos valioso insistir, do ponto de vista da história da matemática, que *più di meno* e *meno di meno*, mesmo tendo, respectivamente, o significado de $+\sqrt{-1}$ e $-\sqrt{-1}$, não significam os nossos i e $-i$. Os sinais que precedem as raízes de -1, no texto de Bombelli, indicam que essas quantidades não são independentes; são sempre somadas a ou subtraídas de um número real.

A obra de Bombelli não teve muita repercussão, e o emprego dos números negativos e de suas raízes ainda inquietava os matemáticos até o século XVII, com exceção do caso em que intervinham nas operações. A introdução de uma nova notação, com os trabalhos de Viète, desviou a atenção dos matemáticos que sucederam os algebristas do século XVI, e ele não admitia nem números negativos e imaginários como raízes de equações, apesar de operar com a regra dos sinais de modo pragmático.

Será novamente no contexto do estudo geral do número de raízes de uma equação que Girard e Descartes irão admitir soluções negativas e imaginárias. Ainda que Descartes chamasse de soluções "falsas" as quantidades negativas, ele as admitia como soluções tão válidas quanto as positivas. Já os coeficientes das equações eram considerados quantidades positivas, pois possuíam um sentido multiplicativo e representavam objetos geométricos. Logo, ainda que se operasse com números negativos, eles ainda não eram tidos como números, com o mesmo estatuto dos positivos.

Essa concepção será transformada na segunda metade do século XVII. O livro de Arnauld *Nouveaux éléments de géometrie* (Novos elementos de geometria) traz o primeiro debate explícito entre dois matemáticos sobre o modo de conceber as quantidades negativas. Schubring[21] mostra que Arnauld recorre a justificativas geométricas, similares às de Cardano, para defender que "menos com menos deve dar menos". Seu opositor, Prestet, mencionado no Capítulo 6, afirma, ao contrário, que as quantidades negativas devem ter o mesmo estatuto das positivas. Além disso, a regra dos sinais deve ser provada algebricamente e não geometricamente, como Cardano havia proposto e Arnauld justificado.

Essas posições darão origem a um debate entre Arnauld e Prestet a respeito do estatuto das quantidades negativas. Uma novidade é que suas considerações eram escritas em francês e não em latim, como antes. Logo, tiveram grande impacto nos meios cultos franceses até o início do século XVIII. As discussões nesse período empregavam argumentos epistemológicos que remetiam à realidade das quantidades negativas. Enquanto o critério de existência prevalecia, a efetividade da operação com as quantidades negativas se opunha à admissão plena dessas quantidades como objetos matemáticos. Mas essa contradição não tinha grande repercussão na comunidade matemática francesa e não constituiria uma crise epistemológica até meados do século XVIII, quando o panorama começou a se transformar.

Números reais e curvas nos séculos XVII e XVIII

Durante o século XVII, diversos trabalhos mostraram exemplos de curvas que eram dadas por uma sucessão infinita de operações algébricas. Os números irracionais eram manipulados livremente sem que o problema de sua natureza matemática precisasse ser investigado. Pascal e Barrow afirmavam que números irracionais deviam ser entendidos somente como símbolos, não possuindo existência independente de grandezas geométricas contínuas. Um número como $\sqrt{3}$, por exemplo, deveria ser entendido como uma grandeza geométrica.

Com Leibniz e Newton, o cálculo infinitesimal passou a usar sistematicamente as séries infinitas. A noção de que a um ponto qualquer da reta está associado um número ficava implícita. Newton, que também pensava que os irracionais deviam ser associados a grandezas geométricas, concebeu a continuidade engendrada pelo movimento:

> Não considero as grandezas matemáticas formadas de partes tão pequenas quanto se queira, mas descritas por um movimento contínuo. As linhas são descritas e engendradas não pela justaposição de suas partes, mas pelo movimento contínuo de pontos; as superfícies, por movimentos contínuos de linhas; os sólidos, pelo movimento contínuo de superfícies.[22]

Nesse período, o cálculo de áreas já estava distante da tradição euclidiana e buscava associar a área a um número. O método utilizado era baseado, primordialmente, na manipulação de séries infinitas, como já era o caso da técnica usada por Pascal e Fermat descrita no Capítulo 6. A solução de problemas envolvendo quadraturas e equações diferenciais fez proliferar o uso dessas séries.

A questão de determinar a área do círculo, por exemplo, que Leibniz desejava exprimir por um número, efetuava a junção entre o contexto de curvas e o universo dos números, introduzindo π. Arquimedes já havia encontrado limites para a razão entre o perímetro e o diâmetro da circunferência, e outros matemáticos já tinham aproximado o valor dessa razão, mas no contexto do cálculo leibniziano se colocará o problema de admitir π como um número.

Esse movimento levou à afirmação de que a soma da série dada por $1 - \frac{1}{3} + \frac{1}{5} - \frac{1}{7} + \ldots$, que designa a área limitada por um círculo de diâmetro 1, é um número. A soma total da área era compreendida como um valor exato, que podia ser designado pelo número transcendente $\frac{\pi}{4}$. A questão não era apenas lidar com números irracionais que apareciam como raízes de equações algébricas; havia outros números que não podiam ser associados a raízes de equações.

Euler abordou esse problema, procurando identificar as diferenças entre números algébricos e transcendentes – os primeiros podendo ser obtidos como raízes de equações; os segundos, não. Os irracionais algébricos eram as raízes de uma equação com coeficientes inteiros; os outros, dos quais se conhecia apenas π e e, eram transcendentes. Euler chegou a investigar se é possível escrever o número π usando radicais, questão associada à resolução do antigo problema da quadratura do círculo.

No século XVI, alguns matemáticos, como M. Stifel, já haviam aventado a hipótese de a quadratura ser impossível. Para demonstrar isso, era necessário verificar que o perímetro não está para o diâmetro assim como um número inteiro para outro. Em meados do século XVIII essa possibilidade não surpreendia mais os matemáticos, sobretudo devido à grande variedade de séries infinitas que se relacionavam à quadratura do círculo. Se a soma dessas séries for uma quantidade racional, ela será um número inteiro ou uma fração; caso contrário, pode ser um número transcendente. Desde o século XVII eram fornecidas diversas aproximações para o valor da razão entre o diâmetro e a circunferência do círculo. Mas apenas em meados desse século os matemáticos perceberão que, ao invés de buscar o verdadeiro valor de π, poderiam mostrar que não há "verdadeiro valor", ou que esse valor é impossível.

No contexto do cálculo infinitesimal, o problema de saber como as grandezas, ou o que Leibniz designou de "contínuo", se associavam a números só aparecia em casos isolados e não constituía um problema epistemológico. Por exemplo, Leibniz tinha introduzido funções dadas por quocientes de polinômios e, juntamente com Johann Bernoulli, questionava se esse quociente poderia ser decomposto em elementos simples. Isso implicava decompor o denominador em fatores de primeiro e segundo graus.

Exemplo – Decomposição de um polinômio racional: Seja o polinômio fracionário $\frac{x^2+x+1}{x^3+3x^2-2x-6}$. Queremos saber se podemos decompor esse quociente em duas parcelas nas quais, no denominador, haja somente fatores de primeiro e segundo graus, o que possibilita a decomposição dessa função em elementos simples, que sabemos integrar. O polinômio de grau 3 do denominador pode ser decomposto como $(x^2 - 2)(x + 3)$ e a observação dessa igualdade permite escrever $\frac{x^2+x+1}{x^3+3x^2-2x-6} = \frac{1}{x^2-2} + \frac{1}{x+3}$. Essa reescritura pode facilitar bastante os cálculos com a função inicial. No entanto, esse caso apresenta um inconveniente, já que o denominador não está definido para $x^2 = 2$ (ou $x = \sqrt{2}$), nem para $x = -3$, o que torna impossível a decomposição dessa fração racional em elementos simples.

A associação de curvas a equações, desde Descartes, assumia implicitamente a equivalência entre a reta e o conjunto dos reais com base na evidência geométrica, sem preocupação com o problema dos irracionais. No entanto, essa equivalência deixou de ser natural a partir do final do século XVII e sobretudo no XVIII. Exemplos como o da decomposição de um polinômio se multiplicavam, mas não chegam a constituir um problema unificado relacionado aos fundamentos da matemática. Como veremos adiante, os matemáticos do século XIX observarão que suas definições para noções como limite, continuidade e convergência dependiam das propriedades dos números reais. Antes disso não havia razão suficiente para que os matemáticos fizessem esforços com o objetivo de esclarecer conceitualmente a noção de número real. Devido à prevalência da ideia de quantidade geométrica, a completude do domínio dos reais era assumida implicitamente como dada, derivada da completude da reta.

Um bom exemplo disso reside no estudo do número de raízes de uma equação, o qual, no século XVIII, era realizado com o seguinte método:

observava-se, inicialmente, que toda equação algébrica de grau ímpar admite ao menos uma raiz real; em seguida, dada uma equação qualquer, procurava-se reduzi-la, por procedimentos algébricos, a uma equação de grau ímpar. No entanto, a justificativa de que toda equação de grau ímpar possui ao menos uma raiz real não pode ser feita por procedimentos algébricos.

As primeiras argumentações sobre esse fato eram de natureza geométrica e decorriam da observação de que, para valores grandes de x, o polinômio $x^n + a_{n-1} x^{n-1} + \ldots + a_1 x + a_0$ se comporta como o seu termo de mais alto grau. Se n é ímpar, sabemos que quando $x \to +\infty$, $x^n \to +\infty$ e quando $x \to -\infty$, $x^n \to -\infty$. Dizia-se, portanto, a partir da evidência geométrica, que pelo "princípio de continuidade" a curva que representa esse polinômio deve interceptar o eixo x ao menos uma vez, pois essa curva teria uma parte que tende para $+\infty$ (acima do eixo x) e outra que tende para $-\infty$ (abaixo do eixo x). Mas notem que essa conclusão se baseia sobre uma propriedade da reta – como equivalente ao conjunto dos números reais – que ainda não estava bem estabelecida. A associação de figuras geométricas a equações implica necessariamente a consideração de que a reta contém todos os reais. Podemos pensar, por exemplo, no gráfico de $y = 2 - x^2$, exibido na Ilustração 4, que deve interceptar o eixo x nos pontos $x = \pm\sqrt{2}$.

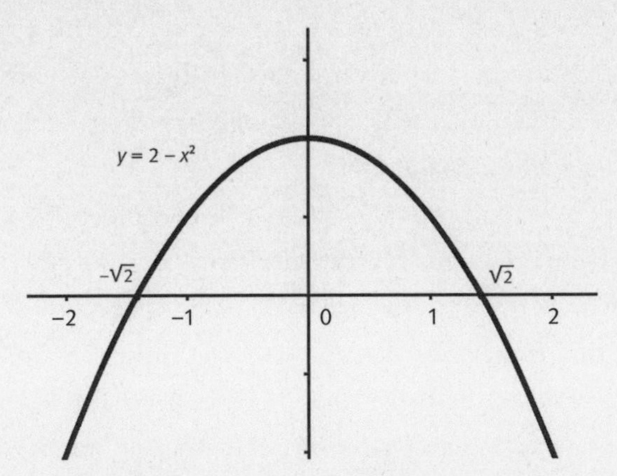

ILUSTRAÇÃO 4 Gráfico da equação $y = 2 - x^2$.

Como na maior parte do século XVIII a admissão da completude da reta era implícita nos problemas tratados, não se colocava a questão de investigar o estatuto dos números reais. As quantidades eram divididas somente entre contínuas e discretas. As discretas podiam ser concretas ou abstratas e eram vistas como números puros (naturais ou racionais positivos); já as contínuas eram números reais entendidos geometricamente por meio de segmentos de reta. A designação de número "real" começou a ser empregada por volta de 1700 para distinguir essas quantidades das negativas e imaginárias, que ainda não eram consideradas reais.

Negativos e imaginários no século XVIII

Em 1750 tomou corpo na França um intenso debate, que chegou até a Inglaterra, acerca da natureza das quantidades negativas. A discussão começou na Academia de Ciências de Paris, impulsionada principalmente por Bernard le Bouvier de Fontenelle, mas também envolveu Clairaut e d'Alembert. Como mostra Schubring,[23] a novidade que pode ter provocado essa crise era o estudo dos logaritmos, descobertos no final do século XVII como uma ferramenta importante no cálculo e que evoluíram até serem incorporados na matemática. Durante os séculos XVII e XVIII, com o estudo das funções transcendentes o logaritmo se tornou um conceito importante para esclarecer as ferramentas algébricas da análise e dar-lhes consistência. Veremos, adiante, como os logaritmos se relacionam com as quantidades negativas e imaginárias.

Fontenelle começou propondo que não se compreendiam as quantidades negativas somente como subtrativas, isto é, aquelas que deveriam ser retiradas de outras. Para ele, era necessário diferenciar dois aspectos nessas quantidades: um propriamente quantitativo, comumente admitido; e outro qualitativo, relacionado à ideia de oposição. As quantidades positivas e negativas deveriam ser vistas, pois, como opostas. Segundo Fontenelle, elas não possuíam somente um ser numérico, mas também um ser específico, o que permitia dizer que eram opostas.

Clairaut seguiu a mesma linha de Fontenelle, admitindo quantidades negativas como soluções das equações. No entanto, os escritos de ambos foram atacados duramente por d'Alembert, que, na *Encyclopédie*, criticou radicalmente a aceitação dos números negativos, atitude que, conforme seu pensamento, partia de uma falsa metafísica. Do mesmo modo, devia se rejeitar, ainda segundo ele, a generalidade obtida pela álgebra na resolução de equações. Essa posição contradizia sua defesa do poder de generalização da álgebra no contexto da análise, mas, para d'Alembert, na resolução de equações o uso da álgebra dava lugar a uma metafísica equivocada sobre as quantidades negativas. Ou seja, podia se aceitar a regra dos sinais nas operações, no entanto não era legítimo conceber quantidades negativas como sendo menores que zero, pois essa ideia é incorreta.

A ruptura provocada por d'Alembert devia-se às suas posições em relação ao logaritmo de números negativos, que requeria a intervenção de números imaginários. Em uma controvérsia com Euler, que descreveremos a seguir, d'Alembert acreditava que esses logaritmos deviam ser reais, o que tentava demonstrar a todo custo. Isso o fez questionar, em geral, o estatuto dos números negativos, evitando o problema de dar consistência a seus logaritmos.

O estudo da decomposição de uma fração em elementos simples, como visto no exemplo de um polinômio racional, também está ligado à teoria dos logaritmos. Para se integrar, por exemplo, o polinômio fracionário $\frac{1}{x^4+1}$, ele devia ser decomposto em elementos simples, o que faria com que aparecessem números imaginários no denominador. O caso de $\frac{1}{x^2+1}$ já dá uma ideia da complexidade do problema, pois sua decomposição em elementos simples é:

$$\frac{1}{x^2+1} = \frac{1}{2\sqrt{-1}}\left(\frac{1}{x-\sqrt{-1}} - \frac{1}{x+\sqrt{-1}}\right).$$

Com o fim de encontrar a integral do polinômio acima, deve-se integrar cada uma das parcelas, fazendo uso da regra $\int \frac{1}{x}dx = log\, x$. Como os denominadores das parcelas contêm números imaginários, coloca-se o problema de definir o logaritmo de um número desse tipo.

As contribuições de Leibniz e Bernoulli para a integração de funções racionais, com base nessa decomposição, foi o primeiro passo para o estudo geral dos logaritmos. Para integrar uma função racional inteira de variável x, era preciso decompô-la em um produto de fatores de primeiro grau da forma $x - a$ ou $x - a - b\sqrt{-1}$. A integração desses fatores colocaria o problema dos logaritmos dos números negativos e imaginários.

Partindo do fato de que $log\,(+1) = 0$, Bernoulli havia proposto que:

$$log(1) = log(-1)^2 = 2log(-1) = 0, \text{ ou seja, } log(-1) = 0.$$
$$log(\sqrt{-1}) = log(-1)^{1/2} = 1/2\,log(-1) = 0, \text{ ou seja, } log(\sqrt{-1}) = 0.$$

Ele deduzia daí que todo número negativo possui um logaritmo real que é igual ao logaritmo de seu valor absoluto. Essa conclusão – que sabemos hoje não ser verdadeira – pode ser expressa por:

$$(-a)^2 = a^2 \Rightarrow log(-a)^2 = log(a)^2 \Rightarrow 2.log(-a) = 2.log(a) \Rightarrow log(-a) = log(a).$$

Logo, um número e seu oposto devem possuir o mesmo logaritmo. Leibniz tinha enunciado a regra de que a derivada de $log(x)$ é igual a $\frac{1}{x}$, mas afirmava que ela só era válida para valores reais positivos de x. Para Euler, essa regra deveria ser geral, já que a generalidade da álgebra, segundo ele, era um fator fundamental para a legitimidade da análise algébrica. Euler dizia ainda que o cálculo lida com variáveis gerais, logo, era preciso demonstrar que a regra de Leibniz também era válida para qualquer valor de x, fosse ele positivo, negativo ou imaginário.

Em uma carta enviada a Bernoulli em 1728, Euler evidenciou uma contradição no seu resultado. Assim, de 1747 a 1748 enviou a d'Alembert diversas cartas sustentando que os números negativos não possuíam logaritmos reais, conforme pensavam d'Alembert e Bernoulli. Podemos verificar seu argumento usando a notação atual. Euler já sabia que $e^{i\pi} = cos\pi + i.sen\pi$, ou seja, $e^{i\pi} = -1$. Logo, $ln(-1) = \pi.i$ e os logaritmos de números negativos devem ser imaginários, e não reais.

Essa polêmica estava relacionada também a outra discussão do século XVIII, envolvendo a forma do "imaginário". Na solução da equação cúbica, com base nas fórmulas desenvolvidas pelos matemáticos do século XVI, os números imaginários eram sempre da forma $a \pm b\sqrt{-1}$ (com a e b reais), escritos na notação da época (notações como o símbolo $\sqrt{-1}$ só começaram a ser usadas no final do século XVII). Cabia perguntar, no entanto, se nas equações de grau maior os números "imaginários" seriam sempre dessa forma ou se existiriam universos mais amplos em que eles poderiam ser escritos de outro modo. Isso porque não se sabia sequer se as raízes de equações de grau maior que 3 podiam ser expressas por radicais.

Um primeiro resultado sobre a forma do imaginário foi fornecido em 1747, em uma dissertação de d'Alembert sobre os ventos.[24] No artigo 79, ele afirmava que uma quantidade qualquer, composta de tantos imaginários quanto desejarmos, pode ser reduzida à forma $A + B\sqrt{-1}$, com A e B quantidades reais; de tal maneira que se a quantidade proposta for real, tem-se $B = 0$.

Euler abordou o tema em sua obra *Recherches sur les racines imaginaires des équations* (Investigações sobre as raízes imaginárias das equações), de 1749. Ele afirmava que toda fração formada por adição, subtração, multiplicação ou divisão, envolvendo quantidades imaginárias da forma $M + N\sqrt{-1}$, terá a mesma forma $M + N\sqrt{-1}$, em que as letras M e N representam quantidades reais. Desse teorema decorre que a forma geral $M + N\sqrt{-1}$ compreende também todas as quantidades reais, basta fazer $N = 0$. Desse modo, as quatro operações enunciadas para os reais (adição, subtração, multiplicação e divisão) podem ser estendidas aos imaginários. D'Alembert registrou em 1784, em sua *Encyclopédie*, a importância de seu próprio trabalho nos verbetes denominados "Équation" e "Imaginaire". Ele ressaltava ter sido pioneiro em demonstrar que qualquer quantidade imaginária, tomada à vontade, pode sempre ser reduzida à forma $e + f\sqrt{-1}$, com e e f sendo quantidades reais.

Apesar dessas discussões, a questão do estatuto e da forma das quantidades irracionais e imaginárias não era uma preocupação central dos matemáticos no século XVIII. O que marcava a época era a ideologia de que as regras gerais que serviam para operar com os reais deviam ser aplicadas também aos imaginários.

Representação geométrica das quantidades negativas e imaginárias

No início do século XIX, houve considerável repercussão na França das controvérsias inauguradas por d'Alembert envolvendo o estatuto dos números negativos. O mesmo não se deu com relação aos imaginários. Essas quantidades eram usadas sem demandar grandes reflexões sobre sua natureza e toleradas por sua utilidade prática na realização de cálculos. Isso porque era impossível justificar os números negativos e imaginários com uma compreensão da matemática que concebia como seu objeto principal a noção de quantidade. Os objetos da matemática eram considerados abstrações que, ainda que tivessem certa autonomia em relação ao mundo real, continuavam a ser justificados por meio desse mundo. A proliferação dos métodos algébricos, relativamente independentes da geometria durante o século XVIII, motivou a expansão das operações, o que iria contribuir para levar ao limite o paradigma das quantidades.

Euler já via a álgebra como uma ciência dos números, e não das quantidades. Para ele, todas as grandezas podiam ser expressas por números e a base da matemática devia se constituir de uma exposição clara do conceito de números e das operações. Entretanto, suas propostas não foram reconhecidas no século XVIII. Para Euler, o modo de se obter os números negativos era similar ao modo de se obter os positivos. No caso destes, somamos continuamente a unidade para obter os números naturais (assim denominados por ele): $0, +1, +2, \dots$. Se, ao invés de continuar esse processo com adições sucessivas continuássemos na direção oposta, subtraindo unidades, obteríamos a série dos números negativos: $0, -1, -2, \dots$. Esses números, fossem positivos ou negativos, deveriam, segundo ele, ser chamados de "números inteiros", para distingui-los das frações. Mas essas considerações também não tiveram grande influência na França, ao contrário de outras partes de sua obra.

No início do século XIX, o contexto institucional francês estava marcado pelas polêmicas acerca do retorno aos métodos sintéticos da geometria e a questão do estatuto dos números imaginários era abordada somente em tratados marginais, ao largo do meio acadêmico. Chega a ser

subtrair a grandeza *a* de cada um dos termos anteriores, obtendo a sequência: $3a$, $2a$, a, 0. E depois? Como prosseguir? Que sentido atribuir à subtração $0 - a$? Argand propõe uma construção capaz de assegurar, em suas palavras, alguma "realidade" a esses termos, que, de outro modo, seriam somente "imaginários".

Supondo uma balança com dois pratos, A e B. Acrescentemos ao prato A as quantidades a, $2a$, $3a$, $4a$, e assim sucessivamente, fazendo com que a balança pese para o lado do prato A. Se quisermos, podemos retirar uma quantidade *a* de cada vez, restabelecendo o equilíbrio. E quando chegamos a 0? Podemos continuar retirando essas quantidades? Sim, afirmava Argand; basta acrescentá-las ao prato B. Ou seja, introduz-se aqui uma noção relativa do que "retirar" significa: retirar do prato A significa acrescentar ao prato B. Desse modo, as quantidades negativas puderam deixar de ser "imaginárias" para se tornarem "relativas". A grandeza negativa $-a$ é representada na Figura 1.

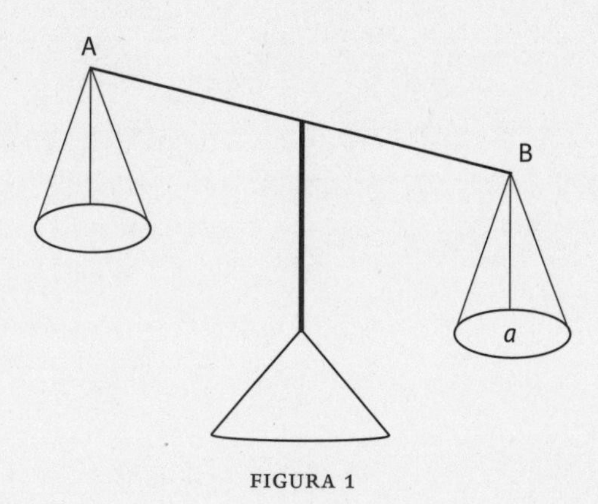

FIGURA 1

A ideia de relação entre grandezas assim introduzida por Argand inclui: uma relação numérica, que depende dos valores absolutos das grandezas; e uma relação de orientação, que pode ser uma relação de identidade ou de oposição. Argand conseguia, assim, que as quantidades negativas se tornassem "reais" reunindo as noções de "quantidade absoluta" e de "orientação".

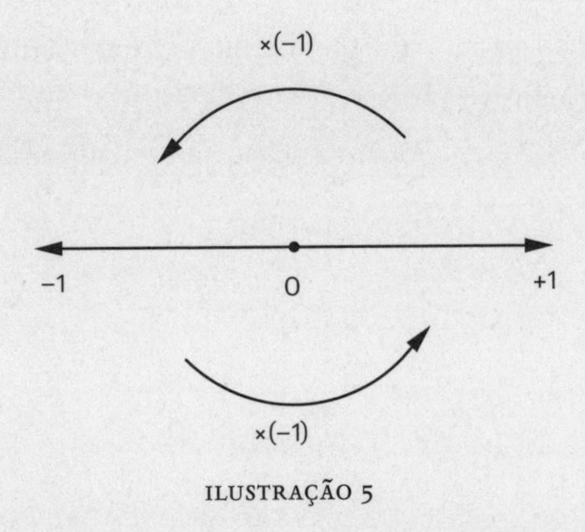

ILUSTRAÇÃO 5

A representação proposta permite atribuir um sentido às operações com números negativos, por exemplo, à multiplicação por -1, que passa a ser entendida como uma reflexão em relação à origem. Isso possibilita entender mais facilmente por que $-1 \times -1 = +1$. Começamos com dois segmentos orientados e, após a reflexão de -1 em relação à origem, obtém-se $+1$, como na Ilustração 5.

Mas será possível obter o mesmo sucesso para as raízes dos números negativos, quantidades também consideradas "imaginárias"?

Estabelecida uma representação para as grandezas relativas (positivas e negativas) como grandezas direcionadas, Argand passou a analisar todas as possibilidades de relação de proporção entre essas grandezas, obtendo que:

$$+1 : +1 :: -1 : -1 \quad \text{e} \quad +1 : -1 :: -1 : +1.$$

D'Alembert já havia refutado o argumento usado na teoria geométrica das proporções, afirmando que 1 era incomparável com -1. A questão das médias proporcionais entre números de sinais diferentes estava presente nas discussões sobre os imaginários, como veremos também no caso exposto a seguir.

Sabemos que a média proporcional entre grandezas de mesmo sinal é $+1$ ou -1, pois se $-1 : +x :: +x : -1$, ou se $+1 : +x :: +x : +1$, a quantidade x deve ser $+1$ ou -1. Cabe, portanto, perguntar: como seria possível determinar a média proporcional entre duas grandezas de sinais diferentes? Argand investigou as grandezas que satisfazem a uma nova proporção: $+1 : +x :: +x : -1$ e encontrou a resposta no diagrama da Ilustração 6.

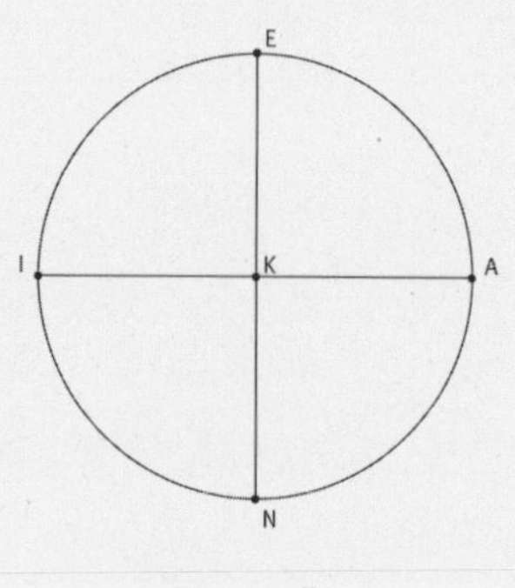

ILUSTRAÇÃO 6

Os segmentos KA e KI são entendidos, respectivamente, como segmentos direcionados de K para A e de K para I e representam as grandezas unitárias positiva e negativa. Em seguida, traça-se uma perpendicular, EN, à reta que une I a A. O segmento KA está para o segmento direcionado KE assim como KE está para KI; e KA está para o segmento direcionado KN assim como KN está para KI. Logo, a condição de proporcionalidade exigida para a grandeza x é satisfeita por KE e KN. As grandezas geométricas que satisfazem à proporção requerida são KE e KN, que podem ser vistas como representações geométricas de $+\sqrt{-1}$ e $-\sqrt{-1}$. Na verdade, o diagrama que Argand usa contém todas as direções, como na Ilustração 7, permitindo representar não somente os imaginários puros, mas também os números que hoje chamamos de "complexos".

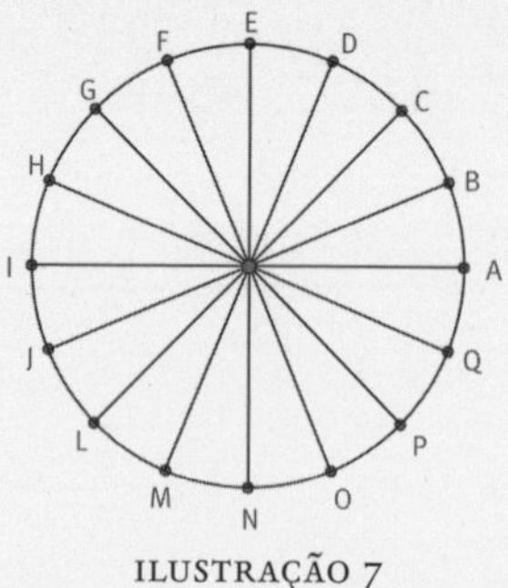

ILUSTRAÇÃO 7

A representação dos números negativos foi fruto da concepção de uma oposição entre duas direções, estabelecida a partir de um ponto neutro definido como ponto 0 (zero). Na balança de Argand, o 0 pode ser visto como ponto de apoio entre os braços. Esse 0 não é propriamente um "nada", nem o número negativo é um "menos que nada"; o 0 é o referencial que permite a escolha (decisão) de uma orientação que tornará um número positivo ou negativo. Se considerarmos os números um agregado de coisas, como uma pluralidade, o $+1$ será sempre ligado a acrescentar algo mais, operação que pode ser repetida infinitas vezes, mas não o inverso. A balança de Argand consegue reverter essa dessimetria entre positivos e negativos e o 0 pode ser visto como ponto de apoio dos braços que devem se reequilibrar, à direita e à esquerda, enquanto colocamos pesos em cada um dos pratos ou deles os retiramos.

Para a representação das quantidades imaginárias, Argand obteve igual sucesso, combinando as ideias de grandeza absoluta e de orientação, porém a orientação não é mais dada somente como uma oposição, pois a proporção impõe a $+1$ estar para $+x$ como essa quantidade está para -1. Portanto, temos uma nova direção que, nesse caso, deve ser uma perpendicular. A multiplicação por $\sqrt{-1}$ deve ser entendida agora como uma rotação, em sentido horário, quando se multiplica por $-\sqrt{-1}$; e anti-horário quando se multiplica por $+\sqrt{-1}$ (ou seja, $\text{KA} \times \sqrt{-1} = +\,1 \times \sqrt{-1} = +\,\sqrt{-1} = \text{KE}$).

As quantidades $+\sqrt{-1}$ e $-\sqrt{-1}$ tornam-se "reais" porque podemos concebê-las como orientações distintas na direção perpendicular que determina dois lados para o segmento inicial IA. Como requerido pela média proporcional, a orientação positiva, está para a perpendicular como esta está para a orientação negativa, e vice-versa. Temos então, no lugar de uma reflexão, uma rotação. O 0 não é, portanto, um ponto neutro, mas um centro de rotação, o ponto que organiza o giro. A oposição pode ser vista, agora, como o produto do giro, fixando os extremos de uma rotação (se pensarmos a reflexão como o extremo de uma rotação, $\sqrt{-1}^{\,2} = -1$). Podemos associar a figura geométrica proposta por Argand ao modo como representamos os complexos no plano que chamamos de "Argand-Gauss".

Essas primeiras propostas sobre o fundamento dos negativos e imaginários, apresentadas por pensadores que não eram centrais na matemática, revelam que o pensamento da época tinha necessidade de se apoiar em uma epistemologia baseada em uma relação geométrica com a realidade. A tentativa de estender a análise às variáveis complexas, feita por Cauchy, trazia novos problemas e, logo, uma nova demanda quanto à definição desses números de modo formal. A matemática que se desenvolverá a partir de meados do século XIX passará a privilegiar a coerência interna dos enunciados e a definição de seus objetos prescindirá dessa conexão com o mundo externo. A concepção de objetos matemáticos plenamente abstratos é marcante no trabalho de Gauss sobre os números imaginários, o que sugerirá que esses números sejam admitidos em matemática tanto quanto os outros, não sendo mais chamados de "imaginários" e sim de "complexos".

Gauss e a defesa da matemática abstrata

Quando, em 1831, Gauss publicou o que denominava "metafísica das grandezas imaginárias", no artigo "Theoria residuorum biquadraticum" (Teoria dos resíduos biquadráticos), já tinha renome. Foi o primeiro matemático influente a defender publicamente as quantidades imaginárias, desde seus trabalhos sobre a demonstração do teorema fundamental da álgebra, editado em 1799. De certo modo, pode ser visto como um homem do século XVIII, por não distinguir suas pesquisas das realizadas em física, astronomia e geodésia, além de escrever em latim. Contudo, seus temas de estudo e suas ideias sobre a matemática, sobretudo sua concepção de rigor, aproximam-no das novas tendências do século XIX.

O ponto de vista defendido por Gauss exprime o início de um movimento que não considerará necessário qualificar as quantidades negativas e imaginárias pela sua natureza, como acontecia quando estas eram consideradas "sofísticas", "absurdas", "impossíveis", "falsas" ou "imaginárias". Vistos como números propriamente ditos, os negativos e complexos ganharão um lugar na aritmética e serão entidades sobre as quais é possível efetuar cálculos de modo consistente. Tal caminho não foi linear e passou pela constituição da matemática pura na Alemanha.

As discussões sobre o estatuto dos números negativos durante o século XVIII e início do XIX na França mostram que somente números absolutos eram admitidos como objetos da matemática. Essa visão tem sua síntese no modo como Cauchy apresentou seu conceito de número no *Cours d'analyse*. Inspirado pela diferenciação entre essa noção e a de quantidade, distinção que já tinha sido proposta por Ampère, ele afirma que os números negativos não são propriamente números e sim quantidades, uma vez que aqueles devem ser somente os absolutos. Quando se associa um sinal a um número absoluto, ele deve ser visto como uma quantidade; e duas quantidades são iguais quando coincidem em seus valores numéricos e em seus sinais. Caso contrário, quando os valores numéricos coincidem, mas os sinais diferem, as quantidades são opostas. Nessa caracterização, Cauchy se aproxima da adaptação proposta por Buée do pensamento de Fontenelle, mas sua posição exprime a prevalência do conceito de quantidade na matemática.

Nas primeiras duas décadas do século XIX, a tendência dominante na Alemanha era a algebrização. Alguns autores já tinham defendido a separação entre os conceitos de número e quantidade, bem como uma visão puramente aritmética dos números negativos, possibilitada pelo distanciamento das aplicações. Mas esses escritos permaneceram isolados, uma vez que a influência francesa ainda era grande nesse período e os escritos de Carnot defendendo a geometria também tinham repercussão na Alemanha. No que tange à compreensão das quantidades negativas, muitos autores continuavam a usar a noção de oposição herdada das correntes hegemônicas francesas, que concebia, no fim das contas, o número como uma quantidade. As propostas de Gauss, que começaram a ser esboçadas por volta de 1800, escapam dessa tendência, pois ele defendia um conceito de número autônomo.

Na Alemanha, a influência da filosofia de Kant fazia com que os matemáticos se baseassem em concepções epistemológicas diferentes dos franceses. Como mostra Schubring,[26] Gauss retirou boa parte de suas teorias sobre os números negativos e complexos dos trabalhos de um professor do secundário chamado W.A. Förstemann, que, por sua vez, usou os escritos sobre os números negativos que Kant havia publicado em 1763.[27] Segundo Gauss, os números negativos só podem ser compreendidos quando entendemos que "as coisas contadas" podem ser de espécies opostas, de modo que a unidade de uma espécie possa neutralizar a unidade de outra espécie (como +1 e −1). Mas, para isso, ele afirma que as coisas contadas não devem ser encaradas como substâncias, como objetos considerados em si mesmos, e sim como relações entre esses objetos:

> É necessário que esses objetos formem, de algum modo, uma série como ... A, B, C, D, ... e que a relação que existe entre A e B possa ser vista como igual àquela que existe entre B e C, e assim por diante. Essa noção de oposição implica ainda uma possível troca entre os termos da relação, operando de modo que se a relação (ou a passagem) de A a B é indicada por +1, a relação de B a A é indicada por −1.[28]

Quanto aos números complexos, eles devem ser compreendidos também como relações, e Gauss começou por destacar a similitude entre a relação de +1 a −1 e a relação de $+i$ a $-i$ (símbolos que ele introduziu). De certa forma, trata-se de um entendimento que não está muito distante da média proporcional proposta por Argand. E a consideração das quantidades imaginárias como objetos reais da aritmética será defendida, justamente, a partir da observação de que $+i$ e $-i$ podem ser vistos como médias proporcionais entre +1 e −1. Gauss afirmará, então, que essas relações podem ser tornadas intuitivas por uma representação geométrica. Para isso, basta esquadrinhar o plano por um duplo sistema de retas paralelas que se cortam em ângulos retos, como na Ilustração 8. Os pontos de interseção serão os números complexos e, dado um certo ponto A, ele será envolvido por quatro pontos adjacentes: B, B', C e C'.

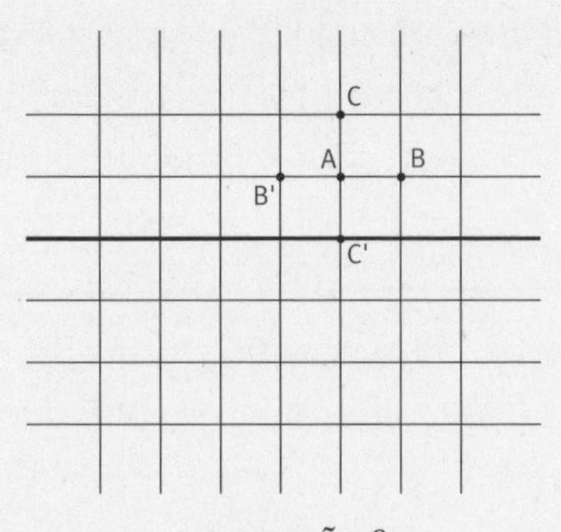

ILUSTRAÇÃO 8

O símbolo +1 indica a relação do ponto A com qualquer um dos pontos adjacentes, o que faz com que −1 indique automaticamente a relação com o adjacente no sentido oposto. Suponhamos, por exemplo, que +1 indique a relação de A com B. Nesse caso, o símbolo $+i$ indicará a relação de A com C; e −1, a relação de A com B'. Mas +1 também poderia indicar a relação de A com C, e nesse caso $+i$ determinaria a relação de A com B' e −1, a de A com C'. O fato de podermos trocar as posições de +1 e $+i$ indica que esses números não possuem nenhuma realidade (ontologia), designando apenas uma relação. O eixo dos reais e dos imaginários é escolhido, portanto, de modo arbitrário.

Tal diagrama utiliza fortemente, como Gauss sublinha, a propriedade do plano de que, escolhidos um "em cima" e um "embaixo", a distinção entre uma "direita" e uma "esquerda" fica automaticamente determinada (a escolha é arbitrária dada uma certa orientação do plano, pois não podemos trocar +1 por $-i$, ou seja, não podemos ter $-i$ no mesmo segmento de +1 mantendo os outros inalterados). A nomenclatura de "positivo", "negativo" e "imaginário", respectivamente, para +1, −1 e $\sqrt{-1}$ foi exatamente o que deu margem, segundo Gauss, a confusões quanto ao estatuto desses números, que deviam ser chamados de "unidade direta", "inversa" e "lateral", o que mostra sua íntima relação com a orientação das direções no plano.

Para Gauss, os números complexos não precisam ser "realizados"; tratava-se de relações abstratas que deviam ter plena cidadania em matemática. Essa conceitualização faz eco à sua visão de que a abstração é a característica essencial da matemática. Para ele, o processo de generalização da álgebra, que levava à extensão dos domínios numéricos, era um dos principais instrumentos dessa disciplina. A aritmética generalizada, criada na Idade Moderna, era superior à geometria dos antigos, pois, partindo do conceito de inteiros absolutos, foi possível estender seus domínios passo a passo: de inteiros a frações, de números racionais a números irracionais, de positivos a negativos, de números reais a números imaginários.

Na tentativa de justificar os números negativos e imaginários como relações abstratas, Gauss formulou argumentos para defender o novo caráter teórico da matemática, que não deveria, segundo ele, se basear na realidade das substâncias e sim na concepção relacional dos objetos matemáticos: "O que é contado não são substâncias (objetos imagináveis por si mesmos), mas relações entre dois objetos."[29] As quantidades negativas e complexas passam a ser objetivas, contudo, conforme a definição de objetividade proposta por Gauss, elas serão entendidas como relações. Na realidade, esse ponto de vista participará da ideia mais geral de Gauss sobre a realidade matemática. Basta lembrar que ele estava envolvido na invenção de uma nova geometria, não euclidiana, que não se apoia na intuição. As restrições que os objetos matemáticos deviam sofrer para se adequarem ao espaço euclidiano deviam ser, de acordo com sua concepção, eliminadas.

No momento de sua publicação, em 1831, o artigo de Gauss teve pouco impacto na matemática alemã, mas essa situação mudou em meados do século XIX. O texto *Theorie der complexen Zahlensysteme* (Teoria dos sistemas de números complexos), de Hermann Hankel, que apareceu em 1867, foi um dos primeiros a se basear no conceito de número abstrato, concebido sem consideração da quantidade associada.[30] Hankel cita o trabalho de Gauss, defendendo que o conceito de quantidade deve ser visto somente como um substrato intuitivo ao de número. Sua teoria foi influenciada também por outros autores alemães, como Hermann Grassmann, que teve um papel importante na história da álgebra.

A associação dos números complexos aos pontos do plano foi enfatizada por Gauss como por nenhum outro matemático antes dele, mas o passo decisivo para que o estatuto dos números complexos fosse firmemente estabelecido foi dado com a introdução da noção de *vetor*. Esse conceito apareceu na Inglaterra, no século XIX, nos trabalhos de W.R. Hamilton. No final desse século, o plano como conjunto de pontos e o plano como composto de vetores passaram a ser vistos como dois conceitos distintos. Não seguiremos esse caminho, pois nosso objetivo não é fazer uma história exaustiva dos números complexos, e sim entender as mudanças na imagem da matemática durante o século XIX. Como sugerimos anteriormente, o florescimento da visão conceitual e abstrata proposta por Gauss estará nas mãos de outros matemáticos ligados à Universidade de Göttingen, como Dirichlet, Riemann e Dedekind.

Gauss era atraído fortemente por problemas físicos e dedicou grande parte de sua vida ao estudo da geodésia e da astronomia. Mas seu ponto de vista sobre a matemática foi bastante influente em Göttingen, o que pode ser atestado pelo fato de Riemann também defender as relações como o conceito fundamental da matemática. No artigo de 1831, ao afirmar que a matemática lida com relações, Gauss analisa o caso em que os objetos não podem ser ordenados em uma única série ilimitada como ...A, B, C, D, ... Nessa situação, mais complexa, eles podem formar uma multiplicidade e o estudo das relações entre diferentes multiplicidades garante a ordenação dos sistemas de relações. Sendo assim, diz: "O matemático faz abstração completa da qualidade dos objetos e do conteúdo de suas relações: ele só precisa contar e comparar as relações entre elas."[31]

Citamos sua utilização da noção de "multiplicidade" de modo alusivo, pois esse assunto foge do escopo deste livro. Podemos destacar, no entanto, que Gauss entende uma multiplicidade como um substantivo: um sistema de objetos ligados por relações. Esse não é exatamente o conceito que terá um papel central na teoria proposta por Riemann nos anos 1850, mas a multiplicidade de relações defendida por Gauss era um dos novos objetos que motivavam o desenvolvimento de uma teoria das multiplicidades.*

Para Riemann, a noção de multiplicidade devia ser independente da intuição geométrica, possibilitando um estudo abstrato das relações. Apesar de recorrer à intuição geométrica para explicar sua teoria, ele acreditava

---

* Usamos o termo "multiplicidade" pois ainda não estamos atribuindo um sentido técnico a essa noção. A palavra alemã *mannigfaltigkeit* é traduzida na matemática atual como "variedade", em português, e *manifold*, em inglês. Apesar da compreensão comum da palavra "multiplicidade" estar associada à ideia de algo que é "múltiplo" (ou vários), não é nesse sentido que a estamos empregando, o que fica claro quando se fala de "uma multiplicidade". Usamos "multiplicidade" para indicar algo que possui vários aspectos, ou várias dimensões.

que ela podia ser fundada de modo completamente abstrato. A noção sugerida por Gauss fornecia uma base adequada sobre a qual construir a nova teoria de Riemann: a topologia. Essa teoria exprime o ápice da autonomia da matemática com respeito às ideias de quantidade e de grandeza, uma vez que a topologia se define como o estudo das relações independentemente das propriedades métricas dos objetos.

Mencionar brevemente a relação entre Gauss e Riemann para mostrar que a matemática deixava aos poucos de ser uma doutrina das grandezas ou das quantidades. Esse foi um dos primeiros passos para que passassem a prevalecer novos pontos de vista abstratos, que culminarão com a abordagem dos conjuntos. Antes de abordarmos os conjuntos, citaremos algumas contribuições de outro matemático que seguiu para Göttingen, Dirichlet.

A definição de função de Dirichlet

Lejeune-Dirichlet é um exemplo de matemático a exibir o espírito crítico e teórico que caracterizou o século XIX. Sua visão sobre o que deveria constituir uma prova matemática rigorosa influenciou seus contemporâneos e, em meados do século, ele já era visto como a expressão dos novos tempos e da nova concepção sobre o rigor, que transformaria definitivamente os padrões herdados dos franceses.

Dirichlet havia estudado em Paris nos anos 1820 e logo se tornou fundamental para a disseminação da análise e da física matemática francesas na Alemanha. Havia participado do círculo de Fourier, que era secretário-geral da Academia de Ciências, onde Dirichlet conheceu A. von Humboldt, que promoveria sua carreira na Alemanha. Dirichlet trabalhou em Berlim até os anos 1850 e, no início da carreira, estudou e divulgou os trabalhos de Gauss sobre a análise de Fourier, a teoria da integração e a física matemática. Na época, a Universidade de Göttingen ainda não era um centro de matemática avançado. Gauss era professor de astronomia e não se via estimulado a transmitir suas descobertas a alunos pouco preparados. Logo, o ensino não tinha o mesmo nível da pesquisa.

A junção entre pesquisa e ensino foi marcante em Göttingen depois da morte de Gauss, com a chegada de Dirichlet, em 1855. Suas aulas discutiam os temas recentes da pesquisa matemática e motivavam os alunos a seguir seus passos. A presença de Dirichlet, juntamente com Riemann e Dedekind, que se via como seu discípulo, mudaria a matemática praticada na Universidade de Göttingen. Os três inspiravam-se em Gauss e propunham uma visão abstrata e conceitual dessa disciplina. Apesar das diferenças entre seus campos de pesquisa, eles convergiam nas preferências metodológicas e teóricas e podem ser considerados um grupo. O ponto de vista conceitual de Dirichlet foi expresso em uma frase que se tornou famosa: "É preciso colocar os pensamentos no lugar dos cálculos."[32]

Os trabalhos iniciais de Dirichlet sobre as séries de Fourier nos interessam em particular, uma vez que propõem uma nova definição de função. Em 1829, Dirichlet tentou dar consistência aos trabalhos de Fourier, demonstrando que suas séries convergem. Como visto no Capítulo 6, Fourier queria mostrar que uma função arbitrária definida em um intervalo $(-l, l)$ pode ser sempre representada por desenvolvimentos em séries contendo senos e cossenos:

$$f(x) = \frac{a_0}{2} + \sum_{n=1}^{\infty} \left[a_n cos\frac{n\pi x}{l} + b_n sen\frac{n\pi x}{l}\right]$$

onde os coeficientes a_n e b_n são dados por integrais que envolvem a função f no intervalo $(-l, l)$.

Para convencer os matemáticos de que isso era verdade, era preciso calcular os coeficientes a_n e b_n das séries apresentadas acima. Fourier interpretou esses coeficientes como áreas sob o gráfico de uma função dada por uma função trigonométrica multiplicada por alguma outra função, ou seja, ele estudava a área delimitada pelo gráfico de funções do tipo $g(t)cos(n\pi t)$ ou $g(t)sen(n\pi t)$. Essa área podia ser calculada por uma integral, mas, obviamente, a área só interessava no intervalo ao qual se referem os dados do problema, que é do tipo $(-l, l)$. Logo, era preciso calcular a área, ou a integral, em um intervalo.

"GRÁFICO" DA FUNÇÃO DE DIRICHLET

Indicamos, na Ilustração 9, as imagens de alguns números racionais e alguns números irracionais pela função:

$$f(x) = \begin{cases} 0, \text{ se } x \text{ é racional} \\ 1, \text{ se } x \text{ é irracional} \end{cases}$$

Para dar uma ideia da complexidade do gráfico completo da função, lembremos que há infinitos racionais e irracionais entre quaisquer dois números.

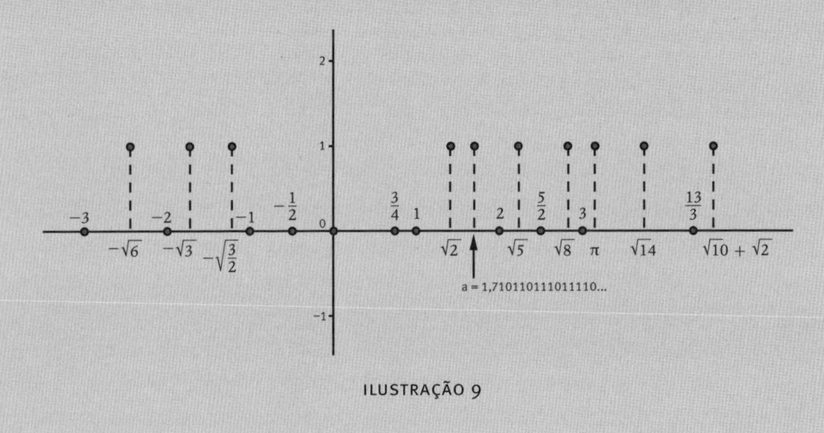

ILUSTRAÇÃO 9

tinham em mente ao expor problemas desse tipo. Seguramente, não se tratava mais de conceber a função a partir de sua expressão analítica. Porém, qual seria a nova definição?

Cauchy tinha empregado uma definição conceitual de função, caracterizando algumas de suas propriedades, como a continuidade, de modo independente da expressão analítica que a representa. Mas o exemplo de Dirichlet é tido como o primeiro passo para que se percebesse a necessidade de expandir a noção de função, uma vez que, nesse caso, esta não tinha nenhuma das propriedades admitidas tacitamente como gerais: não pode ser escrita como uma expressão analítica (segundo Dirichlet); não pode ser representada por uma série de potências; e não é contínua em nenhum ponto (também não é derivável nem integrável). Logo, o exemplo de Dirichlet só pode ser visto como uma função se esse conceito for entendido como uma relação arbitrária entre variáveis numéricas.

O estranho exemplo descrito linhas atrás foi fornecido no final do mencionado artigo de 1829 para mostrar que as condições para que uma função pudesse ser integrada deveriam ser definidas do modo mais preciso possível. Fourier já havia notado que, se quisermos integrar uma função, seus valores devem ser "atuais" e bem determinados em certo intervalo, ou seja, o valor da função não pode ser infinito em nenhum ponto. Dirichlet acrescentava que, ainda que tenha valores finitos, a função também não pode ser descontínua, como no caso extremo do exemplo.

Não podemos esquecer que essas considerações estão nos trabalhos de Dirichlet sobre as séries de Fourier. No primeiro artigo, de 1829, escrito em francês, o autor não define o que é uma função, mas discute problemas relacionados à continuidade das funções estudadas por Cauchy e Fourier. Uma versão revisada desse texto foi publicada em alemão em 1837, contendo uma definição bastante citada:

> Sejam a e b dois números fixos e x uma quantidade variável que recebe sucessivamente todos os valores entre a e b. Se a cada x corresponde um único y, finito, de maneira que, quando x se move continuamente no intervalo entre a e b, $y = f(x)$ também varia progressivamente, então y é dita uma função contínua de x nesse intervalo. Para isso, não é obrigatório, em absoluto, nem que y dependa de x de acordo com uma mesma e única lei, nem mesmo que seja representada por uma relação expressa por meio de operações matemáticas.[33]

Antes de tudo, observamos que essa definição enfatiza o fato de que, dadas duas quantidades variáveis x e y, para que y seja uma função de x não é necessário que exista uma expressão algébrica associando essa variável a x. Além disso, para que a função esteja bem determinada, $y = f(x)$ deve receber apenas um valor para cada x. A exigência de que para cada x tenhamos somente um valor para y também está presente na definição conjuntista que aprendemos na escola, mas a concepção de Dirichlet é independente da noção de conjunto.

Essa definição vislumbra a função como uma relação geral entre duas variáveis, o que permite que Dirichlet enuncie as condições para que ela possa ser representada por séries de Fourier em um intervalo $(-l, l)$. Dentre elas, destacamos:

- ser bem-definida, ou seja, cada um dos valores da ordenada ser determinado univocamente pelo valor da abscissa;*
- ter um número finito de descontinuidades no intervalo $(-l, l)$.

Na historiografia tradicional, bem como nos textos de vulgarização sobre a história da noção de função, enumeram-se os passos na "extensão" de sua definição, desde a identificação com a expressão analítica até a função arbitrária. Essa visão parte, frequentemente, de nossa concepção sobre o que é essa "arbitrariedade", investigando, em seguida, os avanços e as lacunas que tiveram de ser preenchidos antes que a definição atual pudesse ser obtida. Tal visão dá margem a questionamentos do tipo "a noção de Dirichlet não era realmente a de uma função arbitrária, mas somente contínua por partes".[34] É verdade, mas Dirichlet, assim como Fourier antes dele, menciona inúmeras vezes as "funções arbitrárias", em ambos os artigos, para se referir à necessidade de ir além da identificação entre função e expressão analítica. Ou seja, apesar de aquilo que ele considerava "arbitrário" ser mais um caso particular do que se entende hoje do uso desse adjetivo, parecia importante, naquele momento, afirmar a generalidade como forma de questionar a redução da prática matemática ao escopo das expressões analíticas.

Essas expressões, compostas por operações aritméticas simples, foram durante muitos anos o principal objeto de estudo da análise matemática, sobretudo no século XVIII. Com o passar do tempo, outras propriedades

* Vemos que essa exigência, que aprendemos na escola como uma propriedade fundamental da função, é equivalente à simples demanda de que o valor da função em um ponto possa ser determinado.

tornaram-se importantes e classes de função foram introduzidas a partir de novos problemas, como as funções unívocas, contínuas, descontínuas em pontos isolados, diferenciáveis etc. Tais propriedades eram independentes das possibilidades de se representar uma função analiticamente. Essa é a principal diferença entre a concepção típica da análise matemática do século XVIII e a teoria de funções fundada no século XIX. As propriedades das funções estudadas deixam de ser deduzidas das suas expressões analíticas e passam a definir, *a priori*, uma classe de funções a ser considerada.

Não queremos dizer, com isso, que a noção de função defendida por Dirichlet tenha sido imediatamente incorporada pela matemática de então. Sua definição só foi popularizada pelo tratado publicado por H. Hankel em 1870.

Uma noção abstrata de função também foi empregada por Riemann a partir dos anos 1850. Ele propunha uma extensão do conceito de integral que consolidaria a definição arbitrária de função, uma vez que seus estudos faziam intervir, de modo sistemático, funções reais descontínuas. Riemann se preocupou, portanto, em estabelecer uma teoria das funções a partir somente de suas propriedades.

A predominância do ponto de vista conceitual em matemática, que abriu caminho para a abordagem conjuntista, foi estimulada por Dirichlet. Mas essa tendência seria reforçada por Riemann e Dedekind. Ambos se dedicaram mais diretamente à compreensão das teorias matemáticas sem recurso a representações externas. Segundo eles, os novos objetos matemáticos deviam ser definidos por suas características internas e admitidos como princípios da teoria. Essa ausência de referência externa pode ser vista como a inauguração de uma nova fase da abstração, que transformará definitivamente a matemática em matemática "pura".

Caracterização dos números reais e a noção de conjunto

Depois da estranha função sugerida por Dirichlet, proliferarão exemplos de funções patológicas, sobretudo na segunda metade do século XIX, que incitarão uma revisão da definição de função. Um exemplo famoso desses "monstros", como se dizia no meio, era a função construída por Weierstrass, que desafiava o senso comum da época. Por volta de 1860, Weierstrass adotava uma definição de função semelhante à de Dirichlet, mas, em 1872, apresentou à Academia de Ciências de Berlim um exemplo de função contínua não derivável em nenhum ponto. Esse tipo de função contraria nossa intuição geométrica de que uma função traçada continuamente, por um desenho a mão livre, deve ser suave, salvo em pontos excepcionais, ou seja, não pode ter bicos em absolutamente todos os seus pontos.

Diversos exemplos contraintuitivos surgiram nesse período. Riemann foi responsável pela criação de alguns deles ao longo de seu estudo da integração; a investigação das séries trigonométricas também deu origem a funções bizarras, como a proposta por Du Bois-Reymond (que é contínua mas não pode ser desenvolvida em séries de Fourier); Hankel e Darboux construíram outras funções patológicas e investigaram suas propriedades. Antes, as funções surgiam de problemas concretos, como os de natureza física; agora vinham do interior da matemática, a partir dos esforços dos matemáticos para delimitar os novos conceitos que estavam sendo forjados e deviam servir de fundamento para a análise, como os de função, continuidade e diferenciabilidade. Essa autonomia sinalizava a tendência crescente de se estabelecer as definições sobre bases abstratas, independentes da intuição sensível e da percepção geométrica.

Na função de Dirichlet, ficava claro que sua plena compreensão dependia do modo como os racionais e irracionais estavam distribuídos sobre o eixo das abscissas, ou seja, sobre a reta numérica. As pesquisas sobre convergência que se seguiram ao estudo das séries de Fourier estabeleciam condições que também se baseavam na distribuição dos pontos sobre uma reta.

Em meados do século XIX, diversos problemas matemáticos conduziam a um questionamento sobre o que é um número real e sobre como os racionais e irracionais se distribuem na reta. O estudo da convergência de séries e o uso dos limites motivavam a análise dos números para os quais as séries convergem: como esses números se distribuem na reta; como uma sequência de números tende para números de outro tipo; que números podem ser encontrados no meio do caminho etc.

Curva de Koch

A curva de Koch foi apresentada pelo matemático sueco Helge von Koch em um artigo de 1904 intitulado "Sur une courbe continue sans tangente, obtenue par une construction géométrique élémentaire" (Sobre uma curva contínua sem tangentes, obtida por uma construção geométrica elementar). A construção inicia-se a partir de um segmento de reta que é alterado de acordo com as seguintes etapas:

- divide-se o segmento de reta em três segmentos de igual comprimento;
- desenha-se um triângulo equilátero com base no segmento do meio, obtido no passo anterior;
- apaga-se o segmento que serviu de base ao triângulo do segundo passo.

Dessa forma, quatro novos segmentos são obtidos com comprimento de ⅓ do tamanho original. A segunda iteração consiste em aplicar os passos listados acima em cada um dos quatro segmentos obtidos na iteração anterior. E assim, sucessivamente, em cada iteração, aplicam-se os passos listados acima em cada segmento da construção. A Ilustração 10 mostra cinco iterações da construção.

ILUSTRAÇÃO 10

A curva de Koch é obtida quando as iterações se repetem ao infinito. No limite, chega-se a uma curva contínua em todos os pontos que não é derivável em nenhum desses pontos (ou seja, é constituída exclusivamente por bicos).

Antes desse momento supunha-se, de modo geral, que a reta contivesse todos os números reais. Por isso não havia preocupação em se definir esse tipo de número. Um exemplo disso foi visto anteriormente, no estudo das raízes de uma equação de grau ímpar, ao se admitir que o gráfico de uma função, positiva (para x positivo) e negativa (para x negativo), deve cortar o eixo das abscissas em um ponto que é assumido como um número real.

A partir de 1870, Cantor se debruçará sobre o problema das séries de Fourier, investigando quando a série trigonométrica, que representa uma função, é única. Ele mostrou que isso acontece se a série é convergente para todos os valores de x. Mas, em seguida, na busca de condições menos rígidas, Cantor concluiu que a unicidade também pode ser verificada quando a série trigonométrica deixa de ser convergente, ou deixa de representar a função, em um número finito de pontos excepcionais. Logo depois, ele refinou mais uma vez o argumento, ao perceber que sua conclusão ainda era válida mesmo que o número desses pontos excepcionais fosse infinito, desde que estivessem distribuídos sobre a reta de um modo específico. Para estudar essa distribuição dos pontos, era necessário descrever os números reais de um modo mais meticuloso e detalhado, sem supor, implicitamente e de modo vago, que esses números fossem dados pelos pontos da reta. Não entraremos nos detalhes do problema, pois queremos destacar somente a conexão entre o estudo das séries trigonométricas e a conceitualização dos números reais.

O trabalho de Cantor sobre esse assunto foi publicado em 1872, mas Dedekind já vinha refletindo sobre os números reais e sobre a necessidade de estudá-los mais a fundo. Em um panfleto publicado em 1872, fazendo referência a reflexões anteriores, Dedekind afirma que:

> Discutindo a noção de aproximação de uma quantidade variável em direção a um valor limite fixo … recorri a evidências geométricas. … É tão frequente a afirmação de que o cálculo diferencial lida com quantidades contínuas, mas uma explicação dessa continuidade ainda não é dada.[35]

A fim de caracterizar a continuidade, Dedekind julgava necessário investigar suas origens aritméticas. Foi o estudo aritmético da continuidade que levou à proposição dos chamados "cortes de Dedekind". Ele começou por estudar as relações de ordem no conjunto dos números racionais, explicitando verdades tidas como óbvias, por exemplo: se $a > b$ e $b > c$ então $a > c$. A partir daí, deduziu propriedades menos evidentes, como a de que há infinitos números racionais entre dois racionais distintos a e c. Dedekind notou que um racional a qualquer divide os números racionais em duas classes, A_1 e A_2, a primeira contendo os números menores que a; a segunda contendo os números maiores que a. Podemos concluir, assim, que qualquer número em A_1 é menor do que um número em A_2.

Comparando os racionais aos pontos da reta, ele observou que existem mais pontos na reta do que os que podem ser representados por números racionais. Mas como definir esses números? A argumentação de Dedekind recorria aos gregos para dizer que eles já sabiam da existência de grandezas incomensuráveis. No entanto, não é possível usar a reta para definir os números aritmeticamente, pois os conceitos matemáticos não devem ser estabelecidos com base na intuição geométrica.

Construção de alguns números irracionais

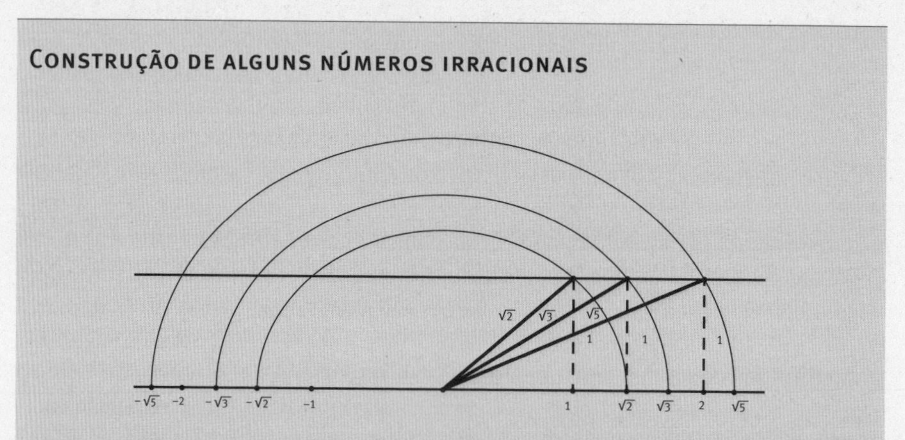

Dada uma circunferência cujo raio é um número irracional, como $\sqrt{2}$, marcamos este ponto na reta fixando um compasso no centro da circunferência e girando-o até interceptar a reta.

Logo, era necessário criar novos números, de tal forma que "o domínio descontínuo dos números racionais R possa ser tornado completo para formar um domínio contínuo",[36] como é o caso da linha reta. A palavra usada para designar a propriedade da reta que distingue os reais dos racionais é "continuidade", que seria equivalente ao que chamamos de "completude". Apesar de Dedekind afirmar que é preciso "completar" os racionais, esse termo não era empregado com sentido técnico.

Até esse momento, a continuidade dos reais não era justificada porque não era demandada explicitamente, ou seja, tratava-se de uma pressuposição implícita dos matemáticos. A elaboração de uma teoria aritmética da reta, associada a um contínuo numérico, se iniciará somente no século XIX, com Dedekind. Isso não quer dizer que os matemáticos anteriores tivessem falhado ou fossem negligentes em relação ao rigor. Simplesmente a continuidade era um dado e não um problema.

Dedekind expôs essa questão em uma correspondência com outro matemático alemão, R. Lipschitz, aluno de Dirichlet, na qual diz que a continuidade do domínio das quantidades era uma pressuposição implícita dos matemáticos, além da noção de quantidade não ter sido definida de modo preciso. Até ali, os objetos da matemática, as quantidades, existiam e a necessidade de definir sua existência não se colocava. Ao contrário dessas suposições, no texto "Was Sind und was Sollen die Zahlen?" (O que são e o que devem ser os números?),[37] Dedekind insiste que o fenômeno do corte, em sua pureza lógica, não tem nenhuma semelhança com a admissão da existência de quantidades mensuráveis, uma noção que ele rejeitava veementemente.

A construção dos reais será feita a partir dos racionais, considerados dados. Para definir esses novos números, Dedekind propôs transferir para o domínio dos números a propriedade que traduz, segundo ele, a essência da continuidade da reta. Retomando as duas classes A_1 e A_2 definidas anteriormente, ele afirma que a essência da continuidade está no fato de que todos os pontos da reta estão em uma das duas classes, de modo que se todo ponto da primeira classe está à esquerda de todo ponto da segunda classe, então existe apenas um ponto que produz essa divisão.

Como os racionais podem ser representados na reta numérica, o ponto que divide os racionais em duas classes, A_1 e A_2, será dito um "corte" dos racionais. Todo número racional a determina um corte desse tipo, tal que a é o maior número em A_1, ou o menor em A_2. Mas não há somente cortes racionais.

Exemplo 1 (corte racional): Definimos o conjunto A_2 contendo os racionais menores que 1 : $A_2 = \{q \in Q \mid q < 1\}$. E A_1 contendo os outros racionais, ou seja, $A_1 = Q - A_2$. O número que produz o corte é o racional 1, nesse caso temos o exemplo de um corte racional.

Exemplo 2 (corte irracional): Definimos A_2 contendo os racionais positivos cujo quadrado é maior que 2, e A_1 contendo os outros racionais, ou seja:

$$A_2 = \{q \in Q \mid q^2 > 2\} \cup \{q \in Q \mid q > 0\} \text{ e } A_1 = Q - A_2.$$

O número que produz o corte não é racional, pois deve ser um número cujo quadrado é 2, ou seja, $\sqrt{2}$. Reside justamente nessa propriedade a incompletude, ou a descontinuidade, dos racionais.

Apresentamos a seguir uma ilustração com alguns elementos de A_1 e A_2 para este segundo exemplo.

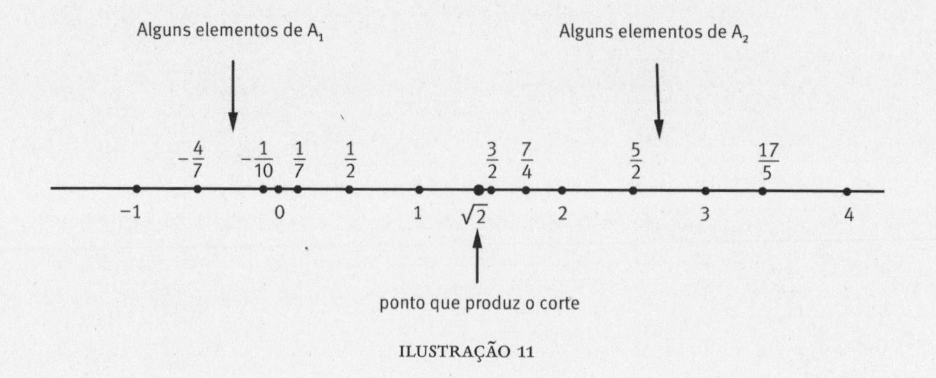

ILUSTRAÇÃO 11

Para obter um conjunto numérico que traduza fielmente a continuidade da reta, Dedekind usou um procedimento que se tornaria muito frequente na matemática. Sempre que encontrarmos um número não racional produzindo um corte, deveremos incluir esse número na nova categoria a ser criada, que deve admitir racionais e não racionais. Ou seja, quando o corte é um número irracional, esse número será reunido aos racionais formando um conjunto, que gozará da propriedade de continuidade da reta, chamado de "conjunto dos números reais". Com essa operação, esse conjunto não será mais admitido como dado, mas definido de modo preciso.

Os estudos de Cantor e Dedekind sobre os números reais darão origem a uma vasta gama de novas perguntas envolvendo seus subconjuntos. Por exemplo: há mais números racionais ou irracionais? Como enumerar esses números?

No estudo da representação de uma função qualquer por uma série trigonométrica, Cantor já admitia que essa série pudesse ser descontínua em infinitos pontos, contanto que estes se comportassem de um modo específico. Esse "modo específico" está relacionado justamente à continuidade dos reais. É possível que um conjunto infinito de pontos, como os racionais, não complete a reta. A principal propriedade dos números racionais, que os torna essencialmente distintos dos reais, é o fato de poderem ser enumerados. O que é isso? Eles são pontos discretos, não imbricados entre si, logo, podemos associá-los a números naturais e contá-los. O resultado dessa contagem será um número infinito, mas ela permite enumerar os racionais.

Essa propriedade levará Cantor a concluir que o conjunto dos números racionais é infinito de uma maneira distinta do conjunto dos números reais, que não podem ser enumerados. O procedimento de "enumeração" dos elementos de um conjunto é feito por meio da associação de cada um desses elementos a um número natural; e a associação é definida como uma função de um conjunto no outro, uma correspondência biunívoca entre seus elementos.

Funções biunívocas

Os diagramas a seguir representam duas funções: *f* e *g*.

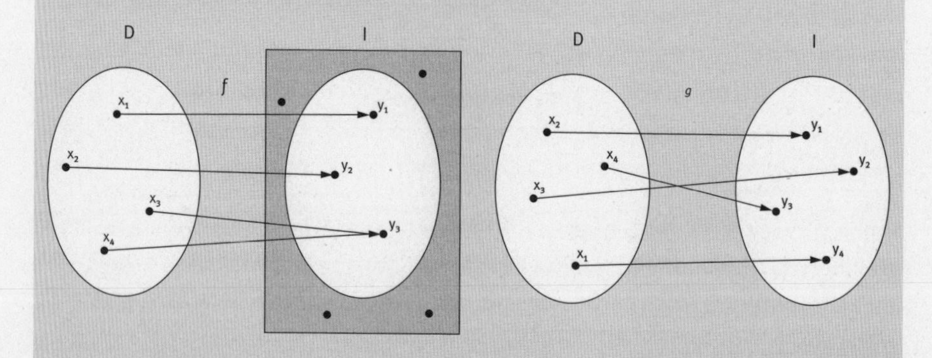

Note que no primeiro diagrama temos elementos distintos (x_3 e x_4) no domínio D que estão associados ao mesmo valor (y_3) no contradomínio I. Além disso, há elementos em I que não estão associados a nenhum *x* no domínio de f. O mesmo não ocorre no segundo diagrama.

Uma função é dita biunívoca se diferentes elementos no seu domínio estão associados a diferentes elementos no contradomínio e se cada elemento *y* no contradomínio está associado a algum *x* no domínio.

Podemos pensar na relação "ser filho de" entre os conjuntos A = {alunos de uma turma} e B = {mães dos alunos}. Tal relação constitui uma função, pois não há aluno sem mãe biológica. (ainda que esta não esteja mais viva) e cada aluno possui apenas uma mãe biológica. Porém, essa função não é biunívoca, pois pode haver alunas irmãs, isto é, elas terão a mesma mãe (diferentes elementos do domínio com a mesma imagem).

Considere agora a relação "ser o dobro de" entre os conjuntos A = {números naturais} e B = {números pares}. Tal relação constitui uma função biunívoca, pois ao dobrar números naturais diferentes os resultados serão diferentes e cada número par é o dobro de algum número natural (a sua metade).

por Riemann ou Dedekind. O ponto de vista de Weierstrass também pode ser dito conceitual, mas de um modo diferente dos matemáticos de Göttingen, pois ele não tinha o mesmo entendimento do tipo de abstração que estava em jogo ao se definirem os conceitos básicos da análise. Cantor foi inspirado por Weierstrass, mas, como mostra Ferreirós,[38] sua dedicação à teoria dos conjuntos levou-o a se afastar do grupo de Berlim. Ele chegou a ser criticado por Weierstrass, e o caráter abstrato de suas definições pode ser relacionado à influência crescente de Riemann e Dedekind em seus trabalhos, a partir dos anos 1880.

A abordagem dos conjuntos e a definição atual de função

A teoria dos conjuntos teve um papel central na organização da matemática moderna e representa o ponto alto de suas expectativas. A história da análise matemática é vista, frequentemente, como uma evolução dos conceitos intuitivos usados no cálculo do século XVII às definições rigorosas propostas pelo movimento de aritmetização da análise e pela teoria dos conjuntos. Um bom exemplo é o título do livro editado por Grattan-Guinness em 1980, *From Calculus to Set Theory* (Do cálculo à teoria dos conjuntos).

Além de ser tida como o ápice da busca pelo rigor que marcou o século XIX, a teoria dos conjuntos é associada à admissão, no interior da matemática, de ideias complexas, como a de infinito, antes renegadas ou entregues a especulações filosóficas. Na última metade do século XIX, Cantor teria introduzido o infinito na matemática, um dos ingredientes principais para o florescimento espetacular da matemática moderna. Na narrativa tradicional, a repulsa ao infinito, o *horror infiniti*, teria reinado entre os matemáticos desde os gregos, impedindo os avanços dessa ciência, até que Cantor venceu todas as barreiras e logrou fazer com que o infinito fosse, finalmente, aceito.

O livro *Labyrinth of Thought* (Labirinto de pensamento), de J. Ferreirós, se inicia com uma citação do escritor Jorge Luis Borges que exprime, de modo um pouco irônico, a mitificação da teoria dos conjuntos e de sua incorporação do infinito:

> Eu espiei, através das páginas de Russell a doutrina dos conjuntos, a *Mengenlehre*, que postula e explora vastos números que um homem imortal não atingiria mesmo se exaurisse suas eternidades contando, e cujas dinastias imaginárias possuem as letras do alfabeto hebreu como cifras. Não me foi dado entrar neste delicado labirinto.[39]

Muitas narrativas do início do século XX atribuem a Cantor o papel de pai fundador da moderna teoria dos conjuntos. Como mostra Ferreirós na introdução dessa sua obra monumental sobre a história dessa teoria, em 1914 Hausdorff dedicou o primeiro manual da teoria dos conjuntos a seu criador, Cantor; e Hilbert escolheu a teoria dos conjuntos como um exemplo-chave do tipo de matemática defendida por ele, frequentemente associada ao nome de Cantor.

A procura de pais e mitos fundadores é particularmente importante nos momentos em que uma nova disciplina está buscando reconhecimento. Além disso, durante o fazer matemático, os pesquisadores tendem a se concentrar em novos resultados e problemas abertos, o que os faz esquecer, naturalmente, as motivações que os conduziram até ali. Mas muitos matemáticos e filósofos já haviam tratado rigorosa e positivamente da noção de infinito antes de Cantor. Só para dar dois exemplos na Alemanha: Dedekind, na matemática; e Hegel, na filosofia. Além disso, como acabamos de ver, os conjuntos de pontos eram uma necessidade da matemática na época e foram abordados por diversos matemáticos.

O mais importante aqui, no entanto, não é fornecer argumentos sobre a acuidade histórica da visão tradicional. O livro de Ferreirós nos faz ver que a historiografia sobre a teoria dos conjuntos reforçou concepções equivocadas sobre o desenvolvimento da matemática moderna. A concentração excessiva nos trabalhos de Cantor deu a impressão de que a ideia de conjunto se originou, principalmente, das demandas de rigor para a análise. Logo, a utilidade dessa noção em outros ramos da matemática, como a álgebra e a geometria, teria vindo depois, como um milagre, um sucesso inesperado da obra de um gênio que, no caso, seria Cantor.

Esse tipo de reconstrução é comum na abordagem histórica retrospectiva. No tema em pauta, ela negligencia os fatores que fizeram com que a teoria dos conjuntos adquirisse um papel central na matemática moderna. Outro tipo de história deve investigar não somente como a teoria dos conjuntos se desenvolveu, mas como o ponto de vista dos conjuntos ganhou espaço na matemática a partir dos anos 1850, ou seja, como uma abordagem conjuntista já era praticada, constituindo um terreno fértil para a proposição de uma teoria dos conjuntos.

A noção de conjunto não é uma descoberta do século XIX executada por mentes geniais que, finalmente, desvendaram o fundamento correto da matemática, tido como eternamente válido e implícito em todos os tempos, mas que vinha sendo usado por pessoas ainda despreparadas para penetrar seu misterioso labirinto, como na citação de Borges. Preferimos pensar que a matemática efetivamente praticada pelos matemáticos do século XIX partia de pressupostos que os fizeram inventar noções que participavam de uma visão conceitual e abstrata, propícia ao desenvolvimento da noção de conjunto e à sua aplicação em problemas de naturezas diferentes. Esse ponto de vista, que chamamos "conjuntista", tem sua própria história, que não se identifica com a história da teoria dos conjuntos, como procuramos mostrar aqui.

Vimos que um dos primeiros a contribuir para essa transformação foi Riemann, o que não quer dizer que ele tenha obtido resultados técnicos que podem ser encaixados no que chamamos, hoje, de teoria dos conjuntos. Ferreirós mostra que o início da teoria dos conjuntos pode ser entendido como um processo de diferenciação progressiva de diferentes traços abstratos que apareciam no estudo de conjuntos concretos, usados tradicionalmente em matemática. Uma primeira distinção desse tipo foi estabelecida entre os aspectos topológicos e métricos dos objetos geométricos, daí a importância de Riemann. Em seguida, veio o estudo das estruturas algébricas, com Dedekind; e, depois, a descoberta dos números transfinitos por Cantor, juntamente com as propriedades abstratas de cardinalidade e ordem. A teoria dos conjuntos emergiu, assim, da investigação de conjuntos concretos, encarados de modo cada vez mais conceitual e abstrato. Essa história é detalhada por Ferreirós. Usamos sua distinção entre a teoria dos conjuntos, como ramo da matemática, e a abordagem conjuntista, como concepção sobre a matemática, com o fim de caracterizar a imagem da matemática que moldou também a maneira de escrever sua história até meados do século XX.

A visão modernista da matemática prega uma renúncia ao mundo, uma vez que não se deve fazer geometria ou análise com os objetos dados pelo senso comum, mas sim construir o edifício da matemática sobre noções dotadas de uma consistência interna.[40] Se quisermos saber o que é uma reta, não podemos aceitar o que é comumente concebido como tal. Será preciso fornecer um sistema de definições que a constituem como objeto da geometria. Esse modelo axiomático, um dos principais traços da matemática moderna, é associado ao nome de Hilbert, que se tornou o matemático mais importante de Göttingen na virada do século XIX para o XX. Depois de serem identificados diversos paradoxos na teoria dos conjuntos, esta passou a ser axiomatizada e as sugestões de Hilbert para os fundamentos da geometria foram exportadas para outros ramos da matemática. No entanto, esse matemático alemão nunca concebeu a axiomatização como um fim em si mesmo. Tratava-se de um método com o objetivo de fundamentar as matemáticas existentes e efetivamente praticadas.

A imagem de que a matemática é um saber axiomatizado baseado nas noções de conjunto e estrutura foi popularizada por Nicolas Bourbaki, a partir de 1939, com o início da publicação de seus *Éléments des mathématiques: les structures fondamentales de l'analyse* (Elementos de matemática: as estruturas fundamentais da análise). "Bourbaki" é o pseudônimo adotado por um grupo de matemáticos franceses dos anos 1930 cujo objetivo era elaborar livros atualizados sobre todos os ramos da matemática, que pudessem servir de referência para estudantes e pesquisadores. Cada um desses ramos era visto como uma investigação sobre estruturas próprias, tendo como principal ferramenta o método axiomático. Uma de suas principais contribuições foi organizar as subdisciplinas da matemática, selecionando seus conceitos básicos, suas ferramentas e seus problemas. Nesse quadro, a definição de função usada por Dedekind e Cantor será considerada insuficiente e, em seu lugar, Bourbaki[41] proporá:

Definição bourbakista de função:

Sejam E e F dois conjuntos, que podem ser distintos ou não. Uma relação entre um elemento variável x de E e um elemento variável y de F é dita uma *relação funcional* se, para todo x pertencente a E, existe um único y pertencente a F que possui a relação dada com x. Damos o nome *função* à operação que associa, desse modo, a todo elemento x pertencente a E, o elemento y pertencente a F que possui a relação dada com x; y será dito o valor da função no elemento x.

Em seguida, essa primeira versão será reformulada e a função será definida como um determinado subconjunto do produto cartesiano dos dois conjuntos $E \times F$. Ou seja, a função é somente um conjunto de pares ordenados. Essa abordagem conjuntista das funções elimina todas as ideias originais associadas à variação e, portanto, à noção de variável. Conjunto e variação passam a ser ideias inconciliáveis. Podemos definir variável usando a noção de conjunto, mas ao preço de conceber todos os valores possíveis da variável a um só tempo. Logo, ao invés de ser entendida como uma quantidade indeterminada, que varia, a variável passa a ser um elemento de um conjunto numérico.

A definição formal de função, que aprendemos na escola, segue o padrão bourbakista, o que provoca uma dificuldade de conciliação em relação aos exemplos de função que são efetivamente estudados. É difícil associar a noção dinâmica de função, que aparece em situações físicas, à definição formal, de natureza estática. Na história da física, a função serviu para estudar a variação, ou a mudança, a partir de uma escolha de variáveis relevantes em um certo fenômeno. Além dos exemplos físicos, as funções são exemplificadas por curvas ou expressões analíticas, que foram outros modos de conceber funções ao longo da história. Isso mostra que, isolada de seu contexto histórico, a definição de função e as funções que conhecemos durante nosso aprendizado de matemática não convergem. Podemos dizer que se trata de uma deficiência do ensino, porém, não fazemos essas considerações para discutir a educação.

Queremos mostrar que as proposições de Bourbaki têm implicações dentro e fora da matemática.[42] A grande obra com que esse grupo pretendia reformular toda a matemática – *Elementos de matemática* – era um livro-texto para ensinar a análise matemática sob novas bases. O título de *Elementos* já indicava o desejo de codificar os estilos de matemática segundo os padrões defendidos pelo grupo, mas aos poucos o empreendimento foi estendido para compreender todos os ramos da matemática. Ao invés da diversificação de métodos e objetos, que tinha imperado na matemática até aquele momento, era preciso garantir a unidade da disciplina, vista como uma hierarquia de estruturas organizadas pelo método axiomático. Em 1948, J. Dieudonné publicou, em nome do grupo, o manifesto "The architecture of mathematics", em que defendia a edificação da matemática sobre estruturas de tipos diferentes. A metáfora de que se estava propondo uma "arquitetura" esclarece muito sobre o desejo do autor de construir uma teoria unificada que, como um edifício, se assentasse solidamente sobre suas fundações.

Essa visão contagiou a historiografia da matemática. Nos *Elementos de matemática* de Bourbaki, cada um dos livros sobre certa subárea era introduzido por um relato sobre a evolução histórica daquele assunto até ali. Esses relatos foram reunidos em um só volume, publicado em 1960 como *Éléments d'histoire des mathématiques* (Elementos de história da matemática), com critérios idênticos para avaliar as ideias importantes do presente e do passado. Não foi à toa que os bourbakistas se preocuparam em escrever uma história da matemática. Alguns de seus membros mais ilustres, como André Weil e Dieudonné, publicaram escritos de história independentemente do grupo, mas reproduzindo o mesmo ponto de vista. A historiografia tradicional da matemática, muitas vezes criticada por nós, foi impulsionada pelo estilo bourbakista.

Durante o século XIX, enquanto a matemática se organizava e se institucionalizava como matemática "pura", sua história seguia a mesma tendência, esquecendo os domínios técnicos, como a física e a engenharia, que marcaram o desenvolvimento da matemática até meados do século XIX e continuaram sendo importantes. Esse desequilíbrio pode ser sentido em obras influentes até hoje, como o livro de J. Dieudonné, *Abrégé d'histoire des mathématiques 1700-1900* (Resumo da história da matemática 1700-1900), de 1978. O autor, integrante do grupo de N. Bourbaki, adotava uma visão modernizante, excluindo tacitamente a maior parte da matemática produzida no período anunciado no título, justamente por se tratar de contribuições relacionadas a aplicações, tidas como irrelevantes. Foi, portanto, quando a matemática passou a se enxergar como matemática "pura" que a distinção entre teoria e prática se tornou importante na escrita de sua história. Essa tendência, que se iniciou no final do século XIX, se estendeu pelo século XX e continua a ser bastante marcante na história escrita por matemáticos. Nesse sentido, a história da matemática de Bourbaki é exemplar, pois seu objetivo é apresentar novos métodos matemáticos, legitimando-os por meio da história.

Por volta dos anos 1960, as ideias de Bourbaki contaminaram a educação, o que ajudou a cristalizar a concepção pouco, ou nada, histórica da matemática. Com o movimento da matemática moderna, que teve grande repercussão no Brasil, defendia-se que essa disciplina devia ser ensinada com os conceitos de base definidos à maneira bourbakista, que seria adaptada às nossas estruturas cognitivas. Nessa época, muitos matemáticos e educadores compartilhavam a crença de que os alunos têm de ser acostumados a pensar em termos de conjuntos e operações. Piaget chegou a estabelecer uma correspondência entre as estruturas defendidas por Bourbaki e as primeiras operações por meio das quais as crianças interagem com o mundo.

O estilo bourbakista influenciou a pesquisa em matemática na época, mas seus efeitos mais duradouros se fazem sentir na imagem que temos, até hoje, da matemática como um saber unificado. Reescrever a história da matemática e desconstruir seus mitos pode ajudar a mudar essa visão. A matemática não trabalha com ideias fixas e seu padrão de rigor não é imutável. A relação que temos com essa disciplina sofre as consequências de concepções equivocadas. Pode ser útil, para transformar essa relação, que possamos enxergar a matemática como uma prática cambiante e múltipla e não como um saber transcendente, portanto a-histórico.

Anexo: A história da matemática e sua própria história

Os livros de história da matemática mais conhecidos no Brasil são *História da matemática*, de Carl Boyer, e *Introdução à história da matemática*, de Howard Eves. Qualquer trabalho que mencione um fato ou um personagem histórico da matemática cita, obrigatoriamente, uma dessas obras. Quando muito são mencionados, entre outros, o livro *História concisa da matemática*, de Dirk Struik, disponível em português, e as obras em inglês *The Development of Mathematics*, de Eric Temple Bell, e *Mathematical Thought from Ancient to Modern Times*, de Morris Kline. Todos esses autores são americanos ou atuaram nos Estados Unidos.

Carl Boyer era professor de matemática e doutorou-se em história, com uma tese sobre a história do cálculo. Foi atuante na história da ciência entre 1930 e 1960. Seu livro *História da matemática* foi publicado em inglês em 1968 e traduzido para o português logo em seguida, em 1974. Trata-se de uma das primeiras traduções dessa obra, que não chegou a ser traduzida para o francês e apareceu em espanhol e italiano bem mais tarde. Conforme a corrente dominante da época, o foco do autor está mais na matemática do que nos matemáticos, pois, para ele, os detalhes biográficos têm pouca influência no desenvolvimento dos conceitos.

Introdução à história da matemática, de Howard Eves, foi lançado nos Estados Unidos em 1953 e se tornou um livro-texto influente no país, sendo adotado em diversos departamentos de matemática. O autor se orgulhava de ter introduzido o estudo de problemas com inspiração histórica, cujo objetivo era motivar os estudantes para a pesquisa na área. A edição de 1990 foi traduzida para o português em 1995, mas, antes desta, várias outras edições foram publicadas em inglês, contendo revisões e ampliações. Ao passo que Boyer se dedicou à história da matemática de um modo mais profundo e contribuiu para a profissionalização desse campo de saber nos Estados Unidos, Eves escreveu seu livro como um professor de matemática com interesse em história.

Outro professor de matemática era Dirk Struik, que pretendia impulsionar o interesse dos jovens pela história dessa disciplina com o seu livro *História concisa da matemática*, de 1948, que ganhou edição em Portugal em 1989. Diferentemente de outras abordagens, esse autor enfatiza os aspectos sociais a partir de uma perspectiva marxista. Em 1969, lançou *A Source Book in Mathematics 1200-1800* (Livro de fontes em matemática 1200-1800), reunindo importantes textos de matemáticos do passado.

Eric Temple Bell foi um matemático atuante entre os anos 1920 e 1940. Em 1937, escreveu *Men of Mathematics: The Lives and Achievements of the Great Mathematicians from Zeno to Poincaré* (Homens da matemática: as vidas e os resultados de grandes matemáticos, de Zenão a Poincaré) e, em 1940, *The Development of Mathematics* (O desenvolvimento da matemática). Esse autor privilegiava detalhes sobre os matemáticos, o que poderia fornecer, de seu ponto de vista, uma perspectiva mais interessante sobre a história da disciplina. Seus relatos, no entanto, continham diversos erros e interpretações duvidosas.

Influenciado por Boyer, Morris Kline valorizava o papel da história da matemática, em particular na reforma do ensino. Sua contribuição mais importante para a história foi a obra *Mathematical Thought from Ancient to Modern Times* (Pensamento matemático dos tempos antigos aos tempos modernos), de 1972.

Quase todos esses autores escreveram seus textos mais importantes antes dos anos 1970, logo, sua visão sobre a história da matemática já pode ser considerada ultrapassada. Não queremos desmerecer o trabalho desses pioneiros, que ajudaram a fundar a história da matemática como campo de pesquisa e motivaram o interesse de inúmeros jovens por essa área. A intenção aqui é ressaltar que suas obras continuam a ser citadas sem uma visão crítica, ainda que inúmeros trabalhos históricos, nas últimas décadas, tenham desmentido e questionado grande parte das afirmações nelas reproduzidas. Até esse momento, os livros de história da matemática eram escritos, principalmente, por matemáticos e professores. A década de 1970 marcou uma virada na historiografia, pois a profissão de "historiador da matemática" começou a existir. Tal mudança se deu primeiramente nos Estados Unidos, mas também em outros países, cuja produção histórica anterior também era intensa, apesar de menos conhecida no Brasil.

A história da matemática teve um período de grande atividade na Europa entre as últimas décadas do século XIX e a Primeira Guerra Mundial.[1] Um exemplo é a obra monumental do matemático alemão Moritz Cantor, *Vorlesungen über Geschichte der Mathematik* (Preleções sobre a história da matemática), publicada em quatro volumes entre 1880 e 1908 (este último volume com colaboradores), cobrindo um longo período: dos tempos antigos até 1200; de 1200 a 1668; de 1668 a 1758; e de 1759 a 1799. Outra iniciativa colossal foi a organização da *Encyklopädie der mathematischen Wissenschaften* (Enciclopédia das ciências matemáticas), coordenada por Felix Klein, que pretendia servir de fonte para uma visão geral sobre a área naquele momento, mas também sobre sua pré-história. O período foi marcado ainda por inúmeras edições de trabalhos originais de matemáticos renomados do passado, como as traduções dos textos gregos feitas por J.L. Heiberg (para o alemão), T.L. Heath (para o inglês) e P. Tannery (para o francês). Não é difícil imaginar que o período entreguerras tenha interrompido essa intensa produção europeia relacionada à história da matemática, um campo de pesquisas então incipiente. Depois da Segunda Guerra, houve trabalhos pontuais, como os de Otto Neugebauer, que, a partir de 1929, passou a liderar um grupo de historiadores sobre as matemáticas antiga e árabe. Estudos sobre outros períodos da história eram escassos, em parte devido ao predomínio da visão positivista em filosofia, mas também em outras áreas, o que pode ter influenciado os matemáticos e outros pesquisadores a pensarem que a "história era bobagem".[2]

No entreguerras, os Estados Unidos se destacaram em relação à história da matemática. Florian Cajori, já conhecido na área, publicou a famosa *A History of Mathematical Notations* (Uma história das notações matemáticas);[3] David E. Smith lançou *History of Mathematics* em 1923 (concentrado em tópicos elementares); e E.T. Bell começou a editar seus primeiros trabalhos. A partir dos anos 1930, o historiador da ciência George Sarton passou a chamar a atenção para a importância da história da matemática. Mas somente depois da Segunda Guerra Mundial esse campo ganhou novo impulso, como mostram os trabalhos de C. Boyer, D. Struik e M. Kline, já citados, mas também os de O. Neugebauer, que chegou em 1939 aos Estados Unidos, fugindo do nazismo, e contribuiu para a institucionalização da história da matemática no país.

Na Europa, sobretudo na França e na Alemanha, houve iniciativas isoladas nesse período, mas somente a partir de 1960 a história da ciência voltou a crescer. Esse é um ano importante, pois marca a fundação de uma das revistas mais conhecidas até hoje dedicada especificamente ao tema: *Archive for History of Exact Sciences*. Apesar de esse periódico também ter divulgado, desde seus primeiros números, artigos de história da matemática, o movimento para reconhecer a história da ciência como área de pesquisa não foi acompanhado, de imediato, por um esforço similar para institucionalizar a história da matemática.[4] Somente a partir de meados dos anos 1970, a história da matemática voltou a progredir, não apenas na Europa e nos Estados Unidos, mas também em países fora desse eixo, como o Brasil, que passaram a se interessar pela história de suas próprias matemáticas.[5] Com essas iniciativas, o eurocentrismo começava a ser, pelo menos, amenizado.[6]

Em 1974, o americano Kenneth O. May fundou a revista *Historia Mathematica*, primeiro periódico de pesquisa no ramo. Um traço singular da fase que se iniciou nos anos 1970 é a releitura crítica das interpretações dos primeiros historiadores da matemática antiga.[7] Dois nomes são exemplares nessa discussão. O primeiro é o de Wilbur R. Knorr, que trabalhou nos Estados Unidos e se dedicou integralmente à história da matemática e das ciências antigas. Seus estudos foram em história da ciência e não em matemática, e uma versão revisada de sua tese de doutorado, lançada em 1975, *The Evolution of the Euclidean Elements*, se tornou um clássico que, nas palavras do autor, no prefácio, iria "ou alterar ou pôr sob uma nova luz, virtualmente, toda tese padrão sobre a geometria grega do século

IV". Knorr publicou também diversas outras obras que revolucionaram a história da matemática.

O segundo exemplo é Sabetai Unguru, romeno que estudou filosofia e história da matemática em Israel e nos Estados Unidos e publicou, em 1975, o polêmico artigo "On the need to rewrite the history of mathematics",[8] dirigindo forte crítica às histórias da matemática grega mais reconhecidas naquele momento, entre as quais se incluíam as de O. Neugebauer e de B.L. van der Waerden. Nesse artigo, os antigos historiadores da matemática grega são desqualificados como "matemáticos" e suas teses são apontadas como anacrônicas, marcadas por reconstruções racionais dos conteúdos com base na diferença entre necessidade lógica e necessidade histórica. Tal polêmica foi crucial para a definição da personalidade da história da matemática, contrastando interpretações conceituais, baseadas em uma imagem moderna da matemática, com estudos históricos que levavam em conta o contexto cultural.

No caso da matemática antiga, principalmente, passou a ser determinante uma maior atenção ao exame textual das evidências, não só matemáticas, mas de outras manifestações que pudessem ajudar na compreensão da época estudada. Os trabalhos inovadores de Jöran Friberg, Jens Høyrup e Eleanor Robson, nos anos 1980 e 1990, transformaram de modo irreversível a imagem da matemática mesopotâmica, antes estudada por meio de reconstruções anacrônicas. A mesma revolução não aconteceu na história que aborda períodos mais recentes. O estudo da matemática na Idade Média e no Renascimento recebeu a influência dessas transformações no modo de fazer história, incluindo análises mais contextualizadas sobre o desenvolvimento geral da ciência, bem como da visão sobre a ciência na época. Mas a história da matemática moderna, que reconhecemos como mais próxima da nossa, está apenas começando a ser reescrita.[9]

O tipo de abordagem[10] presente na história escrita por Bourbaki possui ressonância com a história da ciência chamada "internalista", ou seja, aquela exposta como um desenvolvimento de conceitos guiados por necessidades internas à matemática, focando em resultados e provas. Influenciados pelas calorosas discussões sobre a pertinência de métodos mais am-

tempos diferentes. Se existisse apenas uma matemática, não haveria lugar para as múltiplas interpretações que mantêm viva, e pulsante, a pesquisa em história da matemática.

É importante notar, contudo, que um dos aspectos presentes na constituição dos saberes matemáticos é sua pretensão à universalidade. Ainda que o significado de noções como "generalidade", "universalidade" e "demonstração" tenha mudado ao longo da história, o trabalho matemático foi executado, em diferentes momentos, como uma atividade demonstrativa, almejando produzir resultados segundo regras próprias a uma época dada. Os processos de abstração, bem como as manipulações simbólicas por meio das quais eles se manifestam, possuem uma história e foram traços característicos da prática matemática – sobretudo em épocas mais recentes – e, como tais, precisam ser analisados de perto.

Uma história da matemática que se dedique ao contexto no qual o trabalho matemático se produziu – como as escolas, instituições ou tradições de pesquisa –, mas que deixe de lado a especificidade da invenção matemática e de seu objeto de estudo, também é parcial. O modo de argumentar a generalidade de um procedimento, de enunciar uma técnica ou uma demonstração, corresponde a normas em vigor em uma determinada época, que o matemático, na maioria das vezes, não explicita porque já as interiorizou. Interrogar os modos como esses padrões foram incorporados exige, portanto, a análise de textos que mostrem como uma determinada matemática foi escrita, bem como suas relações com outros textos da época. Essa necessidade torna a história da matemática uma atividade complexa que requer, além de sensibilidade histórica, uma compreensão da atividade matemática. Tal dificuldade merece, todavia, ser enfrentada, uma vez que esse caminho permite ultrapassar a dicotomia entre saber abstrato e saber concreto, entre matemática teórica e matemática prática, e defender a existência, e a recorrência, ao longo da história, de "práticas matemáticas".

Notas

Apresentação (p.15-9)

1. H. Eves, *Introdução à história da matemática*, p.107.
2. Uma exceção é um artigo recente escrito por C.H.B. Gonçalves e C. Possani, "Revisitando a descoberta dos incomensuráveis na Grécia antiga", no qual os autores analisam argumentos de respeitados historiadores para mostrar a inconsistência da tese de que tenha havido uma crise no seio da escola pitagórica.
3. Tal procedimento foi utilizado na edição do livro *Introdução à história da matemática*, de H. Eves, no qual, antes de cada seção, foram inseridos "panoramas culturais" visando expor o ambiente histórico da época tratada, mas sem conectá-lo aos desenvolvimentos matemáticos propriamente ditos.

Introdução (p.20-33)

1. Título tomado emprestado do artigo de J. Høyrup "The formation of a myth: Greek mathematics – our mathematics". Muitas ideias apresentadas nessa seção seguem de perto esse historiador, responsável por grande parte das inovações no modo de fazer história da matemática a partir dos anos 1990.
2. A esse respeito, ver, por exemplo, C. Ginzburg, *O queijo e os vermes*.
3. B.L. van der Waerden, *Science Awakening: Egyptian, Babylonian and Greek Mathematics*, p.4, tradução minha.
4. J. Høyrup, "The formation of Islamic mathematics. Sources and conditions", p.41.
5. Ver R.A. Martins, "A maçã de Newton, história, lendas e tolices".
6. Uma primeira versão de *A estrutura das Revoluções Científicas*, de Thomas Kuhn, já havia aparecido como parte da *International Encyclopedia of Unified Science*. Em 1957, alguns pensadores reuniram-se para refletir sobre os caminhos e as crenças da história da ciência, entre eles especialistas da história medieval, como M. Clagett e R. Merton, além do próprio T. Kuhn. As discussões desse encontro estão reunidas em M. Clagett, *Critical Problems in the History of Science*.
7. Esse e os próximos dois parágrafos se baseiam no artigo "A historiografia contemporânea e as ciências da matéria: uma longa rota cheia de percalços", de A.M. Alfonso-Goldfarb, M.H.M. Ferraz e M.H.R. Beltran.
8. Para uma análise dessa fase, comparando-a com as anteriores, ver A.A.P. Videira, "Historiografia e história da ciência".

9. H. Butterfield, *The Whig Interpretation of History.*
10. Ver L. Brunschvicg, *Les étapes de la philosophie mathématique.*
11. T. Kuhn, *A estrutura das Revoluções Científicas*, cap.11.

1. Matemáticas na Mesopotâmia e no antigo Egito (p.34-91)

1. Muitos desses tabletes estão disponíveis na internet na biblioteca digital cuneiforme The Cuneiform Digital Library Initiative-CDLI (http://cdli.ucla.edu/), que compreende mais de 240 mil tabletes.
2. H.J. Nissen, P. Damerow e R.K. Englund, *Archaic Bookkeeping: Early Writing and Techniques of Economic Administration in the Ancient Near East*, p.28-9.
3. Ver J. Høyrup, *Lengths, Widths, Surfaces. A Portrait of Old Babylonian Algebra and Its Kin*, p.8.
4. Sobre a tradução dos textos cuneiformes, ver C.H.B. Gonçalves, "Observações sobre a tradução de textos matemáticos cuneiformes".
5. D. Fowler e E. Robson, "Square root approximations in Old Babylonian mathematics: YBC 7289 in context".
6. Ver O. Neugebauer e A. Sachs, *Mathematical Cuneiform Texts*, e O. Neugebauer, *The Exact Sciences in Antiquity.* Ver também B.L. van der Waerden, *Science Awakening: Egyptian, Babylonian and Greek Mathematics*.
7. Ver J. Høyrup, op.cit., p.50.
8. Conferir J. Ritter, "Babylone – 1800".
9. Fornecida em E. Robson, "Neither Sherlock Holmes nor Babylon: a reassessment of Plimpton 322" e "Words and pictures: new light on Plimpton 322".
10. Estudados em E. Robson, "Mesopotamian mathematics".
11. Para mais informações sobre a definição formal de número, ver P.R. Halmos, *Teoria ingênua dos conjuntos*.
12. Aristóteles, *Metafísica*, 98b20-25.

2. Lendas sobre o início da matemática na Grécia (p.92-149)

1. Heródoto, *Œuvres complètes*, II, 109, p.183.
2. B. Vitrac, "Dossier: les géomètres de la Grèce antique".
3. J.-P. Vernant, *Mito e pensamento entre os gregos*.
4. W. Burkert, *Lore and Science in Ancient Pythagoreanism*, p.413-20.
5. Aristóteles, *Metafísica*, livro I, cap.2, 983a.
6. Aristóteles, *Metafísica*, 986a22.
7. B. Vitrac, op.cit.
8. Euclides, *Elementos*, livro V, definição 3.
9. Em "Eudoxos-Studien I", O. Becker expõe uma teoria das razões e proporções baseada na *antifairese* que seria anterior à de Eudoxo. No entanto, seus pressupostos

são mais lógicos do que históricos, o que é considerado anacrônico por W. Knorr em "Impact of modern mathematics on ancient mathematics".

10. Proclus, *A Commentary on the First Book of Euclid's Elements*, p.49, tradução minha.
11. D. Fowler analisa as motivações desse interesse em "Ratio in early Greek mathematics".
12. Aristóteles, *Metafísica*, Analíticos posteriores, I.6-7, 75a.
13. C.H.B. Gonçalves e C. Possani, em "Revisitando a descoberta dos incomensuráveis na Grécia antiga", analisam textos históricos que defendem a tese da crise dos incomensuráveis, bem como alguns dos argumentos, citados por Burkert, para explicar a origem, ainda na Grécia, da crença na incompatibilidade entre o pensamento pitagórico e os incomensuráveis.
14. Um indício do emprego desse método pode ser encontrado no tratado peripatético "De lineis insecabilibus" (970a, 15-19), atribuído a Aristóteles.
15. Aristóteles, *Primeiros analíticos*, I.23, 41a29.
16. O diálogo foi reproduzido de Platão, *Diálogos I: Mênon, Banquete, Fedro*, Rio de Janeiro, Ediouro, 1999 (as figuras e as informações entre colchetes foram introduzidas por nós).

3. Problemas, teoremas e demonstrações na geometria grega (p.150-211)

1. Pappus de Alexandria, *Collection mathématique*, livro III, proposição 5, tradução minha.
2. W. Knorr, "Archimedes and the pre-Euclidean proportion theory".
3. Ibid., p.28.
4. A tese foi publicada no artigo "Über die Rolle von Zirkel und Lineal in der griechischen Mathematik" (Sobre o papel da régua e do compasso na matemática grega).
5. Utilizamos neste capítulo a tradução brasileira dos *Elementos* feita por Irineu Bicudo, *Os "Elementos" de Euclides*.
6. I. Mueller, *Philosophy of Mathematics and Deductive Structure in Euclid's Elements*.
7. B.L. van der Waerden, *Science Awakening: Egyptian, Babylonian and Greek Mathematics*.
8. S. Unguru, "On the need to rewrite the history of Greek mathematics".
9. O resumo dos argumentos de ambos os lados pode ser encontrado em G. Schubring, "The debate on a 'geometric algebra' and methodological implications".
10. Aristóteles, *Metafísica*, N I 1088a.
11. Arquimedes, *O método dos teoremas mecânicos*, apud E.J. Dijksterhuis, p.314.
12. Uma análise desse trabalho pode ser encontrada em S. Costa, "O método de Arquimedes".
13. Pappus de Alexandria, *Collection mathématique*, livro II, p.212-3.
14. W. Knorr, op.cit.
15. Para aqueles que desejam se aprofundar nas *Cônicas* de Apolônio, Fried e Unguru fornecem, em *Apollonius of Perga's Conica: Text, Context, Subtext. Mnemosyne Supplement*, uma nova tradução desse texto, livre dos anacronismos que o associavam à suposta álgebra geométrica dos gregos.
16. W. Knorr, *The Ancient Tradition of Geometric Problems*.

4. Revisitando a separação entre teoria e prática: Antiguidade e Idade Média (p.212-77)

1. Ver J.L. Berggren, *Episodes in the Mathematics of Medieval Islam*.
2. Plutarco, *The Life of Marcellus*, p.471.
3. F. Viète apud Høyrup, "The formation of a myth: Greek mathematics – our mathematics", p.14.
4. B. Vitrac, "Dossier: les géomètres de la Grèce antique".
5. S. Cuomo, *Pappus of Alexandria and the Mathematics of Late Antiquity*.
6. G.H.F. Nesselman, *Die Algebra der Griechen*.
7. A esse respeito e para uma distinção alternativa, ver Heeffer, "On the nature and origin of algebraic symbolism". Esse autor mostra ser possível identificar, na história da álgebra, raciocínios simbólicos que não empregam símbolos. Ou seja, para fazer uma história sobre a emergência do simbolismo em matemática não basta procurar as fontes dos símbolos que usamos hoje, como fez F. Cajori em *A History of Mathematical Notations*.
8. J. Klein, *Greek Mathematical Thought and the Origins of Algebra*.
9. J. Christianidis, "The way of Diophantus: some clarifications on Diophantus' method of solution".
10. E.T. Bell, *The Development of Mathematics*, p.59.
11. K. Plofker, "Mathematics in India".
12. A. Djebbar, *Une histoire de la science arabe*.
13. M. Chasles, *Aperçu historique sur l'origine et le développement des méthodes en géométrie, particulièrement de celles qui se rapportent à la géométrie moderne*, p.51, tradução minha.
14. B. Vitrac, "Peut-on parler d'algèbre dans les mathématiques grecques anciennes?".
15. R. Rashed, Al-*Khwarizmi: Le commencement de l'algèbre*, p.96.
16. J. Høyrup, "The formation of Islamic mathematics. Sources and conditions".
17. C.C. Gillispie, *Dictionary of Scientific Biography*.
18. J. Høyrup, *Jacopo da Firenze's "Tractatus Algorismi" and Early Italian Abbacus Culture*.
19. Ver M. Abdeljaouad, "Le manuscrit mathématique de Djerba: une pratique de symboles algébriques maghrebines en pleine maturité".
20. M. Moyon, "La tradition algébrique arabe du traité d'Al-Khwarizmi au Moyen Âge latin et la place de la géométrie".
21. R. Recorde, *The Whetstone of Witte, which is the Second Part of Arithmetik*.
22. J.A. Stedall, *A Discourse Concerning Algebra: English Algebra to 1685*.

5. A Revolução Científica e a nova geometria do século XVII (p.278-341)

1. Ver H.F. Cohen, *The Scientific Revolution: a Historiographical Inquiry*.
2. Alguns estudos que exibem a complexidade de interesses dos pensadores da época podem ser encontrados em M. Osler (org.), *Rethinking the Scientific Revolution*.
3. Ver S. Gaukroger, *The Emergence of a Scientific Culture*.

4. F. Viète, *Introduction à l'art analytique*, tradução minha.
5. H.J.M. Bos, *Redefining Geometrical Exactness*, p.147, tradução minha.
6. Ver S. Drake, "Galileo's experimental confirmation of horizontal inertia: unpublished manuscripts".
7. P. Machamer, "Galileo's machines, his mathematics, and his experiments".
8. R. Descartes, *Regras para a direção do espírito*, regra IV, p.29.
9. Uma tradução do texto de Descartes foi publicada em português com o título "A dióptrica: discursos I, II, III, IV e VIII". J.P.S. Ramos faz comentários bastante esclarecedores sobre esse texto em "Demonstração do movimento da luz no ensaio de óptica de Descartes".
10. R. Descartes, *The Geometry*, p.8-9.
11. Ibid., p.28.
12. Ibid., p.43.
13. M.S. Mahoney, *The Mathematical Career of Pierre de Fermat, 1601-1665*.

6. Um rigor ou vários? A análise matemática nos séculos XVII e XVIII (p.342-403)

1. Em sua história do cálculo, publicada originalmente em 1949, C.B. Boyer destaca a mudança de ponto de vista ocorrida em meados do século XVIII, quando se passou a rejeitar concepções geométricas e enfatizar métodos formais (cf. C.B. Boyer, *The History of Calculus and its Conceptual Development*). Essa tendência foi documentada mais tarde, e com mais detalhes, por outros historiadores, como H.J.M. Bos em "Differentials, higher-order differentials and the derivative in the Leibnizian calculus".
2. J. Hadamard, "Le calcul fonctionnel", tradução minha.
3. M. de L'Hôpital, *Analyse des infiniment petits pour l'intelligence des lignes courbes*, prefácio, p.xv, tradução minha.
4. Este e os três próximos parágrafos são inspirados em G. Schubring, *Conflicts Between Generalization, Rigor, and Intuition*.
5. E. Barbin, *La révolution mathématique du XVIIème siècle*, p.195.
6. H.J.M. Bos, op.cit., p.17, tradução minha.
7. Para mais informações, ver G. Schubring, "Aspetti istituzionali della matematica", p.375.
8. J. Bernoulli, "Remarques sur ce qu'on a donné jusqu'ici de solutions des problèmes sur les isoperimètres", *Opera omnia*, vol.II, p.241, tradução minha.
9. L. Euler, *Introductio in analysin infinitorum*, *Opera omnia*, vol.VIII, p.18, tradução minha.
10. Ibid., p.17, tradução minha.
11. L. Euler, *Institutiones calculi differentialis cum eius usu in analysi finitorum ac doctrina serierum*, *Opera omnia*, vol.X, p.4, tradução minha.
12. D'Alembert, *Encyclopédie ou dictionnaire raisonée des sciences, des arts et des métiers*, vol.7, grifos do autor, tradução minha.

13. G. Schubring, *Conflicts Between Generalization, Rigor, and Intuition*, p.152, tradução minha.
14. *La Décade*, 10. Frimaire an III, vol.3, p.462, apud G. Schubring, op.cit., p.280, tradução minha.
15. Essa discussão é analisada em G. Schubring, "Fourier: a matematização do calor".
16. J. Fourier, *Théorie analytique de la chaleur*, p.552, grifo do autor, tradução minha.
17. Idem.
18. Para mais detalhes, ver J. Dhombres, "The mathematics implied in the laws of nature and realism, or the role of functions around 1750".
19. I. Newton, *Princípios matemáticos da filosofia natural*, p.170.
20. A. Koyré, *Newtonian Studies*, p.163, tradução minha.
21. I. Newton, op.cit., p.167-8.
22. P.S. Laplace, *Exposition du système du monde*, p.440, tradução minha.
23. Ibid., p.437.
24. As consequências dessa transformação são analisadas por Y. Gingras em "What did mathematics do to physics?".

7. O século XIX inventa a matemática "pura" (p.404-76)

1. J. Lützen, "Between rigor and applications: developments in the concept of function in mathematical analysis", p.155, tradução minha.
2. G. Schubring, *Conflicts Between Generalization, Rigor, and Intuition*.
3. Idem.
4. S.F. Lacroix, *Traité du calcul différentiel et du calcul intégral*.
5. L. Carnot, *Réflexions sur la métaphysique du calcul infinitésimal*, p.2, tradução minha.
6. A.L. Cauchy, *Cours d'analyse algébrique*, p.ii, tradução minha.
7. J. Grabiner, *The Origins of Cauchy's Rigorous Calculus*.
8. A.L. Cauchy, op.cit., p.19, tradução minha.
9. J. Fourier, "Rapport lu dans la séance publique de l'Institut du 24 avril 1825", p.xxxvi.
10. I. Grattan-Guinness, *Convolutions in French Mathematics, 1800-1840*.
11. B. Belhoste, "The École Polytechnique and mathematics in nineteenth-century France".
12. U. Bottazzini, "Geometrical rigour and 'modern analysis', an introduction to Cauchy's *Cours d'analyse*".
13. A.L. Crelle, apud Schubring, op.cit., p.484, grifos do autor.
14. J. Ferreirós, *Labyrinth of Thought: a History of Set Theory and its Role in Modern Mathematics*.
15. M. Stifel, *Arithmetica integra*, p.103, trecho traduzido do latim por Carlos H.B. Gonçalves.
16. A. Girard, *Invention nouvelle en algèbre*.
17. Ibid., p.F., tradução minha.
18. R. Descartes, *The Geometry*, livro III, p.86, tradução minha.
19. G. Cardano, *The Rules of Algebra (Ars Magna)*, livro XI, p.65-6, tradução minha.

20. R. Bombelli, *L'Algebra*, p.133, tradução minha.
21. G. Schubring, op.cit.
22. I. Newton, *Sir Isaac Newton's Two Treatises of the Quadrature of Curves*, p.1.
23. G. Schubring, op.cit.
24. J.-R. d'Alembert, *Réflexions sur la cause générale des vents.*
25. G. Schubring mostra, em "Argand and the early work on graphical representation: new sources and interpretations", que não há evidências suficientes que comprovem a identidade do Argand autor do artigo. Esse historiador fornece hipóteses não convencionais para a circulação do pensamento de Argand nos primeiros anos do século XIX, uma vez que seu trabalho só ganhou publicidade na segunda metade desse século.
26. G. Schubring, op.cit.
27. I. Kant, *Attempt to introduce the conception of Negative Quantities into Philosophy.*
28. C.F. Gauss, "Theoria residuorum biquadraticum. Commentatio secunda [Selbstanzeige]", *Werke*, p.175-6, tradução de G. Grimberg.
29. Ibid., p.175.
30. Ver G. Schubring, op.cit., p.602.
31. C.F. Gauss, op.cit., p.176.
32. J.P.G. Lejeune-Dirichlet, *Werke*, vol.2, p.245. Na realidade, essa frase foi pronunciada no obituário do matemático alemão C.G.J. Jacobi e não servia para exaltar essa visão, mas para afirmar que, apesar de esta ser a tendência dominante, os trabalhos aplicados de Jacobi deviam ser valorizados.
33. J.P.G. Lejeune-Dirichlet, "Über die Darstellung ganz willkürlicher Funktionen nach Sinus und Cosinusreihen", *Werke*, p.135-6, tradução minha.
34. Essa discussão aparece em textos inspirados por uma observação análoga encontrada no influente artigo de A.P. Youschkevitch "The concept of function up to the middle of the 19th century".
35. R. Dedekind, "Continuity and irrational numbers", p.1-2, tradução minha.
36. Ibid., p.6.
37. R. Dedekind, texto traduzido para o inglês com o título "The nature and meaning of numbers".
38. J. Ferreirós, *Labyrinth of Thought: a History of Set Theory and its Role in Modern Mathematics.*
39. J.L. Borges, *La cifra*, apud J. Ferreirós, op.cit., tradução minha.
40. Para uma caracterização detalhada desse tipo de matemática como "moderna" ver J. Gray, *Plato's Ghost: the Modernist Transformation of Mathematics.*
41. N. Bourbaki, *Éléments des mathématiques.*
42. Às vezes mais fora do que dentro, como sugere L. Corry em *Modern Algebra and the Rise of Mathematical Structures*, principalmente no que diz respeito à matemática que se desenvolveu depois da fase áurea do grupo.

Anexo: A história da matemática e sua própria história (p.477-83)

1. Para mais detalhes sobre a história da história da matemática antes desse período, ver: D.J. Struik, "The historiography of mathematics from Proklos to Cantor", e S. Nobre, "Introdução à história da história da matemática: das origens ao século XVIII".
2. Essa hipótese é levantada em I. Grattan-Guinness, *Companion Encyclopedia of the History and Philosophy of the Mathematical Sciences*, p.1670, tradução minha.
3. É curioso constatar que *Uma história da matemática*, livro escrito por Florian Cajori nas primeiras décadas do século XX, tenha sido traduzido para o português em 2007. Apesar de poder interessar à história da história da matemática, essa obra é bastante desatualizada.
4. Grattan-Guinness procura explicar as razões em *Convolutions in French Mathematics*.
5. No caso do Brasil, uma referência a esse respeito são os trabalhos de Ubiratan D'Ambrosio, que iniciou o movimento da etnomatemática nos anos 1970 e, desde então, impulsiona diversas pesquisas sobre a história da matemática no país. Ver D'Ambrosio, *Uma história concisa da matemática no Brasil*.
6. Para combater o eurocentrismo, não nos parece profícuo tentar mostrar que o que os europeus descobriram já estava presente em outras culturas. Lançar-se em uma busca desenfreada pelas raízes não europeias da matemática pode levar alguns autores a exagerar para o outro lado, caso do best-seller de G.G. Joseph, *Crest of the Peacock: Non-European Roots of Mathematics*, publicado em 1991, em Londres, pela I.B. Taurus.
7. A história da história da matemática antiga foi estudada em: R. Netz, "The history of early mathematics: ways of re-writing", e C.H.B. Gonçalves, "A história da história da matemática antiga".
8. Esse artigo de S. Unguru deu origem a uma controvérsia sobre a "álgebra geométrica" de Euclides, envolvendo outros matemáticos famosos, abordada no Capítulo 3.
9. Ver L. Corry, "The history of modern mathematics: writing and rewriting".
10. Ver N. Bourbaki, *Éléments d'histoire des mathématiques*.
11. Um livro geral de história da matemática que pretende levar em conta essas novas pesquisas, cobrindo inclusive épocas mais recentes, é *A History of Mathematics: an Introduction*, publicado por V. Katz em 1993 e traduzido para o português como *História da matemática*. Trata-se de uma fonte confiável que, no entanto, devido à sua extensão, apresenta alguns temas de forma bastante resumida.
12. I. Grattan-Guinness, "The mathematics of the past: distinguishing its history from our heritage".

Bibliografia

Obras de referência

Dahan-Dalmedico, A. e J. Peiffer. *Une histoire des mathématiques: routes et dédales*. Paris, Seuil, 1986.

Fauvel, J. e J. Gray. *The History of Mathematics, a Reader*. Milton Keynes, The Open University, 1987.

Gillispie, C.C. (org.). *Dictionary of Scientific Biography*, 16 vols. Nova York, Charles Scribner's Sons, 1970-80.

Grattan-Guinness, I. (org.). *Companion Encyclopedia of the History and Philosophy of the Mathematical Sciences*. Londres, Routledge Companion Encyclopedias, 1994.

______. *The Fontana History of the Mathematical Sciences: The Rainbow of Mathematics*. Londres, Fontana Press, 1997.

Katz, V. *A History of Mathematics: an Introduction*. Nova York, Harper-Collins, 1993.

______. *História da matemática*. Lisboa, Calouste Gulbenkian, 2010.

Struik, D.J. (org.). *A Source Book in Mathematics, 1200-1800*. Princeton, Princeton University Press, 1986.

Vv. Aa. *Histoire des problèmes, histoire des mathématiques*. Paris, Ellipses, 1993.

Apresentação e Introdução

Alfonso-Goldfarb, A.M., M.H.M. Ferraz e M.H.R. Beltran. "A historiografia contemporânea e as ciências da matéria: uma longa rota cheia de percalços", in A.M. Alfonso-Goldfarb e M.H.R. Beltran, *Escrevendo a história da ciência: tendências, propostas e discussões historiográficas*. São Paulo, Educ/Editora Livraria da Física/Fapesp, 2004, p.49-74.

Borges, Jorge Luis. *Ficções*. São Paulo, Companhia das Letras, 5ª reimp., 2011, p.32-3.

Boyer, C. *História da matemática*. São Paulo, Edgar Blücher, 1974.

Butterfield, H. *The Whig Interpretation of History*. Nova York, W.W. Norton & Company, 1931.

Brunschvicg, L. *Les étapes de la philosophie mathématique*. Paris, F. Alcan, 1912.

Clagett, M. *Critical Problems in the History of Science*. Wisconsin, The University of Wisconsin Press, 1959.

Deleuze, G. e F. Guattari. *Mil platôs*. São Paulo, Editora 34, vol.5, 1997.

Eves, H. *Introdução à história da matemática*. São Paulo, Unicamp, 1995.

Fauvel, J. e J.A. van Maanen (orgs.). *History in Mathematics Education: An ICMI Study*. New ICMI Study Series, 2008.
Ginzburg, C. *O queijo e os vermes*. São Paulo, Companhia das Letras, 1987.
Gonçalves, C.H.B. e C. Possani. "Revisitando a descoberta dos incomensuráveis na Grécia antiga", *Revista Matemática Universitária*, 47, 2010, p.16-24.
Hessen, B. e H. Grossmann. *The Social and Economic Roots of the Scientific Revolution*. Berlim, Springer, 2009.
Høyrup, J. "The formation of Islamic mathematics. Sources and conditions", *Science in Context*, 1, 1987, p.281-329.
______. "The formation of a myth: Greek mathematics – our mathematics", in Catherine Goldstein, Jeremy Gray e Jim Ritter (orgs.), *L'Europe mathématique. Mathematical Europe*. Paris, Éditions de la Maison des Sciences de l'Homme, 1996, p.103-19.
Kuhn, T. *A estrutura das Revoluções Científicas*. São Paulo, Perspectiva, 1975.
Martins, R.A. "A maçã de Newton: história, lendas e tolices", in C.C. Silva (org.), *Estudos de história e filosofia das ciências: subsídios para aplicação ao ensino*. São Paulo, Editora Livraria da Física, 2006, p.167-90.
Merton, R.K. "Science, technology and society in 17th-century England", *Osiris*, 4, 1938, p.360-632.
Sartre, J.P. *Critique de la raison dialectique*. Paris, Gallimard, 1960.
Shapin, S. "Discipline and bounding: the history and sociology of science as seen through the externalism-internalism debate", *History of Science*, 30, 1992, p.333-69.
Taton, R. (org.). *Histoire générale des sciences*. Paris, PUF, 3 vols., 1957-61.
Videira, A.A.P. "Historiografia e história da ciência", *Escritos: Revista da Casa de Rui Barbosa*, 1, 2007, p.111-58.
Waerden, B.L. van der. *Science Awakening: Egyptian, Babylonian and Greek Mathematics*. Groningen, P. Noordhoff, vol.1, 1954. (Tradução para o inglês feita por A. Dresden, com novos trechos do autor, do holandês *Ontwakende Wetenschap*, Groningen, P. Noordhoff, 1950; reimpressão: Nova York, John Wiley & Sons, 1963.)

1. Matemáticas na Mesopotâmia e no antigo Egito

Aristóteles. *Metafísica* (livros I e II). São Paulo, Abril Cultural, 1973.
Fowler, D. e E. Robson. "Square root approximations in Old Babylonian mathematics: YBC 7289 in context", *Historia Mathematica*, 25, 1998, p.366-78.
Gillings, R.J. *Mathematics in the Time of the Pharaohs*. Nova York, Dover, 1972.
Gonçalves, C.H.B. "An alternative to the Pythagorean rule? Reevaluating Problem 1 of cuneiform tablet BM 34 568", *Historia Mathematica*, 35 (3), 2008, p.173-89.
______. "Textos matemáticos cuneiformes e a questão da materialidade", Anais do 12º Seminário Nacional de História da Ciência e da Tecnologia e 7º Congresso Latino-Americano de História da Ciência e da Tecnologia. Salvador, Sociedade Brasileira de História da Ciência, 2010.

plos para estudar a história da ciência, alguns historiadores da matemática passaram a dar mais atenção, a partir dos anos 1980, ao contexto social, educacional e institucional, bem como à sua influência sobre a produção matemática. Sob o impulso de diversas forças, iniciava-se, assim, uma fase de maior preocupação com as práticas culturais, contrabalançando o papel preponderante que os conceitos tiveram para os historiadores das gerações anteriores.[11]

Passou-se a enfatizar a diferença entre, por um lado, reconstruir uma situação histórica como ela parece ter se dado em seu contexto, e como parece ter sido percebida por seus protagonistas, e, por outro, reconstruir a história a partir de uma visão moderna. Disseminaram-se, nesse momento, as críticas aos anacronismos e ao chamado "whiggismo", herdadas da história da ciência. Grattan-Guinness,[12] por exemplo, distingue dois modos de tratar a matemática do passado: enfatizando a sua história propriamente dita ou a nossa herança. No primeiro caso, o historiador pergunta: "O que aconteceu (ou não) no passado? Por que sim? Por que não?" Já o ponto de vista da herança quer saber: "Como chegamos até aqui?" Seu esforço em caracterizar essa diferença de abordagens mostra que ela ainda é pertinente. Mesmo que as duas atividades, a história e a herança, sejam perfeitamente legítimas, a confusão entre ambas não é. É natural que um matemático, ao explorar o escopo e as implicações de uma ideia matemática desenvolvida recentemente, tente examinar problemas ou resultados antigos a partir de uma nova perspectiva, fornecida pelas ferramentas que estão sendo propostas. O inconveniente surge quando esse exercício matemático, interessante e legítimo, é interpretado como história da matemática. É preciso que esteja claro que a escrita da história em termos de herança não é uma tarefa realmente histórica.

Na visão internalista ou retrospectiva da história supõe-se que a matemática é um saber cumulativo, ou seja, se constitui como um conjunto de conhecimentos que vão se adicionando, se acumulando, para construir um todo ordenado e sistemático. Acreditamos, no entanto, que não existe uma história da matemática definitiva, à qual cada geração de historiadores vai adicionando sua singela contribuição. Há matemáticas diferentes, em

______. "Observações sobre a tradução de textos matemáticos cuneiformes", *Bolema. Boletim de Educação Matemática*, 24 (38), 2011, p.1-15.

______. *Os tabletes matemáticos de Tell Harmal*. No prelo.

Halmos, P.R. *Teoria ingênua dos conjuntos*. Rio de Janeiro, Ciência Moderna, 2001.

Høyrup, J. "Algebra and naive geometry. An investigation of some basic aspects of Old Babylonian texts", *Altorientalische Forschungen*, 17, 1990, p.262-354.

______. *Lengths, Widths, Surfaces. A Portrait of Old Babylonian Algebra and Its Kin*. Berlim, Springer, 2002.

Imhausen, A. "Egyptian mathematics", in V. Katz (org.), *The Mathematics of Egypt, Mesopotamia, China, India, and Islam: A Sourcebook*. Princeton, Princeton University Press, 2007, p.7-57.

______. "Traditions and myths in the historiography of Egyptian mathematics", in E. Robson e J. Stedall, *The Oxford Handbook of the History of Mathematics*. Oxford, Oxford University Press, 2009, p.781-800.

Neugebauer, O. *The Exact Sciences in Antiquity*. Princeton, Princeton University Press, 1952; reimpressão: Nova York, Dover, 1969.

______ e A. Sachs. *Mathematical Cuneiform Texts*. American Oriental Society, 1945.

Nissen, H.J., P. Damerow e R.K. Englund. *Archaic Bookkeeping: Early Writing and Techniques of Economic Administration in the Ancient Near East*. Chicago, University of Chicago Press, 1993.

Ritter, J. "Babylone – 1800", in M. Serres (org.), *Éléments d'histoire des sciences*. Paris, Larousse-Bordas, 1997, p.33-61.

______. "Chacun sa vérité: les mathématiques en Egypte et en Mésopotamie", in M. Serres (org.), *Éléments d'histoire des sciences*. Paris, Larousse-Bordas, 1997, p.63-94.

Robson, E. "Neither Sherlock Holmes nor Babylon: a reassessment of Plimpton 322", *Historia Mathematica*, 28, 2001, p.167-206.

______. "Words and pictures: new light on Plimpton 322", *American Mathematical Monthly*, 109, 2002, p.105-20.

______. "Tables and tabular formatting in Sumer, Babylonia, and Assyria, 2500 bce – 50 ce", in E. Robson, M. Campbell-Kelly, M. Croarken e R.G. Flood (orgs.), *The History of Mathematical Tables: from Sumer to Spreadsheets*. Oxford, Oxford University Press, 2003.

______. "Mesopotamian mathematics", in V. Katz (org.), *The Mathematics of Egypt, Mesopotamia, China, India, and Islam: A Sourcebook*. Princeton, Princeton University Press, 2007, p.58-186.

______. *Mathematics in Ancient Iraq: A Social History*. Princeton/Oxford, Princeton University Press, 2008.

Schmandt-Besserat, D. *How Writing Come About*. Austin, University of Texas Press, 1992 (edição condensada, 1996).

Waerden, B.L. van der. *Science Awakening: Egyptian, Babylonian and Greek Mathematics*. Groningen, P. Noordhoff, vol.1, 1954. (Tradução para o inglês feita por A. Dresden, com novos trechos do autor, do holandês *Ontwakende Wetenschap*, Groningen, P. Noordhoff, 1950; reimpressão: Nova York, John Wiley & Sons, 1963.)

______. *Geometry and Algebra in Ancient Civilizations*. Nova York, Springer-Verlag, 1983.

Site

The Cuneiform Digital Library Initiative-CDLI (http://cdli.ucla.edu/).

2. Lendas sobre o início da matemática na Grécia

Aristóteles. *Metafísica* (livros I e II). São Paulo, Abril Cultural, 1973.

Becker, O. "Eudoxos-Studien I", *Quellen und Studien zur Geschichte der Mathematik, Astronomie und Physik*, 2, 1933, p.311-33.

Burkert, W. *Lore and Science in Ancient Pythagoreanism*. Cambridge, Harvard University Press, 1972.

Caveing, M. *L'Irrationalité dans les mathématiques grecques jusqu'à Euclide*. Paris, Du Septentrion, 1998.

Christianidis, J. *Classics in the History of Greek Mathematics* (Boston Studies in the Philosophy of Science). Dordrecht/Boston/Londres, Kluwer Academic Publishers, 2004.

Fowler, D. "Ratio in early Greek mathematics", *Bulletin of the American Mathematical Society (N.S.)*, 1 (6), 1979, p.807-46.

______. *The Mathematics of Plato's Academy: A New Reconstruction*. Oxford, Clarendon Press, 1987; 2ª ed. ampliada, 1999.

Freudenthal, H. "Y avait-il une crise des fondements des mathématiques dans l'antiquité?", *Bulletin de la Société Mathématique de Belgique*, 18, 1966, p.43-55.

Fritz, K. von. "The discovery of incommensurability by Hippasos of Metapontum", *Annals of Mathematics*, 46, 1945, p.242-64.

Gonçalves, C.H.B. e C. Possani. "Revisitando a descoberta dos incomensuráveis na Grécia Antiga", *Revista Matemática Universitária*, 47, 2010, p.16-24.

Hasse, H. e H. Scholz. "Die Grundlagenkrisis der griechischen Mathematik", *Kant-Studien*, 33, 1928, p.4-34.

Heath, T.L. *A History of Greek Mathematics*. Nova York, Dover, vol.1, 1981 [1921].

Knorr, W. *The Evolution of the Euclidean Elements: A Study of the Theory of Incommensurable Magnitudes and Its Significance for Early Greek Geometry*. Dordrecht, Reidel Publishing Company, 1975.

______. "Impact of modern mathematics on ancient mathematics", *Revue d'Histoire des Mathématiques*, 7, 2001, p.121-35.

Lernould, A. *Étude sur le commentaire de Proclus au premier livre des "Éléments" d'Euclide*. Villeneuve d'Ascq, Presses Universitaires du Septentrion, 2010.

Platão. *A República*. Tradução de M.H.R. Pereira. Lisboa, Fundação Calouste Gulbenkian, 1993.

______. *Diálogos I: Mênon, Banquete, Fedro.* Rio de Janeiro, Ediouro, 1999.

Proclus. *A Commentary on the First Book of Euclid's Elements.* Tradução, introdução e notas de Glenn R. Morrow. Princeton, Princeton University Press, 1970.

Serres, M. "Gnomon: les débuts de la géométrie en Grèce", in M. Serres (org.), *Éléments d'histoire des sciences.* Paris, Larousse-Bordas, 1997, p.95-153.

Szabó, A. *The Beginnings of Greek Mathematics.* Dordrecht, Reidel Publishing Company, 1978. (Publicação original em alemão de 1969.)

Tannery, P. *La géométrie grecque: comment son histoire nous est parvenue et ce que nous en savons.* Paris, Gauthier-Villars, 1887. (Reedição: Jacques Gabay, 1988.)

Vernant, J.-P. *Mito e pensamento entre os gregos.* Rio de Janeiro, Paz e Terra, 1990.

Vitrac, B. "Dossier: les géomètres de la Grèce antique", *Pour la Science,* 21, 2005, p.29-99. Disponível em: http://www.math.ens.fr/culturemath/histoire%20des%20maths/htm/Vitrac/grecs-index.htm.

3. Problemas, teoremas e demonstrações na geometria grega

Artmann, B. "Über voreuklidische 'Elemente der Raumgeometrie' aus der Schule des Eudoxos", *Archive for History of Exact Sciences,* 39, 1988, p.121-35.

Costa, S. "O método de Arquimedes", in L.M. Carvalho, H.N. Cury, C.A. de Moura, J. Fossa e V. Giraldo, *História e tecnologia no ensino da matemática.* Rio de Janeiro, Ciência Moderna, vol.II, 2008.

Euclides. *Os "Elementos" de Euclides.* Tradução e introdução de I. Bicudo. São Paulo, Unesp, 2009.

Dijksterhuis, E.J. *Archimedes.* Princeton, Princeton University Press, 1987.

Djebbar, A., S. Rommevaux e B. Vitrac. "Remarques sur l'histoire du texte des 'Éléments' d'Euclide", *Archive for History of Exact Sciences,* 55, 2001, p.221-95.

Freudenthal, H. "What is algebra and what has it been in history?", *Archive for History of Exact Sciences,* 17, 1977, p.189-200.

Fried, M.N. e S. Unguru. *Apollonius of Perga's Conica: Text, Context, Subtext. Mnemosyne Supplement,* n.222, Leiden, Brill, 2001.

Hankel, H. *Zur Geschichte der Mathematik in Alterthum und Mittelalter.* Leipzig, Teubner, 1874.

Heath, T.L. *The Works of Archimedes.* Nova York, Dover, 1953.

______. *The Thirteen Books of Euclid's Elements.* Tradução, introdução e comentários. Nova York, Dover, 2ª ed., 1956. (Texto simplificado da tradução de Heath, com imagens e animações em Java. Disponível em: http://aleph0.clarku.edu/~djoyce/java/elements/elements.html.)

______. *A History of Greek Mathematics.* Nova York, Dover, vol.2, 1981 [1921].

Knorr, W. "Archimedes and the pre-Euclidean proportion theory", *Archive for History of Exact Sciences,* 28 (103), 1978, p.183-244.

______. *Textual Studies in Ancient and Medieval Geometry.* Boston, Birkhäuser, 1989.

______. *The Ancient Tradition of Geometric Problems*. Boston, Birkhäuser, 1986; reimpressão: Nova York, Dover, 1993.

Mueller, I. *Philosophy of Mathematics and Deductive Structure in Euclid's Elements*. Massachusetts, MIT Press, 1981.

Netz, R. *The Shaping of Deduction in Greek Mathematics*. Cambridge, Cambridge University Press, 1999.

Pappus de Alexandria. *Collection mathématique*, 2 vols. Tradução e introdução de Paul ver Eecke. Paris-Bruges, Desclée de Brouwer, 1933.

Pitombeira, J.B. *Três excursões pela história da matemática*. Rio de Janeiro, Intermat, 2008.

Proclus. *A Commentary on the First Book of Euclid's Elements*. Tradução, introdução e notas de Glenn R. Morrow. Princeton, Princeton University Press, 1970.

Schubring, G. "The debate on a 'geometric algebra' and methodological implications", in R. Cantoral, F. Fasanelli, A. Garciadiego, B. Stein e C. Tzanakis (orgs.), *Proceedings of HPM 2008, The Satellite Meeting of ICME: History and Pedagogy of Mathematics*. Cidade do México, México, 2008.

Steele, A.D. "Über die Rolle von Zirkel und Lineal in der griechischen Mathematik", *Quellen und Studien zur Geschichte der Mathematik, Astronomie und Physik* (Abteilung B), 3, 1936, p.288-369.

Unguru, S. "On the need to rewrite the history of Greek mathematics", *Archive for History of Exact Sciences*, 15, 1975, p.67-114.

______. "History of ancient mathematics: some reflections on the present state of art", *Isis*, 70, 1979, p.555-65.

Vitrac, B. *Euclide: les éléments*. Com tradução e comentários. Paris, PUF. Em quatro volumes: vol.1: Introdução geral de M. Caveing e livros I a IV, 1990; vol.2: livros V a IX, 1994; vol.3: livro X, 1998; vol.4: livros XI a XIII, 2001.

Waerden, B.L. van der. *Science Awakening: Egyptian, Babylonian and Greek Mathematics*. Groningen, P. Noordhoff, vol.1, 1954. (Tradução para o inglês feita por A. Dresden, com novos trechos do autor, do holandês *Ontwakende Wetenschap*, Groningen, P. Noordhoff, 1950; reimpressão: Nova York, John Wiley & Sons, 1963.)

______. "Defense of a shocking point of view", *Archive for History of Exact Sciences*, 16, 1976, p.199-210.

______. *Geometry and Algebra in Ancient Civilizations*. Nova York, Springer-Verlag, 1983.

Weil, A. "Who betrayed Euclid?" (extrato de uma carta para o editor), *Archive for History of Exact Sciences*, 19, 1978, p.91-3.

______. "History of mathematics: why and how", in *Proceedings of the International Congress of Mathematicians*. Helsinki, American Mathematical Society, 1978. Traduzido no Brasil como "História da matemática: por que e como", *Revista Matemática Universitária*, 13, 1991.

Zeuthen, H. *Geschichte der Mathematik im Altertum und Mittelalter*, Copenhagen, Höst, 1896.

4. Revisitando a separação entre teoria e prática: Antiguidade e Idade Média

Abdeljaouad, M. "Le manuscrit mathématique de Djerba: une pratique de symboles algébriques maghrebines en pleine maturité", *Actes du 7ème Colloque Maghrébin sur l'Histoire des Mathématiques Arabes*. Marrakech, ENS de Marrakech, 2002.

Abgrall, P. "Nascimento da álgebra ou o que sabemos atualmente a respeito do início da álgebra como disciplina", in D. Flament e W. Barroso (org.), *Dualidade álgebra-geometria: I Escola de Verão em História Conceitual da Matemática*. Brasília, Maud, 2008, p.1-16.

Barbin, E. "L'héritage du 3ème degré: Cardan, Viète, Descartes", in J.-Y. Boriaud, *La pensée scientifique de Girolamo Cardano*. Paris, Les Belles Lettres, 2012.

Bell, E.T. *The Development of Mathematics*. Nova York, Dover, 1992. (Reimpressão da obra publicada inicialmente em 1940.)

Berggren, J.L. *Episodes in the Mathematics of Medieval Islam*. Nova York, Springer-Verlag, 1986.

Cardano, G. *The Rules of Algebra (Ars Magna)*. Tradução de T.R. Witmer. Nova York, Dover, 2007.

Chasles, M. *Aperçu historique sur l'origine et le développement des méthodes en géométrie, particulièrement de celles qui se rapportent à la géométrie moderne*. Bruxelas, Hayez, 1837; reimpressão: Paris, Gabay, 1989.

Christianidis, J. "The way of Diophantus: some clarifications on Diophantus' method of solution", *Historia Mathematica*, 34, 2007, p.289-305.

Cuomo, S. *Pappus of Alexandria and the Mathematics of Late Antiquity*. Cambridge, Cambridge University Press, 2000.

Datta, B. e A.N. Singh. *History of Hindu Mathematics: A Source Book*. Bombaim, Asia Publishing House, 1962.

Djebbar, A. *Une histoire de la science arabe*. Paris, Seuil, 2001.

______. *L'algèbre arabe. Genèse d'un art*. Paris, Vuibert, 2005.

Heath, T.L. *Diophantus of Alexandria. A Study in the History of Greek Algebra*. Cambridge, Cambridge University Press, 1910.

Heeffer, A. "The abbaco tradition (1300-1500): its role in the development of European algebra", *Suuri Kaiseki Kenkyuujo koukyuuroku*, vol.1625, 2009, p.23-33.

______. "On the nature and origin of algebraic symbolism", in B. van Kerkhove (org.), *New Perspectives on Mathematical Practices – Essays in Philosophy and History of Mathematics*. Cingapura, World Scientific Publishing, 2009, p.1-27.

Høyrup, J. "The formation of Islamic mathematics. Sources and conditions", *Science in Context*, 1, 1987, p.281-329.

______. "The formation of a myth: Greek mathematics – our mathematics", in Catherine Goldstein, Jeremy Gray e Jim Ritter (orgs.), *L'Éurope mathématique. Mathematical Europe*. Paris, Éditions de la Maison des Sciences de l'Homme, 1996, p.103-19.

______. *Jacopo da Firenze's "Tractatus Algorismi" and Early Italian Abbacus Culture*. Basel/Boston/Berlim, Birkhäuser, 2007.

Klein, J. *Greek Mathematical Thought and the Origins of Algebra*. Nova York, Dover, 1968.

Knorr, W. *The Ancient Tradition of Geometric Problems*. Boston, Birkhäuser, 1986; reimpressão: Nova York, Dover, 1993.

Machado, F. et al. "Por que Bhaskara?", *História e educação matemática*, 2 (2), 2003, p.119-66.

Moyon, M. "La tradition algébrique arabe du traité d'Al-Khwarizmi au Moyen Âge latin et la place de la géométrie", in E. Barbin e D. Bénard (orgs.), *Histoire et enseignement des mathématiques*. Paris, INRP, 2007, p.289-318.

Nesselman, G.H.F. *Die Algebra der Griechen*. Berlim, G. Reimer, 1842.

Pappus de Alexandria. *Collection mathématique*, 2 vols. Tradução e introdução de Paul ver Eecke. Paris-Bruges, Desclée de Brouwer, 1933.

Plofker, K. "Mathematics in India", in V. Katz (org.), *The Mathematics of Egypt, Mesopotamia, China, India, and Islam: A Sourcebook*. Princeton, Princeton University Press, 2007, p.385-514.

Plutarco. *The Parallel Lives: the Life of Marcellus*. Loeb Classical Library Edition, vol.5, 1917. Disponível em: http://penelope.uchicago.edu/Thayer/E/Roman/Texts/Plutarch/Lives/Marcellus*.html

Rashed, R. *Al-Khwarizmi: le commencement de l'algèbre*. Paris, Librairie A. Blanchard, 2006.

______ e B. Vahabzadeh. *Al-Khayam mathématicien*. Paris, Blanchard, 1999.

Recorde, R. *The Whetstone of Witte, which is the Second Part of Arithmetik: Containing the Extraction of Roots; the Cossik Practice, with the Rule of Equation; and the Works of Surd Numbers*. Londres, John Kingston, 1557.

Ritter, J. e B. Vitrac. "Pensée grecque et pensée 'orientale'", in *Encyclopédie philosophique*, J.F. Mattéi (org.), vol.IV. Paris, Presses Universitaires de France, 1998, p.1233-50.

Schubring, G. "Recent research on institutional history of science and its application to Islamic civilization", in E. Ihsanoglu e F. Günergun (orgs.), *Science in Islamic Civilisation*. Istambul, Research Centre for Islamic History, Art and Culture, 2000, p.19-36.

Sigler, L.E. *Fibonacci's Liber Abaci*. Springer-Verlag, 2002.

Stedall, J.A. *A Discourse Concerning Algebra: English Algebra to 1685*. Oxford, Oxford University Press, 2002.

Van Egmond, W. *The Commercial Revolution and the Beginnings of Western Mathematics in Renaissance Florence, 1300-1500*. Tese de doutorado. Bloomington, Indiana University, 1976.

______. *Practical Mathematics in the Italian Renaissance: a Catalog of Italian Abbacus Manuscripts and Printed Books to 1600*. Firenze, Istituto e Museo di Storia della Scienza, 1980.

Viète, F. *Introduction à l'art analytique*. Tradução de J. Ritter. *Cahiers François Viète*, 7, 2004.

Vitrac, B. "Euclide et Héron: deux approches de l'enseignement des mathématiques dans l'Antiquité?", in *Science et vie intellectuelle à Alexandrie (Ie-IIIe siècle après J.C.)*, Gilbert Argoud (org.). Saint-Étienne, Publications de l'Université de Saint-Étienne, 1995.

______. "Dossier: les géomètres de la Grèce antique", *Pour la Science*, 21, 2005, p.29-99. Disponível em: http://www.math.ens.fr/culturemath/histoire%20des%20maths/htm/Vitrac/grecs-index.htm

______. "Peut-on parler d'algèbre dans les mathématiques grecques anciennes?", *Ayene-ye Miras (Mirror of Heritage, New Series, Iran)*, 3 (28), 2005, p.1-44.

______. "Mécanique et mathématiques à Alexandrie: le cas de Héron", *Oriens-Occidens*, 7, 2009, p.155-99. Disponível em: http://hal.archives-ouvertes.fr/hal-00175171/fr/
Waerden, B.L. van der. *Science Awakening: Egyptian, Babylonian and Greek mathematics*. Groningen, P. Noordhoff, vol.1, 1954. (Tradução para o inglês feita por A. Dresden, com novos trechos do autor, do holandês *Ontwakende Wetenschap*, Groningen, P. Noordhoff, 1950; reimpressão: Nova York, John Wiley & Sons, 1963.)
______. *A History of Algebra, from Al-Khwarizmi to Emmy Noether*. Nova York, Springer-Verlag, 1985.

5. A Revolução Científica e a nova geometria do século XVII

Barbin, E. *La révolution mathématique du XVIIème siècle*. Paris, Ellipses, 2006.
______ e A. Boyé. *François Viète: un mathématicien sous la Renaissance*. Paris, Vuibert, 2005.
Bos, H.J.M. *Redefining Geometrical Exactness: Descartes' Transformation of the Early Modern Concept of Construction*. Nova York, Springer-Verlag, 2001.
Cohen, H.F. *The Scientific Revolution: A Historiographical Inquiry*. Chicago, University of Chicago Press, 1994.
Copérnico, Nicolau. *De Revolutionibus Orbium Cœlestium*, Nuremberg, 1543.
Descartes, R. *The Geometry of René Descartes with a facsimile of the first edition*. Tradução de D.E. Smith e M.L. Latham. Nova York, Dover, 1954.
______. *Regras para a direção do espírito*. Tradução de João Gama. Portugal, Edições 70, 1989.
______. *Discurso do método; Meditações*. Tradução de J. Guinsburg e Bento Prado Junior, Col. Os Pensadores. São Paulo, Nova Cultural, 1996.
______. "A dióptrica: discursos I, II, III, IV e VIII", *Scientia Studia*, 8 (3), 2010, p.451-86.
Drake, S. "Galileo's experimental confirmation of horizontal inertia: unpublished manuscripts", *Isis*, 64 (223), 1973, p.290-305.
______. *Galileo at Work: His Scientific Biography*. Chicago, Chicago University Press, 1978.
Fermat, P. *Œuvres de Fermat*. P. Tannery e C. Henry (orgs.). Paris, Gauthier-Villars, 1891-1912.
Galilei, Galileu. *Discorsi e dimostrazioni matematiche, intorno due nuove scienze attenenti alla mecanica & i movimenti locali*. Leiden, Louis Elsevier, 1638.
______. *Two New Sciences*. Tradução de S. Drake. Madison, University of Wisconsin Press, 1974.
______. *Duas novas ciências*. Tradução de L. Mariconda & P.R. Mariconda. Rio de Janeiro/São Paulo, Mast/Nova Stella, 1988 [1638].
______. *Diálogo sobre os dois máximos sistemas do mundo ptolomaico e copernicano*. Tradução, introdução e notas de Pablo Rubén Mariconda. São Paulo, Discurso Editorial, 2004, 2ª ed.
Gaukroger, S. *The Emergence of a Scientific Culture: Science and the Shaping of Modernity, 1210-1685*. Oxford, Clarendon Press, 2006.

Grant, E. *Os fundamentos da ciência moderna na Idade Média*. Porto, Porto Editora, 2004.
Høyrup, J. "Archimedism, not platonism: on a malleable ideology of Renaissance mathematicians (1400 to 1600), and on its role in the formation of seventeenth century philosophies of science", in Corrado Dollo (org.), *Archimede. Mito Tradizione Scienza*. Biblioteca di Nuncius. Studi e testi IV. Firenze, Leo S. Olschki, 1992, p.81-110.
Koyré, A. *Estudos galilaicos*. Lisboa, D. Quixote, 1986.
______. *Estudos de história do pensamento científico*. Rio de Janeiro, Forense Universitária, 1991.
Lefèvre, W. "Galileo engineer: art and modern science", *Science in Context*, 14, 2001, p.11-27.
Lindberg, D. *Los inicios de la ciencia occidental: la tradición científica europea en el contexto filosófico, religioso e institucional (desde el 600 a.C. hasta 1450)*. Tradução de Antonio Beltrán. Barcelona / Buenos Aires / México, Paidós, 2002.
Machado, C.A. *O papel da tradução na transmissão da ciência: o caso do Tetrabiblos de Ptolomeu*. Rio de Janeiro, Mauad. No prelo.
Machamer, P. "Galileo's machines, his mathematics, and his experiments", in P. Machamer (org.), *The Cambridge Companion to Galileo*. Cambridge, Cambridge University Press, 1998.
Mahoney, M.S. *The Mathematical Career of Pierre de Fermat, 1601-1665*. Princeton, Princeton University Press, 1994.
Peuerbach, Georg von. *Theoricae novae planetarum*, Nuremberg, 1473.
Osler, M. (org.). *Rethinking the Scientific Revolution*. Cambridge, Cambridge University Press, 2000.
Ramos, J.P.S. "Demonstração do movimento da luz no ensaio de óptica de Descartes", *Scientia Studia*, 8 (3), 2010, p.421-50.
Rossi, P. *Os filósofos e as máquinas, 1400-1700*. Tradução de Frederico Carotti. São Paulo, Companhia das Letras, 1989.
Valleriani, M. *Galileo Engineer*. Nova York, Springer (Boston Studies in the Philosophy of Science), 2010.
Viète, F. "Introduction à l'art analytique". Tradução de J. Ritter. *Cahiers François Viète*, 7, 2004.
Zilsel, E. *The Social Origins of Modern Science*. Textos reunidos por D. Raven, W. Krohn e R.S. Cohen. Dordrecht, Kluwer Academic Publishers, 2003.

6. Um rigor ou vários? A análise matemática nos séculos XVII e XVIII

Arnauld, A. *Nouveaux éléments de géométrie*. Paris, Savreux, 1667.
______ e P. Nicole. *La logique ou l'art de penser*. Paris, PUF, 1965 [1683].
Barbin, E. *La révolution mathématique du XVII*ème *siècle*. Paris, Ellipses, 2006.
Baron, M.E. e H.J.M. Bos. *Curso de história da matemática: origens e desenvolvimento do cálculo*, 5 vols. Brasília, UnB, 1985.

Bernoulli, J. "Remarques sur ce qu'on a donné jusqu'ici de solutions des problèmes sur les isoperimètres", *Mémoires de l'Académie Royale des Sciences de Paris*, 1718, p.100-134 (in *Opera omnia*, vol.II, p.235-69).

Bos, H.J.M. "Differentials, higher-order differentials and the derivative in the Leibnizian calculus", *Archive for History of Exact Sciences*, 14, 1974, p.1-90.

Bottazzini, U. *The Higher Calculus: A History of Real and Complex Analysis from Euler to Weierstrass*. Nova York, Springer-Verlag, 1986.

Boyer, C.B. *The History of Calculus and Its Conceptual Development*. Nova York, Dover, 1959.

D'Alembert, J.-R. "Fonction", in *Encyclopédie ou dictionnaire raisonée des sciences, des arts et des métiers*. Paris, Le Breton-Briasson-Durand, vol.7, 1757.

Dhombres, J. "The mathematics implied in the laws of nature and realism, or the role of functions around 1750", in *The Application of Mathematics to the Sciences of Nature*. Dordrecht, Kluwer Acad., 2002, p.207-22.

Engelsman, S.B. *Families of Curves and the Origins of Partial Differentiation*. Winterwijk, Krips repro meppel, 1949.

Euler, L. *Introductio in analysin infinitorum*. Lausanne, M.M. Bousquet & Soc., 1748 (in *Opera omnia*, sér.1, vol.VIII-XIX).

______. *Institutiones calculi differentialis cum eius usu in analysi finitorum ac doctrina serierum*. Acad. Imp. Sci. Petr., 1755 (in *Opera omnia*, sér.1, vol.X).

Fourier, J. *Théorie analytique de la chaleur*. Paris, Firmin Didot, 1822. Reedição: Paris, Jacques Gabay, 1988.

Fraser, C.G. "Joseph-Louis Lagrange's algebraic vision of the calculus", *Historia Mathematica*, 14, 1987, p.38-53.

______. "The calculus as algebraic analysis: some observations on mathematical analysis in the 18th century", *Archive for History of Exact Sciences*, 39, 1989, p.317-35.

Gingras, Y. "What did mathematics do to physics?", *History of Science*, 39, 2001, p.383-416.

Grabiner, J. *The Calculus as Algebra. J.-L. Lagrange 1736-1813*. Nova York/Londres, Garland Publications, 1990.

Grattan-Guinness, I. *Convolutions in French mathematics*. Basel, Birkhäuser, 1990.

Greenberg, J.L. "Mathematical physics in the eighteenth-century France", *Isis*, 77 (286), 1986, p.59-78.

Guicciardini, N. "Newton's method and Leibniz's calculus", in H.N. Jahnke (org.), *A History of Analysis*. Providence, American Mathematical Society, 2003.

Hadamard, J. "Le calcul fonctionnel", *L'Enseignement mathématique*, 1912, p.1-18.

Jahnke, H.N. "Algebraic analysis in the 18th century", in H.N. Jahnke (org.), *A History of Analysis*. Providence, American Mathematical Society, 2003.

Kleiner, I. "Evolution of the function concept: a brief survey", *College Mathematics Journal*, 20, 1989, p.282-300. Reimpressão: M. Anderson et al., *Who gave you the epsilon? And Other Tales of Mathematical History*. Washington, mathematical Association of America, 2009.

Koyré, A. *Newtonian Studies*. Cambridge, Chapman-Hill, 1965.

Lacroix, S.F. *Traité du calcul différentiel et du calcul intégral*. Paris, Duprate, 1797-1800.

L'Hôpital, M. de. *Analyse des infiniment petits pour l'intelligence des lignes courbes.* Paris, Imprimerie Royale, 1696.

Lagrange, J.-L. *Théorie des fonctions analytiques*. Paris, Impr. de la République, 1797.

Laplace, P.S. *Exposition du système du monde.* Paris, Impr. du Cercle Social, 1796.

Leibniz, G.W. *Naissance du calcul différentielle*. Paris, Vrin, 1995.

Lützen, J. "Between rigor and applications: developments in the concept of function in mathematical analysis", in *The Modern Physical and Mathematical Sciences*. Cambridge, Cambridge University Press, 2003, p.468-87.

Mahoney, M. "Changing canons of mathematical and physical intelligibility in the later seventeenth century", *Historia Mathematica*, 11, 1984, p.417-23.

Newton, I. *Princípios matemáticos da filosofia natural*, Col. Os Pensadores. São Paulo, Nova Cultural, 1987.

Panza, M. "Euler's Introductio in analysin infinitorum and the program of algebraic analysis: quantities, functions and numerical partitions", in R. Backer, *Euler Reconsidered. Tercenary Essays*. Heber City Utah, Kendrick Press, 2007, p.119-66.

Ravetz, I.R. "Vibrating strings and arbitrary functions", in *The Logic of Personal Knowledge: Essays Presented to M. Polanyi on his Seventieth Birthday*. The Free Press, 1961, p.71-88.

Roque, T. "Estabilidade: exigência física ou formalidade matemática?", in M. Pietrocola e O. Freire, *Filosofia, ciência e história*. São Paulo, Discurso Editorial, 2005.

Rüthing, D. "Some definitions of the concept of function from J. Bernoulli to N. Bourbaki", *Mathematical Intelligencer*, 6 (4), 1984, p.72-7.

Schubring, G. "Aspetti istituzionali della matematica", *Storia della Scienza*, Sandro Petruccioli (org.), vol.VI: *L'Etá dei Lumi*, Roma, Istituto dell'Enciclopedia Italiana, 2002, p.366-80.

______. *Conflicts Between Generalization, Rigor, and Intuition: Number Concepts Underlying the Development of Analysis in 17-19th Century France and Germany.* Nova York, Springer, 2005.

______. "Fourier: a matematização do calor", *Ciência Hoje* 47 (279), 2011, p.68-70.

Youschkevitch, A.P. "The concept of function up to the middle of the 19th century", *Archive for the History of Exact Sciences*, 16 (1), 1976-77, p.37-85.

7. O século XIX inventa a matemática "pura"

Belhoste, B. "The École Polytechnique and Mathematics in nineteenth-century France", in Bottazzini e A. Dahan-Dalmedico (orgs.). *Changing Images in Mathematics: from French Revolution to the New Millennium*. Londres, Routledge, 2001, p.15-30.

Bombelli, R. *L'Algebra*. Bolonha, G. Rossi, 1579.

Bottazzini, U. "Geometrical rigour and 'modern analysis', an introduction to Cauchy's *Cours d'analyse*", in Cauchy, *Cours d'analyse algébrique*. Bolonha, Clueb, 1992, p.xi-clxvii.

______ e A. Dahan-Dalmedico (orgs.). *Changing Images in Mathematics: from French Revolution to the New Millennium*. Londres, Routledge, 2001.

Bourbaki, N. *Éléments des mathématiques*, 10 vols. Paris, Hermann, 1939.

______. "The architecture of mathematics", *American Mathematical Monthly*, 57 (4), 1950, p.221-32.

______. *Éléments d'histoire des mathématiques*. Paris, Hermann, 1960.

Cantor, G. "Ueber die Ausdehnung eines Satzes aus der Theorie der trigonometrischen Reihen", *Matematische Annalen*, 5, 1872, p.123-32.

______. *Contributions to the Founding of the Set Theory of Transfinite Numbers*. Chicago, The Open Court Publishing Company, 1915.

Carnot, L. *Réflexions sur la métaphysique du calcul infinitésimal*. Paris, Courcier, 1813.

Cauchy, A.L. *Cours d'analyse algébrique*. Paris, De Bure, 1821; reimpressão: Bolonha, Clueb, 1992.

Corry, L. "Mathematical structures from Hilbert to Bourbaki", in Bottazzini e A. Dahan-Dalmedico (orgs.), *Changing Images in Mathematics: from French Revolution to the New Millennium*. Londres, Routledge, 2001, p.167-85.

______. *Modern Algebra and the Rise of Mathematical Structures*. Basel/Boston/Berlim, Birkhäuser, 2004.

D'Alembert, J.-R. *Réflexions sur la cause générale des vents*. Paris, David l'Aîné, 1747.

Dedekind, R. "Continuity and irrational numbers", in R. Dedekind, *Essays on the Theory of Numbers*. Chicago, The Open Court Publishing Company, 1901. (Tradução de W.W. Beman, de "Stetigkeit und irrationale Zahlen", 1872.)

______. "The nature and meaning of numbers", in R. Dedekind, *Essays on the Theory of Numbers*. Chicago, The Open Court Publishing Company, 1901. (Tradução de W.W. Beman, de "Was Sind und was Sollen die Zahlen?", 1888.)

Dugac, P. *Histoire de l'analyse: autour de la notion de limite et de ses voisinages*. Paris, Vuibert, 2003.

Ferreirós, J. *Labyrinth of Thought: a History of Set Theory and Its Role in Modern Mathematics*. Basel/Boston/Berlim, Birkhäuser, 2000.

Flament, D. *Histoire des nombres complexes: entre algèbre et géométrie*. Paris, CNRS Éditions, 2003.

Fourier, J. "Rapport lu dans la séance publique de l'Institut du 24 avril 1825", *Mémoires de l'Académie Royale des Sciences*, t.7.

Gauss, C.F. "Theoria residuorum biquadraticum. Commentatio secunda [Selbstanzeige]", *Göttingische Gelehrte Anzeigen*, 23, 4, 1831. Reedição: Gauss, *Werke*, Bd. II, p.169-78. (Traduzido para o francês por Gerard Grimberg, 2010, no prelo.)

Girard, A. *Invention nouvelle en algèbre*. Amsterdam, Jansens Blauew, 1629.

Grabiner, J. *The Origins of Cauchy's Rigorous Calculus*. Cambridge, The MIT Press, 1981.

Grattan-Guinness, I. *The Development of the Foundations of Mathematical Analysis from Euler to Riemann*. Cambridge/Massachusetts, MIT Press, 1970.

______. *From Calculus to Set Theory 1630-1910: an Introductory History*. Princeton, Princeton University Press, 1980.

______. *Convolutions in French Mathematics, 1800-1840*. Basel/Boston/Berlim, Birkhäuser, 1990.

______. *The Search for Mathematical Roots 1870-1940*. Princeton, Princeton University Press, 2000.

Gray, J. *Plato's Ghost: the Modernist Transformation of Mathematics*. Princeton, Princeton University Press, 2008.

Hankel, H. "Untersuchungen über die unendlich oft oscillioenden und unstetigen Funktionen", 1870. Reedição: *Mathematische Annalen*, 20, 1882, p.63-112. H.N. Jahnke (org.). *A History of Analysis*. Providence, American Mathematical Society, 2003. I. Kant. *Attempt to Introduce the Conception of Negative Quantities into Philosophy*. Londres, Watts, 1911. (Tradução do artigo original em alemão "Versuch den Begriff der negativen Grössen in die Weltweisheit einzuführen", 1763).

Lejeune-Dirichlet, J.P.G. "Sur la convergence des séries trigonométriques qui servent à représenter une function arbitraire entre des limites données", *Journal für Reine und Angewandte Mathematik*, 4, 1829, p.157-69, in *Werke*, Bd. I, 1889, p.117-32.

______. "Über die Darstellung ganz willkürlicher Funktionen nach Sinus und Cosinusreihen", 1837. *Repertorium der Physik* 1, p.152-74, in *Werke*, Bd. I, 1889, p.133-60.

______. *Werke*, 2 vols. Berlim, 1889-97.

Lützen, J. "The foundations of analysis in the 19th century", in H.N. Jahnke, *A History of Analysis*. Providence, American Mathematical Society, 2003, p.155-96.

Newton, I. *Sir Isaac Newton's Two Treatises of the Quadrature Of Curves and Analysis by Equations of an Infinite Number of Terms, Explained*. Londres, James Bettenham, 1745.

Ramus, P. *Algebra*. Paris, Andreas Wechelum, 1560.

Schubring, G. "Argand and the early work on graphical representation: new sources and interpretations", in J. Lützen, *Around Caspar Wessel and the Geometric Representation of Complex Numbers*. Copenhague, Det Kongelige Danske Videnskabernes Selskab, 2001, p.125-46.

______. *Conflicts Between Generalization, Rigor, and Intuition: Number Concepts Underlying the Development of Analysis in 17-19th Century France and Germany*. Nova York, Springer, 2005.

Serfati, M. "Quadrature du cercle, fractions continus et autres contes: sur l'histoire des nombres irrationnels et transcendants aux XVII et XIX siècles", *Brochure APMEP*, n.86, 1992.

Stevin, S. *La disme*. Leiden, 1585. Reedição: G. Sarton em "The first explanation of decimal fractions and measures", *Isis*, 23, 1935, p.230-44.

Stifel, M. *Arithmetica integra*. Nuremberg, Petreius, 1544.

Vianna, R. e T. Roque. "O ensino na École Polytechnique e a rigorização da análise: o *Cours d'analyse* de Cauchy", *Boletim GEPEM*, 57, 2010, p.35-46.

Vv. Aa. *Images, Imaginaires, Imaginations: une perspective historique pour l'introduction des nombres complexes*. Paris, Ellipses, 1998.

Youschkevitch, A.P. "The concept of function up to the middle of the 19th century", *Archive for the History of Exact Sciences*, 16 (1), 1976-77, p.37-85.

Anexo: A história da matemática e sua própria história

Bell, E.T. *The Development of Mathematics*. Nova York, Dover, 1992. (Reimpressão da obra publicada inicialmente em 1940.)

Bourbaki, N. *Éléments d'histoire des mathématiques*. Paris, Hermann, 1960.

Cajori, F. *A History of Mathematical Notations*. Chicago, The Open Court Publishing Company, 1928-29.

Corry, L. "The history of modern mathematics: writing and rewriting", *Science in Context*, 17 (1/2), 2004, p.1-21.

D'Ambrosio, U. *Uma história concisa da matemática no Brasil*. Petrópolis, Vozes, 2008.

Dauben, J.W. e C.J. Scriba (orgs.). *Writing the History of Mathematics: Its Historical Development*. Basel, Birkhäuser, 2002.

Demidov, S.S. e M. Folkerts (orgs.). *Historiography and the History of Mathematics*, in *Archives Internationales d'Histoire des Sciences*, 42, 1992, p.1-144.

Ehrhardt, C. "Histoire sociale des mathématiques", *Révue de Synthèse*, 131 (4), 2010, p.489-94.

Gonçalves, C.H.B. "A história da história da matemática antiga", *Anais do VIII Seminário Nacional de História da Matemática*, 2009.

Grattan-Guinness, I. "Does the history of science treat of the history of science? The case of mathematics", *History of Science*, 28, 1990, p.149-73.

______. "The mathematics of the past: distinguishing its history from our heritage", *Historia Mathematica*, 31, 2004, p.163-85.

Kline, M. *Mathematical Thought from Ancient to Modern Times*. Oxford, Oxford University Press, 1972.

Netz, R. "The history of early mathematics: ways of re-writing", *Science in Context*, 16 (3), 2003, p.275-86.

Nobre, S. "Introdução à história da história da matemática: das origens ao século XVIII", *Revista Brasileira de História da Matemática*, 2 (3), 2002, p.3-43.

Struik, D.J. "The historiography of mathematics from Proklos to Cantor", *NTM – Schriftenreihe zur Geschichte der Naturwissenschaften, Technik and Medizin*, 17 (2), 1980, p.1-22.

______. *História concisa da matemática*. Lisboa, Gradiva, 1989.

Créditos das imagens

Introdução

Figura 1: R.A. Martins, "A maçã de Newton: história, lendas e tolices", in C.C. Silva (org.), *Estudos de história e filosofia das ciências: subsídios para aplicação ao ensino*. São Paulo, Editora Livraria da Física, 2006, p.168.

1. Matemáticas na Mesopotâmia e no antigo Egito

Figura 2: Imagens do livro *How Writing Came About*, de Denise Schmandt-Besserat, Copyright © 1992, 1996. Cortesia da autora e da University of Texas Press; **Figura 3**: Ibid., p.52; **Figura 4**: Ibid., p.118; **Figura 5**: Baseado em H.J. Nissen, P. Damerow e R.K. Englund, *Archaic Bookkeeping: Early Writing and Techniques of Economic Administration in the Ancient Near East*, Chicago, University of Chicago Press, 1993, p.28-9; **Figura 6**: Richard Mankiewicz, *The Story of Mathematics*, Londres, Cassell & Co., 2000, p.22; **Figura 7a**: Fotografia de Bill Casselman do tablete 7289 da Yale Babylonian Collection. Disponível no site http://www.math.ubc.ca/~cass/euclid/ybc/ybc.html; **Figura 7b**: O. Neugebauer e A. Sachs, *Mathematical Cuneiform Texts*, American Oriental Society, 1945, p.42.

3. Problemas, teoremas e demonstrações na geometria grega

Figura 1: Papyrus P.Oxy.I 0029, University Museum, University of Pennsylvania, Filadélfia, Pensilvânia.

4. Revisitando a separação entre teoria e prática: Antiguidade e Idade Média

Figura 2: Paolo Dagomari, *Trattato d'abbaco, d'astronomia e di segreti naturali e medicinali*, Plimpton ms 167, f.66, Columbia University, The Digital Scriptorum; **Figura 3**: J. Høyrup, *Jacopo da Firenze's "Tractatus Algorismi" and Early Italian Abbacus Culture*, Basel/Boston/Berlim, Birkhäuser, 2007, p.170.

5. A Revolução Científica e a nova geometria do século XVII

Figura 1: Janis Herbert, *Leonardo da Vinci para crianças*, Rio de Janeiro, Zahar, 2002; **Figura 2**: Georg von Peuerbach, *Theoricae novae planetarum*, Nuremberg, 1473; **Figura 3**: Richard Mankiewicz, *The Story of Mathematics*, Londres, Cassell & Co., 2000, p.87; **Figura 4**: Galileu Galilei, *Discorsi e dimostrazioni matematiche, intorno due nuove scienze attenenti alla mecanica & i movimenti locali*, Leiden, Louis Elsevier, 1638, p.62; **Figura 6**: A. Adam e P. Tannery (orgs.), *Œuvres de Descartes*, Paris, Vrin, vol.6, 1996, p.176; **Figura 7**: Idem.

6. Um rigor ou vários? A análise matemática nos séculos XVII e XVIII

Figura 5: European History Timeline: www.dipity.com/rohangoyal/European-History/; **Figura 6**: Retratos em aquarela números 29 e 30 do Album de 73 Portraits-Charge Aquarelles des Membres de l'Institut, 1820, Bibliothèque de l'Institut de France.

Agradecimentos

Assumindo a inteira responsabilidade pelas falhas que permaneceram, agradeço, antes de tudo, àqueles que leram com cuidado todos ou alguns capítulos deste livro e, com suas críticas e sugestões, não apenas os enriqueceram como possibilitaram sua redação. Devo muito à colaboração experiente e à leitura atenta de Gert Schubring. As discussões, acirradas porém afetuosas, com Carlos Henrique Barbosa Gonçalves também foram essenciais, além dos comentários de outros companheiros nas trilhas da história da matemática: João Bosco Pitombeira, Gérard Grimberg e Antonio Augusto Videira.

Agradeço aos colegas e amigos imprescindíveis no dia a dia da universidade e de projetos comuns. Em particular, a Victor Giraldo, parceiro de todas as horas que deu sugestões valiosas, e a Luis Carlos Guimarães, grande incentivador, inclusive para a elaboração, há mais de seis anos, do texto didático que daria origem a este livro.

A todos os alunos do Instituto de Matemática da Universidade Federal do Rio de Janeiro que cursaram as disciplinas Evolução da Matemática, na graduação, e História da Matemática, no mestrado. Estes foram, sempre, os melhores leitores e a inspiração deste trabalho. Agradeço, especialmente, a Aline Bernardes pelo esforço para tornar mais compreensíveis alguns trechos ásperos e pela ajuda com as ilustrações.

Agradeço, ainda, à equipe da Zahar, pela receptividade a este projeto, nas pessoas de Mariana Zahar e Rodrigo Lacerda, a quem sou grata pela delicadeza com que lidaram com a proposta. Foi igualmente importante a colaboração de Isabela Santiago e Sérgio Góes e, sobretudo, de Kathia Ferreira, pela leitura meticulosa dos originais.

Às amigas queridas Ana, Bia, Cecília, Marici e Silvia. Aos amigos e companheiros de resistências André Barros, Giuseppe, Gueron e Ericson (*in memoriam*).

Ao Paulo, que esteve a meu lado e me incentivou em grande parte do percurso de elaboração deste livro, pai de Matias, maior alegria da minha vida!

À minha mãe, Tania, que sempre me apoiou nas horas difíceis, a pai Fefé e pai Lincoln. A Carol, Vacili, avó Augusta e minha amada avó Célia, que não viu o fim do livro, mas me acompanhou, como sempre, no caminho.

Este livro foi realizado com o apoio do programa Grupos Emergentes de Pesquisa, da Fundação de Amparo à Pesquisa do Estado do Rio de Janeiro (Faperj), que possibilitou sobretudo a aquisição dos livros recentes de história da matemática, essenciais na realização deste trabalho. Agradeço também ao programa de Bolsas para Autores com Obras em Fase de Conclusão, da Fundação Biblioteca Nacional, importante ajuda na fase final da escrita.

1ª EDIÇÃO [2012] 8 reimpressões

ESTA OBRA FOI COMPOSTA POR MARI TABOADA EM DANTE PRO
E IMPRESSA EM OFSETE PELA GRÁFICA BARTIRA SOBRE PAPEL PÓLEN DA
SUZANO S.A. PARA A EDITORA SCHWARCZ EM JANEIRO DE 2025